해상조난안전 무선설비 시험방법 국제표준 부합화 및 개선 연구

국립전파연구원
한국해양수산연수원

요 약 문

1. 과 제 명 : 해상조난안전 무선설비 시험방법
   　　　　　　국제표준 부합화 및 개선연구
2. 연 구 기 간 : 2018년 3월 28일 ~ 2018년 11월 23일
3. 연구책임자 : 김병옥 (한국해양수산연수원)
4. 계획 대 진도
   가. 월별 추진계획

세부내용	연구자	월별 추진계획 3	4	5	6	7	8	9	10	11	12	비고
• 선박자동식별장치에 관한 IEC 규정 분석	김병옥	■	■	■								
• 레이다 장치에 관한 IEC 규정 분석	임종근	■	■	■	■	■						
• 유럽, 일본 등 해상통신 선진 국가의 적합성 평가 시험방법 분석 및 현장방문	김재원 박정남 김미정				■	■						
• 무선설비 적합성평가 시험방법(KS X 3123)을 기준으로 해상 무선설비에 대한 적합성 평가 시험방법을 분리하여 독립적인 표준 마련	김병옥 임종근						■	■				
• AIS와 선박용 RADAR 및 EPIRB 시험방법 마련	김병옥 김재원 임종근							■	■			
• 시험방안에 따른 선박자동식별장치의 시험	박정남								■	■		
• 시험방안에 따른 레이다 장치의 시험	김미정									■		

1) 3월
   ○ EPIRB에 관한 IMO/ITU/IEC 국제표준 분석(10%)
   ○ AIS-SART에 관한 IMO/ITU/IEC 국제표준 분석(10%)
2) 4월
   ○ EPIRB에 관한 IMO/ITU/IEC 국제표준 분석(50%)
   ○ AIS-SART에 관한 IMO/ITU/IEC 국제표준 분석(50%)
   ○ AIS 장치에 관한 IMO/ITU/IEC 국제표준 분석 (25%)
   ○ 레이다 장치에 관한 IMO/ITU/IEC 국제표준 분석 (15%)
3) 5월
   ○ EPIRB에 관한 IMO/ITU/IEC 국제표준 분석 완료
   ○ AIS-SART에 관한 IMO/ITU/IEC 국제표준 분석 완료
   ○ AIS 장치에 관한 IMO/ITU/IEC 국제표준 분석 (55%)
   ○ 레이다 장치에 관한 IMO/ITU/IEC 국제표준 분석 (45%)
4) 6월
   ○ AIS 장치에 관한 IMO/ITU/IEC 국제표준 분석 (75%)
   ○ 레이다 장치에 관한 IMO/ITU/IEC 국제표준 분석 (75%)
   ○ 국내 적합성 평가 시험방법 분석 및 현장방문(50%)
5) 7월
   ○ AIS 장치에 관한 IMO/ITU/IEC 국제표준 분석 완료
   ○ 레이다 장치에 관한 IMO/ITU/IEC 국제표준 분석 완료
6) 8월
   ○ 일본/영국 적합성 평가 시험방법 분석 및 현장방문
   ○ 레이다 시험방법 표준 마련(50%)
7) 9월
   ○ AIS/AIS-SART/EPIRB 시험방법 표준 마련(50%)

8) 10월
- ○ AIS/AIS-SART/EPIRB 시험방법 표준 완료
- ○ 중국 적합성 평가 시험방법 분석 및 현장방문

9) 11월
- ○ 최종보고서 완료

나. 세부 과제별 추진사항
1) 국제 기술표준 분석 (완료)
- ○ 레이다 관련 국제 기술표준 분석
- ○ EPIRB 관련 국제 기술표준 분석
- ○ AIS 관련 국제 기술표준 분석
- ○ AIS-SART 관련 국제 기술표준 분석

2) 국제 시험표준 분석 (완료)
- ○ 레이다 관련 국제 시험표준 분석
- ○ AIS 관련 국제 시험표준 분석
- ○ AIS-SART 관련 국제 시험표준 분석

3) 해상 조난안전 무선설비의 시험표준 개발 (완료)
- ○ 조난안전 무선설비의 시험표준 개발

5. 연구 결과

1) 해상 조난안전 무선설비 관련 IMO의 SOLAS 규칙 분석
2) 레이다 관련 기술표준 및 시험표준 분석
3) 위성 EPIRB에 대한 기술표준 분석
4) AIS 관련 기술표준 및 시험표준 분석
5) AIS-SART 관련 기술표준 및 시험표준 분석

6. 기대효과

1) 레이다 관련 국내 시험방법 및 표준 개선
2) 위성 EPIRB에 대한 국내 시험방법 및 표준 개선
3) AIS에 대한 국내 시험방법 및 표준 개선
4) AIS-SART 관련 국내 시험방법 및 표준 개선

7. 기자재 사용 내역

시설·장비명	규 격	수량	용도	보유현황	확보방안	비고
데스크탑 PC	펜티엄 4 DM-200 등	5	자료서치, 결과정리	한국해양수산연수원	-	
노트북	HP P6 등	2	회의, 중간보고 등	한국해양수산연수원	-	
프린터	HP M401	1	연구자료 출력 등	한국해양수산연수원	-	
프린터(칼라)	HP 2025dn	1	시험용	한국해양수산연수원	-	
스펙트럼분석기		1	시험용	㈜SRC	-	
오실로스코프		1	시험용	㈜SRC	-	
주파수측정기		1	시험용	㈜SRC	-	
VHF DSC 장치	STR-6000A	1	시험용	㈜SRC	-	
AIS-SART 장치	AST-100	1	시험용	㈜SRC	-	

8. 기타사항

    가. 레이다 시험을 위해 ITU-R M.1177의 직접 또는 간접 레이다 불요파 측정 시설 및 육상/해상시험장 구축이 필요

    나. AIS 및 AIS-SART 시험을 위해서는 실험실 시설 이외에 프로토콜 시험을 위한 시험시설이 필요

최종보고서 초록

국문 초록

해상에서의 조난·안전 통신은 선박의 안전항해 및 인명과 재산의 안전을 위한 매우 중요한 통신업무로서 이를 위한 무선설비의 성능 시험방법은 매우 중요하다. 그러나 해상무선설비에 대한 우리나라 시험표준인 방송통신표준 KS X3123 「무선 설비 적합성 검사 시험방법」은 환경시험 중심으로 구성되어 있어 무선설비의 세부 성능시험에 대한 부분은 구체적인 시험방법이 제시되지 못하고 있으며, IEC(국제전기기술위원회) 및 MED(유럽선급인증) 기준과도 상이하다. 이에 따라 본 연구에서는 선박의 안전항해 증진과 조난·안전 통신에 가장 필수적인 선박용 Radar, EPIRB, AIS 및 AIS-SART에 대하여 국제표준에 부합하는 성능시험표준 방안을 개발하기 위하여 IMO의 성능표준, ITU-R의 기술표준 및 IEC의 시험표준을 분석하여 국내 환경에 적합한 시험 방법 및 이를 위한 시험 표준(안)을 마련하였다.

영문 초록

Distress and safety radiocommunication at sea is very important for safe navigation of ships as well as safety of human life and property. However, the conformity assessment test method for radio equipment of KS X3123 is mainly described on the environmental test, and the test method for the detailed performance of radio equipment is not indicated, and it is not sufficient from IEC and MED standards. In this study, in order to develop a performance test standard in accordance with international standards for shipborne radar, EPIRB, AIS and AIS-SART which are the most essential for safety navigation enhancement and distress and safety communication, IMO's performance standards, ITU-R technical standards and IEC's test standards were analyzed, and test method suitable for national environment and draft regulation for test standard were developed.

SUMMARY

 최근 해상에서 발생한 주요 사건에서 AIS 신호 손실 및 오작동, 위치발신기 고의 차단 문제, 조난신호 송신에 대한 문제가 제기되었다. 이러한 해상 무선설비는 선박 사고 시 중요한 통신수단이기 때문에 이에 대한 적합성 검사는 매우 중요한 요소이다.

 무선설비의 성능 기준을 정하기 위하여 과학기술정보통신부에서는 「무선설비규칙」을 규정하고 있고, 국립전파연구원에서는 「해상업무용 무선설비의 기술기준」(국립전파연구원고시 제2018-8호)을 규정하고 있다. 이러한 무선설비의 성능기준 등의 시험은 방송통신표준 KS X3123 「무선 설비 적합성 검사 시험방법」에 의거하여 시행되고 있다. 그러나 동 표준은 주로 환경시험 중심으로 작성되어 있으며, 무선설비의 세부 성능시험에 대한 구체적인 시험방법은 시험항목이 매우 세부적이고 방대하기 때문에 구체적으로 제시하지 못하고 있으며, IEC 국제기준에도 많이 미치지 못하며 유럽에서 시행하고 있는 MED(Marine Equipment Directive, 유럽선급인증) 기준과도 많은 차이를 보이고 있다. 따라서 조난안전 무선설비의 성능이 제대로 검증될 수 있도록 관련 무선설비의 시험방법을 국제기준에 부합하도록 개선할 필요가 있다.

 국제표준에 부합하는 새로운 시험방법 표준 마련 연구를 위하여 보고서 2장에서는 해상무선 설비의 적합성 평가 시험방법 개선과 관련된 기술 표준을 분석하였다. 선박의 안전항해 및 조난안전 통신에 필수적인 선박용 레이다, EPIRB, AIS 및 AIS-SART에 대하여 SOLAS 규칙에 의한 탑재 기준 및 성능 기준을 분석하였고, IMO, ITU-R 및 IEC 규정에 따른 기술표준을 분석하였다. 또한 해상환경 시험표준 및 EMC 규격 분석을 통해 환경 조건에 대한 내구력과 저항력, 불요 전자기파 방사 및 전자기 환경에서의 내성에 관한 시험 요건을 분석하였다.

보고서 3장에서는 국제 시험표준 분석을 위하여 선박용 레이다, EPIRB, AIS 및 AIS-SART에 대하여 IEC의 국제 기준을 기반으로 시험표준을 분석하였다. 레이다의 시험표준은 IEC 62388 Ed.2를 기반으로, EPIRB는 IEC 61097-2 Ed.3를 기반으로 분석하였으며, AIS는 IEC 61993-2 Ed.2 및 AIS-SART는 IEC 61097-14 Ed.1에 제시되어 있는 기준을 기반으로 시험표준을 분석하였다.

보고서 4장에서는 3장의 국제 시험표준 분석을 기반으로 국제표준에 부합하는 시험방법(안)의 마련을 위해 국내에 적용할 수 있는 국제 표준 시험 항목을 분류하고, 이에 따른 시험 요건 및 방법을 개발 제시하였다.

보고서 5장은 4장의 시험방법(안)을 기반으로 해상조난안전 무선설비의 시험표준(안)을 개발 제시하였다.

본 연구보고서는 Radar, EPIRB, AIS, AIS-SART 무선설비에 대한 IMO, ITU, IEC 등의 국제적인 성능 및 기술표준과 시험방법 등을 분석하였으며 이를 기준으로 각각의 무선설비에 대한 시험방법을 개발 제시하였다. 무선설비의 표준시험 능력도 국가 경쟁력을 향상시킬 수 있는 매우 중요한 요소이며, 우리나라의 시험방법이 국제표준에 부합하도록 경쟁력이 확보될 때 우리나라의 무선설비 제조업도 도움을 받을 수 있고 우리나라 산업도 보호할 수 있다는 점을 고려하여 시험표준 시설 확보 및 인력양성에 노력할 필요가 있다.

목 차

표 목 차 ·· 12

그 림 목 차 ·· 17

제 1 장 연구의 개요 ·· 19

제 2 장 국제 기술표준 분석 ·· 22

    제 1 절 SOLAS 규칙 분석 ·· 22

    제 2 절 레이다 관련 국제 기술표준 분석 ···················· 41

    제 3 절 EPIRB 관련 국제 기술표준 분석 ···················· 64

    제 4 절 AIS 관련 국제 기술표준 분석 ························ 70

    제 5 절 AIS-SART 관련 국제 기술표준 분석 ············ 106

    제 6 절 해상환경 시험표준 및 EMC 규격 분석 ·········· 125

제 3 장 국제 시험표준 분석 ·· 130

    제 1 절 레이다의 국제 시험표준 분석 ························ 130

    제 2 절 EPIRB의 국제 시험표준 분석 ························ 214

    제 3 절 AIS의 국제 시험표준 분석 ····························· 236

    제 4 절 AIS-SART의 국제 시험표준 분석 ·················· 281

제 4 장 국제표준에 부합하는 시험방법(안) ··············· 302

    제 1 절 레이다의 시험방법 ··· 302

제 2 절. EPIRB의 시험 방법 ··· 345

제 3 절. AIS의 시험방법 ··· 353

제 4 절. AIS-SART의 시험 방법 ································· 442

제 5 장 해상 조난안전 무선설비의 시험표준(안) ····· 464

제 1 절 레이다 시험표준 ··· 464

제 2 절 EPIRB의 시험표준 ··· 473

제 3 절 AIS의 시험표준 ·· 480

제 4 절. AIS-SART 시험표준 ······································ 494

제 6 장 결론 및 제언 ·· 500

제 1 절 결론 ··· 500

제 2 절 제언 ··· 503

부록 : 약어 ··· 506

표 목 차

[표 2-1] AIS 보고 시간 간격 ·· 40
[표 2-2] 클러터가 없는 상황에서 1st 탐지 거리 ······················ 44
[표 2-3] 효과적인 사이드 로브 ·· 47
[표 2-4] 추적 물표 용량 ·· 50
[표 2-5] 일반적인 추적 물표 정확도(95% 확률 수치) ··············· 51
[표 2-6] AIS 표시 용량 ·· 52
[표 2-7] AIS 보고율 ··· 55
[표 2-8] 메인 수평 빔 패턴 ··· 58
[표 2-9] 레이다 맵에 사용되는 기능 및 색상 ························· 60
[표 2-10] 일반적인 추적 물표 정확도(95% 확률 수치) ············· 61
[표 2-11] AIS 표시 용량 ·· 62
[표 2-12] EPIRB 조건에 따른 송신기 상태 ······························ 65
[표 2-13] 자율 모드에서 정보 전송 주기 ································ 75
[표 2-14] 송신기 변수 ··· 77
[표 2-15] 출력 대 시간 특성 ·· 78
[표 2-16] 수신기 변수 ··· 79
[표 2-17] VDL 메시지의 사용 ·· 82
[표 2-18] ALR 문장 형식을 사용하여 전달된 무결성 경보 조건 ···· 87
[표 2-19] TXT 문장 형식을 사용하여 전달된 센서 상태 표시 ······ 88
[표 2-20] 위치 센서 폴-백 조건 ·· 88
[표 2-21] 정확도(PA) 플래그의 사용 ······································· 90
[표 2-22] ROT 센서 폴-백 조건 ·· 91

[표 2-23] MKD에 메시지 표시 ·· 93
[표 2-24] 위치 품질 ··· 94
[표 2-25] 표현 인터페이스 접속 ·· 97
[표 2-26] IEC 61162-1 센서 문장 ··· 98
[표 2-27] AIS 고속 입력 데이터 및 형식 ··································· 99
[표 2-28] AIS 고속 출력 데이터 및 형식 ································· 101
[표 2-29] AIS 원거리 통신 입력 데이터 및 형식 ······················ 102
[표 2-30] 원거리 출력 데이터 형식 ··· 104
[표 2-31] 원거리 데이터 형식 ··· 105
[표 2-32] AIS-SART의 설정에 요구되는 매개변수 ···················· 113
[표 2-33] 물리 계층의 상수들에 요구되는 설정 ························ 113
[표 2-34] AIS-SART 물리층의 변조 매개변수 ·························· 114
[표 2-35] 송신기 특성의 최소 요건 ··· 114
[표 2-36] 측정 불확도의 최대값 ·· 126
[표 2-37] 성능 테스트와 체크 ··· 127
[표 2-38] 내구력과 저항력 환경 조건 ······································ 128
[표 2-39] 전자기 방사 ·· 129
[표 2-40] 전자기 immunity ··· 130
[표 3-1] 클러터가 없는 상황에서 1st 탐지 거리 ························ 141
[표 3-2] X-밴드 합격/불합격 판정기준 ····································· 145
[표 3-3] S-밴드 합격/불합격 판정기준 ····································· 146
[표 3-4] 합격/불합격 판정 ··· 146
[표 3-5] 더글라스 해면상태 파라미터 ······································ 146
[표 3-6] 효과적인 사이드 로브 ·· 149
[표 3-7] 추적 물표 용량 ·· 168

[표 3-8] TT 시나리오 1, 센서 에러가 적용됨 ·· 170
[표 3-9] TT 시나리오 1, 측정 작업 시간 ·· 170
[표 3-10] TT 시나리오 1, 1분 및 3분 후의 정확도(모두 ±값) ······· 172
[표 3-11] TT 시나리오 2, 본선 ± 180° 회전 ·· 172
[표 3-12] TT 시나리오 3, 초기 물표 데이터 ··· 173
[표 3-13] TT 시나리오 4, 빠른 물표에 대한 초기 물표 데이터(표준속도선박) · 174
[표 3-14] TT 시나리오 4, 빠른 물표에 대한 초기 물표 데이터(HSC) · 174
[표 3-15] TT 시나리오 5: 표준 선박에 대한 초기 물표 데이터 ··· 176
[표 3-16] TT 시나리오 5: HSC의 출동 시나리오에 대한 초기 물표 데이터 · 177
[표 3-17] HSC의 3분 및 6분 측정 포인트와 결과 ·································· 178
[표 3-18] HSC의 11분 및 14분 측정 포인트와 결과 ···························· 178
[표 3-19] 표준선박의 3분 및 6분 측정 포인트와 결과 ······················· 179
[표 3-20] 표준선박의 11분 및 14분 측정 포인트와 결과 ················ 179
[표 3-21] 추적된 물표 정확도의 측정 ··· 180
[표 3-22] 연관 시나리오 1, 초기 TT와 AIS 물표 위치와 데이터 · 189
[표 3-23] 연관 시나리오 1, 분기 및 수렴 추적에 대한 AIS 물표 데이터 · 189
[표 3-24] 연관 시나리오 2, 초기 TT와 AIS 물표 위치와 데이터 · 190
[표 3-25] 연관 시나리오 2, 분기 및 수렴 추적에 대한 AIS 물표 데이터 · 191
[표 3-26] 연관 시나리오 3, 초기 TT와 AIS 물표 위치와 데이터 · 191
[표 3-27] 연관 시나리오 4, 초기 TT와 AIS 물표 위치와 데이터 · 192
[표 3-28] 연관 시나리오 4, 동일한 침로와 속도를 가진 TT와 AIS 물표 · 192
[표 3-29] 안테나 시험 구성 요구사항 ·· 218
[표 3-30] 위성실제시험과 위치포착시간 및 위치 정확도 시험 구성 요구사항 · 218
[표 3-31] 온도 기울기 시험 중의 중기 주파수 안정도 기준 ·········· 224
[표 3-32] 처음 두 패킷의 내용 ·· 242

[표 3-33] 권고 ITU-T O.153의해 유도된 고정 PRS 데이터 ········ 242

[표 3-34] 측정 불확도의 최대값 ·· 284

[표 3-35] 전도된 전력 - 요구결과 ·· 290

[표 3-36] 시간 대 최대 주파수 편차 ·· 295

[표 3-37] 타이밍 정의 ·· 296

[표 4-1] 국제 표준 시험 항목 ·· 303

[표 4-2] 레이다 측정 주파수 범위 ·· 314

[표 4-3] 클러터가 없는 상황에서 1차 탐지 거리 ·················· 321

[표 4-4] 더글라스 해면 상태 파라미터 ···································· 324

[표 4-5] 메인 수평 빔 패턴 ·· 328

[표 4-6] 효과적인 사이드 로브 ·· 329

[표 4-7] 본선 심볼 ·· 331

[표 4-8] 항해 도구 표시 ·· 333

[표 4-9] 레이다 활용을 위한 데이터와 제어 기능의 최상위 그룹 · 340

[표 4-10] '기본 설정' 선택에 대한 응답으로 구성된 제어 설정 ····· 341

[표 4-11] IEC 61162 입력 필수 문장 ······································ 343

[표 4-12] IEC 61162 출력 필수 문장 ······································ 344

[표 4-13] EPIRB 국제 표준 시험 항목 ···································· 346

[표 4-14] AIS 국제 표준 시험항목 ·· 354

[표 4-15] 권고 ITU-T O.153 의해 유도된 고정 PRS 데이터 ········ 360

[표 4-16] 처음 두 패킷의 내용 ·· 361

[표 4-17] 자율 모드에서 정보 보고 주기 ································ 368

[표 4-18] 위치 센서 폴-백 조건 ·· 375

[표 4-19] 정확도(PA) 플래그의 사용 ·· 376

[표 4-20] ROT 센서 폴-백 조건 ·· 377

[표 4-21] 6비트 ASCII 문자 집합 ··· 382

[표 4-22] MKD에 메시지 표시 ··· 385

[표 4-23] 위치 품질 (IEC 61993-2 의 Table 8) ······························ 387

[표 4-24] IEC 62288 표기되어 있는 표식 ······································ 391

[표 4-25] 변조 정확도 ·· 394

[표 4-26] 송신기 출력 특성 ··· 395

[표 4-27] 송신기 출력 특성 ··· 400

[표 4-28] VDL 메시지에 의한 지역 지정 ······································ 418

[표 4-29] 각 지역별 할당 채널 ··· 419

[표 4-30] AIS-SART 국제 표준 시험 항목 ···································· 443

[표 4-31] 권고 ITU-T O.153의해 유도된 고정 PRS 데이터 ·········· 445

[표 4-32] 권고 ITU-T O.153의해 유도된 고정 PRS 데이터 ·········· 456

[표 4-33] 권고 ITU-T O.153의해 유도된 고정 PRS 데이터 ·········· 457

[표 5-1] 중심주파수 및 지정주파수대역폭 ···································· 465

[표 5-2] 주파수 안정도 등 조건 ··· 474

[표 5-3] 안테나의 조건 ·· 478

[표 5-4] AIS 동적정보 ·· 484

[표 5-5] AIS 송신출력대 시간 특성 ·· 487

[표 5-6] AIS-SART 송신출력대 시간 특성 ··································· 499

그 림 목 차

<그림 2-1> 출력 대 시간 특성 ·· 78
<그림 2-2> AIS-SART의 기능 개요도 ······································ 111
<그림 2-3> 활성화 모드에서 버스트 송신 ································ 117
<그림 3-1> TT 시나리오 1 ·· 171
<그림 3-2> TT 시나리오 2 ·· 173
<그림 3-3> TT 시나리오 3 ·· 174
<그림 3-4> TT 시나리오 4 ·· 175
<그림 3-5> TT 시나리오 5 ·· 177
<그림 3-6> 온도 기울기 시험 프로파일 ·································· 223
<그림 3-7> 송신 타이밍 ·· 226
<그림 3-8> 측정 간격의 정의 ·· 228
<그림 3-9> 중기 주파수 안정도 측정 ······································ 230
<그림 3-10> 네 개의 패킷 클러스터 반복 형식 ······················ 241
<그림 3-11> 측정 배열 ·· 289
<그림 3-12> 방사 마스크 ·· 293
<그림 3-13> 변조 정확도 측정 배열 ·· 293
<그림 3-14> 출력 대 시간 마스크 ·· 296
<그림 4-1> 대역외 발사 및 스퓨리어스 발사 기준 ················ 312
<그림 4-2> 할당 대역내로 떨어지는 B-40 ······························ 313
<그림 4-3> 할당 대역 바깥으로 떨어지는 B-40 ···················· 314
<그림 4-4> S-밴드에서 우수로 인한 1차 검출 거리의 감쇠 ········ 326

<그림 4-5> X-밴드에서 우수로 인한 1차 검출 거리의 감쇠 ········ 327
<그림 4-6> 슬롯 전송 스펙트럼 ··· 393
<그림 4-7> 송신기 출력 특성 ·· 395
<그림 4-8> 지역 지정 ·· 418
<그림 4-9> 지역 채널 설정 좌표 ··· 418
<그림 4-10> 변조 스펙트럼 슬롯 전송 ······································ 455
<그림 4-11> 출력 세기 대 시간 마스크 ····································· 458
<그림 5-1> EPIRB 측정 간격의 정의 ·· 476
<그림 5-2> 송신시간 ··· 477
<그림 5-3> 변조 송신 및 하강 시간의 정의 ······························· 477
<그림 5-4> 변조 대칭성의 정의 ·· 478
<그림 5-5> AIS 송신출력 대 시간 특성 ···································· 487
<그림 5-6> AIS-SART 송신출력 대 시간 특성 ························· 499

제 1 장 연구의 개요

1. 연구의 배경 및 목적

가. 최근 잇따른 해상에서의 선박사고로 해상 안전, 조난 등에 대한 범국민적 관심이 증대되고 있으며, 최근 해상에서 발생한 주요 사건 및 이에 대한 문제점은 다음과 같음

  (1) 세월호 참사의 경우, 선박자동식별장치(AIS) 신호의 손실 또는 오동작에 대한 문제점 발생
  (2) 북한 나포 어선 홍진호의 위치발신기 고의 차단 문제점 발생
  (3) 기타 다수의 어선 조난 사고에서 조난신호 송신에 대한 문제점 제기

나. 해상 무선설비는 선박 사고 시 조난신호 발신, 구조 요청 및 구조 활동의 중요한 수단으로 운용되고 있음

다. 해상 무선설비는 국내의 무선설비 적합성평가 시험방법(KS X3123)을 기준으로 적합성평가 시험을 시행하고 있으나, 유럽 등의 해운 선진국에서 시행하는 MED 인증과는 많이 차이가 있어 국내 인증제품의 해외 시장 진출에 걸림돌이 되고 있음

  (1) 한국은 조선기자재 업체의 유럽 인증을 지원하고자 그리스에 법인을 설립하여 KR Hellas Ltd 가 유럽인증 기관으로 등록되어 있음
  (2) MED 인증기관은 지정 시험기관을 통해 요구되는 성능을 검사함
  (3) 해상통신 분야는 통상 MED의 Module D의 적용을 받으며, 생산자는 제조와 시험에 관한 품질시스템 운영과 승인된 형식과의 적합성 선언, CE 마크 부착에 대한 책임이 부과되고 인증기관은 품질 시스템 승인과 품질 시스템 감독에 대한 책임이 부과됨
  (4) EU의 Council Directive 96/98/EC에 따라 선박자동식별장치와 선박용 레이다 장치 및 위성 비상위치지시용 무선표지설비에 적용되는 개정된 SOLAS 74와 관련 결의안 및 IMO의 회람문서를 정의하고 있음

라. 관련 산업계의 국제인증에 대한 비용절감과 세계시장에서의 기술 경쟁력을 제고를 위해 국제기준의 새로운 시험방법 표준 필요
  (1) 유럽은 해상장비분과에서 Wheel 마크 부여하고 있음
  (2) Wheel 마크를 부여할 수 있는 인증기관으로 DNV(노르웨이선급), BV(프랑스 선급), GL(독일 선급), BSH(독일 수로기구), QINETIQ LTD(영국), RINA(이탈리아) 등이 있음
  (3) 국내 제품이 유럽 진출을 위해서는 Wheel 마크를 부여받아야 하며, 이에 따른 비용이 추가적으로 발생하므로 현재의 국내 해상 무선설비에 관한 기술기준 정비가 필요함

2. 연구의 범위

가. IMO, IEC 등 해상 조난안전 무선설비 국제표준 분석
  (1) AIS에 관한 IEC 규정 분석
  (2) 레이다 장치에 관한 IEC 규정 분석
  (3) EPIRB 관련 IEC 규정 분석
  (4) 유럽, 일본 등 선진 국가의 적합성 평가 시험방법 분석 및 현장방문
나. 시험 표준 마련
  (1) 무선설비 적합성평가 시험방법(KS X 3123)을 기준으로 해상 무선설비에 대한 적합성 평가 시험방법을 분리하여 독립적인 표준 마련
다. AIS와 선박국용 레이다 및 EPIRB의 시험방법 마련
  (1) 성능시험 방안 마련
  (2) 선박자동식별장치의 소프트웨어 성능 시험방법 마련
  (3) 적합성 평가 신청자의 제시사항에 대한 검토
  (4) 선박자동식별장치(AIS)와 레이다에 대한 시험방안 마련

3. 연구의 방법

가. 선박자동식별장치와 선박국용 레이다 및 위성비상위치지시용 무선표지설비의 EC type Examination Certificate를 위한 관련 협약 분석
  (1) 국제협약에서 형식승인 및 검사를 요구하는 것
    (가) 1974 해상에서의 인명안전에 관한 협약 (SOLAS 74)
    (나) 1973 국제해양오염방지협약 (MARPOL 73/78)
    (다) 1972 해상충돌예방에 관한 국제협약 (COLREG 72)
    (라) 상기 협약에 수반되는 각종 의정서 및 개정안
  (2) IEC 60945를 기반으로 한 환경시험과 EMC 시험방안 정립
    (가) 환경시험과 성능시험이 결합된 복합시험 방안으로 추진
    (나) 일반적인 시험조건에 따른 시험내용 정립
    (다) 극한 시험조건에 따른 시험내용 정립

나. 선박자동식별장치와 레이다 장치의 실측을 통한 시험방안 검증
  (1) Class A AIS의 시료를 통한 시험
  (2) 선박국용 레이다 장치의 시료를 통한 시험
  (3) EPIRB의 시료를 통한 시험

제 2 장 국제 기술표준 분석

제 1 절 SOLAS 규칙 분석

SOLAS : Safety Of Life At Sea, 해상에서의 인명안전에 관한 국제 협약

1. 탑재 기준

가. 레이다 탑재 기준

(1) 1984년 9월 1일 이후에 건조된 총톤수 500톤 이상의 선박 및 1984년 9월 1일 전에 건조된 총톤수 1,600톤 이상의 선박은 레이다 설비를 갖추어야 한다. 1995년 2월 1일부터 그 레이다 설비는 9GHz 주파수대에서 작동할 수 있어야 한다. 그 외에, 1995년 2월 1일 후에는, 여객선은 크기에 관계없이 그리고 총톤수 300톤 이상의 화물선은 국제항해에 종사하는 경우, 9GHz 주파수대에서 작동하는 레이다 설비를 갖추어야 한다. 총톤수 500톤 미만의 여객선 및 총톤수 300톤 이상 500톤 미만의 화물선은 주관청의 재량으로 주관청이 승인하는 형식(IMO 성능기준)의 요건에 따르는 것을 면제할 수 있다. 다만 그 설비는 수색및 구조를 위한 레이다 트랜스폰더와 완전히 같이 사용할 수 있는 것이어야 한다.

(2) 총톤수 10,000톤 이상의 선박은 각기 독립하여 작동할 수 있는 2대의 레이다를 설치하여야 한다. 1995년 2월 1일 부터는 상기 레이다 설비 중 최소한 한 대는 9GHz 주파수대에서 운용할 수 있어야 한다.

(3) 총톤수 3000톤 이상의 모든 선박은 다음 설비를 갖추어야 한다.

(가) 다른 수상선, 장애물, 부표, 해안선 및 항해 및 충돌방지에서 보조하는 항해 표지의 거리 및 방위를 결정하고 표시하기 위한, 3 GHz 레이다 한 대 또는 주관청이 인정하는 경우 제2의 9 GHz 레이다 한 대, 또는 다른 수단

(나) 충돌 위험을 결정하기 위한 다른 목표물의 거리와 방위를 자동으로 표시하기 위한, 제2의 자동 추적장치, 또는 다른 수단

나. EPIRB 탑재기준
　(1) 모든 선박은 다음 설비를 갖추어야 한다.(SOLAS 제4장 7규칙)
　　(가) 위성 비상위치표시무선표지(위성 EPIRB)는 다음 사항을 만족하여야 한다.
　　　① 406㎒ 주파수대에서 운용하는 극궤도 위성업무를 경유하여 조난경보를 송신할 수 있을 것
　　　② 용이하게 접근할 수 있는 장소에 설치할 것
　　　③ 수동으로 쉽게 이탈되고, 한 사람에 의해 생존정으로 쉽게 이동될 수 있을 것
　　　④ 선박이 침몰한다면 자유로이 부양할 수 있고 또 부양한 때는 자동으로 작동될 수 있을 것
　　　⑤ 수동으로 작동할 수 있을 것

다. AIS 탑재기준
　(1) 국제 항해에 종사하는 총톤수 300톤 이상의 모든 선박과 국제 항해에 종사하지 아니하는 총톤수 500톤 이상의 화물선과 크기에 관계없이 모든 여객선은 다음과 같이 자동식별장치(AIS)를 설치하여야 한다.
　　(가) 2002.7.1이후 건조 선박
　　(나) 2002.7.1전에 건조된 국제항해에 종사하는 다음의 선박
　　　① 여객선의 경우 2003.7.1이전까지
　　　② 탱커의 경우 2003.7.1이후에 최초의 안전설비 검사 시까지
　　　③ 총톤수 50,000톤 이상의 여객선 및 탱커 이외의 경우 2004.7.1까지
　　　④ 여객선 및 탱커 이외의 총톤수 300톤 이상 50,000톤 미만 선박의 경우 2004년 7월 1일 이후에 도래하는 첫번째 안전설비 검사 또는 2004년 12월 31 중 빠른 날까지
　　　⑤ 2002.7.1전에 건조된 국제항해에 종사하지 아니하는 선박은 2008.7.1까지
라. AIS-SART 탑재기준

(1) 최소한 1대의 수색 및 구조 위치 장치를 모든 여객선 및 총톤수 500톤 이상의 모든 화물선의 양현에 탑재하여야 한다. 총톤수 300톤 이상 500톤 미만의 모든 화물선에는 최소한 1개의 수색 및 구조 위치 장치를 탑재하여야 한다. 그러한 수색 및 구조 위치 장치는 기구에서 채택한 성능 기준 이상의 기준에 적합하여야 한다. 장치는 구명 뗏목 외의 어떠한 생존정에서도 신속히 배치할 수 있는 장소에 적재하여야 한다. 그 대신으로 한 개의 수색 및 구조 위치 장치를 생존정을 제외한 각 생존정에 탑재할 수 있다. 최소 2개의 수색 및 구조 위치 장치를 탑재하고 자유낙하식 구명정을 장치한 선박에서는 그 중 1대의 수색 및 구조 위치 장치는 자유낙하식 구명정에 탑재되어야 하고 나머지는 본선에서 쓰일 수 있고 또한 다른 생존정에 용이하게 옮길 수 있도록 항해선교 가까이에 있어야 한다.
(2) 모든 선박은 다음 설비를 갖추어야 한다.(제4장 7규칙)
  (가) 9 ㎓ 주파수대 또는 AIS를 위해 지정된 주파수 중 하나를 운용할 수 있는 수색 및 구조 위치 장치
  (나) 쉽게 이용할 수 있도록 격납하여야 한다

2. SOLAS 성능 기준

가. 레이다 성능 기준(Res.MSC.64(67))
* *Res.MSC : MSC(Maritime Safety Committee) Resolution*
  - IMO의 해사안전위원회 결의서
(1) 레이다 장비는 항해 및 충돌 회피를 돕는 방식으로 다른 표면의 선박 위치 표시 및 장애물과 부표, 해안선 및 항해 마크에 대한 표시를 제공해야 한다.
(2) 거리 성능
  레이다 안테나가 해발 15m의 높이에 설치될 때 정상적인 전파 조건에서의 작동 요구 사항은 장비의 clutter가 없을 때 다음을 명확하게 표시해야 한다.
  (가) 해안선

① 지면이 60m로 상승하면 20해리
② 지면이 6m로 상승하면 7 해리
(나) 물체 표면
① 해상 7 마일에서 총톤수 5,000 톤의 선박. 3 해리에서 길이 10m의 소형선박
② 해상 2 마일에서 항법 부표와 같은 물체는 약 10 m^2의 효과적인 반향 면적을 가지고 있다.
(다) 최소 범위
① 상기 물체 표면은 범위 조정기 이외의 컨트롤 설정을 변경하지 않고도 안테나 위치에서 최소 수평 50m 범위 또는 1 해리까지 명확하게 표시되어야 한다.
(라) 디스플레이
① 장비는 외부 배율 없이 최소 유효 직경을 지닌 주간 디스플레이를 제공해야 하며, 총톤수 150톤 ~ 총톤수 1,000톤의 선박에서는 180 mm, 총톤수 1,000톤 이상 10,000톤 미만의 선박에서는 250 mm, 총톤수 10,000톤 이상인 선박에서는 340 mm
② 장비는 0.25, 0.5, 0.75, 1.5, 3, 6, 12 및 24 해리(Nautical miles)의 범위 표시를 제공해야 한다.
③ 표시된 범위 척도와 거리환 사이의 거리가 항상 분명히 표시되어야 한다.
④ 범위 척도(레이다 영상)의 기준은 자선에서 시작되어야하며, 선형이고 지연되어서는 안된다.
⑤ 다색 디스플레이는 허용되지만 다음 요구 사항을 충족해야한다.
  - 목표물 잔상은 동일한 기본 색상을 사용하여 표시해야 하며, 잔상의 강도는 다른 색상으로 표시하면 안된다.
  - 추가 정보가 다른 색상으로 표시 될 수 있다.
⑥ 모든 주변 조명 조건 하에서 레이다 정보는 판독 가능해야 한다. 높은 주변 조명 레벨에서 디스플레이의 작동을 용이하게 하기 위해 차폐막이 필요한 경우, 즉시 장착 및

제거 할 수 있는 수단이 제공되어야 한다.
⑦ 사용 중인 주파수 대역을 운용자에게 알려야 한다.
(마) 거리 측정
① 다음과 같이 거리측정을 위해 전자 고정거리환을 제공해야 한다.
- 0.25, 0.5, 0.75 해리 범위의 범위에서 최소 2개 이상 6개 거리환이 제공되어야 하며, 다른 필수 거리의 각 척도에는 6개의 거리환이 제공되어야 한다.
- off-center 기능이 제공되는 경우, 같은 거리 간격으로 추가 거리환이 제공되어야 한다.
② 반지 형태의 전자 가변거리환은 범위의 수치 판독 값과 함께 제공되어야 한다. 이 판독 값은 다른 데이터를 표시해서는 안된다. 1 해리 미만의 범위의 경우, 소수점 앞에 0이 하나만 있어야 한다. 추가 가변거리환이 제공될 수 있다.
③ 고정거리환과 가변거리환은 사용 중인 눈금의 최대 범위의 1% 또는 30m 중 큰 값을 초과하지 않는 오차 범위에서 물체의 범위를 측정할 수 있어야 한다.
④ 디스플레이가 중심을 벗어나면 정확도가 유지되어야 한다.
⑤ 고정거리환의 두께는 허용되는 최대 값보다 커서는 안된다.
⑥ 모든 거리 척도에서, 모든 경우에 5 초 이내에 필요한 정밀도로 변수 메이커를 설정할 수 있어야한다. 거리 척도를 변경하면 사용자가 설정한 범위가 자동으로 변경되지 않아야 한다.
(바) 선수방위 측정
① 선박의 선수방위는 최대 오차가 ±1° 이하의 연속선으로 표시되어야한다. 표시된 선수방위선의 두께는 레이다 디스플레이의 가장자리에서 최대 범위에서 측정한 값이 0.5° 보다 커야 한다. 선수방위선은 추적 원점에서 디스플레이 가장자리까지 확장되어야합니다.
② '선수지시선 오프(heading line off)' 위치에 남겨 둘 수 없는 장치로 선수방위 표시기를 끄도록 규정해야한다.

③ 선수방위 마커는 방위 척도에 표시되어야한다.
(사) 방위 측정
　① 전자방위선, EBL(Electronic Bearing Line)에는 디스플레이에 에코가 나타나는 모든 물체의 방위각을 얻기 위해 숫자 판독 값이 제공되어야 한다.
　② EBL은 디스플레이의 디스플레이 가장자리에 반향이 나타나 최대 오차가 ±1° 이하인 측정물을 가져올 수 있어야한다.
　③ EBL은 선수지시기와 명확하게 구별되도록 화면에 표시되어야한다.
　④ EBL의 밝기를 바꿀 수 있어야한다. 이 변이는 분리되거나 다른 마커의 강도와 결합될 수 있다. EBL을 화면에서 완전히 제거할 수 있어야 한다.
　⑤ EBL의 회전은 양방향으로 연속적으로 또는 0.2° 이하의 단계로 가능해야 한다.
　⑥ EBL 방위의 수치 판독 값은 소수점 이하 하나를 포함하여 적어도 4 자리로 표시되어야한다. EBL 판독 값은 다른 데이터를 표시하는데 사용해서는 안된다. 표시된 방위가 상대 방위인지 진방위인지 확실하게 식별해야 한다.
　⑦ 디스플레이 가장자리 주위의 방위 척도가 제공되어야한다. 선형 또는 비선형 방위 척도가 제공될 수 있다.
　⑧ 방위 척도는 5° 및 10° 구분이 분명히 구별될 수 있도록 최소한 5°에 대해 구분표시가 있어야 한다. 숫자는 적어도 30° 구분을 분명히 식별해야 한다.
　⑨ 선수지시선과 진북에 대한 상대방위를 측정할 수 있어야 한다.
　⑩ EBL 출발점의 위치를 자신의 선박에서 유효 전시 영역의 원하는 지점으로 옮길 수 있어야한다. 빠르고 간단한 조작으로, EBL 원점을 화면상의 자신의 배 위치로 되돌릴 수 있어야 한다. EBL에서는 가변 범위 마커를 표시할 수 있어야 한다.
(아) 식별력
　① 거리

- 장비는 1.5 해리의 거리 척도, 거리 척도의 50%와 100% 사이의 범위에 있는 두 개의 작은 유사한 표적, 그리고 동일한 방위에서 40m 이내 분리된 별도의 표시로 표시 할 수 있어야 한다.

② 방위
- 장비는 1.5 해리 범위의 50%와 100% 사이의 동일한 범위에 있고 2.5° 방위 이상 분리된 두 개의 작은 유사한 표적을 별도의 표시로 표시 할 수 있어야 한다.

(자) 횡요 또는 종요
① 장비의 성능은 선박이 ± 10° 까지 횡요 또는 종요할 경우에도 만족되어야 한다. 거리 성능 요구 사항이 계속 충족되어야 한다.

(차) 안테나 스캔
① 방위는 360° 방위각을 통해 시계 방향, 연속 및 자동이어야 한다. 안테나 회전 속도는 분당 20 회전 이상이어야 한다. 장비는 최대 100노트의 상대 풍속에서 만족스럽게 시작하고 작동해야 한다.
② 성능이 열등하지 않다면 대체 스캔 방법을 사용할 수 있다.

(카) 방위각 안정화
① 디스플레이가 자이로 콤파스 또는 그와 동등한 성능으로 방위각에서 안정화될 수 있도록 하는 수단이 제공되어야 한다. 콤파스 변속기와의 정렬 정확도는 분당 2회전의 콤파스 회전 속도로 0.5° 내에 있어야 한다.
② 방위각 안정화가 작동 불능일 때, 장비는 헤드업(head-up) 불안정 모드에서 만족스럽게 작동해야 한다.
③ 5초 이내에 하나의 디스플레이 모드에서 다른 디스플레이 모드로 전환하고 필요한 방위 정확도를 달성해야 한다.

(타) 성능 모니터링
① 설치 시에 확립된 교정 표준에 상대적으로 시스템 성능이 현저히 떨어지는지 여부를 쉽게 판단 할 수 있도록 장비가 작동 가능하게 사용되는 동안 점검 수단을 사용할 수

있어야 한다. 목표물이 없을 때 장비가 올바르게 조정되었는지 확인하는 수단을 제공해야 한다.
(파) 안티 클러터 장치
① 해저, 비 및 다른 형태의 강수, 구름, 모래 폭풍 및 다른 레이다로부터 원치 않는 반향을 억제하기 위한 적절한 수단이 제공되어야한다. 안티 클러터 컨트롤을 수동으로 지속적으로 조정할 수 있어야한다. 또한, 자동 안티 클러터 컨트롤이 제공 될 수 있다. 그러나 스위치가 꺼져 있어야 한다.
② 레이다 안테나가 해발 15m의 높이에 설치될 때의 작동 요구 사항은 장비가 해저 혼입이 있더라도 장비가 3.5 해리에 이르는 표준 반사경에 대한 명확한 표시를 제공해야한다.
(하) 작동
① 가용성
- 스위치를 켠 후 장비는 4분 이내에 완전히 작동해야한다.
- 장비를 15초 이내에 작동 상태로 유지할 수 있는 대기 상태가 제공되어야한다.
② 컨트롤
- 운영 통제는 식별 가능하고 사용하기 쉽고 접근이 용이해야한다. 컨트롤을 식별하고 조작하기 쉬워야한다.
- 장비는 마스터 디스플레이 위치에서 켜고 끌 수 있어야 한다.
- 고정 거리환과 가변 거리 마커 및 전자방위선의 밝기를 변경하고 디스플레이에서 독립적으로 완전히 제거할 수 있어야한다.
(거) 레이다 비콘과 SART의 운용
① 레이다는 레이다 비콘 신호를 탐지하고 표시할 수 있어야 하며 9 ㎓ 레이다는 수색 및 구조 트랜스폰더(SART)의 신호를 탐지하고 표시 할 수 있어야한다.
② 9㎓ 대역에서 동작하는 모든 레이다는 수평 편파 모드에서 동작 할 수 있어야 한다.

③ SART의 레이다 비컨이 레이다 디스플레이 상에 나타나지 않도록 하는 신호 처리 시설을 스위치 오프 할 수 있어야 한다.
(너) 디스플레이 모드
① 장비는 상대운동 및 진운동이 가능해야한다.
② 레이다 원점은 디스플레이 반경의 50% 이상 75% 이하로 벗어날 수 있어야한다.
③ 레이다는 대수 및 대지 안정화가 가능해야한다. 대지 안정화의 해상에서 디스플레이의 정확성과 차별성은 최소한 이 성능 표준에서 요구하는 것과 동일해야 한다.
④ 선박의 대수속력을 레이다에 제공하는 속도 및 거리 측정장치(SDME)는 전후 방향으로 속도를 제공할 수 있어야 한다.
⑤ 대지 안정화된 입력은 2차원이어야 한다. 이것은 SDME, 전자측위시스템 또는 레이다 추적 정지표적으로부터 제공될 수 있다. 속도 정확도는 결의 A.824(19)의 요구 사항에 따라야 한다.
⑥ 입력의 유형과 사용 중인 안정화가 표시되어야한다.
⑦ 수동으로 선박의 속도를 0 노트에서 30 노트까지 0.2 노트 이하로 수동으로 입력할 수 있어야한다.
⑧ 세트 및 드리프트를 수동으로 입력해야한다.
⑨ 외부 자기장으로부터의 간섭
 - 본선에서의 설치 및 조정 후에, 이 성능 표준에 규정된 방위 정확도는 지구의 자기장에서 선박의 이동에 관계없이 더 이상 조정하지 않고 유지되어야 한다.
(더) 레이다 설치
① 안테나를 포함한 레이다 설치는 레이다 시스템의 성능이 실질적으로 손상되지 않도록 해야 한다.
(러) 실패 경고 및 상태
① 운용자에게 제공된 정보가 탐지될만한 이유로 유효하지 않은 경우, 운영자에게 적절하고 명확한 경고가 제공되어야 한다.

(3) 다중 레이다 설치
　(가) 두 개의 레이다를 휴대해야하는 경우, 각 레이다를 개별적으로 조작할 수 있도록 설치되어야하며 두 개 모두 서로 의존하지 않고 동시에 작동 할 수 있어야한다. 비상 전원 장치가 1974 SOLAS 협약의 제 II-1장의 적절한 요구 사항에 따라 제공될 때, 두 레이다는 이 전원으로부터 작동할 수 있어야한다.
　(나) 두 개의 레이다가 설치된 경우, 전체적인 레이다 설치의 유연성과 가용성을 향상시키기 위해 인터 스위칭 설비가 제공될 수 있다. 두 레이다 중 하나가 고장나면 다른 레이다가 악영향을 미치지 않도록 설치되어야한다.

(4) 인터페이스
　(가) 레이다 시스템은 자이로콤파스, 속도 및 거리 측정장비(SDME) 및 전자측위시스템(EPFS)과 같은 장비로부터 국제 표준에 따라 정보를 수신할 수 있어야한다. 수신된 정보의 출처는 표시될 수 있어야 한다.
　(나) 레이다는 외부 센서로부터의 입력이 없을 때 지시를 제공해야한다. 또한 레이다는 외부 센서의 입력 데이터 품질과 관련된 알람 또는 상태 메시지를 반복해야 한다.
　(다) 어떤 레이다 출력이라도 국제 표준에 따라야 한다.

(5) 항해 정보
　(가) 레이다 디스플레이는 레이다 정보 외에도 그래픽 형태, 위치, 항해 라인 및 맵으로 표시할 수 있어야 한다. 지리적 참조와 관련하여 이러한 점, 선 및 맵을 조정할 수 있어야 한다. 그래픽 정보의 출처와 지리적 참조 방법을 명확하게 표시해야한다.

(6) 플로팅
　(가) 플로팅 시설은 다음과 같이 레이다와 함께 제공되어야한다.
　　① 전자표시장치가 설치된 선박에는 수동 직접 플로팅을 위한 "전자표시장치"가 장착되어야한다.
　　② 자동추적장치가 설치된 선박에는 "자동추적장치"가 장착

되어야한다.
③ 자동레이다플로팅장치가 장착된 선박에는 결의 A.823 (19)에 정의된 최소 유효 직경 250mm의 ARPA가 장착되어야한다. 두 번째 레이다에는 적어도 "자동추적장치"가 장착되어야한다.
④ 총톤수 10,000톤 이상의 선박에는 결의 A.823 (19)에서 정의된 최소 유효 직경이 340㎜인 ARPA가 장착되어야한다.
⑤ 합성 잔광의 형태로 표적의 레이다 에코 흔적을 표시할 수 있어야한다. trail은 상대방위 또는 진방위 일 수 있다. 진방위 trail은 대수나 대지안정화 되어있을 수 있다. trail은 표적과 구별 할 수 있어야한다.

(7) 인체 공학
   (가) 다음 기능들은 직접적으로 접근 가능하고 즉각적으로 영향을 받아야한다
      ① 온/오프 스위치 - Gain
      ② 모니터 밝기 - 표시
      ③ 튜닝(수동인 경우) - Anti-clutter 해면
      ④ 범위 선택 - 가변거리환
      ⑤ Anti-clutter rain - 마커 (커서)
      ⑥ 전자방위선
      ⑦ 패널 조명을 위한 조광기
   (나) 다음의 기능은 연속적으로 가변적이거나 작은 유사 아날로그 단계이어야 한다.
      ① 모니터 밝기 - Anti-clutter 해면
      ② 튜닝(수동인 경우) - 가변거리환
      ③ Anti-clutter rain - 마커 (커서)
      ④ 전자방위선
      ⑤ Gain
   (다) 모든 조명 조건에서 다음 기능의 설정을 읽을 수 있어야한다.
      ① 패널 조명을 위한 조광기 - 튜닝(수동인 경우)
      ② Gain - Anti-clutter rain

③ Anti-clutter sea
④ 모니터 밝기
(라) 다음 기능에 대해서는 추가로 자동 조정할 수 있다. 자동 모드의 사용은 운전자에게 지시되고 스위치 OFF 될 수 있다
① 모니터 밝기 - Gain
② Anti-clutter rain - Anti-clutter sea
(마) EBL과 VRM을 위한 분리된 조정 장치가 있다면 왼쪽과 오른쪽에 위치해야한다.

다. EPIRB 성능 기준 (Res.A.810(19))
Res.A : Assembly Resolution - IMO 총회 결의서
(1) 일반 요구사항
(가) 위성 비상위치지시용 무선표지설비(EPIRB)는 전파 규칙의 요구 사항을 충족시킬 뿐만 아니라 관련 ITU-R 권고 및 결의 A.694(17)에 규정된 일반 요구 사항을 충족해야하며 다음 성능표준을 준수해야한다.
(나) 위성 EPIRB는 극궤도 위성에 조난 경보를 전송할 수 있어야한다.
(다) EPIRB는 자동부양 형태이어야 한다. 장비의 설치 및 해제 장치는 신뢰할 수 있어야 하며 바다에서 경험할 수 있는 가장 극한 조건 하에서 만족스럽게 작동해야 한다.
(2) EPIRB 위성은
(가) 부주의한 작동를 방지하기 위한 적절한 수단을 갖추어야한다.
(나) 전기적 부분이 최소한 5분 동안 10 m의 깊이에서 수밀되도록 설계되어야한다. 장착 위치에서 입수 상태로 전환하는 동안 45° C의 온도 변화를 고려해야한다. 해양 환경, 결로 및 누수의 유해한 영향은 표지의 성능에 영향을 미치지 않아야 한다.
(다) 자유 부양 후 자동으로 작동되어야 한다
(라) 수동 작동 및 수동 중지가 가능해야 한다.
(마) 신호가 송출되고 있음을 나타내는 수단이 제공되어야 한다.

(바) 평온한 물 속에 똑바로 떠있을 수 있고 모든 해양 조건에서 긍정적 안정성과 충분한 부력을 가져야 한다.
(사) 높이 20 m에서 물에 던졌을 경우 손상없이 작동할 수 있어야 한다.
(아) EPIRB가 적절하게 작동 할 수 있는지 결정하기 위해 위성 시스템을 사용하지 않고 시험 할 수 있어야 한다.
(자) 눈에 띄는 황색/주황색의 색채여야하며 역반사 물질이 제공되어야 한다.
(차) 줄끈(lanyard)으로 사용하기에 적합한 부력이 있는 줄끈을 구비하여야하며, 이 줄끈은 자유롭게 떠있을 때 선박의 구조에 갇히지 않도록 배치되어야 한다.
(카) 어두운 곳에서 작동하는 낮은 듀티사이클 불빛(0.75cd)이 제공되어 주변 생존자 및 구조 유닛에게 위치를 표시할 수 있어야 한다.
(타) 해수 또는 기름 또는 둘 다에 의해 과도하게 영향을 받지 않아야 한다.
(파) 햇빛에 장기간 노출될 경우 변질되지 않아야 한다.
(하) 항공기 유도를 위한 121.5㎒ 비컨이 주로 제공되어야 한다.
(거) 배터리는 최소 48시간 동안 위성 EPIRB를 작동 할 수 있는 충분한 용량을 가져야 한다.

(3) 위성 EPIRB는 다음의 환경조건 하에서 작동하도록 설계되어야 한다
(가) -20°C에서 +55°C의 주위 온도
(나) 착빙
(다) 상대 풍속은 100 노트까지
(라) 적재 후 -30°C에서 +70°C 사이의 온도에서.

(4) 설치된 위성 EPIRB는
(가) 로컬 수동 작동. 장치가 자동부양 마운팅에 설치되어있는 동안 항해 선교에서 원격 작동를 제공할 수도 있다.
(나) 선박에 탑재되어있는 동안 충격 및 진동의 범위 및 해상 선박의 갑판 상 정상적으로 발생하는 기타 환경 조건에 대

하여 적절하게 작동 할 수 있어야 한다.
- (다) 임의의 각도의 횡경사나 종경사에서 4 m의 깊이에 도달하기 전에 스스로 이탈되고 자유 부양하도록 설계되어야 한다.

(5) 조난경보 기능
- (가) 위성 EPIRB가 수동으로 작동 할 때 조난 경보는 전용 조난 경보 작동기를 통해서만 개시되어야한다.
- (나) 전용 작동기는 다음을 수행해야한다.
  ① 명확하게 식별되어야한다.
  ② 부주의 한 조작으로부터 보호되어야한다.
- (다) 수동 조난 경보 개시에는 적어도 두 가지 독립적인 동작이 필요하다.
- (라) 위성 EPIRB는 이탈 장치에서 수동으로 제거한 후에 자동으로 작동되어서는 안된다.

(6) 표식 (Labelling, 라벨링)
- (가) 결의문 A.694 (17)에 명시된 일반 요구 사항에 추가하여 다음 사항을 장비 외부에 명확하게 표시해야한다.
  ① 간단한 작동 지침
  ② 사용된 주 배터리의 만료 날짜
  ③ 송신기에 프로그램 된 식별 코드

(7) 위성 신호
- (가) 위성 EPIRB 조난 경보 신호는 G1B 클래스의 발사를 사용하여 406.025 ㎒의 주파수로 전송되어야한다.
- (나) 전송 된 신호의 기술적 특성과 메시지 형식은 ITU-R 권고 M.633에 따라야한다.
- (다) 비휘발성 메모리를 사용하여 위성 EPIRB에 조난 메시지의 고정 부분을 저장하기 위한 조항이 포함되어야한다.
- (라) 고유한 표지식별부호는 모든 메시지의 일부로 만들어야 한다. 1999년 2월 1일까지 이 식별 코드에는 비컨이 등록된 국가의 세 자리 코드가 포함되어야하며 그 뒤에 다음 중 하나가 있어야한다.
  ① ITU 전파규칙 부록 43에 따라 선박국 식별부호의 후행 6

　　　　자리; 또는
　　② 고유한 일련 번호. 또는
　　③ 무선 호출 부호
　　　방법 ①이 선호된다. 1999년 2월 1일 이후에, 모든 새로운 비콘 설비는 방법 ①에 따라야 한다.
(마) 121.5㎒ 호밍 신호는 다음과 같아야한다.
　　① 406㎒ 신호의 전송 중에 최대 2초 동안 인터럽트 될 수 있다는 점을 제외하고 연속적인 듀티 사이클을 갖는다
　　② 스윕 방향을 제외하고 전파규칙 부록 37A의 기술적 특성을 만족해야한다. 스윕은 상향 또는 하향 중 하나일 수 있다.

라. AIS 성능기준 (Res.MSC.74 (69))
 (1) 기능적 요구사항
　(가) 충돌 회피를 위한 선박 대 선박 모드
　(나) 연안국이 선박 및 화물에 관한 정보를 입수 할 수 있는 수단
　(다) 선박 대 해안 (교통 관리)으로서의 VTS 도구
　(라) AIS는 선박 및 관할 당국에 선박 정보를 제공 할 수 있어야 하며, 정확한 추적을 용이하게 하기 위해 필요한 정확성과 빈도로 자동으로 데이터의 전송이 선박 직원의 최소한의 개입과 높은 수준의 가용성으로 이루어져야 한다.
 (2) 작동 모드
　(가) 모든 지역에서 운영을 위한 "자발적이고 지속적인" 모드로, 이 모드는 관할 기관에 의해 다음 대체 모드 중 하나에서 전환 될 수 있어야 한다.
　(나) 데이터 전송 간격 또는 시간 슬롯이 해당 기관에 의해 원격으로 설정 될 수 있도록 트래픽 모니터링을 담당하는 관할 당국의 통제를 받는 영역에서 작동하기 위한 "할당된" 모드
　(다) "폴링 (polling)" 또는 선박 또는 권한 있는 당국의 심문에 대한 응답으로 데이터 전송이 발생하는 제어 모드
 (3) 능력
　AIS는 다음을 포함해야한다

(가) 단기 및 장거리 응용 프로그램을 지원하기 위해 적절한 채널 선택 및 전환 방법으로 해상 주파수 범위에서 작동할 수 있는 통신 프로세서
(나) 분당 1 분의 1 초의 분해능을 제공하고 WGS-84 데이터를 사용하는 전자측위시스템으로부터 데이터를 처리하는 수단
(다) 다른 센서의 데이터를 자동으로 입력하는 수단
(라) 데이터를 수동으로 입력 및 검색하는 수단
(마) 전송 및 수신 된 데이터를 오류 검사하는 수단
(바) 내장 테스트 장비 (BITE).

AIS는 다음을 할 수 있어야한다.
(가) 선박 직원을 개입시키지 않고 권한 있는 당국 및 다른 선박에 자동적으로 그리고 지속적으로 정보를 제공
(나) 권한있는 당국 및 다른 선박으로부터의 정보를 포함하여 다른 출처로부터 정보를 접수 및 처리
(다) 최소한의 지연으로 높은 우선순위 및 안전 관련 통화에 응답
(라) 권한 있는 당국 및 다른 선박에 의한 정확한 추적을 용이하게 하기 위해 적합한 데이터 속도로 위치 및 조종 정보를 제공

(4) 사용자 인터페이스

사용자가 별도의 시스템에 접근하여 정보를 선택 및 표시 할 수 있게 하려면 AIS에 적절한 국제 해상 인터페이스 표준을 준수하는 인터페이스가 제공되어야 한다.

(5) 식별

선박 및 메시지 식별을 위해 해당 해상이동업무식별부호 (MMSI)를 사용해야 한다.

(6) 정보

AIS가 제공하는 정보는 다음을 포함해야 한다.
(가) 정적 정보
① IMO 번호(사용 가능한 경우)
② 호출 부호 및 이름
③ 선체 길이와 선폭

　　　　④ 선박 종류
　　　　⑤ 선박의 위치결정 안테나의 위치(선수의 후면 또는 중심선
　　　　　 의 좌현 또는 우현)
　(나) 동적 정보
　　　　① 정확도 표시 및 무결성 상태가 있는 선박의 위치
　　　　② 시간(UTC)
　　　　③ 대지침로
　　　　④ 대지속도
　　　　⑤ 선수방위
　　　　⑥ 항해 상태 (예 : NUC, 앵커 등 - 수동 입력)
　　　　⑦ 선회율 (가능한 경우)
　　　　⑧ 옵션 - 횡경사 각도 (사용 가능한 경우)
　　　　⑨ 옵션 - Pitch 및 Roll (사용 가능한 경우)
　(다) 항해 관련
　　　　① 선박의 흘수
　　　　② 위험화물 (유형)
　　　　③ 목적지 및 도착 예정 시간 (선장 재량에 따라)
　　　　④ 선택 사항 - 항로 계획 (경유지)
　(라) 안전 관련 단문 메시지
　　　　자동 모드에 대한 정보 업데이트 속도
　(마) 다른 정보 유형은 다른 기간 동안 유효하므로 다른 업데이
　　　트 속도가 필요합니다.
　　　　① 정적 정보 : 6 분마다 요청 시
　　　　② 동적 정보 : [표 2-1]에 따라 속도 및 침로 변경에 따라 다름
　　　　③ 항해 관련 정보 : 데이터가 수정되어 요청 시 6 분마다
　　　　④ 안전 관련 메시지 : 필요에 따라

[표 2-1] AIS 보고 시간 간격

선박 유형	보고 간격 (전송주기)
투묘 시	3 분
선박 0 ~ 14 노트	12 초
선박 0 ~ 14 노트 및 변침	4 초
선박 14 ~ 23 노트	6 초
선박 14 ~ 23 노트 및 변침	2 초
선박> 23 노트	3 초
선박> 23 노트 및 변침	2 초

(7) 보안

(가) 사용 중지를 감지하고 입력 또는 전송된 데이터의 무단 변경을 방지를 위한 보안 메커니즘을 제공해야 한다. 데이터의 무단 배포를 보호하기 위해 IMO 지침(선박보고 시스템에 대한 지침 및 기준)을 준수해야 한다.

(8) 허용 초기화 기간

전원 가동 2 분 이내에 작동하도록 설치되어야 한다.

(9) 전력 공급

AIS 및 관련 센서는 선박의 주전원으로부터 전력을 공급 받아야 한다. 또한, 보조전원으로 AIS 및 관련 센서를 작동 할 수 있어야 한다.

(10) 기술 특성

가변 송신기 출력, 동작 주파수(국제적 또는 지역적 지정된), 변조 및 안테나 시스템과 같은 AIS의 기술적 특성은 적절한 ITU-R 권고를 준수해야 한다.

마. AIS-SART 성능기준 (Res.MSC.246(83))

(1) 일반 요구사항

(가) AIS-SART는 조난 중인 물체의 위치, 정적 및 안전 정보를 나타내는 메시지를 전송할 수 있어야한다. 전송된 메시지는 기존 AIS 설치와 호환 가능해야 한다. 전송된 메시지는 AIS-SART

의 수신범위에서 보조 장치에 의해 인식되고 표시되어야 하며 AIS-SART와 AIS 설치를 명확하게 구별해야한다.
(2) AIS-SART는 다음을 수행해야 한다.
    (가) 비숙련자에 의해 쉽게 작동될 수 있어야 한다.
    (나) 부주의한 작동을 방지하기 위한 수단을 갖추어야 한다.
    (다) 시각적 또는 청각적 또는 시각적 및 청각적 수단을 통해 정확한 작동을 나타낼 것.
    (라) 수동으로 작동 및 작동 중지 할 수 있어야 한다. 자동 작동을 위한 조항이 포함될 수 있다.
    (마) 20 m 높이에서 던졌을 경우 손상없이 작동되어야 한다.
    (바) 적어도 5분 동안 10 m의 깊이에서 방수되어야 한다.
    (사) 규정된 입수 조건 하에서 45° C의 열충격을 가했을 때 수밀성을 유지해야 한다.
    (아) 생존정의 필수 불가결한 부분이 아니라면 부양할 수 있어야한다.(반드시 작동 위치에 있는 것은 아니다)
    (자) 부양 능력이 있는 경우, 줄끈으로 사용하기에 적합한 부력이 있는 매는 줄끈을 갖춰야 한다.
    (차) 해수 또는 기름에 의해 과도하게 영향을 받지 않아야 한다.
    (카) 햇빛에 장기간 노출될 경우 변질되지 않아야 한다.
    (타) 탐지를 원조하기 위한 경우, 모든 표면은 눈에 띄는 황색/주황색이어야 한다.
    (파) 생존정의 손상을 피하기 위한 부드러운 외부 구조를 가진다
    (하) 삽화가 든 지시사항과 함께 AIS-SART 안테나를 해발 1미터 이상으로 유지하기 위한 장치를 갖추어야 한다.
    (거) 1분 또는 그 이하의 보고 간격으로 송신 할 수 있어야 한다.
    (너) 내부 위치 정보를 갖추고 각 메시지에서 현재 위치를 전송할 수 있어야 한다.
    (더) 특정 시험 정보를 사용하여 모든 기능을 시험 할 수 있어야 한다.

(3) AIS-SART는 -20° C에서 + 55° C의 온도 범위 내에서 96 시간동안 작동하고 장비의 기능을 테스트하기에 충분한 배터리 용량을 가져야 한다. AIS-SART에는 VHF데이터 링크의 무결성을 보장하기 위한 고유 식별자가 있어야 한다.

(4) AIS-SART는 -20° C에서 + 55° C의 주위 온도에서 작동 할 수 있도록 설계되어야한다. -30° C ~ + 70° C의 온도 범위에서 적재 중에 손상되면 안된다.

(5) AIS-SART는 해상조건에서 5해리의 거리에서 탐지할 수 있어야 한다.

(6) AIS-SART는 위치확인시스템으로부터의 위치 및 시간 동기화가 손실되거나 실패하더라도 계속 전송해야 한다.

(7) AIS-SART는 작동 1분 이내에 송신해야한다.

(8) 기술적인 특성

　(가) AIS-SART의 기술적 특성은 관련 ITU 권고 사항에 따라야한다.

(9) 표식 (Labelling, 라벨링)

　(가) 결의문 A.694(17)에 명시된 항목 외에도 다음 사항을 장비 외부에 명확하게 표시해야합니다.

　　① 간단한 작동 및 시험 지침
　　② 사용된 기본 배터리의 만료 날짜

제 2 절 레이다 관련 국제 기술표준 분석

1. IMO의 레이다 관련 기술표준 분석

가. 레이다 성능

(1) 전송과 간섭

레이다는 ITU에서 마련된 규정 내에서 선박용 레이다에 할당된 주파수 범위를 사용해야 하고, 관련된 ITU-R 규정을 준수해야 한다. 레이다는 정상적인 해양 레이다 환경에서 발생하는 전형적인 간섭 상황에서 만족할 만한 성능을 내야 한다.

(2) 성능 최적화와 모니터링

레이다가 최적화 상태에서 동작되고 있는 지 확인 할 수 있는 방법이 있어야 한다. 적용한 레이다기술에서 수동 튜닝이 기본적으로 제공되어야 하고, 자동 튜닝은 제공할 수도 있다. 물표가 없는 경우에도 최적화 성능에서 작동하는지 확인할 수 있는 표시가 있어야 한다. 장비가 정상적인 동작을 할 동안에 설치 시에 비해 성능이 많이 떨어지는 확인할 수 있는 방법이 있어야 한다.

(3) 이득 및 클러터 방지 기능

가능한 방법으로 적절한 원치 않는 에코, 해면 클러터, 우설 클러터, 해무, 구름, 모래 폭풍, 타 선박의 레이다 간섭을 줄이는 하는 방법이 제공되어야 한다.

(4) 신호처리

레이다 시스템은 물표의 가시성을 악천후 속에서 높이기 위한 방법을 제공해야 한다. 가시성을 높이기 위한 방법은 모니터에서 기능이 수행되어야 한다. 선택이 가능한 경우라면, 가시성 상태가 표시되어야 하고 사용자 매뉴얼에 방법과 원리가 기술되어야 한다. 효과적인 신호처리와 레이다 영상 업데이트기간이 적정해야 한다. 최소한 지연으로 물표 탐지와 관련 신호처리가 충족되어야 한다. 화면은 매끄럽고 지속적 업데이트 되어야 한다. 사용자 매뉴얼에 신호처리에 대한 기본 개념, 특징, 장점 및 제한 등을 기술해야 한다.

(5) SART, 능동형 반사기 (RTEs)와 비콘의 운용

X-밴드 레이다 시스템은 레이다 비콘을 관련주파수 밴드에서 탐지 할 수 있어야 한다. X-밴드 레이다 시스템은 SART와 능동형 레이다 반사기를 탐지 할 수 있어야 한다. 이러한 신호처리 기능을 작동하지 않게 할 수 있어야 하는데, 대체수단인 편파모드를 포함하여 X-밴드 레이다 비콘 또는 SART를 탐지하거나 표시하지 않을 수 있게 해야 한다. 신호처리와 편파의 상태를 표시해야한다.

(6) 최소거리와 거리보정

모든 거리 지수 오차에 대한 보정은 자동적으로 적용되어야 하며 여러 개의 안테나가 설치된 경우 선택한 각 안테나에 대해 자동으로 적용되어야 한다. 물표의 짧은 거리 탐지는 [표 2-2]에 명시된 조건하에 요구사항과 만족하는지 확인한다.

[표 2-2] 클러터가 없는 상황에서 1st 탐지 거리

물표설명[e]	물표 해발높이 m	탐지거리[f] X-band NM	S-band NM
해안선[g]	60 까지 상승	20	20
해안선[g]	6 까지 상승	8	8
해안선[g]	3 까지 상승	6	6
SOLAS 선박(> 5,000 총톤수)[g]	10	11	11
SOLAS 선박(> 500 총톤수)[g]	5.0	8	8
레이다 반사기가 있는 소형선박 (IMO P.S.)[a]	4.0	5.0	3.7
코너 반사기가 있는 항법 부이[b]	3.5	4.9	3.6
전형적인 항법 부이[c]	3.5	4.6	3.0
레이다 반사가 없는 길이 10m의 소형선박[d]	2.0	4.3	3.0
채널 마커[c]	1.0	2.0	1.0

[a] IMO는 레이다 반사기의 성능 기준을 개정했다. - 레이다 단면은 (RCS) X-밴드의 경우 7.5 ㎡, S-밴드의 경우 0.5 ㎡로 정의된다. 사용된 반사기는 명시된 RCS를 50%이상 초과해서는 안된다.
[b] 물표는 X-밴드의 경우 10 ㎡, S-밴드의 경우 1.0 ㎡를 취한다.
[c] 전형적인 항법 부이는 X-밴드는 5.0 ㎡, S-밴드는 0.5 ㎡로 취해진다. RCS가 1.0 ㎡(X-밴드)이고 0.1 ㎡(S-밴드)이고 높이가 1 m 인 전형적인 채널 마커의 경우 감지 범위는 각각 2.0 NM 및 1 NM입니다.
[d] 10 m 소형 선박에 대한 RCS는 X-밴드 용으로 2.5 ㎡, S-밴드 용으로는 1.4 ㎡(분산된 물표로 간주)를 취한다.
[e] 반사기은 점 물표, 선박은 복잡한 물표, 해안선은 분산 물표(바위가

많은 해안선의 전형적인 값이지만 프로파일에 따라 달라짐)으로 간주된다.

f 실제로 경험 한 탐지 범위는 대기조건(예를들어 증발 덕트), 물표 속도 및 양상, 물표 물질 및 물표 구조를 포함한 다양한 요소에 영향을 받는다. 이들 및 다른 요소는 모든 범위에서 물표 검출을 향상 시키거나 저하시킬 수 있다. 첫 번째 탐지와 자체 선박 간의 범위에서 안테나/물표 중심 높이, 물표 구조, 해면 상태 및 레이다 주파수 대역과 같은 요소에 의존하는 신호 다중 경로에 의해 레이다 반환이 감소되거나 향상 될 수 있다.

비고 1 RCS 값은 물표 특성 및 양상에 따라 30 dB까지 변할 수 있으므로 탐지 범위가 변경된다.
비고 2 첫 번째 탐지 범위에 대한 탐지 성능 예측은 CARPET 소프트웨어 계산 (CARPET : 레이다 분석 소프트웨어 : Computer Aided Radar Performance Evaluation Tool)에서 파생된다.

본선 속도가 0일 때 또는 육상에서 시험할 때, 안테나높이는 15 m이고 [표 2-2]에서 잔잔한 바다(최소 클러터)에서 항해 부이(코너 반사기)가 있는 경우 최소 수평거리로 40 m에서 1 NM 거리까지 측정할 수 있어야 한다. 위 시험을 할 때 제어할 수 있는 설정값 변경 없이 수행해야 한다.

(7) 거리와 방위 분해능

거리와 방위 분해능은 잔잔한 바다 조건 (최소 클러터)에서 측정해야 한다. 거리 척도가 1.5이거나 이보다 작아야 하고 선택된 거리 척도의 50%와 100% 사이에 있어야 한다. 중심에 맞지 않는 표시 기능은 측정을 위해 할 수 있다. 레이다 시스템은 같은 방위에 있고, 40 m 떨어진 두 지점 물표를 구별할 수 있어야 한다. 레이다시스템은 같은 거리에서 2.5° 떨어진 곳에서, 2개로 보여야 한다.

(8) 기본적인 레이다 정확성

레이다 시스템의 방위와 거리 정확도는 거리: 30 m이내, 혹은 사용하는 거리 척도의 1%, 둘 중 큰 값. 방위: 1° 이내

(9) 물표 탐지 성능평가

(가) 최소 클러트에서 1st 탐지거리.

클러터가 없는 조건에서 먼 거리와 짧은 거리 물표와 해안선측정은 레이다 시스템의 일반적인 전파 조건에 기초로 하고 있다. 즉 많은 양의 해면 클러터 안개 해무 등이 없는 경우 이고, 안테나높이는 해발 15 m이다.

① 물표를 확인할 수 있는 것이 10 스캔 중 8 스캔이거나 또는 동등하고;

② 레이다 탐지 허위 경보는 10^{-4} 확률이어야 한다.

(나) 클러터가 있는 경우 물표 탐지 평가

레이다는 최적화되고 가장 일관적으로 탐지 성능을 낼 수 있게 설계되어야 하고, 단지 성능제한은 물리적인 전파에만 의존해야 한다. 성능 탐지 성능이 떨어지는 경우를 다양한 거리와 물표 속도를 다음조건에서 명확히 사용자 매뉴얼에 기술해야 한다.

① 가벼운 비 (4 mm/h)와 폭우 (16 mm/h)

② 해면 상태 2 그리고 해면 상태 5

③ 위의 두 상황이 혼합된 경우

성능을 클러터와 특정거리의 첫 번째 탐지를 결정하는 것은, 앞에서 MSC.192/5.3.1.3.3에 언급한 바와 같이, 벤치마크 물표와 함께 시험해야 한다. 벤치마크 물표는 본 규정에 있는 것을 사용해야 한다. 탐지 성능은 레이다 시스템 중 가장 작은 안테나를 사용해야 한다.

(10) 레이다 안테나

물표 탐지 기능이 롤링이나 피칭 ±10° 일 때까지 중대하게 손상이 되어서는 안 된다. 안테나 사이드 로브는 일관되게 본 규격의 성능에 만족해야 한다. 실질적으로, 설계시 안테나 사이드 로브를 최소화해야 한다. 측정된 사이드 로브는 [표 2-3]을 만족해야 한다.

[표 2-3] 효과적인 사이드 로브

메인 빔의 최대 위치 도(°)	메인 빔의 최대값에 비례한 최대전력 dB
± 10 이내	-23
± 10 이외	-30

나. 항해 도구(Navigation tools)
 (1) 화면 거리 척도
  거리 척도가 0.25 NM, 0.5 NM, 0.75 NM, 1.5 NM, 3 NM, 6 NM, 12 NM과 24 NM는 제공되어야 한다.
 (2) 가변 거리 표시(VRM)
  적어도 두 개의 가변 거리 표시(VRM)가 제공되어야한다. 최고 오차는 선택된 거리 척도의 1%이거나 30m 중에서 큰 것으로 한다.
 (3) 전자 방위선(EBL)
  적어도 2개의 EBL이 어떤 특정한 목표의 방위각을 측정하기 위해 동작 표시 영역에 제공되어져야 하며, 최대 레이다 시스템 에러가 1°는 측정 에러 화면에서 ±0.5°이다. EBL은 본선 선수와 진북(true north)을 기준으로 측정할 수 있어야 한다. 방위 기준(ture 또는 relative)인지 확인할 수 있는 표시가 있어야 한다.
 (4) 거리와 방위 오프셋 측정
  한 지점에서 다른 지점까지 상대적으로 거리와 방위를 측정할 수 있는 방법이 제공되어야 한다.
 (5) 병렬 색인 선(PIL, Parallel Index Lines)
  최소 4개의 독립적인 PIL과 자를 수 있는 기능과 각 선을 제거할 수 있는 기능이 제공되어야 한다.
 (6) 방위각
  방위각은 동작 표시 영역 가장자리에 제공되어져야 한다. 매

30도 마다 숫자로 표시해야하고, 적어도 5° 마다 분할 표시가 있어야 한다. 5° 와 10°는 서로 다르게 표시 되어야 한다.
(7) 거리환
적당한 숫자의 같은 간격의 거리환이 거리 척도를 위해 제공되어야 한다. 표시가 되면, 거리환 척도가 확인이 되어야 한다. 고정식 거리환은 최대 거리의 거리 척도의 1%이거나 30 m, 둘 중 더 큰 거리의 정밀도가 있어야 한다. 거리환의 정확도는 최대 사용 거리 척도의 1%내이거나 30 m 중에서 최대 거리이다.

다. 방향, 동작과 안정화
 (1) 방위(Azimuth orientation)
선수 정보는 자이로 콤파스나 다른 동등한 센서로 부터 받아야 하며, 이들은 관련 성능 기준 IMO(IMO A.424(XI), A.821(19)과 MSC.116(73))을 만족해야 한다. 안정화 센서와 전송 시스템 타입을 제외하고, 방위 정렬 정확도는 선박의 선회율을 고려하여 0.5° 내로 되어야 한다. 레이다 시스템은 선회율이 20°/s 로 설계되어야 한다. 선수 정보는 숫자로 나타나 선박 자이로 시스템과 연동을 정확하게 한다. 선수 정보는 공통 기준위치(CCRP)를 참조한다.
 (2) 동작과 방위 모드
TM(true motion) 화면 모드와 상대적인 동작 모드가 제공되어야 한다. 모드가 표시되어야 한다.
 (3) 중심 이탈(off-centering)
수동 중심 이탈은 안테나 위치를 적어도 지름 50%이내에 위치시킬 수 있는 방법이다. 중심 이탈 선택은, 고정 또는 TM, 안테나를 적어도 50%에서 75%의 동작 화면 영역의 중앙에서 어떤 지점으로 옮길 수 있는 기능이 있어야 한다. TM에서, 자동 본선 리셋은 본선 위치나 시간에 또는 둘 다에 의해 행해질 수 있다. TM에서, 선택된 안테나 위치는 자동적으로 적어도 50%에서 75%사이에서 수행되어 최대 전방주시를 할 수 있는 위치까지 이동할 수 있어야 한다. 선택된 안테나 위치를 초기 리셋을 제공하는 방법이 있어야 한다. 노스업((North-up)과 코스업(course-up)은 제공 되어야 한다. 방위 안정화 헤드업(head-up)은 화면 모드가 TM과 동등할 때 제공 될 수 있다. 실제로 상대적인 헤드업 모드와 동등하다. 사용 중인 동작 및 방향 모드의 영구 표시가 있어야 한다.

(4) 지면과 해면 안정화

지면과 해면 안정화 모드가 제공되어야 한다. 안정화 모드와 안정화 소스가 분명하게 표시되어야 한다. 본선의 속도 소스가 표시되어야 하고 승인된 센서에서 제공되어야 한다.

라. 충돌 방지를 위한 보조장치

(1) 물표 경로와 항적

변화가능한 길이(시간)의 물표 경로가 시간과 모드로 제공되어야 한다. 진 또는 상대적인 경로를 리셋 조건에서 모든 방위안정화 TM과 RM 모드에서 가능해야 한다.

(2) 물표 추적(Target tracking : TT)

물표 표현은 성능 표준인 "선박용 내비게이션 디스플레이에 관한 항법 관련 정보의 발표", IMO (MSC.191(79))와 관련 심볼은 IMO의 SN/Circ.243 기준을 따른다. 물표 정보는 레이다 물표 추적 기능(TT)과 보고된 물표 정보를 AIS부터 받아서 제공할 수 있다. 침로와 속도에서 추적된 물표와 보고된 AIS 물표는 예상 움직임을 벡터로 표시되어야 한다. 벡터 시간은 조정 가능해야 하고 어떠한 소스의 물표이든지 관계없이 유효하게 표시되어야 한다. 화면표시 모드는 분명히 표시되어야 하고, 벡터 시간과 대수/대지 안정화를 표시해야 한다. 자동 물표 추적 계산은 물표와 본선 간 상대위치로 계산한다. 다른 소스 정보는 최적 물표 정보와 충돌회피를 위해 사용할 수 있다. TT 기능은 적어도 3 NM, 6 NM과 12 NM 거리 척도에 사용 가능해야 한다. 항로 거리는 적어도 12 NM까지 사용하는 거리 척도에 상관없이 사용가능해야 한다. 물표가 나타는 숫자는 화면 크기와 장비 카테고리(분류) [표 2-4]에 정의되어 있다. 보고된 AIS 물표의 요구사항과 추가하여 추적이 되어야 하고 모든 표현 기능을 최소수의 추적 레이다 물표는 [표 2-4]에 따라야 한다. 물표 추적 용량이 한도를 넘어서려고 할 경우에는 주의가 발생하고 초과되면 경고가 발생해야한다. 물표가 한계를 넘어서도 레이다 성능은 저하되지 않아야 한다.

[표 2-4] 추적 물표 용량

	선박 또는 배(크래프트)의 분류		
	분류 3	분류 2	분류 1
선박/배(크래프트)의 크기	총톤수 500톤	총톤수 500톤에서 총톤수 1,000톤 미만과 HSC<총톤수 1,000 톤	모든선박/배(크래프트) ≥총톤수 10,000톤
최소 추적 레이다 물표	20	30	40

레이다 물표의 수동 획득은 적어도 [표 2-4]에 명시된 물표의 수를 획득하는 조항을 제공해야한다. 자동 획득은 [표 2-4]에 나타난 바와 같이 제공되어야 한다. 이러한 경우에 사용자가 정의할 수 있는 자동 획득 영역 테두리를 제공하는 방법이 있어야 한다. 물표가 획득될 때, 시스템은 1분내에서 물표 동작의 트렌드를 제공해야 하고 예측은 3분 이내로 한다. 시스템은 계속 레이다 물표를 추적하고 10회 중 5회 스캔할 때 화면상에 분명하게 보여야 한다. TT 설계는 물표 벡터와 데이터 스무딩을 효과적으로 해야 하고 물표 움직임은 가능한 한 빨리 탐지되어야 한다. 추적한 물표나 본선이 작동을 하면 시스템은 1분이 넘지 않게 물표 동작을 표시해야 하고 물표의 예상 동작은 3분 이내로 표시해야 한다. 항로 에러와 물표 교차는 설계 시부터 최소화되어야 한다. TT는 항로와 모든 자동 획득한 물표의 정보를 업데이트해야 한다. 자동 항로 정확도는 센서

에러는 관련 IMO 규정에 있는 것을 가정하고 추적된 물표가 안정된 상태로 들어서면 확보되어야 한다. 시험 표준은 상세한 물표 시뮬레이션 시험을 항로 정확도를 상대속도 100 kn를 확인할 수 있어야 한다. 실제 속도 30 kn까지 나오는 선박 경우, 항로 기능은 1분 이내에 안정적인 상태로 되어야 하고 상대 동작 트렌드와 예상 동작이 3분 이내에 되어야 하며 95%의 확률로 정확도가 있어야 한다. 정확도는 획득할 때는 많이 떨어질 수 있다. 본선 운행 물표의 움직임 또는 어떤 운항의 방해요소는 본선의 움직임과 센서 정확도에 영향을 받는다. [표 2-5]는 일반적인 추적 물표 정확도를 보여준다.

[표 2-5] 일반적인 추적 물표 정확도(95% 확률 수치)

정지상태의 시간 (분)	상대 침로 (°)	상대 속도	CPA (NM)	TCPA (분)	진침로 (°)	진속도
1분: 트렌드	11	1.5 kn 또는 10%(둘 중 큰 것)	1.0	-	-	-
3분: 예측	3	0.8 kn 또는 1%(둘 중 큰 것)	0.3	0.5	5	1.5 kn 또는 1%(둘 중 큰 것)

 30 kn이상(일반적으로 고속선(HSC))이고 70 kn 이하의 선박의 경우, 추가적인 안정적 상태 측정이 이루어져야 하는데, 안정적인 상태 3분 이후에 물표의 상대 속도 140 kn까지 유지되어야 한다. 레이다 시스템은 물표를 추적하는 능력이 있어야 하는데, 최대 상대 속도는 정상적인 속도 선박이거나 높은 속도 선박은 분류를 참조해야 한다. 측정 물표 거리는 50 m이내 또는 물표 거리의 ± 1% 이내에 있어야 하고, 방위각은 2° 내이어야 한다. 고정된 추적 물표를 기반으로 하는 지면 참조 기능이 제공되어야 한다. 이 기능에 사용되는 물표는 IEC 62288

에서 정의한 기호를 사용해야 한다.
(3) 항로 제한

　　시험 표준은 자세한 물표 시뮬레이션을 물표의 정확도를 상대 속도 100 kn까지 시험할 수 있어야 한다. 시험 프로그램은 전체적인 항로 오작동이 일어나면 적절한 경고를 발생해서 사용자가 관련 행동을 취할 수 있게 해야 한다.

(4) 자동 식별 시스템 (AIS)

　　AIS에서 보고되는 물표는 사용자가 정의하는 파라미터에 의해 필터링 될 수 있다. 물표는 수면 또는 활성화 될 수 있다. 활성 물표는 레이다 물표처럼 처리되어 진다. 레이다 추적에 대한 요구 사항에 추가하여, 최소 숫자의 수면과 활성 AIS 물표와 AIS 데이터 보고를 [표 2-6]에 따라 화면에 표시할 수 있어야 한다. AIS 물표와 데이터 보고가 처리나 화면표시 능력을 넘어서려면 주의를 표시해야 한다. 경고가 AIS 물표 처리나 화면표시 능력을 넘어서면 표시되어야 한다.

[표 2-6] AIS 표시 용량

	선박/배(크래프트)의 분류		
	분류 3	분류 2	분류 1
선박/배(크래프트) 크기	총톤수 500톤	총톤수 500톤에서 총톤수 1,000톤 미만과 HSC<총톤수 1,000톤	모든 선박/배(크래프트) ≥총톤수 10,000톤
활성화 될 수 있는 AIS 선박 물표의 총 용량의 최소 부분, 클래스 A 및 클래스 B	20	30	40

AtoN, AIS Base Station, AIS-SART 와 SAR 항공기의 최소 총 용량			

클러터 표시를 줄이기 위해, 수면 AIS 물표의 표현을 거르는 수단이 필터 상태의 표시와 함께 제공되어야 한다. 화면으로부터 개별 AIS 물표를 제거할 수 없어야 한다. AIS 물표 필터링은 디스플레이 용량의 한계 내에서 디스플레이 된 AIS 물표 및 데이터 리포트의 수를 운용자가 제어하는 수단을 제공한다. 수면 AIS 물표를 활성화하고 활성화 된 AIS 물표를 비활성화하는 수단이 제공되어야한다. AIS 물표의 자동 활성화 구역이 제공되면 자동 레이다 물표 획득과 동일해야 한다. 또한 비활성 AIS 물표는 사용자 정의 매개 변수(예 : 물표거리, CPA/TCPA 또는 AIS 물표 클래스 A/B)를 충족 할 때 자동으로 활성화 될 수 있다. 자동 활성화는 AIS 물표 필터링과 독립적이다. AIS 물표의 자동 활성화를 위한 수단이 제공된다면 그 기능을 사용 불가능하게 하는 수단이 제공되어야하며 비활성 상태가 표시되어야한다. 제조자는 이용 가능한 사용자 정의 된 매개 변수를 명시해야하며 사용자 설명서에 기술되어 있음을 보여야한다. 물표는 IEC 62288에 기술된 선박용 디스플레이의 내비게이션 관련 정보의 표현에 대한 성능 표준에 따라 관련 기호로 표시되어야한다. 표시되는 AIS 물표는 기본적으로 수면 물표로 제시되어야한다. 추적 레이다 물표 또는 보고된 AIS 물표의 침로 및 속도는 예측 된 동작 벡터에 의해 표시 되어야한다. 벡터 시간은 출처와 상관 없이 모든 물표를 표현할 수 있도록 조정 가능해야한다. 벡터 모드, 시간 및 안정화에 대한 영구적인 표시가 제공되어야한다. AIS 벡터 특성은 일반적으로 TT 벡터의 특성과 일치해야한다. 일관된 공통 기준점은 추적 레이다와 AIS 기호를 동일한 디스플레이상의 다른 정보와 정렬하는 데 사용되어야한다. 크고 작은 거리척도

의 디스플레이에서 활성화된 AIS 물표의 실제 크기 개요를 나타내는 수단이 제공되어야한다. 활성화 된 물표의 항적을 표시할 수 있어야한다. 추적된 레이다 또는 AIS 물표는 선택이 가능해야 하고 영숫자로 그 정보가 표시되어야 한다. 선택하여 표시되는 알파벳 순서로 정렬된 정보는 관련 심볼에 의해 확인될 수 있어야 하고 심볼과 상응하는 정보는 분명히 확인될 수 있어야 한다.

(5) 운용 물표 정보

만약 계산된 CPA와 TCPA값이 추적된 물표 또는 활성화된 AIS 물표가 제한 값보다 낮으면 CPA와 TCPA 알람이 일어나야 하고 알람이 발생하는 물표는 분명하게 표시되어야 한다. CPA와 TCPA 계산은 항해 화면에 제공되어야 한다. 미리 설정된 CPA/TCPA 제한이 레이다와 AIS로부터 물표에 적용되면 확인되어야 한다. 디폴트 상태에서 CPA/TCPA 알람 기능은 모든 활성화된 AIS 물표에 적용되어야 한다. 사용자가 요구하면 CPA/TCPA 알람기능은 수면 물표에서도 적용할 수 있다. 사용자가 정의한 획득이나 활성 영역이 있으면 물표가 전에 획득이나 활성화되지 않은 새 물표가 영역에 들어오거나 영역에서 탐지가 되면 관련 심볼과 경보가 울려야 한다. 사용자가 거리와 지역 외곽선을 정할 수 있어야 한다. 영역은 확인될 수 있어야 하고 추적된 레이다와 AIS 물표에 사용되어야 한다. 이 영역은 보호영역으로 사용될 수 있으며 들어오는 물표에 대하여 경보를 울릴 수 있으나 TT나 활성화된 AIS에는 사용될 수 없다. 추적 레이다 물표를 잃어버리면 사용자에게 경보를 주어야 하고, 미리 정해진 거리나 파라미터로 제거하지 않아야 한다. 마지막 물표 위치를 분명하게 화면에 표시해야 한다. 수면 물표에도 물표 소실 경고 기능이 제공될 수 있다.

[표 2-7] AIS 보고율

선박의 분류	Class-A		Class-B			
	공칭 최대 간격	물표 소실 최대 간격	공칭 보고 간격		물표 소실	
			B-CS	B-SO	B-CS	B-SO
묘박 또는 계류 중이며 3 kn보다 빠르게 움직이지 않는 선박 (Class B가 2 kn보다 빨리 움직이지 않는다)	3 분	18 분	3 분	3 분	18 분	18 분
묘박 또는 계류 중이며 고 3kn 이상 움직이는 선박	10 초	60 초	n/a		n/a	
선박 0 kn - 14 kn (클래스 B: 2 - 14 kn)	10 초	60 초	30 초	30 초	180 초	180 초
선박 0 kn - 14 kn 과 변하는 침로 (클래스 B: 2 - 14 kn)	3 1/3 초	60 초	30 초	30 초	180 초	180 초
선박 14 kn - 23 kn	6 초	36 초	30 초	15 초	180 초	90 초
선박 14 kn - 23 kn과 변하는 침로	2 초	36 초	30 초	15 초	180 초	90 초
선박 > 23 kn	2 초	30 초	30 초	5 초	180 초	30 초
선박 > 23 kn과 변하는 침로	2 초	30 초	30 초	5 초	180 초	30 초

[a] AIS 클래스 B는 정박 또는 계류 상태에 대한 정보를 제공하지 않는다.

(6) 물표 연관

자동 물표 연관기능은 조화로운 기준으로 제공되어야 한다. 이 기능이 가능할 때, 같은 물표에 2개의 물표 심볼을 표시하는 것은 피해야 한다. 사용자는 연관 처리를 끌 수도 있다. AIS와 레이다 추적의 물표 데이터 모두 사용가능하고, AIS와 레이다가 물리적으로 하나의 물표가 된다면, 활성화된 AIS 물표 심볼과 알파벳과 숫자로 된 AIS 물표 데이터는 자동적으로 선택되어지고 표시되어져야 한다. 연관 물표는 만약 AIS나 레이다 정보가 충분히 다르면 AIS와 레이다 정보는 두 개 다른 물표로 간주해야 한다. 하나의 AIS 물표와 또 하나의 추적된 레이다 물표로 표현되어야 하며 경보는 없어야 한다.

시스템은 본선 운항에 예상 효과를 잠재적인 위험 요소가 있는 곳에서 확인할 수 있는 기능이 있어야 한다. 이 기능은 본선의 동적 특성을 포함해야 한다. 시험 운용은 분명히 확인할 수 있어야 한다. 요구사항은

(가) 본선 속도와 침로를 시뮬레이션 하여 변경할 수 있어야 한다.
(나) 시뮬레이션 되는 시간을 제공해야 한다.
(다) 시뮬레이션 동안 물표 추적은 계속되어 하고 실제 물표도 표시되어야 한다.
(라) 시험 운용은 모든 추적 물표와 적어도 모든 활성 AIS 물표에 적용해야 한다.
(마) 시험 운용은 대지 또는 대수 안정화 모드에서 사용가능해야 한다.
(바) 사용자 메뉴는 시험 운용 기능을 설명해야 한다.

마. 외부접속 (Interfacing, 인터페이싱)
 (1) 입력 인터페이싱
    레이다 시스템은 다음 장비에서 입력을 받을 수 있어야 한다.
    (가) 자이로 콤파스 또는 선수방위발신기(THD)
    (나) 속도와 거리 측정 장비(SDME)
    (다) 전자측위시스템 (EPFS)
    (라) 자동식별시스템 (AIS)
    (마) INS와 같이 IMO가 수용 할 수 있는 동등한 정보를 제공하는 다른 센서 또는 네트워크
 (2) 출력 인터페이싱

실용적인 경우, 다른 시스템에 대한 레이다 출력 인터페이스에 의해 제공되는 정보는 국제 표준(IEC 61162)에 따라야한다. 레이다 시스템은 화면 자료를 항해기록장치(VDR)로 출력해야 한다. 레이다 시스템은 적어도 다음 하나의 인터페이스 이용하여 VDR과 연결해야 한다.

(가) 아날로그 RGB, VDR 전용 버퍼 출력
(나) 디지털 비디오 인터페이스(DVI), VDR 전용 버퍼 출력
(다) IEC 61162-450에 따른 이더넷 UDP
(라) 이더넷 TCP

바. 환경시험
 (1) 일반사항
　　레이다 시스템은 A.694(17)에서 요구하는 일반사항과 더 상세한 IEC 60945를 만족해야 한다. 장비는 IEC 60945의 일반사항, 온도, 진동, 부식, EMC, 인체공학, 소프트웨어, 하드웨어 유지 보수와 소프트웨어 유지 보수를 만족해야 한다.

2. IEC의 레이다 관련 기술표준 분석

가. 레이다 성능
 (1) 거리와 방위 분해능
　　시험 물표를 방위 분해능과 거리 분해능 측정에 사용될 때, 항해용 부이로 코너 반사기가 있는 것으로, RCS 값은 10 m^2(X-밴드)와 1 m^2(S-밴드)이고 높이는 3.5 m이어야 한다.
 (2) 레이다 안테나(피칭과 롤링 포함)
　　수직 방사 패턴은 선박의 피칭과 롤링을 고려하여 설계되어야 하고 불필요한 성능 손실이 없어야 한다. X-밴드는 수평적 편파 모드로 동작될 수 있어야 한다. 수평 빔 패턴 제한 값은 [표 2-8]에서와 같이 제한이 있다. 다음 값은 한 방향 전파에 관련이 있다. 그리고 이 제한 값은 S-밴드에도 적용이 된다.

[표 2-8] 메인 수평 빔 패턴

메인 빔의 최대 전력 dB	최대 총 빔 폭 X-밴드 도(°)	최대 총 빔 폭 S-밴드 도(°)
-3	2	2
-20	10	10

나. 화면표시
(1) 색상 사용과 분별

화면이 차트 정보를 사용하지 않을 경우, 색상 사용은 IEC 62288을 기본으로 하여야 하고 레이다 맵을 사용할 경우 흰색 회색 검은색 푸른색 보라색 녹색 노란색 오렌지색과 붉은색 또는 이의 하부 색깔은 육안으로 구별되어야 하고 서로 달라야 한다(ISO 9241-8 참조).

다. CCRP와 본선
(1) 공통 기준 위치(CCRP)

장비는 다른 측정이 본선에서 다른 지점에서 가능한 기능을 제공할 수 있다. 이런 경우 분명한 다른 대안 기준 위치를 표시해야 한다. 선수 라인 밝기를 조절할 수 있는 기능을 화면 밝기와 별개로 제공해야 한다. 선수 라인 밝기는 완전히 소거되지 않게 해야 한다.

라. 항해 도구
(1) 가변 거리 표시

각 활성 VRM은 0.01 NM의 해상도를 조절할 수 있어야 하거나 또는 적절한 미터법 등가물을 측정할 수 있어야 한다. 각 VRM은 동작 영역 내 어떤 지점이라도 위치 할 수 있어야 하며 정확도는 5초이다.

(2) 전자 방위선(EBL)

EBL은 사물이나 물표의 방위각을 측정하는 방법으로 본선으로부터 방위각을 측정하여 충돌회피를 목적으로 한다. 각 EBL을 켰다가 끌 수 있는 기능이 있어야 한다. 한 EBL을 사용하는데 ±0.5° 정도를 5초 내에 할 수 있어야 한다.

(3) 커서

사용자 커서는 다양한 기능을 제공하는데 거리와 방위 측정, 본선 혹은 떨어진 두 지점 간 그리고 위도 경도를 어떤 지점에서간 보여주는 것 등이다. 커서는 위치를 정하거나 물체를 선택하거나 할 수 있다.

(4) 거리와 방위 오프셋 측정

전자 거리방위선(ERBL)은 두지점간에 거리와 방위를 측정하는데 사용할 수 있다. 각 활성 ERBL이 숫자로 거리와 방위가 결과로 나오면 0.01 NM 또는 0.1° 까지 조정가능 해야 한다. 듬성듬성한 거리 정확도는 24 NM보다 큰 범위에서는 가능할 수 있다. 거리와 방위 결과 값은 사용자 대화 영역에 나와야 하고 일시적으로 동작 표시 영역에 표기 할 수도 있다.

(5) 병렬 색인 선(PIL, Parallel Index Lines)

PIL 거리 설정은 일정하게 유지 되어야 하고 사용자가 거리 척도와 PIL 방위 설정을 변경하려고 할 때도 유지해야 한다. 각각의 PIL 켜기/끄기 선택 기능에 추가하여 모든 PIL을 그룹으로 켜기/끄기 할 수 있는 방법이 제공되어야 한다.

(6) 방위각

방위각은 본선의 본선이나 물체의 방위를 알아보는 빠른 방법으로 제공되어야 한다. 만약 CCRP 위치가 방위각을 일부분으로 되어 분간이 되지 않으면 방위각은 적당하게 줄여서 표시 되어야 한다.

(7) 거리환

거리환은 보정되고 보이는 거리 표시가 선택된 거리 척도에 있어야 한다. 거리환의 중앙은 CCRP여야 한다. 거리환은 합리적으로 같은 분할로 거리 척도를 제공해야 한다.

(8) 레이다 맵

레이다 맵은 사용자 정의 맵과 심볼의 조합이다. 사용자가 만든 것은 비휘발성 메모리에 저장되어야 한다. 맵의 심볼은 [표 2-9]에 나온 색깔을 사용해야 한다.

(9) 항해 항로

항해 항로는 예를 들어 차트 표시, 전자 위치 표시 시스템이나 통합 항해 시스템에서 제공하여 한다. 항로를 표시할 수 있는 기능이 레이다에서 표시 될 수 있다. 제공 된다면 시험은 항로가 정확히 계산되어지고 표시가 IEC 62288에 따라서 됨을 확인한다. 항로 모니터링 기능이 제공되면 IEC 61174 12절에 따라서 시험이 되어야 한다.

[표 2-9] 레이다 맵에 사용되는 기능 및 색상

맵핑 기능	사용할 색상
해안선(상수도)	흰색
본선 안전 윤곽선[a]	회색
안전 윤곽선에 의해 정의된 안전한 수역 내에 있는 안전 윤곽선보다 작은 깊이의 절연된 수중 위험 표시	자홍색
교량, 전선 등 안전 윤곽선에 의해 정의 된 안전한 물속에 있는 절연된 위험의 표시	자홍색 또는 회색
부이와 비콘, 이것들이 항해에 도움이 되는지의 여부	적색 또는 녹색
교통 항로 시스템	자홍색
금지구역 및 제한 구역	자홍색
페어웨이와 채널의 경계	회색
레이다 배경	검정색 또는 청색
[a] "선박 안전 윤곽선" 기능을 사용하는 경우 위험한 면을 색상 채우기, 해칭, 이중선 또는 위험한 면의 파선으로 명확하게 표시해야 된다.	

마. 방향, 동작과 안정화

레이다 시스템은 선회율이 20°/s 로 설계되어야 한다. 화면 모드는 본선 동작과 방위 모드(azimuth orientation mode)를 포함한다. 대지 안정화 모드가 제공되어야 한다. 대지 안정화는 외부 센서 신호 입력이 필요하고 본선의 지상 속도 값을 입력해야 한다. 지상 기준의 속도 로그가 사용되면 이중 축이 되어야 한다. 해수 안정화 모드(대수속도, STW)가 제공되어야 한다. 해수 안정화는 외부 센서 신호의 입력과 본선 속도를 대수 속도로 표시하는 것이 요구된다.

바. 충돌장비를 위한 보조장치

항해용 화면표시 장치는 충돌방지 기능을 제공해야 하는데, CPA와 TCPA를 포함해야 한다. 레이다 시스템은 물표 경로를 적절한 방법으로 레이다 에코와 적어도 활성화된 AIS 물표의 항적에 표시해야 한다. 획득된 레이다 물표는 본선과 상대적으로 물표 위치가 추적되어야 한다. 레이다는 가장 최적 조건의 본선 동작에서 설계되어야 하고 레이다 항로의 오차 영향은 입력 센서 에러에 비해서 중요하지 않다. 추가적으로 추적 시스템은 잡음이 없는 환경에서 물표 시뮬레이션으로 물표를 생성하고 시험한다.

[표 2-10] 일반적인 추적 물표 정확도(95% 확률 수치)

정지상태의 시간(분)	상대 침로(°)	상대 속도	CPA(NM)	TCPA(분)	진침로 (°)	진속도
1분:트렌드	11	1.5 kn 또는 10%(둘 중 큰 것)	1.0	-	-	-
3분:예측	3	0.8 kn 또는 1%(둘 중 큰 것)	0.3	0.5	5	1.5 kn 또는 1%(둘 중 큰 것)

AIS 물표 화면 용량은 표시될 수 있는 AIS 물표의 최소수를 정의한다. 장비는 최소 숫자의 AIS 물표와 데이터가 제공되어야 한다. AIS 물표의 처리 용량은 VDM(VHF Data-link Message) 처리 숫자를 제공하는데 이는 완전히 로드된 VDL(VHF Data Link)의 90%에 해당한다. 이 조건에서 계속적이고 부드러운 물표와 AIS 데이터를 유지해야 한다. 최

악의 경우는 아주 많은 숫자의 정박한 물표보다 작은 숫자의 빠르게 움직이는 물표 또는 항해하는 물표이다.

[표 2-11] AIS 표시 용량

	선박/배(크래프트)의 분류		
	분류 3	분류 2	분류 1
선박/배(크래프트) 크기	총톤수 500톤	총톤수 500톤에서 총톤수 1,000톤 미만과 HSC<총톤수 1,000 톤	모든 선박/배(크래프트) ≥총톤수 10,000톤
활성화 될 수 있는 AIS 선박 물표의 총 용량의 최소 부분, 클래스 A 및 클래스 B	20	30	40
모든 클래스 A(활성 및 수면), 클래스 B (활성 및 수면), AIS AtoN, AIS Base Station, AIS-SART 와 SAR 항공기의 최소 총 용량	120	180	240

레이다 비디오 및 AIS 기호에 대한 위치 정보를 제공하기 위해 보고된 AIS 정보는 시간 참조되어야하며 AIS 기호는 속도에 따라 점진적으로 배치되어야한다. 레이다 비디오 및 AIS 기호에 대한 동일 위치는 선택된 속도 기준과는 독립적으로 제공되어야한다. 레이다는 AIS 목표 및 AIS 데이터 보고서에 대해 다음과 같은 VDL 메시지를 처리하고 표시할 수 있어야한다.

① 메시지 1, 2, 3 및 5 (클래스 A AIS 및 AIS-SART)
② 메시지 18, 19 및 24 (클래스 B AIS)
③ 메시지 4 (AIS 기지국)

④ 메시지 9 (SAR 항공기 AIS)
⑤ 메시지 21 (AtoN)
⑥ 메시지 12 및 14 (안전 관련 메시지)
(1) 레이다와 AIS 물표 데이터
  (가) 선수 교차거리와 시간(BCR/BCT)
    레이다 시스템은 선수 교차거리와 시간을 제공할 수 있다.
  (나) CPA와 TCPA
    AIS 선박의 외곽선 크기 데이터는 필요하지 않으며 CPA/TCPA로 간주한다.
(2) 시험 운용
  시운전 기능은 본선의 움직임 변화로부터 계산된 예측 상황에 대한 그래픽 평가를 제공한다.

사. 인터페이싱

장비는 인터페이싱 센서 및 관련 항해 시스템에 대한 입력을 제공하고 다른 항해 디스플레이에 대한 정보를 제공하기 위해 출력 인터페이싱을 제공해야한다. 레이다 시스템은 물표 데이터를 직렬 인터페이스로 다른 장비에 TTD 문장으로 전달한다. 새로운 연관 물표는 TLB 문장으로 보고되어야 한다. MMSI 정보가 사용가능하면, TLB 문장에 포함되어야 한다. MMSI 123456789에 대해 권장 TLB 필드 "Label assigned to target 'n'"는 "MMSI=123456789"이다. 레이다 시스템은 적어도 다음 하나의 인터페이스 이용하여 VDR과 연결해야 한다.
    ① 아날로그 RGB, VDR 전용 버퍼 출력
    ② 디지털 비디오 인터페이스(DVI), VDR 전용 버퍼 출력
    ③ IEC 61162-450에 따른 이더넷 UDP
    ④ 이더넷 TCP
이더넷 인터페이스가 제공되면, 손실이 없는 알고리즘을 사용해야 하는데 비디오 이미지 데이터는 다음 중 하나의 포맷이어야 한다.
    ① ".bmp" - (Microsoft GDI - bitmap reference)
    ② ".png" - (ISO/IEC 15948), 또는
    ③ ".jpg" - (ISO/IEC 10918) 또는

④ ".jp2" - (JPEG 2000)

이더넷 인터페이스가 제공되면, 헤더 데이터는 다음 정보를 포함해야 한다.

① 소스 워크스테이션과 위치

② 이미지 타입

③ 사용되는 안테나/트랜시버

이더넷 인터페이스는 디지털 파일 전송을 15초 마다 제공해야 한다. 보다 빠른 비율의 구성 방법을 제공 할 수 있다. 헤더값을 변경할 수 있는 방법과 이미지 메시지를 시계와 동기화를 제거하는 방법이 제공되어야 한다.

아. 경보와 고장

레이다는 경보와 표시를 전체 또는 부분 고장을 위해 제공되어야 한다. 레이다 장비는 경보 인터페이스를 BAM 모듈 C와 더 상세한 IEC 61162의 부속서 H, IEC 61924-2012와 자세한 문장 정의는 IEC 61924-2012 부속서 K를 참조해야 한다.

제 3 절 EPIRB 관련 국제 기술표준 분석

1. Cospas-Sarsat의 EPIRB 관련 기술표준 분석

가. 성능 요구 사항

(1) 일반 사항

자동수압이탈장치는 선박이 침몰할 경우, 위성 EPIRB가 자동 이탈할 수 있도록 자동 동작해야 한다. [표 2-12]은 작동을 방지하거나 활성화하는 제어 기능의 올바른 조합을 보여준다.

[표 2-12] EPIRB 조건에 따른 송신기 상태

제어 위치		EPIRB 상태		EPIRB-장착 또는 이탈 메커니즘 상태		송신기 상태	
ON	READY	WET	DRY	OUT	IN	ON	OFF
×		×		×		×	
×		×			×	×	
×			×	×		×	
×			×		×	×	
	×	×		×		×	
	×	×			×		×
	×		×				×
	×		×	×			×

(2) 운용

(가) 부주의한 활성화의 보호 : 위성 EPIRB는 부적절한 활성화와 비활성화를 방지하기 위한 적당한 수단을 갖추어야 한다.

(나) 침수, 부력 및 수면 투하

위성 EPIRB의 전기적 부분은 최소 5분 동안 10m 의 수심에서 방수되도록 설계되어야 한다. 20m의 높이에서 수면으로 투하 시 손상이 없어야 한다.

(다) 활성화

위성 EPIRB는 자동 이탈 후 또는 물에서 부상할 때 어떠한 제어의 설정과 상관없이 자동적으로 활성화 되어야 한다. 위성 EPIRB는 어둠이나 모든 다른 채광 상태에서 백색광(적어도 0.75 cd)이 의무 주기로 제공되어야 하며, 생존자나 구조 장치들을 위하여 10^{-6} 초 내지 10^{-1} 초 동안 지속되는 섬광신호가 분당 20 내지 30 회의 깜박거림을 제공해야 한다.

(라) 자가 시험

위성 EPIRB는 위성 시스템의 사용 없이 위성 EPIRB가 올바르게 작동할 수 있는지를 결정하기 위해 시험될 수 있어야 한다.

(마) 컬러와 반사 물질

위성 EPIRB는 노란색 또는 주황색으로 쉽게 식별될 수 있도록 하며 불빛에 대한 반사 물질이 부착되어야 한다.

(바) 줄끈(Lanyard)

위성 EPIRB는 견고하게 부착되는 부력 있는 줄끈이 함께 장착되어야 하며, 물에서 생존정으로부터 또는 생존자를 위해 묶는 줄끈으로 사용하기에 적당해야 한다.

(4) 해양 환경에 노출

위성 EPIRB는 해수나 기름에 영향을 받지 않는 라벨을 가져야 한다. 이는 장기간 햇빛에 노출되어도 손상되지 않아야 한다.

(5) 인체 공학

위성 EPIRB는 방수복을 입은 사람에 의해서 동작하는 것이 용이하도록 충분한 크기로 모든 것을 제어할 수 있어야 한다.

(6) 조난 기능

위성 EPIRB가 수동으로 조난 경보를 작동시킬 때는 전용 조난 경보 활성기를 통한 수단만으로 개시되어야 한다. 전용 확성기는 명확하게 식별될 수 있고 오작동으로부터 보호될 수 있어야 한다. 수동 조난 경보 개시는 최소 두 번의 독립적인 행위를 요구해야 하며 어느 쪽도 그것 자체로서는 위성 EPIRB를 활성화 시킬 수 없다. 위성 EPIRB는 이탈 메커니즘으로부터 수동으로 이탈된 이후에는 자동으로 활성화되지 않아야 한다.
(7) 자동수압이탈장치
어떤 방향으로도 4m의 수심에 도달하기 전에 이탈 메커니즘이 동작하도록 설계되어야 한다.
(8) 위성 EPIRB를 위한 환경
위성 EPIRB는 다음의 환경 조건에서 작동할 수 있도록 설계되어야 한다.
(가) 풍속 : 상대 풍속은 최대 100 knots (52 m/s)이다.
(나) 충격 및 진동 : 선상에 설치되어 있는 동안 선박이 운항 중에 갑판 위에서 일어날 수 있는 충격이나 진동, 다른 환경적 조건에서 적당히 작동할 수 있어야 한다.
(다) 자동수압이탈장치를 위한 환경
위성 EPIRB의 모든 클래스에서 -30 ℃ 부터 +65℃ 사이에서 작동할 수 있어야 한다.

나. 기술 특징
(1) 송신 주파수
위성 EPIRB 조난 경보 신호는 COSPAS-SARSAT의 C/S T.012에 있는 406㎒ 채널 할당표에 설명되어 있는 406㎒ 대역에서의 주파수가 송신되어야 한다.
(2) 신호 및 메시지 형식
송신 신호의 기술 특징과 메시지 형식은 COSPAS-SARSAT 시스템 문서 C/S T.001의 요구 사항을 따라야 한다.
(3) 조난 메시지 메모리
비휘발성 메모리를 사용하여 위성 EPIRB에 조난 메시지의 고정 부분을 저장하기 위한 규정이 포함되어야 한다.
(4) 비콘 식별 코드
고유의 비콘 식별 코드는 모든 메시지의 일부분으로 만들어져야 한다. 이 식별 코드에는 비콘이 등록된 국가의 3자리 숫자 코드와 다음 중 하나를 포함해야 한다.

① ITU-R 권고 M.585에 따라 선박국 식별의 뒤 6개 숫자 또는
② 고유 식별 번호 또는
③ 무선 호출 부호

(5) 121.5 ㎒ 호밍 신호

121.5 ㎒ 호밍 신호는 다음을 해야 한다.

① 406㎒가 전송되는 최대 2초 동안의 인터럽트를 제외하고는 계속해서 의무 주기로 동작해야 한다.
② 스윕 방향을 제외하고, ITU-R 권고 M.690-1의 기술 특징을 충족해야 한다. 스윕은 상향 또는 하향이 될 수 있다.

(6) 전원 소스

배터리는 위성 EPIRB의 클래스에 상응하는 극한의 동작 온도 조건 하에서 최소 48시간 동안 중단 없이 위성 EPIRB를 작동시킬 수 있는 충분한 용량을 가져야 한다. 위성 EPIRB는 배터리 누액의 경우 전기 및 전자 부품이 손상되지 않도록 설계되어야 한다.

2. IEC의 EPIRB 관련 기술표준 분석

가. 일반 사항

위성 EPIRB는 수동으로 쉽게 이탈될 수 있어야 하고 생존정에 한 사람에 의해 운반될 수 있어야 한다. 위성 EPIRB는 바다에 부상할 때 이 표준에 따라 동작하도록 설계되어야 하며 또한 선상에서나 생존정에서 작동할 수 있어야 한다. 위성 EPIRB는 하나의 완전한 단위이며 도구를 사용하지 않고서는 어떤 부분도 분리할 수 없어야 한다.

나. 운용

(1) 부주의한 활성화의 보호

이탈 메커니즘에 있는 동안 물로 세척 할 때 자동 활성화되지 않아야 한다. 부주의한 406㎒ 의 연속 전송은 최대 45 초로 제한되도록 설계되어야 한다.

(2) 활성화

비콘은 불빛의 강도가 0.75 cd 이상 또는 가능하다면 최대화 되도록 상반부의 위치로 고정되어야 한다. 상반부 전체에 불빛의 출력 강도 산술 평균은 0.50cd 보다 작지 않아야 한다. 위성 EPIRB가 수동으로 활성화될 때 어떤 채광 조건에서도 불빛의 의무 주기는 2초 이내에 깜박이기 시작해야 하고, 위성 EPIRB가 수동으로 활성화된 이후에는 적어도 47초에서 최대 5분까지 어떤 조난 신호도 발사해서는 안된다. 위성 EPIRB는 수색 구조 항공기 호밍 신호를 위해 121.5㎒ 주파수가 제공되어야 한다.

(3) 자가 시험

자가 시험 모드가 활성화 될 때, 위성 EPIRB는 항상 15 자리 Hex ID로 구성된 단일 변조된 버스트를 발사해야 한다. 프레임 동기화 패턴은 "011010000"이 되어야 한다. 시험의 성공적인 수행은 표시되어야 한다. 시험 설비의 활성화는 자동적으로 초기 상태가 되어야 한다. 121.5㎒의 홈잉 신호는 자가 시험 동안 송신되어야 하지만 3회의 오디오 스윕 시간이나 1초 중 큰 것을 초과하지 않아야 한다. 자가 시험 기능은 내부 점검을 수행해야 하고 RF 출력이 406㎒와 121.5㎒에서 발사되는 것을 표시해야 한다.

(4) 컬러와 반사 물질

위성 EPIRB가 수면 위에서 식별될 수 있는 반사 물질의 최소 면적은 최소 25 ㎠가 되어야 한다. 이것은 수평선상의 모든 각도에서 볼 수 있는 최소 25㎜의 폭과 최소 5 ㎠ 크기의 반사 물질에 의해 달성되어야 한다.

(5) 줄끈(Lanyard)

부력이 있는 줄끈은 5m에서 8m의 길이가 되어야 한다. 줄끈의 인장 강도와 위성 EPIRB에 대한 부착력은 최소 25kg이 되어야 한다.

(6) 이전 활성화의 표시

위성 EPIRB는 요구되는 배터리 용량의 감소 가능성을 사용자에게 충고하기 위하여 이전에 활성화된 것을 표시할 수 있는 수단이 함께 제공되어야 한다. 이들 수단은 사용자에 의해 초기화 될 수 없어야 한다. 예를 들어, 위성 EPIRB의 수동 활성화는 사용자에 의해 대체할 수 없는 봉인을 제거하는 것을 요구한다. 작동의 이 표시는 자가 시험 설비의 사용에서는 활성화되지 않아야 한다.

라. 조난 기능

다음의 행동은 위성 EPIRB를 작동시키기 위해 요구되는 두 가지 독립된 행동 중의 하나로 간주되어서는 안된다.
   (1) 봉인의 제거 또는
   (2) 브라켓으로부터 수동 이탈 또는 격납

마. 자유 부양 장치

자유 부양 장치는 부주의한 활성화를 방지하기 위한 적당한 방법과 함께 설치되는 이탈 메커니즘을 가져야 한다.

바. 위성 EPIRB를 위한 환경
   (1) 온도 및 결빙
      (가) 클래스 1 : 주변 온도 -40 ℃ 부터 +55 ℃
      (나) 클래스 2 : 주변 온도 -20 ℃ 부터 +55 ℃
      (다) 결빙
   (2) 보관
      클래스 1의 보관 온도는 -40 ℃ 에서 +70 ℃ 사이이며, 클래스 2의 보관 온도는 -30 ℃ 부터 +70 ℃ 사이 이다.

사. 자동수압이탈 장치를 위한 환경

자동수압이탈 장치는 위성 EPIRB의 모든 클래스를 위하여 -30 ℃ 부터 +65 ℃ 사이에 보관되더라도 손상되지 않아야 한다.

아. 유지 관리

위성 EPIRB는 선상에서 수리하는 것이 적절하지 않은 일체형 장치이다. 결론적으로, 장비는 단지 검사나 시험을 목적으로 쉽게 접근할 수 있어야 하며 위성 EPIRB의 내부에 접근은 도구를 사용하여서만 가능하도록 구성되어야 한다.

자. 안전 예방

배터리는 -55 ℃ 에서 +75 ℃ 사이의 온도에서 보관 중이거나 이후에도, 그리고 아래에 열거되는 조건하에서도 유독성 물질이나 부식성 물질을 배출해서는 안된다.
  (1) 외부 단락을 포함하여 전체 또는 부분 방전이 이루어지는 동안
  (2) 배터리 내의 전지들 또는 다른 전지에 의한 전지들 또는 강제 방전 또는 충전 하는 동안
  (3) 전체 또는 일부 방전 이후

위성 EPIRB는 역 극성 또는 단락, 자체 발열, 전지 대 전지 충전, 강제적인 방전으로부터 배터리를 보호하기 위한 수단을 포함해야 한다. 더욱이, 위성 EPIRB와 특히 배터리는 이 표준에 명시된 조건 하에서 그것이 설치되거나 운송 또는 보관되는 이동 수단이나 장비에 또는 장치의 서비스로 제조사에 승인된 수행 또는 사용, 취급하는 사람이 위험하지 않도록 해야 한다.

제 4 절 AIS 관련 국제 기술표준 분석

1. IMO의 AIS 관련 기술표준 분석

가. AIS는 다음의 기능적인 요구사항을 만족함으로써 효율적인 항해와 환경의 보호, VTS의 운용을 지원함에 따라 항해의 안전을 향상해야 한다.
  (1) 충돌 회피를 위한 선박 대 선박 모드
  (2) 연안국이 선박 및 그 화물에 대한 정보를 획득하기 위한 수단
  (3) VTS 도구, 즉 선박 대 해안국(교통관제)

나. AIS는 그 선박으로부터의 정보를 자동적으로 그리고 요구되는 정확도와 주파수로 선박이나 해당 주관청에 제공하여 정확한 추적을 용이하게 할 수 있어야 한다. 데이터의 전송은 선박의 인원 및 높은 수준

의 활용성을 가진 최소 개입사항을 포함해야 한다.

다. 전파규칙(RR), 해당 ITU-R 권고의 요구사항 및 결의안 A.694(17)에 펼쳐져 있는 것과 같은 일반적인 요구사항을 만족하고 이에 추가하여 다음 항에 포함되어 있는 것과 같은 다음 성능 요구사항을 만족해야 한다.

라. 송신기가 2초 이상 연속적으로 송신하는 경우에 자동 송신기 하드웨어 차단 절차 및 표시가 제공되어야 한다. 이 차단 절차는 소프트웨어 제어와 독립적이어야 한다.

마. 시스템은 다양한 모드로 작동할 수 있어야 한다.
  (1) 모든 지역에서 동작되는 "자율 및 연속 모드" : 이 모드는 해당 권한이 있는 기관에 의해 다음의 다른 모드의 하나로 전환될 수 있어야 한다.
  (2) 데이터 전송 간격 및 시간 슬롯이 해당 권한이 있는 기관에 의해 원격에서 설정될 수 있는 것과 같이 교통관제에 책임이 있는 기관의 대상 지역에서 운용을 위한 "할당 모드"
  (3) 선박 또는 해당 권한의 기관으로부터 질의에 대한 응답으로 데이터 전송이 발생하는 경우에 "폴링" 또는 "제어모드"

바. AIS는 다음과 같이 구성되어야 한다.
  (1) 단거리(초단파)와 장거리(초단파 이외) 모두로 활용할 수 있도록 적절한 채널 선택과 절환 방법으로 해상 주파수의 범주 이상으로 운용할 수 있는 통신 프로세서
      원거리 활용을 위해 AIS는 양방향 인터페이스를 제공해야 한다.
  (2) 최소 1개의 송신기, 2개의 TDMA 수신 프로세서와 채널 70에 동조된 1개의 전용 DSC 연속 수신 프로세서
  (3) arc의 1/1,000 분에 해당하는 분해능을 제공하고 WGS 84 데이텀을 사용하는 전자측위 시스템으로부터 데이터를 처리하는 수단.
  (4) 다른 센서로부터 자동적으로 데이터를 입력하기 위한 수단; 이

요구사항을 만족하기 위해서는 AIS 장치 외부의 수단도 IEC 60945의 적용 요건에 따라 시험되어야 한다.
(5) 수동으로 데이터를 입력하거나 검색하기 위한 수단. 수동 입력과 검색 가능성은 제조사의 문서를 근거로 입증되어야 한다.
(6) 송신과 수신 데이터의 오류 점검 수단
(7) 내장 시험장비(BIIT)

사. AIS는 다음의 기능을 가져야 한다.
(1) 선박 인력의 개입 없이 관할 기관과 타 선박에 자동 및 연속적으로 정보를 제공
(2) 관할 기관과 타 선박으로부터의 정보를 포함하여 다른 출처의 정보를 수신하고 처리
(3) 최소 지연으로 높은 우선순위 및 안전 관련 호출에 응답
(4) 관할 관청이나 다른 선박에 의해 정확한 추적을 용이하게 하기 위한 적절한 데이터율로 위치 및 조종정보 제공

아. 분리된 시스템에 사용자가 정보를 접속, 선택 및 표시할 수 있도록 AIS는 적정한 국제 해상 인테페이스 표준을 만족하는 인터페이스를 제공해야 한다. 모든 인터페이스는 시스템 인터페이스를 통해 이루어져야 한다.(Presentation Interface, 이하 PI라 지칭)

자. 선박과 메시지 식별 목적으로 해당 해상이동업무용식별부호(MMSI) 번호가 사용되어야 한다.

차. AIS에 의해 제공되는 정보에는 다음이 포함되어야 한다.
(1) 정적정보
① IMO 번호(적용되는 경우)
② 호출 부호와 선명
③ 선장과 선폭
④ 선종
⑤ 선박에서 사용되는 측위 안테나의 위치(중심선에서 선수

또는 선미와 좌현 또는 우현 거리)
(2) 동적정보
① 정확도 표시와 무결성 상태와 함께 WGS 84 데이텀을 기준으로 한 선박의 위치
② 국제표준시의 시간, 날짜는 수신 장비로부터 설정된다.
③ 대지 방위(COG)
④ 대지 속도(SOG)
⑤ 선수방위
⑥ 항해 상태(예, 통제 불능(NUC), 묘박 등 - 수동 입력)
⑦ 선회율(적용되는 경우)
(3) 항해 관련 정보
① 선박의 흘수
② 위험 화물 (종류; 관련 기관에 의해 요구되는 것과 같은 종류)
③ 목적지와 예상 도착 시간(ETA)
(4) 안전관련 단문 메시지

카. 서로 다른 정보 종류들에 있어서 다른 시간 주기가 유효하므로 다른 보고 주기를 필요로 한다.
(1) 정적 정보 : 매 6분, 데이터가 수정되었을 때, 요청 받을 때
(2) 동적정보 : [표 2-13]과 같이 속도와 침로변경에 따라 다름
  원거리 방송 메시지의 경우는 매 3분
(3) 항해관련 정보: 매 6분, 데이터가 수정되었을 때, 요청 받을 때
(4) 안전관련 메시지: 요청에 따라

[표 2-13] 자율 모드에서 정보 전송 주기

선박의 종류	보고 주기
정박 또는 계류상태로 3노트 이하로 움직이는 선박	3분

14~23 노트의 선박	6초
14~23 노트 및 침로 변경 선박	2초
23 노트 이상의 선박	2초
23 노트 이상 및 침로 변경 선박	2초

타. 무선국이 기준국(semaphore station)으로 결정하는 경우 보고 간격은 2초로 줄여야 한다.

파. 시스템은 구상된 모든 운영 시나리오를 적절하게 제공하도록 분당 최소 2,000개의 보고를 처리할 수 있어야 한다.

하. AIS의 장애를 탐지하고 입력 또는 송신된 데이터의 무단 변경을 방지하기 위하여 보완 메커니즘이 제공되어야 한다. 데이터의 무단 배포를 방지하기 위해 IMO 지침(IMO 결의안 MSC.43(64), 선박 보고 시스템에 대한 지침)을 준수해야 한다.

거. 설비는 전원 인가 후 2 분 이내에 작동되어야 한다.

너. AIS 및 관련 센서는 선박의 주 전력으로 부터 전력을 공급 받아야한다. 또한, 대체 에너지 원으로부터 AIS 및 관련 센서를 작동시킬 수 있어야한다.

더. 가변 송신기 출력, 동작 주파수(국제적으로 전용 또는 지역적으로 선택), 변조 및 안테나 시스템과 같은 AIS의 기술적 특성은 해당 ITU-R 권고안을 준수해야 한다.

러. 이 절은 OSI (개방형 시스템 상호연결) 모델의 계층 1 - 4 (물리 계층, 링크 계층, 네트워크 계층, 전송 계층)를 다룬다.

머. 물리 계층은 발신자 출력부터 비트열을 데이터 링크로 전송하는 역할을 한다.

버. 링크 계층은 데이터 전송에 오류 검출 및 정정을 적용하기 위해 데이터를 패키징하는 방법을 규정한다. 링크 계층은 세 개의 하위 계층으로 나누어진다.

서. MAC 부 계층은 데이터 전송 매체, 즉 VHF 데이터 링크에 접속을 허가하는 방법을 제공한다. 사용된 방법은 공통 시간 기준을 사용하는 시분할 다중 접속(TDMA) 방식이어야 한다.

어. DLS 부 계층은 다음을 위한 방법을 제공한다.
  (1) 데이터 링크 활성화 및 해제
  (2) 데이터 전송 또는
  (3) 오류 탐지 및 제어

저. LME는 DLS, MAC 및 물리 계층의 작동을 제어한다.

처. 네트워크 계층은 다음을 위해 사용되어야 한다.
  (1) 채널 연결을 수립하고 유지
  (2) 메시지의 우선순위 할당 관리
  (3) 채널들 간의 전송 패킷들의 분포
  (4) 데이터 링크 혼잡 해결

커. 전송 계층은 다음에 대한 책임을 진다
  (1) 데이터를 정확한 크기의 송신 패킷으로 변환
  (2) 데이터 패킷들의 시퀀싱
  (3) 프로토콜을 상위 계층에 인터페이스

터. AIS 장치에 의해 전송될 데이터는 표현 인터페이스를 통해 입력되어야 한다. AIS 장치가 수신한 데이터는 표현 인터페이스를 통해 출력되어야 한다. 이 데이터 스트림에 사용 된 형식과 프로토콜은 5.6에 정의되어 있다.

퍼. Class A 선박 이동국 장비는 원거리 통신을 제공하는 장비에 대해 양방향 인터페이스를 제공해야 한다. 인터페이스는 다음을 준수해야 한다.

2. ITU의 AIS 관련 기술표준 분석

가. 송신기가 2초 이상 연속적으로 송신하는 경우에 자동 송신기 하드웨어 차단 절차 및 표시가 제공되어야 한다. 이 차단 절차는 소프트웨어 제어와 독립적이어야 한다.

나. 무선국이 기준국(semaphore station)으로 결정되는 경우, 보고 간격은 2초로 줄여야 한다.

다. 이 절은 OSI (개방형 시스템 상호연결) 모델의 계층 1 ~ 4 (물리 계층, 링크 계층, 네트워크 계층, 전송 계층)를 다룬다.

라. 물리 계층은 발신자 출력부터 비트열을 데이터 링크로 전송하는 역할을 한다. 물리 계층은 ITU-R M.1371-4/A2-2. 권고에 따라 설계되어야 한다.
  (1) 송신기 변수
    (가) 송신기 변수는 [표 2-14]에 주어진 것과 같아야 한다.

[표 2-14] 송신기 변수

송신기 변수	요구 사항	조건
주파수 오류	± 500Hz(일반) ±1,000Hz(극한)	
반송파 전력(P_{ss})	41dBm 높은 출력 설정 30dBm 낮은 출력 설정	± 1.5dB 일반조건 ± 3dB 극한 조건, 전도
변조 스펙트럼	-25dBc -70dBc 슬롯형 전송	< ± 10kHz ±25kHz < < ±62.5kHz

출력 대 시간 특성	송신 지연 : 0 s 상승 시간 : 833μs 하강 시간 : 833μs 송신 지속시간 : ≤26,624μs	참조 <그림 2-4>와 [표 2-16] 일반 1 타임 슬롯 전송
스퓨리어스 발사	-36 dBm -30 dBm	9 kHz ~ 1 GHz 1 GHz ~ 4 GHz

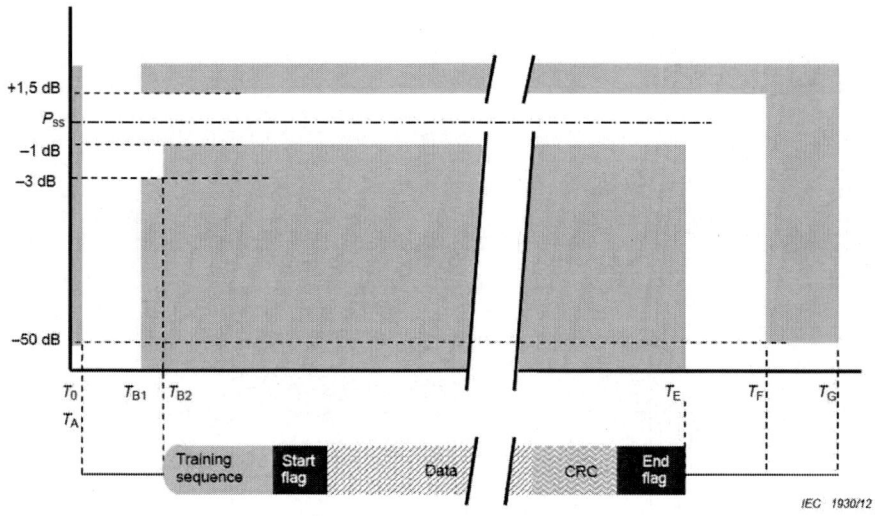

<그림 2-1> 출력 대 시간 특성

[표 2-15] 출력 대 시간 특성

기 준		Bit	시 간	정 의
T_0		0	0 ms	전송 슬롯의 시간. 출력은 T_0 이전에 -50 dBc (기준 P_{ss})를 초과하지 않아야 한다.
T_A		0~6	0~0.625ms	타임스탬프 = 61
T_B	T_{B1}	6	0.625ms	출력은 P_{ss}의 +1.5~-3dB이어야 한다.
		8	0.833ms	출력은 의 +1.5~-1dB이어야 한다. (송신 시퀀스의 시작)

비트 포함)			신 시퀀스의 시작)
T_{B1} (1 채우기 비트 포함)	241	25.104ms	출력은-50 dBc(기준 P_{ss})를 이하이어야 한다.
T_G	256	26.667ms	다음 전송 주기의 시작

(2) 수신기 변수

(가) 수신기 변수는 [표 2-16]에 주어진 것과 같아야 한다.

[표 2-16] 수신기 변수

기준	요구사항		
	PER 결과	희망신호	불요 신호
감도	20%	-107dBm(일반) -104dBm(±500Hz 오프셋에서 일반) -101dBm(극한조건)	
고입력 레벨에서의 오류	1%	-7dBm과 -77dBm	-
공통 채널 제거비	20%	-104dBm -104dBm	-114 dBm (일반) -114 dBm(±1㎑ 오프셋에서)
인접채널 선택도	20%	-104dBm -98dBm(극한조건)	-34 dBm(일반) -38 dBm(극한조건)
스퓨리어스 응답 제거비	20%	-104dBm	-34dBm
상호변조 응답 제거비 및 블로킹	20%	-101dBm	- 27 dBm(< 5㎒) - 15 dBm(> 5㎒)
스퓨리어스 발사	-57dBm -47dBm		

(3) 링크 계층 : 링크 계층은 데이터 전송에 오류 검출 및 정정을 적용하기 위해 데이터를 패키징하는 방법을 규정한다. 링크 계층은 세 개의 하위 계층으로 나누어진다.

(가) 링크 하위 계층 1: 매체 접속 제어(MAC)

① (M.1371/A2-3.1) MAC 부 계층은 데이터 전송 매체, 즉

VHF 데이터 링크에 접속을 허가하는 방법을 제공한다. 사용된 방법은 공통 시간 기준을 사용하는 시분할 다중 접속(TDMA) 방식이어야 한다.

② 매체 접속 제어부 계층은 ITU-R 권고 M.1371-4 / A2-3.1에 따라 설계되어야 한다.

(나) 링크 하위 계층 2: 데이터 링크 서비스(DLS)

① DLS 부 계층은 다음을 위한 방법을 제공한다.
- 데이터 링크 활성화 및 해제
- 데이터 전송 또는
- 오류 탐지 및 제어

② 데이터 링크 서비스 부 계층은 권고 ITU-R M.1371-4/ A2-3.2에 따라 설계되어야 한다. 반복된 메시지와 Class B 메시지는 간접 동기화 프로세스에서 사용되지 않아야 한다.

(다) 링크 하위 계층 3 - 링크 관리 개체(LME)

① LME는 DLS, MAC 및 물리 계층의 작동을 제어한다.

② 링크 관리 개체 부 계층은 권고 ITU-R M.1371-4 / A2-3.3에 따라 설계되어야 한다.

③ 링크 하위 계층 3은 VDL 메시지의 정의를 포함한다. [표 2-17]은 Class A 선박용 이동 AIS 장치에 사용되어야 하는 VDL 메시지를 보여준다.

[표 2-17] VDL 메시지의 사용

메시지 번호	메시지 이름	M.1371 참조	R/P	O	T	비고
0	미정의	없음	Yes	Yes	No	나중에 사용하도록 예약됨
1	위치보고 (자동모드)	A8-3.1	Yes	Yes	Yes	MMSI가 97로 시작하고 NavStatus가 15이면 특수 AIS-SART 시험 모드로 PI로만 보내야 한다.

		데이터				
6	주소가 지정된 이진 메시지	A8-3.4	Yes	Yes (1)	Yes	(1)주소가 자선으로 지정된 경우에만
7	이진 확인	A8-3.5	Yes	INF (2)	Yes	(2)어떤 경우에도 ABK PI 메시지가 PI에 보내야 한다.
8	이진 방송 메시지	A8-3.6	Yes	Yes	Yes	
9	표준 SAR 항공기 위치보고	A8-3.7	Yes	Yes	No	
10	UTC 및 날짜 조회	A8-3.8	Yes	INF	Yes	
11	UTC 및 날짜 응답	A8-3.9	Yes	INF	Yes	
12	주소가 지정된 안전 관련 메시지	A8-3.10	Yes	Yes (3)	Yes	(3) 주소가 자선으로 지정된 경우에만
13	안전 관련 확인	A8-3.11	Yes	INF (4)	Yes	(4) 어떤 경우에도 ABK PI 메시지가 PI에 보내야 한다.
14	안전 관련 방송 메시지	A8-3.12	Yes	Yes	Yes	MMSI가 97로 시작하고 텍스트가 "SART TEST" 이면 특수 AIS-SART 시험 모드로 PI로만 보내야 한다.
15	질의	A8-3.13	Yes	INF	Yes	Class A 선박 이동국은 메시지, 3, 4, 5, 9, 18, 19, 21 및 24번만 질의할 수 있다. 슬롯 오프셋은 0으로 설정되어야 하고 메시지 3, 5 및 24B에 대한 질의만 응답해야 한다.
16	할당 모드 명령	A8-3.14	Yes (5)	INF	No	(5) Class A AIS는 유효한 기지국 MMSI를 가진 무선국으로부터 메시지가 전송될 때만 수신하고 처리해야 한다.
17	DGNSS	A8-3.15	Yes (5,6)	INF (7)	No	(6) 내부 GNSS 수신기가 DGNSS 보정을 처리할 수 있거나 PI가 DGNSS 출력 포트를 포함하고 있는 경우에만 (7)PI의 다른 포트로:INF
18	표준 Class B 장비 위치보고	A8-3.16	Yes	Yes	No	
19	확장 Class B 장비 위치보고	A8-3.17	Yes	Yes	No	
20	데이터 링크 관리 메시지	A8-3.18	Yes (5)	INF	No	
21	AtoN 보고	A8-3.19	Yes	Yes	No	
22	채널 관리 메시지	A8-3.20	Yes (5)	INF	No	
23	그룹 할당 명령	A8-3.21	Yes (5)	Yes	No	

						(9) 메시지 ID 필드에 메시지 25/70을 나타내는 ABM 또는 BBM 문장을 사용하여 시작
26	CommState를 가진 다중 슬롯 이진 메시지	A8-3.24	Yes	Yes (10)	Yes (11)	(10) 방송 또는 주소가 자선으로 지정된 경우만 (11) 메시지 ID 필드에 메시지 26/71을 나타내는 ABM 또는 BBM 문장을 사용하여 시작
27	원거리 AIS 방송 메시지	A8-3.25	No	No	Yes	전용 채널로 전송(AIS 1 및 AIS 2 아님)
28~63	미정의	없음	INF	INF	No	나중에 사용하도록 예약됨

R/P - 내부적으로 수신 및 처리 (예 : PI를 통해 출력 준비를 하고, 수신된 정보에 따라 행동하며, 내부적으로 수신된 정보를 사용한다.
O - PI VDM 메시지를 사용하여 PI를 통해 메시지 내용 출력
T - 자국 송신 : "Yes"= 필요; "No"= 전송되지 않아야 한다.
INF - 정보용 PI VDM 메시지를 사용하여 PI를 통해 VDL 메시지가 출력된다. 이 기능은 구성 설정에 의해 억제 될 수 있다.

④ 메시지 6, 8, 12, 14, 25 및 26의 경우, 자체 송신은 ITU-R 권고 M.1371에 정의된 메시지 당 최대 연속 슬롯 수를 가진 프레임의 총 슬롯 수를 초과해서는 안된다. 메시지 15의 경우, 자체 전송은 한 프레임에서 총 5개의 메시지를 초과하지 않아야 한다. 어느 경우가 초과하면 AIS는 ABK 경고문을 생성해야 한다.

(라) 네트워크 계층

① 네트워크 계층은 다음을 위해 사용되어야 한다 :
- 채널 연결을 수립하고 유지.
- 메시지의 우선순위 할당 관리.
- 채널들 간의 전송 패킷들의 분포;
- 데이터 링크 혼잡 해결.

(마) 전송 계층

① 전송 계층은 다음에 대한 책임을 진다 :
- 데이터를 정확한 크기의 송신 패킷으로 변환;
- 데이터 패킷들의 시퀀싱;
- 프로토콜을 상위 계층에 인터페이스

② 전송 계층은 권고 ITU-R M.1371-4 / A2-5에 따라 설계되어야 한다.

(바) 표현 인터페이스

① AIS 장치에 의해 전송될 데이터는 표현 인터페이스를 통해 입력되어야 한다. AIS 장치가 수신한 데이터는 표현 인터페이스를 통해 출력되어야 한다.
② Class A 선박 이동국 장비는 원거리 통신을 제공하는 장비에 대해 양방향 인터페이스를 제공해야 한다.

3. IEC의 AIS 관련 기술표준 분석

가. 요구사항
  (1) 환경, 전원, 특수목적 및 안전 요구사항
    (가) AIS는 IEC 60945에 상세하게 설명된 것과 같이 IMO A.694(17)의 환경, 전원, 특수 목적 및 안전 요구사항을 만족하도록 시험되어야 한다. IEC 60945:2002, 2항 종별의 선언은 다음과 같이 적용되어야 할 상대적인 시험을 정의할 것이다.
      ① 보호형 설치로 선언된 AIS 장비는 IEC 60945:2002의 요구사항을 만족해야 한다.
      ② 노출형 AIS 장비는 IEC 60945:2002의 요구사항을 만족해야 한다.
      ③ 휴대형 AIS 장비는 IEC 60945:2002의 "보호형" 또는 "노출형" 요구사항 중 해당형에 따른 요구사항을 만족해야 한다.
  (2) 정보의 표시
    (가) AIS는 IEC 62288에 포함된 정보의 표현에 대한 요구사항에 적용되는 내용이 시험되어야 한다.

다. 성능 요구사항
  (1) 시간 및 위치
    (가) 국제표준시의 출처
      AIS는 동기화 목적 및 이전 위치, COG와 SOG를 위해 요구되는 국제표준시간의 주 출처로서 내장 GNSS 수신기가 제공되어야 한다. 내장 GNSS 수신기는 IEC 61108 시리즈의 다음 요구사항을 만족해야 한다. (위치 정확도, 간섭에 대한 감응성, 위치 갱신, 오류 경보, 상태 표시 및 무결성 플래그)

제조사가 선박 위치의 신호원으로 내장 GNSS를 사용하도록 추구 한다면, 내장 GNSS 수신기는 AIS 프로세서에 최대 부하 조건을 부여하고 IEC 61108에 따라서 적합인증 되어야 하고 DTM, GNS, GBS 및 RMC 문장이 지정 포트를 통해 출력되어야 한다. 내장 GNSS로부터 날짜와 시간을 활용할 수 없고 메시지 4 또는 11번이 수신된다면 장치는 이 메시지로부터 날짜와 시간을 사용해야 하고 초는 생략되어야 한다.

(나) AIS 위치보고의 신호원

위치보고의 신호원은 4.10.3.5에 규정된 조건에 따라 다양할 수 있다. 외부 신호원으로부터의 위치를 활용할 수 없을 때 내장 GNSS 수신기가 AIS 위치보고용 신호원으로서 사용될 수 있다. 내장 GNSS 수신기가 AIS 위치보고용 신호원으로서 사용될 때,

① 적절한 BIIT 표시가 인터페이스로 출력되어야 한다.
② 위치 데이터는 MKD에서 활용할 수 있어야 한다.
③ 내장 GNSS 수신기는 최소 메시지 17번의 평가에 의해 차등 보정될 수 있는 것이어야 한다.

DGNSS 보정이 다중 신호원으로부터 수신되는 경우에 가장 가까운 DGNSS 기준국으로부터 DGNSS 보정은 Z count와 DGNSS 기준국의 상태를 고려하여 사용되어야 한다.

(2) 경보 및 지시, 폴-백 장치

(가) 내장 시험 장비

AIS는 BIIT를 갖추고 있어야 한다. 이 시험은 장비의 표준 기능과 동시에 지속적으로 또는 적절한 간격으로 실행되어야 한다. AIS의 무결성을 현저하게 줄이거나 작동을 멈추게 하는 고장 또는 오작동이 감지되면 경보가 시작된다. 이 경우

① 경보는 MKD에 표시되어야 한다,
② 경보 릴레이는 "활성"으로 설정되어야 한다.
③ 적절한 경보 메시지는 발생에 따라 표현 인터페이스를 통해 출력되고 30초마다 반복되어야 한다.

아래 설명된 관련 시스템 상태의 변경이 감지되면 사용자에게 표시가 제공된다. 이 경우
① 표시는 MKD에서 접속 가능해야 하며
② 적절한 TXT 문장이 표현 인터페이스를 통해 출력되어야 한다.

(3) 경보 메시지
(가) ALR 형식 사용

ALR- 문장은 AIS의 무결성을 현저하게 감소시키거나 작동을 정지시키는 고장 또는 오작동을 나타내기 위해 사용된다. 경보 메시지는 표현 인터페이스 출력 포트에서 IEC 61162-1을 준수하는 "$ AIALR" 문장이어야 한다.

이 문장 형식의 다음 변수가 설정되어야 한다.
① 경보 상태 변경 시간 (UTC) :
② 경보 소스의 고유한 경보 번호 (식별자).
③ 경보 조건
④ 경보 식별 상태
⑤ 경보의 설명 텍스트

"경보 조건"필드는 경보 조건 임계값을 초과하면 "A"로, 경보 조건이 임계값을 초과하지 않는 수준으로 복귀하면 "V"로 설정되어야 한다. 건강 상태 (경보 상태가 아님) 동안 빈 ALR 문장이 1 분 간격으로 전송되어야 한다. 확인 상태 플래그는 MKD에 의해 내부적으로 또는 해당 ACK 문장에 의해 외부적으로 경보의 확인 후에 설정되어야 한다. 로컬 경보 식별자 (경보 ID)는 관련 메시지를 연결하기 위해 ALR, ACK 형식의 사용과 TXT 문장의 텍스트 식별자로 정의된다. "경보 번호"가 099보다 큰 ALR 문장은 TXT 문장의 "텍스트 식별자"를 사용하여 추가 정보가 포함된

TXT 문장이 다음에 올 수 없다. "텍스트 식별자"는 01에서 99 사이의 범위로 제한된다. 추가 번호는 다른 목적으로 제조업체에서 사용할 수 있지만 051에서 099 사이여야 한다.

(나) 기능과 무결성의 감시

하나 이상의 다음의 기능 또는 데이터에서 고장이 검출된 경우, 경보가 발동되고 시스템은 [표 2-18]에 제시된 것과 같이 반응해야 한다.

[표 2-18] ALR 문장 형식을 사용하여 전달된 무결성 경보 조건

경보의 설명 텍스트	경보 조건 임계치 초과	경보 조건 임계치 미초과	경보 ID 또는 텍스트 식별자	경보 조건 임계치 초과에 대한 시스템의 반응
AIS : 송신 오작동	A	V	001	송신 중단
AIS : 안테나 VSWR 한계 초과	A	V	002	동작 유지
AIS : 수신 채널 1 오작동	A	V	003	영향받는 채널로 송신 중단
AIS : 수신 채널 2 오작동	A	V	004	영향받는 채널로 송신 중단
AIS : 수신 채널 70 오작동	A	V	005	동작 유지
AIS : 전반적인 오류	A	V	006	송신 중단
AIS : 국제표준시 동기 무효	A	V	007	간섭 또는 기준국(semaphore) 동기로 동작 유지
AIS : MKD 연결 손실	A	V	008	"DTE"를 1로 설정하여 동작 유지
AIS : 내부/외부 GNSS 위치 불일치	A	V	009	동작 유지
AIS : 항해상태 부적합	A	V	010	동작 유지
선수방위 센서 오프셋	A	V	011	동작 유지
AIS : AIS-SART 활성화	A	V	014	동작 유지

AIS : 유효한 SOG 정보 없음	A	V	029	기본값으로 동작 유지
AIS : 유효한 COG 정보 없음	A	V	030	기본값으로 동작 유지
AIS : 선수방위 손실/무효	A	V	032	기본값 b로 동작 유지
AIS : 유효한 ROT 정보 없음	A	V	035	기본값 b로 동작 유지

a MKD가 표현의 유일한 수단일 때 적용
b 구성된 경우

경보 ID 001은 다음의 경우에 활성화되어야 한다.
① VDL의 무결성이 잘못된 송신기 동작으로 인해 저하될 때(예 : Tx 종료 절차가 동작한 경우),
② 장치가 기술적인 이유로 또는 누락 또는 부절절한 MMSI 에 대해 전송할 수 없다.

Alarm ID 11은 SOG가 5 kn 이상이고 COG와 HDT 사이의 차이가 5분 동안 45°이상인 경우 활성화된다.

(다) 경보 릴레이 출력

평상시 닫힘(NC) 상태의 무 접지 릴레이 접점이 외부 경보를 발동하는 독립적이고 간단한 방법으로 제공되어야 한다. 경보 릴레이는 전원이 꺼져 있을 때 "활성"상태여야 한다. 경보 릴레이는 MKD를 통해 내부적으로 또는 해당 ACK 문장에 의해 외부적으로 경보의 확인에 따라 비활성화되어야 한다.

(4) 상태 메시지

(가) 일반

시스템 작동에 중대한 변경이 발생했지만 전체 시스템 작동에는 영향을 미치지 않으면 표시가 시작된다. TXT- 문장은 시스템 작동에서 이러한 중요한 변화가 발생한 시기를 나타내기 위해 사용된다.

(나) TXT 형식 사용

상태 메시지는 표현 인터페이스 출력 포트에서 IEC 61162-1을 준수하는 "$ AITXT" 문장이어야 한다. 이 문장 형식의 변수가 설정되어야 한다.

① 텍스트 식별자와
② 텍스트 메시지

질의 문장 $ xxAIQ, TXT를 사용하여 현재 센서 상태를 모니터링 할 수 있어야한다.

(다) 감시용 센서 데이터 상태

표시가 주어지고 시스템은 [표 2-19]에 주어진 것과 같이 반응해야 한다.

[표 2-19] TXT 문장 형식을 사용하여 전달된 센서 상태 표시

텍스트 메시지	텍스트 식별자	시스템의 반응
AIS : 외부 DGNSS가 사용 중	021	작동 유지
AIS : 외부 GNSS가 사용 중	022	작동 유지
AIS : 내부 DGNSS가 사용 중(비콘)	023	작동 유지
AIS : 내부 DGNSS가 사용 중(메시지 17)	024	작동 유지
AIS : 내부 GNSS가 사용 중	025	작동 유지
AIS : 외부 SOG/COG가 사용 중	027	작동 유지
AIS : 내부 SOG/COG가 사용 중	028	작동 유지
AIS : 선수 방위 유효	031	작동 유지
AIS : ROT 지시기가 사용 중	033	작동 유지
AIS : 다른 ROT 신호원이 사용 중	034	작동 유지
AIS : 채널 관리 변수가 변경	036	작동 유지

(라) 위치 센서 폴-백 조건

우선순위와 영향을 받는 위치보고 데이터는 [표 2-21]과 같아야 한다.

[표 2-20] 위치 센서 폴-백 조건

우선순위	메시지 1, 2, 3에 영향 받는 데이터 =>				
	위치 센서 상태	위치 정확도 플래그	타임스 탬프	RAIM 플래그	위치 위도/경도
1	외부 DGNSS 사용 (보정)[a]	1	UTC-s	1/0*	위도/경도(외부)
2	내부 DGNSS 사용 (보정; 메시지 17)	1	UTC-s	1/0*	위도/경도(내부)
3	내부 DGNSS 사용 중(보정; 비콘)[b]	1	UTC-s	1/0*	위도/경도(내부)
4	외부 EPFS 사용 중(비 보정)[a]	0	UTC-s	1/0*	위도/경도(내부)
5	내부 GNSS 사용(비 보정)	0	UTC-s	1/0*	위도/경도(내부)
6	추측 지점 계산 (사용되는 외부 EPFS에서)	0	62	0	위도/경도 (추정 계산)
	수동 위치 입력 (사용되는 외부 EPFS에서)		61		위도/경도(수동)
	위치 없음		63		비 활용 = 91/181

a 모든 구성에 적용(최소 요건)
b 내부 비콘 수신기가 제공되는 경우에만 적용. RAIM이 적용되면 "1", 아니라면 기본값 "0"

    AIS는 가능한 가장 높은 우선순위를 가진 위치 소스를 자동으로 선택해야 한다. 데이터 가용성 이 변경되면 AIS는 아래쪽으로 전환할 때는 5초 후 또는 위쪽으로 전환할 때는 30초 후에 가장 높은 우선순위를 갖는 위치 소스로 자동 전환해야 한다. 이 기간 동안 최신 유효 위치가 보고에 사용되어야 한다. 외부 위치 소스가 사용되고 외부 및 내부 위치가 모두 유효한 경우, 외부 및 내부 위치를 분당 한 번 비교해야 하며 두 위치 간의 차이가 두 개의 GNSS 안테나 사이의 거리 +100m 보다 큰 경우 경보가 생성되어야 한다. 유효한 위치에 시간 소인이 없으면 (시간 소인을 사용할 수 없음 = 60), 시간 소인을 60으로 설정하여 위치보고를 전송한다. 한 상태에서 다른 상태로 전환하는 경우에 보고 된 위치에 대한 참조 점이 변경될 때 메시지 5번이 즉시 전송되어야 하고 위에 기술된 "ALR"문장이 표현 인터페이스로 출력되어야 한다. RAIM이 유효하면 (유효한 GBS 문장 또는 동등한 정보로 표시), [표 2-21]을 사용하여 위치 정확성 플래그가 평가되어야 한다.

[표 2-21] 정확도(PA) 플래그의 사용

RAIM으로부터 정확도 상태 (위치 고정의 95%에 대해)	RAIM 플래그	차등 보정 상태	위치 정확도(PA) 플래그의 결과 값
RAIM 프로세서가 적용되지 않음	0	비 보정	0 = Low (>10 m)
예상 에러 <= 10m	1		1 = High (<= 10m)
예상 에러 > 10m	1		0 = Low (>10 m)
RAIM 프로세서가 적용되지 않음	0	보정	1 = High (<= 10m)
예상 에러 <= 10m	1		1 = High (<= 10m)
예상 에러 > 10m	1		0 = Low (>10 m)

연결된 GNSS 수신기는 IEC 61162-1의 유효한 GBS 문장을 통해 RAIM 프로세스의 가용성을 나타낸다. 이 경우 RAIM 플래그는 "1"로 설정되어야 한다. RAIM 정보 평가를 위한 위치 정확도 임계값은 10m이다. RAIM 예상 오류는 다음 공식을 사용하여 GBS 변수 "위도의 예상 오류"및 "경도의 예상 오류"를 바탕으로 계산된다.

예상 $RAIM$ 오류 $= \sqrt{(\text{위도상의 예상오류})^2 + (\text{경도상의 예상오류})^2}$

연결된 위치 센서로부터 수신된 IEC 61162-1의 위치 문장에 있는 모드 표시자는 보정 상태를 나타낸다.

(마) SOG/ COG 센서 폴-백 조건

내부 GNSS 수신기가 위치 소스로 사용된다면 내부 GNSS 수신기의 SOG / COG 정보가 사용되어야 한다. 이것은 선박의 다른 지점을 기준으로 하는 정보의 전송을 피하기 위한 것이다.

(바) ROT 센서 폴-백 조건

AIS는 [표 2-22]에 주어진 우선순위가 가장 높은 ROT 소스를 자동으로 선택해야 한다. ROT 데이터는 COG 정보에서 파생되지 않아야 한다.

[표 2-22] ROT 센서 폴-백 조건

우선순위	메시지 1, 2, 3에 영향 받는 데이터 =>	
	위치 센서 상태	ROT 필드의 내용
1	사용 중인 ROT 지시기[a]	0…+126 = 분당 708°까지 또는 그 이상 우측 회전 0…+126 = 분당 708°까지 또는 그 이상 좌측 회전 0~708° 사이의 값은 다음과 같이 코딩되어야 한다. 여기서는 외부 ROT 지시기에 의한 입력으로서 ROT이다. 709°/min 및 그 이상은 708°/min으로 잘려진다.
2	사용 중인 기타 ROT 소스[b]	+127 = 5°/30s 이상으로 우측 회전(TI 비적용) -127 = 5°/30s 이상으로 좌측 회전(TI 비적용)
3	활용할 수 있는 유효한 ROT 정보 없음	-128(80 hex)는 활용할 수 있는 회전 정보가 없음을 나타낸다(기본 값)
[a] IMO A.526(13)에 따른 ROT 지시기(발신 ID에 의해 결정) [b] HDG 정보를 바탕		

(5) 화면, 입출력

(가) 최소 키보드 화면(MKD)

MKD는 AIS의 필수 부분이며 멀리 떨어져 있을 수 있다. MKD가 원격이라면 HBT 문장을 사용하여 링크의 무결성을 보장하기 위한 시설이 제공되어야 한다. MKD는 다음과 같은 기능을 허용하는 화면 및 수동 입력 장치이다.

① 항해 관련 및 정적 선박 데이터 및 안전 관련 메시지의 수동 입력, AIS의 제어 및 데이터 선택. 항행 상태 및 항해 관련 데이터를 입력하는 방법은 운영자가 쉽게 이용

할 수 있어야 한다. Class A AIS 장치가 내비게이션 상태 14를 입력 할 수 없어야 한다.
② 자선이 송신한 정적, 동적 및 항해 관련 데이터를 표시.
③ 최소 200 표적을 표시
④ 최소 3행 이상의 표적 데이터 표시 각 행은 최소 방위, 거리, 선명 및 마지막 위치보고 이후 경과 된 시간을 표시. SAR 항공기와의 거리는 2차원이어야 한다. 방위와 거리 및 경과 시간의 수평 스크롤은 허용되지 않는다. 표시 데이터의 항목을 볼 수 있어야 한다.

기본적으로 표적 목록은 가장 가까운 활성 AIS-SART를 제외하고 오름차순 범위에서 자동 정렬되거나 지원되는 경우 다른 관심 표적이 목록 상단에 표시되어야 한다.

AIS-SART를 제외한 표적 표시의 타임 경과 값은 7분이어야 한다. SART ACTIVE의 경우, 타임 경과 값은 18분이어야 한다. 표적 데이터를 저장하기 위한 타임 경과 값은 18분이어야 한다.

AIS 표적의 표현 (예 : 대상 범위, CPA/TCPA 또는 AIS 표적 Class A/B, 등에 의해)을 필터링이 가능할 수 있다. 추가 필터링 또는 그룹화가 지원되는 경우 제조업체는 이 기능을 옵션으로 문서화해야 한다. 화면 장치가 CPA/TCPA 계산을 위한 기능을 제공하는 경우, 이 기능은 IEC 62388의 관련 절을 준수해야 한다. 필터가 적용되는 경우, 적절하게 적용에 대한 명확하고 영구적이거나 지속적인 표시가 있어야 한다. 사용 중인 필터 기준은 사용자가 쉽게 이용할 수 있어야 한다.

표시된 내용에서 개별 AIS 표적을 제거할 수 없어야 한다. 활성중인 AIS-SART는 표적 목록의 맨 위에 표시되어야 한다. 시험(형식 승인 시험 포함) AIS-SART는 정상 작동 중에 표시되거나 PI에 출력되어서는 안된다. 그러나 AIS는 자선의 AIS-SART에 대한 주기적 시험을 실시하는 동안 시험 AIS-SART를 PI에 표시하고 출력할 수 있는 기능을 가져야 한다.

활성 및 시험 AIS-SART는 다음과 같이 식별되어야 한다.
① 활성 AIS-SART : 메시지 1의 사용자 ID가 97로 시작, 메시지 1의 NavStatus가 14임을 확인
② 시험 AIS-SART : 메시지 1 및 14의 사용자 ID가 97로 시작, 메시지 1 NavStatus가 15, 메시지 14 텍스트가 "SART TEST"임을 확인
③ 형식 승인 시험 AIS-SART : 메시지 1 및 14의 사용자 ID가 97000으로 시작, 메시지 1 NavStatus가 15이고 메시지 14 텍스트가 "SART TEST"임을 확인

DTE 플래그 (ITU-R 권고 M.1371-4 / A8-3.3 참조)는 수신된 문자 메시지를 표시 할 수단이 없을 때만 "1"로 설정되어야 한다. 외부 장비는 30초마다 전송되는 HBT 문장에 의한 원격 MKD 기능의 가용성을 나타낸다. SSD 문장이 적용되면, DTE 필드는 외부 장비가 텍스트 메시지를 표시 할 수 있는지를 정의하기 위한 HBT 문장과 함께 평가되어야 한다. [표 2-23]는 MKD에 표시되어야 하는 수신 메시지에서 파생된 메시지 또는 표적 정보를 설명한다.

[표 2-23] MKD에 메시지 표시

메시지 종류	정보 내용	비고
메시지	MMSI	
메시지 1, 2, 3 위치보고	위치(위도, 경도, 거리, 방위) 마지막 위치보고가 수신된 이후 시간(분), (0~19) AIS-SART의 경우, 이름이 "SART-ACTIVE" 또는 "SART TEST"의 해당내용이 보여야 한다. PA-플래그, RAIM, 타임스탬프, 위치 품질 설명	그래픽 화면에서는 지도상에 위치로서

기지국 보고	마지막 위치보고가 수신된 이후 시간(분), 이름이 메시지 24a로부터 파생되지 않았다면 "BS:MMSI"가 보여야 한다. PA-플래그, RAIM, 타임스탬프, 위치 품질 설명	지도상에 위치로서
메시지 9 SAR 항공기 위치보고	위치(위도, 경도, 거리, 방위, 고도), 마지막 위치보고가 수신된 이후 시간(분), 이름은 "SAR"가 보여야 한다. PA-플래그, RAIM, 타임스탬프, 위치 품질 설명	그래픽 화면에서는 지도상에 위치로서, SAR 항공기의 거리는 2차원 계산에 의한 것이어야 한다.
메시지 11	통신 시험의 결과가 표시되어야 한다.	결과의 지시는 자동적으로 30초 이하로 제거되어야 한다.
메시지 12, 14 안전관련 텍스트 메시지	AIS-SART의 경우, "SART-ACTIVE" 또는 "SART TEST"의 해당내용	
메시지 18, 19	위치(위도, 경도, 거리, 방위, 고도), 마지막 위치보고가 수신된 이후 시간(분), PA-플래그, RAIM, 타임스탬프, 위치 품질 설명	그래픽 화면에서는 지도상에 위치로서. 필터링 되거나 된 것일 수 있음(및 필터링 표시)
메시지 19, 24a Class B 위치 및 정적보고	선명	
메시지 21 AtoN 보고	AtoN 이름 마지막 위치보고가 수신된 이후 시간(분), 위치(위도, 경도, 거리, 방위) PA-플래그, RAIM, 타임스탬프, 위치 품질 설명 위치 이탈 플래그	이름 + AtoN 이라는 표시 그래픽 화면에서는 지도상에 위치로서
RAIM 프로세서가 적용되지 않음	0	보정	1 = High(<=10m)
예상 에러 <= 10m	1		1 = High(<=10m)
예상 에러 > 10m	1		0 = Low (>10 m)

[표 2-24] 위치 품질

설명	기준

추측 계산(Dead reckoning) 위치	타임스탬프 = 62
구식 위치 > 200m	예상 거리 (SOG 및 경과 시간 기준) > 200m
위치 > 10m	PA = 0 및 RAIM = 0
RAIM 위치 > 10m	PA = 0 및 RAIM = 1
위치 < 10m	PA = 1 및 RAIM = 0
RAIM 위치 < 10m	PA = 1 및 RAIM = 1
타임스탬프가 없는 유효 위치	타임스탬프 = 60

주) 위치 품질에 대한 자세한 정보는 세부 페이지에 표시된다.

 (나) 통신 시험

  AIS는 주소가 지정된 메시지 10을 전송하고 주소가 지정된 장치의 응답, 메시지 11을 확인함으로써 VDL에 대한 통신을 시험하는 수단을 가져야 한다. MKD가 수동으로 통신 시험을 시작할 수 있어야 한다. MKD는 표적을 제시하고 사용자가 이 표적을 확인하거나 대체 Class A 표적을 선택할 수 있도록 해야 한다. 시험이 실패할 경우 다른 표적이 제시되어야 한다. 또한 AIR 문장("메시지 ID"필드에서 메시지 11을 나타내는)을 사용하여 프리젠테이션 인터페이스(PI) 입력을 통해 통신 시험을 시작할 수 있어야 한다. AIR 문장에 대한 응답으로 AIS 장치는 메시지 10을 전송해야 한다. 메시지 10을 수신하면 AIS 장치는 메시지 11로 응답해야 한다. 통신 테스트의 결과가 표시되어야 한다. 운용 매뉴얼은 선택된 주소의 표적이 예를 들어 15NM과 25NM 사이의 적당한 범위에 있도록 이 기능의 사용에 대한 지침을 제공해야 한다.

 (다) 경보 및 상태 정보

  ① 경보

   요청시 다음 알람이 지시되고 표시되어야 한다.

- 내장 무결성 시험 결과
- 메시지 1 NavStatus 14의 수신. 주어진 사용자 ID에 대해 확인 응답을 받으면 릴레이는 활성화되지 않고 ALR이 확인을 나타낸다. 확인은 제한 시간으로 인해 표적 목록에서 제거될 때까지 효력을 유지한다.

    경보를 인지하는 수단이 제공되어야 한다.

② 상태 정보

    다음 상태 정보가 지시되고 요청 시 그 정보 내용이 표시되어야 한다.
    - 내장 무결성 시험 결과
    - 수신된 안전 관련 메시지 12 및 14
    - 수신된 원거리 질의
    - 수동 모드인 경우, 원거리 질의의 수동 확인

    상태 정보가 있거나 메시지 14가 수신되면 표시가 필요하다. 수신된 가장 최근 메시지 12의 내용은 사용자가 지울 때까지 가장 먼저 표시되어야 한다. 최소 큐 크기의 20개의 메시지 12가 접근 가능해야 한다.

(라) 데이터 보호

다음 데이터는 무단 수정으로부터 보호되어야 한다.
① MMSI
② 호출 부호
③ 선명
④ IMO 번호
⑤ 치수/위치 기준점
⑥ 선박 종류(화물 종류는 보호되지 않아야 한다.)
⑦ 인터페이스 구성
⑧ 패스워드
⑨ 메시지 27 송신 채널

    다른 데이터(보호된 경우)는 동일한 패스워드 수준으로 보호되어서는 안된다.

(마) 거리 계산

AIS는 부속서 G의 방정식을 사용하여 다른 AIS 장치 및 지역에 대한 거리를 포함한 모든 거리를 계산해야 한다.
(바) 잘못된 제어로부터 보호

AIS는 유효하지 않은 기지국 MMSI를 가진 장치로부터 보내진 제어 명령을 받아들이지 않아야 한다. 메시지 4, 16, 17, 20, 22 및 23을 수락하고 처리하기 전에, AIS는 송신국의 MMSI를 검사해야 한다. 유효한 기지국 MMSI는 "00xyyyyy"로 정의되며, 여기서 x는 2와 7 사이이다. 장치는 유효한 기지국 MMSI로 수신된 명령만을 받아들이고 처리해야한다.

라. 기술적 요구사항
(1) 잘못된 제어로부터 보호
(가) 일반

전송 계층과 상위 계층 사이의 인터페이스는 PI에 의해 수행되어야 한다. AIS의 표현 인터페이스는 [표 2-26]에 열거된 데이터 포트를 표현을 포함해야 한다.

[표 2-25] 표현 인터페이스 접속

일반적인 기능	메커니즘
센서 데이터의 자동 입력 (선박 장비로부터 센서 데이터 입력)	IEC 61162-2 입력 단자 또는 IEC 61162-1 입력 단자로 구성 - 최소 3 단자가 요구됨
고속 입력/출력 단자 (Pilot 단자 포함) (운용자 제어 명령과 데이터 입력; AIS VDL 데이터; AIS 장비 상태)	IEC 61162-2 쌍으로 된 입출력 단자 - 최소 2단자가 요구됨. 원거리 통신 단자는 현재 설비에서 원거리 통신이 필요치 않을 때 추가적인 PI 단자로서 구성될 수 있음.
원거리 통신	IEC 61162-2 쌍으로 된 입출력 단자
BITT 경보 출력	절연형 NC(normal Close) 접점 회로

(나) 센서 데이터의 자동 입력
① 요구되는 단자

최소 3개의 입력 단자가 제공되어야 한다. 각 단자는 IEC 61162-2의 요구 사항을 충족시켜야 하며 IEC 61162-1에 따라 재구성될 수 있다.

② 인터페이스 커넥터

제조자는 커넥터와 이들 포트에 대한 핀 할당을 명시해야 한다.

③ 센서 데이터 형식

센서 데이터는 IEC 61162-1에 기술된 형식을 사용하여 제공되어야 한다. 최소한 [표 2-27]에 열거 된 필수 IEC 61162-1 문장은 AIS 장치에 의해 수신되고 처리되어야 한다. 이 문장에 대한 세부 사항은 IEC 61162-1에 포함되어 있다.

[표 2-26] IEC 61162-1 센서 문장

데이터	IEC 61162-1 문장
기준 데이텀	DTM
위치 시스템 : 위치의 시간, 위도/경도, 위치 정확도	GNS, RMC
대지 속력(SOG)	RMC, VBW, VTG
대지 진로(COG)	RMC, VBW, VTG
선수 방위	HDT, THS
RAIM 지시기	GBS
선회율(ROT)	ROT

AIS는 전송을 위해 제공된 위치 정보가 WGS 84 데이터에 있는 것임을 자동으로 확인하기 위해 DTM 문장을 사용해야 한다. "위도의 예상 오류"및 "경도의 예상 오류" 변수에 대한 값을 포함하는 주기적인 GBS 문장 수신은 "RAIM Flag"에 위치 센서가 사용 중인 RAIM 프로세스로 작동 중임을 나타내기 위해 사용된다. [표 2-26]에 나열된 각 데이터 항목은 다양하게 연결되는 센서 장치로 생성될 수 있다. 외부 센서 장비는 특정 AIS 입력 포트에 지정되어 있지 않거나 지정된 입력 문장이 특정 장비에 할당되어 있지 않다. AIS는 각 입력 포트에서 이러한 특정 문장을 수용할 수 있어

야 한다. 동일한 변수에 대한 여러 센서 데이터가 다른 문장 또는 포트에 의해 수신되는 경우, 데이터 불일치 또는 중복 입력을 피하기 위한 메커니즘이 구현되어야 한다. 메카니즘은 제조자의 설치 매뉴얼에 문서화되어야 한다.
(다) 고속 입출력 단자
① 요구되는 단자

최소 2개의 입력/출력 단자가 제공되어야 한다. 선상 제어 장비, ECDIS, 레이다 등의 연결을 위한 주 입출력 단자 및 선박의 파일럿 장비, 서비스 장비 등을 연결하기 위한 파일럿/보조 입출력 단자. 각 포트는 IEC 61162-2의 요구 사항을 충족해야 한다. 두 입력 포트는 기능적으로 동등해야 하며 정의된 데이터 형식을 수신 할 수 있어야 한다. 두 출력 포트는 기능적으로 동일해야 하며 데이터 형식을 동시에 전송할 수 있어야 한다.

② 인터페이스 커넥터

파일럿 플러그가 제공되면 다음과 같이 구성되어야 한다. AMP/리셉터클 (사각형 플랜지 (-1) 또는 자유 행잉 (-2)), 셸 크기 11, 9-핀, 표준. Sex : 206486-1/2 또는 다음 단자를 가지 동급 단자
- TxA는 핀 1에 연결
- TxB는 핀 4에 연결
- RxA는 핀 5에 연결
- RxB는 핀 6에 연결
- 쉴드는 핀 9에 연결

제조자는 나머지 포트에 대한 접속을 규정하여야 한다.

③ 입력 데이터 및 형식

AIS는 최소한 [표 2-27]에 나와 있는 입력 데이터를 수신하고 처리 할 수 있어야 한다. 이 문장의 세부 사항은 IEC 61162-1에 포함되어 있다. 제조업체 소유권의 데이터가 이러한 고속 포트를 사용하여 입력될 수도 있다.

[표 2-27] AIS 고속 입력 데이터 및 형식

데이터	IEC 61162-1 문장
일반적인 접속 - 변수 입력	
항해 정보 선박 종류 및 화물 범주 항해 상태 흘수, 최대.실제 상태 목적지 목적지 도착 예정 시간의 날짜와 시간 지역별 응용 플래그	VSD
정적 정보 선명 호출부호 안테나 위치 전장 및 선폭	SSD
VHF 데이터 링크 방송 시작	
안전 메시지 원격 MKD에 의해 수신된 안전 메시지를 확인하는 핸드셰이크	ABM BBM ABK
이진 메시지	ABM BBM
질의 메시지	AIR
AIS 장비 - 변수 입력	
AIS VHF 채널 선택 AIS VHF 출력 설정 AIS VHF 채널 대역폭 송신/수신 모드 제어	ACA*
BIIT 입력	
원격 MKD의 심장 박동	HBT
경보 및 지시 확인	ACK
원거리 확인	
수동 원거리 확인	LRF
* AIS는 ACA 문장의 경도 및 위도 필드의 정보가 1/10 분으로 잘리도록 요구한다.	

④ 출력 데이터 및 형식

AIS는 최소한 [표 2-28]에 나와 있는 출력 데이터를 생성하고 전송할 수 있어야 한다. VDO 문장(메시지 1, 2 또는 3 포함)은 고속 출력 포트 모두에서 공칭 1초 간격으로 출력되어야 하며, A 및 B를 사용하여 데이터가 VDL 채널 A 또는 B에서 전송되었음을 나타내고 비워진 것(Null)은 VDL에서 전송되지 않음을 나타낸다. VDM 문장은 수신된 모든 VDL 메시지에 대해 두 고속 출력 포트에서 동시에 전송되어야 한다. 일부 VDL 메시지는 [표 2-28]에 따라 정보를 준다. 작동 중에 운영자는 이러한 유익한 메시지의 전달을 할 수 없을 수도 있다. 제조업체 소유권의 데이터는 고속 포트를 사용하여 전송할 수도 있다.

[표 2-28] AIS 고속 출력 데이터 및 형식

e데이터	IEC 61162-1 문장
AIS 장치에 의해 준비된	
ABM, BBM, AIR 메시지로 시작된 세션이 종료되었음을 알림	ABK
AIS 자선 방송 데이터(모든 송신에 적용)	VDO
AIS 장비 상태(BIIT 결과)	ALR/TXT
채널 관리 데이터(질문 메커니즘 사용)	ACA
AIS 장치에 의해 VHF 데이터 링크로 수신된	
방송 또는 자신으로 주소가 달려 수신된 모든 VDL AIS 메시지	VDM
원거리 통신 시스템으로 수신된	
수신된 원거리 질의 메시지	LRI와 LRF
질문에 대한 응답의 시스템 정보	
정적 정보	SSD
항해 정보	VSD
버전 정보	VER

⑤ 부가적인 선택 문장

MKD의 기능을 제공하는 외부 장치와의 통신을 용이하게 하기 위한 추가 선택 문장은 별도로 주어진다.

(라) 원거리 통신 포트

① 요구되는 포트

최소 하나의 입출력 포트가 제공되어야 하며 IEC 61162-2의 요구 사항을 충족시켜야 한다. 장거리 통신 장비에 연결할 수 있다. 입력 포트는 [표 2-28]에 정의된 데이터 형식을 수신 할 수 있어야 한다. 출력 포트는 [표 2-29]에 정의된 데이터 형식을 전송할 수 있어야 한다.

② 인터페이스 커넥터

제조자는 이들 포트에 대한 커넥터 및 핀 할당을 명시해야 한다.

③ 입력 데이터 및 형식

AIS 장치의 원거리 질의는 두 개의 IEC 61162-1 문장인 LRI와 LRF를 사용하여 수행된다. 이 쌍의 질의 문장은 AIS 장치가 회신 문장 (LR1, LR2 및 LR3)을 구성하고 제공해야 하는지를 결정하기 위해 필요한 정보를 제공한다. LRI 문장은 응답을 구성해야 하는지를 결정하는 데 필요한 정보를 포함한다. LRF 문장은 요청되는 정보를 식별한다. LRF 문장에 의해 요청 될 수 있는 정보는 [표 2-29]에 나와 있다. 이 문장의 세부 사항은 IEC 61162-1에 있다.

[표 2-29] AIS 원거리 통신 입력 데이터 및 형식

데이터	IEC 61162-1 문장
원거리 질의 요청 형식 지리적 영역 요청 AIS 자치 요청	LRI
원거리 기능 식별 요청자 MMSI 및 이름 요청 내용: 선명, 호출부호 및 IMO 번호(A) 메시지 구성의 날짜와 시간(B) 위치(C)	LRF

대지 진로(E) 대지 속력(F) 목적지 및 ETA(I) 흘수(O) 선박/화물(P) 선박의 길이, 폭 및 유형(U) 승선원 수	

④ 출력 데이터 및 형식

AIS 장치로부터의 원거리 응답은 4개의 IEC 61162-1 문장 형식(LRF, LR1, LR2 및 LR3)을 사용하여 수행된다. AIS 장치는 문장의 모든 정보 항목이 비워질 지라도 질의에 응답할 때 이들 문장을 LRF, LR1, LR2 및 LR3의 순서로 응답해야 한다. LRF-문장은 요청된 정보에 대한 "기능 응답 상태"를 제공한다. 다음은 "기능 응답 상태" 문자와 그것이 나타내는 상태를 나열하였다.

2 = 정보가 가용하고 다음의 LR1, LR2 및 LR3 문장에서 제공

3= AIS 장치에서 가용하지 않은 정보

4= 정보는 가용하나 제공되지 않음(즉, 선장이 결정한 제한된 접근)

LR1 문장은 응답의 목적지를 식별하고 LRF 문장의 "A" 기능 식별 문자에 의해 요청된 정보 항목을 포함한다.

LR2 문장은 LRF 문장의 "B, C, E 및 F"기능 식별 문자에 의해 요청된 정보 항목을 포함한다.

LR3 문장은 LRF 문장의 "I, O, P, U 및 W"기능 식별 문자에 의해 요청된 정보 항목을 포함한다.

다음 조건 중 하나라도 해당되면 개별 정보 항목은 비워(Null) 두어야 한다.

- 정보 항목이 LRF 문장에서 요청되지 않았음
- 정보 항목이 요청되었지만 사용할 수 없음 또는
- 정보 항목이 요청되었지만 제공되지 않음

[표 2-30]에 나와 있는 출력 데이터는 질의의 진행 LRF 문장

부분에 포함된 기능 식별 문자로 특별히 요구될 때 제공되어야 한다. 이 문장의 세부 사항은 IEC 61162-1에 포함되어 있다.

[표 2-30] 원거리 출력 데이터 형식

데이터	IEC 61162-1 문장
기능 응답 상태	LRF
응답자의 MMSI 요청자의 MMSI 선명 선박의 호출부호 IMO 번호	LR1
응답자의 MMSI 메시지 구성의 날짜와 시간 위치 대지 진로 대지 속력	LR2
응답자의 MMSI 목적지 및 ETA 흘수 선박/화물 선박의 길이, 폭 및 유형 승선원 수	LR3

(마) BIIT 경보 출력

AIS는 BIIT (내장 무결성 시험) 경보 기능의 상태를 나타내는 릴레이 출력 (NC 접점)을 제공해야 한다. 단자는 AIS의 회로 및 접지와 절연되어야 한다. AIS 제조자의 문서는 경보 릴레이 접점의 전류 및 전압을 규정해야 한다.

마. 원거리 응용장치
 (1) 일반
  원거리 응용장치는 다른 장비의 인터페이스 및 방송에 의한 것이어야 한다.
 (2) 양방향 인터페이스에 의한 원거리 응용장치
  (가) 일반
   원거리 (LR) 통신은 5.6.4에서 설명한 것처럼 이 목적을 위해 전용된 IEC 61162-2 인터페이스를 사용하는 표현 인터페이스를 통해서만 이루어져야 한다. 원거리 AIS 데이터는 4.11에서 설명한대로 AIS 화면에 표시되어야 한다.

(나) 질의 및 응답

원거리 정보는 원거리 기지국으로부터의 질의에 대한 응답으로만 전송되어야 한다.

(다) 수동 및 자동 응답

AIS 송수신장치는 자동 또는 수동으로 원거리 질의에 응답하도록 사용자가 설정할 수 있어야 한다. 원거리 질의에 대한 자동 회신의 경우, 화면은 운용자가 지시를 확인할 때까지 시스템이 원거리 질의를 받았음을 나타내야 한다. 원거리 질의에 대한 수동 응답의 경우, 화면은 4.11에 설명된 것과 같이 운영자가 질의에 응답하거나 수동 입력 장치로 응답을 취소할 때까지 시스템이 원거리 질의를 받았음을 나타내야 한다.

(라) 데이터 형식과 내용

전송에 사용할 수 있는 원거리 데이터 유형은 다음 [표 2-31]에 설명된 것과 같이 AIS 시스템에서 파생되어야 한다.

[표 2-31] 원거리 데이터 형식

ID	데이터 종류 형식	비고
A	선명/호출부호 MMSI/IMO 번호	MMSI 번호는 플래그 식별자로 사용되어야 한다.
B	UTC 날짜와 시간	메시지 구성 타임스탬프는 UTC 로만 제공되어야 한다. 월일, 시와 분
C	위치	WGS 84; 위도/경도 도와 분
D		적용되지 않음
E	진로	대지 진로(COG), 도

		ETA 시간 형식, 참조 B
J, K, L, M, N		적용되지 않음
O	흘수	m의 1/10로 실제 최대 흘수
P	선박/화물	참조 권고 ITU-R M.1371-4/A8-3.3
Q, R, S, T		적용되지 않음
U	길이/폭/형태	길이와 폭은 m 형태는 참조 권고 ITU-R M.1371-4/A8-3.3, 톤수는 적용되지 않음.
V		적용되지 않음
W	승선원 수	
X, Y		적용되지 않음
Z		사용되지 않음

(마) AIS 장치의 주소 달기

원거리 질의는 사용자 ID (선박의 MMSI) 또는 피 호출 지역을 설명하는 매카토르 투영 직사각형 의 북동 코너와 남서 코너를 지정하는 지리적 영역의 "모든 선박"통화로 이루어져야 한다. 첫 번째 원거리 데이터 전송은 지리적 영역 "모든 선박"호출에 의해 시작된 원거리 질의에 의해 이루어져야 한다. 후속 원거리 데이터 전송은 사용자 ID (MMSI)에 기반한 원거리 질의에 의해 이루어져야 한다. 동일 기지국에서 후속 지리적 영역 "모든 선박" 호출에 대한 응답을 회피하기 위해 AIS는 원거리 기지국의 MMSI를 24시간 동안 저장해야 한다.

(3) 방송에 의한 원거리 응용 (참조 12.1.1, 18.2)

방송에 의한 원거리 응용은 권고 ITU-R M.1371-4 / A4에 기술되어 있다. 원거리 AIS 수신 시스템 (예 : 위성 기반 수신기)은 적절히 구조화되어 제공되고 수신 시스템에 맞게 송신된 원거리 AIS 방송 메시지를 수신한다. 원거리 AIS 방송 메시지 27은 AIS 채널 (AIS 1, AIS 2 또는 지역 채널)이 아닌 2개의 개별 지정 채널에서만 전송되어야 한다. 전송은 각 채널이 6

분마다 한 번 사용되도록 이 두 채널 간에 번갈아 이루어져야 한다. 연안 지역에서의 메시지 27의 방송은 무선국 유형 10과 함께 메시지 4와 메시지 23의 결합된 사용을 통해 기지국 제어를 받는다.

주1) 무선국 유형 10은 ITU-R M.1371-4에서 ITU-R에 의해 아직 정의되지 않았지만 Class A 이동국에 의한 메시지 27 전송 제어를 위한 기지국 적용 영역으로 정의될 것으로 기대된다.

AIS는 정상 작동 중에 이 기능을 비활성화 할 수 있어야한다.

주2) 2 개의 분리된 지정 채널의 할당은 전파 규칙을 개정함으로써 2012 ITU 세계 전파통신 회의 (WRC-12)에 의해 승인되었다. 이 표준은 별도의 지정된 채널로 채널 75 (156,775 ㎒) 및 채널 76 (156,825 ㎒)을 사용한다. 개정안은 2013년 1월 1일부터 효력을 발생한다.

제 5 절 AIS-SART 관련 국제 기술표준 분석

1. IMO의 AIS-SART 관련 기술표준 분석

가. 성능요구사항

(1) 일반

AIS-SART는 조난중인 선박의 위치, 정적 및 안정정보를 나타내는 메시지를 전송할 수 있어야 한다. 전송된 메시지는 기존의 AIS 설치와 호환 가능해야 한다. 전송된 메시지는 AIS-SART의 수신 범위에서 assisting units에 의해 인식되고 표시되어야 하며 AIS-SART와 AIS 설치를 명확히 구별해야 한다.

(2) 운영

(가) AIS-SART는

① 비숙련 인력에 의해 쉽게 작동 될 수 있어야 하며,

② 오조작에 의한 작동을 방지하기 위한 수단이 있어야 한다.

③ 가시적 방법 또는 가청적 방법 또는 두 가지 모두를 사용

하여 올바른 동작을 나타낼 수 있어야 한다.
④ 수동으로 작동 및 비작동 시킬 수 있어야 하며, 자동 작동을 위한 규정이 포함될 수도 있다.
⑤ 20m 높이에서 수면으로 낙하 시 손상을 입지 않고 충격에 견딜 수 있어야 한다.
⑥ 10m 수심에서 최소 5분 이상 방수 가능해야 한다.
⑦ 침수조건의 45 °C 의 열충격에도 방수가 유지될 수 있어야 한다.
⑧ (동작위치에서 필연적인 것이 아닌) 만약 구명정에서 일체형이 아니라면 자유 부상할 수 있어야 한다. (떠 있어야 한다)
⑨ 만약 부유형이라면, 묶음 불끈을 사용하기 위한 적절한 부력이 있는 줄끈을 갖추어야 한다.
⑩ 부력이 있는 줄끈은 10m이상이어야 한다.
⑪ 해수 또는 기름에 의해 영향을 받지 않아야 한다.
⑫ 장시간 햇빛에 노출되었을 때 악화되지 않아야 한다.
⑬ 어디서나 쉽게 발견될 수 있도록 색체는 쉽게 보일 수 있는 노란색 또는 주황색 색상이어야 한다.
⑭ 구명정(생존정)에 손상을 입히는 것을 막기 위해 외관구조는 부드러워야 한다.
⑮ AIS-SART 안테나를 해수면에서 적어도 1미터 높이로 배치하는 배열을 그림과 함께 제공해야 하며,
⑯ 제조사는 안테나의 베이스를 지시하는 시각적인 수단을 제공해야 한다. 1m의 높이는 바닷물로부터 선언된 1m 마크 간에 측정되어야 한다. 지침은 설치방법에 따라 사용하는 동안 수면 위 1m의 최소요구를 증명할 수 있어야 한다.
⑰ 보고주기는 1분 또는 그 이하로 전송할 수 있어야 한다.
⑱ 내부위치 신호원을 갖추고 각 메시지에서 자신의 현재 위치를 전송할 수 있어야 한다.
⑲ 특정시험정보를 사용하여 모든 기능에 대해 시험 할 수 있어야 한다.

(나) 배터리

AIS-SART 는 −20 °C to +55 °C의 온도범위 내에서 96시간

동안 작동하고 장비의 기능을 테스트할 수 있는 충분한 배터리 용량을 가져야 한다.

(3) 고유 식별자 (사용자 ID)

AIS-SART는 VHF데이터 링크의 무결성을 보장하기 위한 고유 식별자가 있어야 한다.

(4) 환경

AIS-SART는 −20 °C to +55 °C 이내의 조건하에 동작할 수 있도록 고안되어야 한다. 또한, −30 °C 에서 +70 °C이내에 보관되더라도 손상을 입지 않아야 한다.

(5) 거리 성능

AIS-SART는 5NM 또는 이상의 범위에서 감지될 수 있어야 한다.

나. 송신성능

AIS-SART는 위치시스템으로부터 위치와 시간동기를 잃거나 오류가 되더라도 송신을 연속해야 한다. AIS-SART는 동작하고 1분 이내에 송신해야 한다.

2. ITU의 AIS-SART 관련 기술표준 분석

가. 일반 요건

(1) 배터리

(가) 일반 사항

AIS-SART는 −20°C 에서 +55°C의 온도 범위 내에서 96시간 동안 동작하기 위한 충분한 배터리 용량을 가져야 하며, 장비 상에 이 기능들의 시험을 위해 공급하는 용량도 충분히 가져야 한다. 유효 일자에 의하여 정의되는 배터리 수명은 적어도 3년 이상이 되어야 한다. AIS-SART의 배터리 유효 일자는 명백하고 오래 견딜 수 있도록 표시되어야만 한다.

(나) 역전압 보호

배터리의 극성을 거꾸로 하여 연결하는 것은 불가능해야 한다.

(2) 사용자 ID

AIS-SART는 초단파대 데이터 링크의 무결성을 보장하기 위하여 유일한 식별자를 가져야 한다.

AIS-SART의 사용자 ID는 970xxyyyy, 여기서 xx = 제조사 ID : 01부터 99까지; yyyy = 일련 번호 : 0000부터 9999. (제조사 ID는 국제해상무선위원회(CIRM)에서 받을 수 있다.)

AIS-SART의 ID는 제조사에 의하여 부여된 이후 사용자를 위해 변경하는 것은 불가능해야 한다.

(3) 환경

AIS-SART는 주변 온도 -20℃에서 +55℃ 이내의 조건 하에 동작할 수 있도록 고안되어야 한다. 또한 -30℃에서 +70℃ 이내에 보관되더라도 손상을 입지 않아야 한다.

(4) 범위 성능

AIS-SART는 5nm 또는 이상의 범위에서 감지될 수 있어야 한다. AIS-SART의 일반 방사 출력은 1W이다.

(5) 송신 성능

(가) 활성 모드

동작 모드에서 AIS-SART는 분당 1회, 8가지 메시지를 전송한다. 1번 메시지의 SOTDMA (Self-Organizing Time Division Multiple Access) 통신 상태는 다음 전송의 예고에 사용된다. AIS-SART는 "SART ACTIVE" 문구와 함께 14번 메시지 "안전에 관련된 방송 메시지"가 시작하는 항해 상태와 함께 1번 메시지 "위치보고"를 전송해야 한다.

14번 메시지는 1번과 5번 버스트(슬롯타임아웃 = 7 과 3)에서 전송되며, 모든 다음의 14번 메시지들이 예고되는 것을 확신할 수 있다.

AIS-SART는 위치 시스템으로부터 위치와 시간 동기를 잃거나 오류가 되더라도 송신을 연속해야 한다. AIS-SART는 동작하고 1분 이내에 송신해야 한다. AIS-SART는 1분 이내에 송신이 시작해야 한다. 만일 위치가 확보되지 않았다면 기본 위치 값인 (+91; +181)을 사용해야 한다. AIS-SART의 위치는 매분 결정되어야 한다.

AIS-SART는 15분 이내에 시간과 위치를 획득하지 못하는 상태에서는 처음 1시간 동안에는 적어도 30분 동안 위치를 획득할 수 있도록 시도하여야 하고, 이후 시간부터는 적어도 5분 이상 위치를 획득할 수 있도록 시도하여야 한다.

(나) 시험 모드

AIS-SART는 시험 모드가 가능해야 한다. 시험 모드에서는 각 채널을 교차하여 4회, 여덟 개의 메시지들이 한 번 버스트 되어야 한다. 테스트 설비의 동작은 버스트의 송신 이후 자동적으로 리셋 되어야 한다.

나. 기술 요건
 (1) AIS-SART의 기능 개요도
  (가) 일반 사항
   아래 <그림 2-2>는 AIS-SART의 기능 개요도를 보여준다.

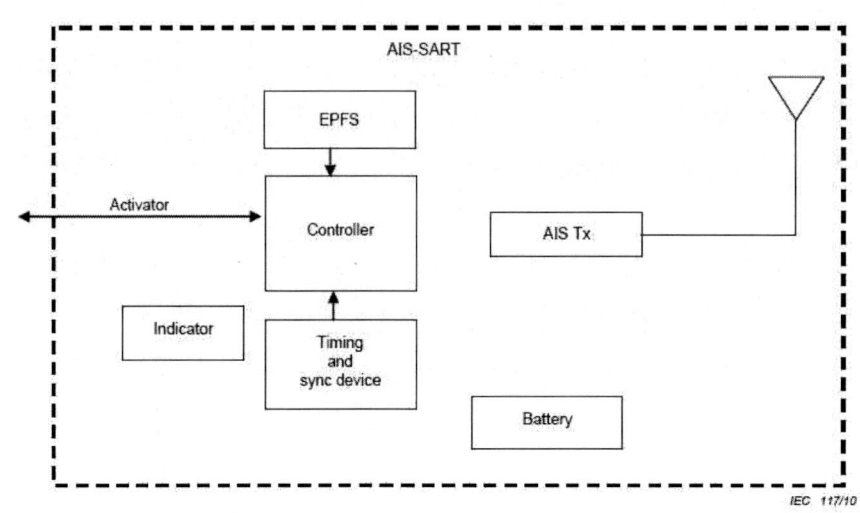

<그림 2-2> AIS-SART의 기능 개요도

(나) TDMA 송신부
 ① 수정된 SOTDMA를 사용하는 송신

② 일반적으로 1W (EIRP) 송신부 출력 세기
　③ 듀얼 채널 송신
(다) 제어부
　　제어부는 1번 메시지와 14번 메시지를 조정하고 초단파대 데이터 링크(VDL)상에서 AIS-SART가 올바르게 동작하는 것을 보장한다.
(라) 시간과 동기화 장치
　　이 장치는 제어부를 위하여 시간과 동기화를 제공한다.
(마) 배터리
　　배터리는 내부 전압을 공급한다.
(바) 전자측위시스템(EPFS)
　　전자측위시스템은 AIS-SART의 위치보고를 위해 자원으로서 사용되어야 한다. 내부 EPFS는 IEC 61108 시리즈에 따르는 요구사항을 만족하는 GNSS 수신기가 되어야 한다. 동작상태에서, 만일 EPFS 장치가 가치 있는 값의 위치 정보를 활용할 수 없다면, 보고되는 위치 정보는 경도 = 181도 = not available = 기본값, 위도 = 91도 = not available = 기본값, COG = not available = 기본값, SOG = not available = 기본값, 그리고 시간 스탬프 필드는 63 값이 설정되어야 한다. 만일 EPFS 데이터를 소실하였다면, AIS-SART는 마지막 알려진 위치, COG 및 SOG를 송신하는 것이 연속해야 하고 시간 스탬프 필드는 63 값으로 "위치 시스템 무효" 및 동기 상태가 3으로 설정되어야만 한다.
(사) 활성자
　　활성자는 AIS-SART를 수동으로 활성화 및 비활성화를 할 수 있는 방법을 제공한다. 수동 활성은 단순한 두 가지 동작이 아닌 이상의 독립적인 행위로서 부주의에 의한 활성화를 피하기 위한 방법을 제공해야 한다.
(아) 지시자
　　지시자는 시각 또는 청각 또는 두 가지 모두 되어야 한다.
　① 활성화되어 있음

② 시험 중
③ 시험이 완료됨
(2) 물리 계층 요건
　(가) 송신기 요건
　　① 채널
　　　AIS-SART는 국제전기통신연합(ITU)의 전파 규칙 부록 18에 의하여, 25㎑의 대역폭을 사용하며, 초단파대 해상이동서비스영역에서 두 가지 AIS 1, AIS 2 채널에서 동작해야 한다.
　　② 매개변수 설정
　　　아래 [표 2-32]와 [표 2-34]는 ITU-R M.1371로부터 인도되었고 AIS-SART를 위해 요구되는 매개변수를 보여 준다. 추가하여, AIS-SART의 물리계층 상수들은 [표 2-33] 와 [표 2-34]에서 주어진 값을 만족한다.

[표 2-32] AIS-SART의 설정에 요구되는 매개변수

부 호	변수 이름	값
PH.AIS 1	AIS1(기본 채널 1), (2087)[1](5.3.3.참조)	161.975 ㎒
PH.AIS 2	AIS2(기본 채널 2), (2088)[1](5.3.3 참조)	162.025 ㎒
PH.BR	비트율(bit/s)	9,600bit/s
PH.TS	Training 시퀀스(bits)	24 bits
PH.TST	송신기 안정화 시간(최종 값의 20% 범위 내인 송신 전력. 최종 값의 ±1.0 ㎑ 이내인 주파수 안정도). 제작자가 선언한 송신전력으로 시험	≤ 1.0ms
	송신 출력	≤ 832ms
	송신 주기	≤ 26.6ms

[표 2-33] 물리 계층의 상수들에 요구되는 설정

PH.IL	인터리빙	미사용
PH.BS	비트 스크램블링	미사용
PH.MOD	변조	GMSK에 채택된 대역폭

[표 2-34] AIS-SART 물리층의 변조 매개변수

부 호	변수 이름	값
PH.TXBT	BT Product 송신	~0.4
PH.MI	변조 지수	~0.5

③ 송신부 정지

자동 송신부 정지 기능이 송신이 2초 이상 지속되지 않도록 공급되어야 한다. 이 정지 기능은 운용 소프트웨어와는 별개로 이루어진다. 비록 이 기능이 활성화 하더라도, AIS-SART는 다음 송신 시간에 송신을 시도해야 한다.

④ 송신부 특징

다음 [표 2-35]에 명시된 기능적 특징들이 송신부에 적용되어야 한다.

[표 2-35] 송신기 특성의 최소 요건

송신기 변수	요구되는 결과
반송파 전력	정격 방사 전력 1W
반송파 주파수 오차	±500 Hz(일반), ±1,000 Hz(극한),
슬롯화된 변조 마스크	-20dBc (Δf_c 〉 ±10 ㎑) -40dBc (±25 ㎑ 〈 Δf_c 〈±62.5 ㎑)

송신기 시험 시퀀스 및 변조 정확도	비트 0, 1 : 〈 3,400 Hz
	비트 2, 3 : 〈 2,400±480 Hz
	비트 4~31: 〈 2,400±240 Hz(일반), 2,400±480 Hz(극한)
	비트 32~199 :
	  0101 비트 패턴: 1,740±175 Hz(일반), 1,740±350 Hz(극한)
	  00001111 비트패턴 2,400±240 Hz(일반), 2,400±480 Hz(극한)

스퓨리어스 발사	최대 25mW
	108 ㎒~137 ㎒, 156 ㎒~161.5 ㎒,
	406 ㎒~406.1 ㎒, 1,525 ㎒~1610 ㎒

(3) 링크 계층 요건
 (가) 일반 사항
  링크층은 VDL 상에서 데이터가 어떻게 형상화되고 송신되는지를 명시한다. 링크층의 요구사항들은 ITU-R M.1371 권고에서 참조되었다.
 (나) AIS 메시지들
  ① 1번 메시지의 형식과 내용
   AIS-SART는 ITU-R M.1371의 권고에서 정의된 것으로서, 활성화 모드에서 항해 상태를 "14"로 설정과 함께 1번 메시지를 방송해야 한다. AIS-SART는 ITU-R M.1371의 권고에서 정의된 것으로서, 테스트 모드에서 항해 상태를 "15"로 설정과 함께 1번 메시지를 방송해야 한다.
  ② 14번 메시지의 형식과 내용
   AIS-SART는 ITU-R M.1371의 권고에서 정의된 것으로서, 활성화 모드에서 "SART ACTIVE" 문구와 함께 14번 메시지를 방송해야 한다. AIS-SART는 ITU-R M.1371의 권고에서 정의된 것으로서, 테스트 모드에서 "SART TEST" 문구와 함께 14번 메시지를 방송해야 한다.
 (다) 동기화
  ① 동기화 방식
   동기화는 TDMA(시분할 다중접속) 프레임과 개별 슬롯을 결정하는데 사용되며, 이는 AIS 메시지의 송신이 최적의 슬롯 안에서 실행되도록 한다. AIS-SART의 동기화는 직접적으로 UTC에 된다. 활성화 상태에서, AIS-SART는 UTC를 얻을 때 까지 동기 상태 3을 이용하여 비동기 상태로 전송해야 한다. 만일 직접적인 UTC를 잃을 경우, AIS-SART는 마지막에 알려진 위치, COG, SOG 및 위치 시스템이 작동하지 않음(Time stamp = 63)과 동기

상태 '3'을 지시하는 것과 함께 송신을 연속해야한다.
② 동기화 정확도
UTC 직접 동기 동안, AIS-SART의 전송 시간 오류는, 지터(jitter)를 포함하여, ±3bits (±312us)가 되어야 한다.
(라) VDL 접속구조
AIS-SART는 1번 메시지와 14번 메시지의 송신을 위하여 수정된 SOTDMA를 사용해야 한다. AIS-SART는 자율적으로 작동해야 하며, 첫 번째 버스트의 첫 번째 슬롯의 임의적인 선택을 기본으로 자기 메시지들의 송신을 위하여 자신의 스케줄을 결정해야 한다. 첫 번째 버스트에서 나머지 7개의 슬롯들은 첫 번째 슬롯에 기준하여 고정되어야만 한다. 버스트에서 송신 슬롯들 사이의 증가는 75개의 슬롯이 되어야 하고 송신은 AIS 채널 1 과 AIS 채널 2 사이에서 교차해야 한다.

활성화 모드에서, 첫 번째 버스트에서 모든 1번 메시지 송신의 통신 상태 내에서 Slot-time-out = 7로 설정해야만 하고, 이 후 Slot-time-out은 SOTDMA의 규칙에 따라 감소되어야만 한다. AIS-SART가 수신기를 가지지 않으므로 모든 슬롯들은 선택 프로세스 내의 후보로서 간주되어야 한다. 타임아웃이 발생할 때, 8번째 버스트의 다음 설정에 오프셋(offset)은 1 min ±6s 사이에서 임의적으로 선택된다. 테스트 모드(4.7절 참조)에서, AIS-SART는 첫 번째 버스트 내의 모든 1번 메시지 송신들의 통신 상태를 Slot-time-out = 0로 sub-message = 0로 설정해야 한다. 매 버스트 내의 모든 1번 메시지 송신들의 통신 상태의 모든 Slot-time - out 값들은 동일하게 되어야 한다. 활성화 모드에서, 2개의 14번 메시지는 첫 번째 분(예로써 Slot-time - out = 7과 3)을 시작으로 각 채널에서 4분에 1회씩 송신되어야 하고, 버스트 내에서 5번째와 6번째 메시지가 되어야 한다. 테스트 모드에서, 2개의 14번 메시지는 각 채널 상에서 1회 전송되어야 하며, 버스트 내에서 1번과

8번째의 메시지가 되어야 한다. 14번 메시지는 AIS 채널 1 과 AIS 채널 2에서 번갈아가며 송신되어야 한다.

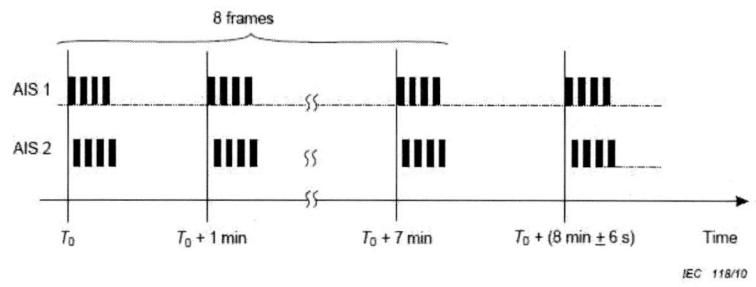

<그림 2-3> 활성화 모드에서 버스트 송신

3. IEC의 AIS-SART 관련 기술표준 분석

가. 일반 사항

(1) 배터리

유효날짜로 정의된 배터리의 수명은 최소 3년 이상이 되어야 한다. 배터리의 유효일자는 배터리의 제조일로부터 배터리를 사용할 수 있는 수명의 반만 더해져야 한다. 배터리의 유효수명은 배터리 제조일 이후로 배터리가 가장 유용한 모든 배터리 수명동안 최소 96시간동안 AIS-SART의 입력 전력요건을 계속 충족하는 시간으로 정의된다. 배터리의 유효수명을 정의하기 위해, 온도에서 다음과 같은 손실 +20 °C ±5°C 가 포함되어야 하며, 이는 AIS-SART를 작동하는데 필요한 전력이외에 다음사항을 포함해야 한다.

(가) 전자측위장치(EPFS)로 매년 자기 시험을 실시한다.

(나) 배터리의 자가 방전

(다) 대기부하

제조자는 전형적인 EPFS 획득 시간을 가정하고 자체 시험을 위한 시간을 포함해 위의 배터리 수명계산을 뒷받침하는 증거를 제공해야 한다. AIS-SART의 배터리 유효일자는 명확하고 오래 견딜 수 있도록 표시되어야 한다.

(2) 고유 식별자 (사용자 ID)

AIS-SART의 사용자 ID 는 970xxyyyy, 여기서 xx = 제조사 ID 1 01 부터 99까지; yyyy = 일련번호 : 0000 부터 9999(제조사 ID는 국제 해상무선위원회(CIRM)에서 받을 수 있다.)

제조사 ID 중 xx = 00 는 시험을 위한 목적으로 되어 있다. 이 표준의 형식승인을 목적으로 하여 사용되는 ID는 형식이 97000yyyy. AIS-SART의 ID는 제조사에 의하여 부여된 이후 사용자를 위해 변경하는 것은 불가능해야 한다. 고유식별자에 대한 구성방법은 제조사에 의해 정의되고, 비휘발성 메모리에 저장되어야 한다.

(3) 환경

AIS-SART는 IEC 60945의 환경조건 요구에서 휴대용 카테고리 장치의 요건을 만족해야 한다.

(4) 범위 성능

AIS-SART의 일반 방사 출력은 1 W이다. 방사출력은 Annex A에 설명된 것과 같이 AIS-SART의 수행범위에 공급한다.

주의) 5nm범위의 선박에 수면 1m 높이의 AIS-SART 안테나를 기본으로 하면, AIS 수신국의 안테나 높이는 수면에서 최소 15m 이상의 높이가 되어야 한다. AIS 수신국의 최소 수신감도는 Class A AIS 수신국으로 IEC 61993-2에 정의되어 있다.

(5) 송신성능

　(가) 활성모드(동작모드)

동작모드에서 AIS-SART는 분당 1회, 8개 메시지를 전송한다. 메시지1의 SOTDMA 통신상태는 미래의 전송을 사전에 알리는데 사용된다. AIS-SART는 "SART ACTIVE" 텍스트와 함께 메시지 14 "안전관련 방송메시지"가 시작되는 항해상태와 함께 메시지1 "위치보고"를 전송해야 한다. 8번 버스트는 8번째 버스트 증가에서 다음 버스트 (sub-message=incr)는 2,025와 2,475슬롯 사이에서 임의로 선택될 것이다. 전송에서 이 패턴은 반복된다. AIS 2 상에 순차적으로 시작하는 것을 허용한다.

메시지 14는 2번과 5번 버스트(슬롯타임아웃 =7과 3)에서 전송되며, 모든 다음 메시지14 메시지들이 예고되는 것을 확신할 수 있다. 만일 AIS-SART가 위치와 시간동기를 잃으면 마지막의 위치와 함께 COG(대지방향), SOG(대지속도) 및 위치시스템의 오류표시(타임스탬프=63)와 동기 상태 3을 전송하는 것을 연속해야 한다. AIS-SART는 1분 이내에 송신이 시작해야 한다. 만일 위치가 확보되지 않았다면 기본 위치값인 (+91;+181)를 사용해야 한다. 만일 시간이 설정되지 않았다면 비동기로 송신을 시작해야 한다. 장비는 일반 동작 상태 하에 15분 이내로 올바른 위치와 함께 동기화된 송신을 시작할 수 있어야 한다. AIS-SART는 매분 결정되어야 한다. AIS-SART가 15분 안에 시간과 위치를 확보할 수 없는 경우, AIS-SART는 활성화후 처음 1시간동안에는 적어도 30분 동안 위치를 획득할 수 있도록 시도하여야 하고, 이후 최소 5분 이상 위치를 파악할 수 있도록 시도해야 한다.

(나) 시험모드

AIS 2에서 순서를 시작할 수 있다. 시험메시지는 위치, SOG, COG 및 시간을 가용한 후에 한 번의 버스트에서 송신되어야 한다. 만일 15분 이내에 위치와 SOG, COG 및 시간을 획득하지 못할 경우, 장비는 위치, SOG, COG 및 타임스탬프를 위한 메시지 1에서 적당한 필드값 (기본값 포함)과 함께 시험 메시지들을 송신해야 한다. 테스트 설비의 동작은 버스트의 송신 이후 자동적으로 리셋 되어야 한다.

(6) 표식 (Labelling, 라벨링)

IEC 60945에 지정한 항목이외에 기기 외관상에 다음사항을 명확하게 표시되어야 한다.

(가) 간단한 운용 및 시험지침 (영문)

(나) 1차 배터리의 유효기간 (영문)

(다) 고유식별자(AIS 메시지들의 사용자 ID 필드)

(7) 매뉴얼

IEC 60945에 요구들에 추가하여, 매뉴얼은 AIS-SART를 위하여 정기적인 시험 및 유지관리에 대한 지침을 포함해야 한다.

나. 기술요구사항
 (1) AIS-SART의 기능 개요도
    AIS-SART의 구성요소들은 다음에 열거되어 있다.
  (가) TDMA 송신부 (AIS Tx)
     송신부는 다음과 같은 특성을 가진다.
     ① 수정된 SOTDMA를 사용하는 송신
     ② 일반적으로 1 W (EIRP) 송신부 출력 세기;
     ③ 듀얼채널 송신
  (나) 제어부
     제어부는 메시지1고 메시지 14를 조정하고 초단파대 데이터 링크
     (VDL)상에서 AIS-SART가 올바르게 동작하는 것을 보장한다.
  (다) 시간과 동기화 장치
     이 장치는 제어부를 위하여 시간과 동기화를 제공한다.
  (라) 배터리
     이 배터리는 내부전압을 공급한다.
  (마) 전자측위시스템(EPFS)
     내부 EPFS는 IEC 61108 에 따르는 요구사항을 만족하는 GNSS 수신기가 되어야 한다. 제조사는 내부 EPFS장치의 초기 시작점이 모든 AIS-SART의 동작에서 동작하게 하는 증거를 공급해야 한다. 활성화 시(동작상태), 만약 EPFS장치가 유효한 위치정보를 활용할 수 없다면, 보고된 위치는 경도= 181° = not available = 기본값과 위도 = 91° = not available = 기본값, COG = not available = 기본값, SOG = not available = 기본값과 스템프 필드는 63값이 설정되어야 한다. 만약 EPFS 데이터가 손실된 경우, AIS-SART는 마지막으로 알려진 위치, COG 및 SOG를 송신하는 것이 연속해야 하고 타임스템프 필드는 63값으로 "위치추적시스템 작동불능" 값으로 설정되고 동기화 상태는 3으로 설정되어야 한다.
  (바) 활성자
     활성화/비활성화 장치는 AIS-SART의 수동 활성화 및 비활성

화를 위한 방법을 제공한다. 수동 활성화는 두 가지 이상의 단순하지만 독립적인 동작으로서 부주의에 의한 활성화를 방지하기 위한 방법을 제공해야 한다. 이전 활성자 표시는 초기 시험 모드에서 영향을 미치지 않아야 한다. 활성자는 AIS-SART 테스트 모드의 수동 활성화 및 비활성화 방법을 제공한다.

(사) 지시자

지시자는 시각 또는 청각 또는 두 가지 모두 되어야 한다. 지시자는 AIS-SART를 지시해야 한다.

① 활성화 되어 있음
② 시험 중
③ 시험이 완료됨

AIS-SART가 활성화 된 동안에는 EPFS 상태를 지시해야만 한다.

(2) 물리적 계층 요구사항

(가) 채널

AIS-SART는 국제전기통신연합(ITU)의 전파규칙 부록 18에 의하여, 25㎑의 대역폭을 사용하며, 초단파대 해상이동서비스 영역에서 두 가지 AIS 1 and AIS 2채널에서 동작해야 한다.

(나) 송신부 정지

자동 송신부 정지 기능이 송신이 2초 이상 지속되지 않도록 공급되어야 한다. 이 정지 기능은 운용 소프트웨어와 별개로 이루어진다. 비록 이 기능이 활성화 하더라도, AIS-SART는 다음 송신 시간에 송신을 시도해야 한다.

(3) 링크 계층요건

(가) 일반사항

링크층은 VDL에서 데이터의 형식과 전송방법을 명시한다. 링크층의 요구사항들은 ITU-R M.1371.을 참조한다.

(나) AIS 메시지들

① 1번 메시지의 형식과 내용

활성모드에서 AIS-SART 는 요구사항 ITU-R M.1371에 정의된 대로 "14"로 설정된 메시지1을 방송해야 한다. 테스트 모드에서 AIS-SART는 요구사항 ITU-R M.1371에 정의된 대로 "15"로 설정된 메시지를 방송해야 한다.

② 14번 메시지의 형식과 내용

활성모드에서 AIS-SART는 요구사항 ITU-R M.1371 에 정의된 대로 "SART ACTIVE"문구와 함께 메시지 14를 방송해야 한다. 테스트 모드에서 AIS-SART는 요구사항 ITU-R M.1371에 정의된 대로 "SART TEST"문구와 함께 메시지 14을 방송해야 한다.

(다) 동기화

① 동기화 방식

동기화는 TDMA (시분할 다중접속) 프레임과 개별 슬롯을 결정하는데 사용되며, 이는 AIS 메시지의 송신이 최적의 슬롯 안에서 실행되도록 한다. AIS-SART의 동기화는 직접적으로 UTC에 된다. 활성화 상태에서, AIS-SART는 UTC를 얻을 때 까지 동기 상태 3을 이용하여 비동기 상태로 전송해야 한다.

만약 직접적인 UTC를 잃을 경우, AIS-SART는 마지막에 알려진 위치, COG, SOG 및 위치 시스템이 작동하지 않음(Time stamp =63) 과 동기상태 '3' (3.7 참조)을 지시하는 것과 함께 송신을 연속해야 한다.

② 동기화 정확도

UTC 직접 동기 동안, AIS-SART의 전송시간 오류는, 지터(jitter)를 포함하여 ±3 bits (±312 ms)가 되어야 한다.

(라) VDL 접속구조

The AIS-SART는 메시지 1과 메시지 14의 송신을 위하여 수정된 SOTDMA를 사용해야 한다.

AIS-SART는 자율적으로 동작해야 하며, 첫 번째 버스트의 첫 번째 슬롯의 임의적인 선택을 기본으로 자기 메시지들의 송신을 위하여 자신의 스케줄을 결정해야 한다. 첫 번째 버스트에서 나머지 7개의 슬롯들은 첫 번째 슬롯에 기준하여 고정되어야만 한다. 버스트에서 송신 슬롯들 사이의 증가는 75개의 슬롯이 되어야 하고 송신은 AIS 채널 1과 AIS 채널 2

사이에서 교차해야 한다. 활성화 모드에서 첫 번째 버스트에서 모든 메시지 1 송신의 통신상태 내에서 slot-time-out = 7 로 설정해야만 하고, 이후 slot- time-out은 SOTDMA의 규칙에 따라 감소되어야만 한다. AIS-SART가 수신기를 가지지 않으므로 모든 슬롯들은 선택 프로세스 내의 후보로서 간주되어야 한다. 타임아웃이 발생할 때, 8번째 버스트의 다음 설정에 오프셋은 1 min ± 6 s 사이에서 임의적으로 선택된다.

테스트모드에서, AIS-SART는 첫 번째 버스트 내의 모든 메시지1 송신들의 통신상태를 slot-time-out = 0 으로 sub-message = 0 으로 설정해야 한다. 매 버스트 내의 모든 메시지1 송신들의 통신상태의 모든 slot-time-out 값들은 동일하게 되어야 한다. 활성화 모드에서 2개의 메시지 14는 첫 번째 (예 slot-time-out = 7 과 3), 을 시작으로 각 채널에서 4분에 1회씩 송신되어야 하고 버스트 내에서 5번째와 6번째 메시지가 되어야 한다. 테스트 모드에서 2개의 메시지 14는 각 채널에서 1회 전송되어야 하며 버스트 내에서 1번과 8 번째의 메시지가 되어야 한다. 메시지 14는 AIS 1과 AIS2 에서 번갈아가며 송신되어야 한다.

다. 일반적인 시험 방법
 (1) 소개
    제조자는 허용되지 않는 장비를 설치하고 테스트하기 전에 정상적으로 작동하는지 확인해야 한다. 전력은 장비를 구성하는 배터리에 의해 성능시험동안 전력이 공급되어야 한다. 작동 후 1분 이내에 이 표준요건을 충족해야 한다.
 (2) 일반요구사항
    (가) 일반
       장비 범위" 휴대용"에 해당하는 장비의 경우 IEC 60945에 포함된 일반요건에 따라 시험해야 한다. 저온시험은 배터리시험과 결합될 수 있다. 나침반 안전거리 측정이 필요한 경우에는 장비에 전원이 공급되지 않아도 된다. 방사시험은 스퓨리어스 발사 시험으로 대체된다.
(나) 성능 점검
이 표준의 목적을 위해 성능검사는 EPFS 데이터가 있는 테스트 모드에서 AIS-SART를 활성화 하고 AIS 수신기로 메시지 1과 메시지 14의 수신을 확인하는 것으로 구성된다.
(다) 성능시험
이 표준의 목적을 위해 성능시험은 이용 가능한 EPFS 데이터로 시험모드에서 AIS-SART를 활성화 하고 전송된 버스트의 무결성을 검사하는 것으로 구성된다.

(3) 정상 시험조건
온도 및 습도는 다음과 같은 범위 내에 있어야 한다.
온도 : +15° C to +35° C
습도 : 20% to 75%

(4) 극한 시험조건
극한의 시험조건은 IEC 60945에 규정되어 있다. 필요하다면, 극한의 시험조건 하에서의 시험은 다음과 같다.
- 배터리 수명이 거의 다 할 때까지 저온유지(92시간)과
- 최대용량의 배터리로 고온유지

(5) 형식승인시험을 위한 AIS-SART의 준비
표준 AIS-SART 외에, modified된 AIS-SART는 50Ω 부하로 종단 처리되는 동축케이블을 통해 안테나 포트가 테스트장비에 연결될 수 있도록, 특별한 테스트 전송에 의해서만 종단 처리되는 동축케이블에 의해 테스트 장비에 연결될 수 있도록 그리고 기기의 RF매개변수확인을 위해 특별한 테스트 전송을 허용하는 방법을 의미한다. 제조사는 다음의 식을 사용하여 두 장치사이에 전력증폭 출력전력차이 비(Pd)의 데이터를 제출해야 한다.

$$Pd(dB) = 표준단위전력\ (dBm) - 수정된\ 단위전력(dBm)$$

별도의 언급이 없는 한 모든 시험은 표준 AIS-SART로 수행

해야 한다. 만약 제조사가 시험장비를 공급하는 경우, 시험을 시작하기 전에 이 하위 항의 모든 요구사항을 준수한다는 근거를 제출해야 한다.

(가) 표준시험신호 번호 1

헤더, 시작기호, 종료기호 및 CRC가 있는 AIS 메시지 프레임내의 데이터로 일련의 010101이다. NRZI는 비트 스트림 또는 CRC(순환 중복검사)에 적용되지 않는다.

예를 들면 "On Air" 데이터는 변경되지 않았다. RF는 AIS 메시지 프레임의 양쪽 끝단에서 위아래로 증폭되어야 한다.

(나) 표준시험신호 번호 2

일련의 00001111을 헤더, 스타트 플래그, 엔드 플래그 CRC가 있는 AIS 메시지 프레임내의 데이터로 사용할 수 있다. NRZI는 00001111 비트 스트림 또는 CRC에 적용되지 않는다. RF는 AIS메시지 프레임의 양쪽 끝에서 증가 및 감소되어야 한다.

(다) 표준시험신호 번호 3

유사 랜덤 시퀀스(PRS)는 권고사항 ITU-T O.153에 명시된 바와 같이 헤더, 스타트 플래그, 엔드 플래그 및 CRC가 있는 AIS 메시지 프레임 내에 데이터로 제공된다. NRZI는 PRS 스트림이나 CRC에 적용되지 않는다. RF는 AIS 메시지 프레임의 양쪽 끝에서 증가 및 감소되어야 한다.

(6) 의사안테나 (더미로드)

복사전력을 제외한 송신기 시험은 모두 의사안테나(더미로드)를 사용한다. 이 안테나는 안테나 커넥터에 연결된 50W의 무반응, 무방사 부하되는 의사 안테나를 연결하여 수행되어야 한다.

(7) 접근을 위한 설비

특정시험을 수행하기 위해 추가 접근 수단이 요구되는 겨우, 제조사는 이를 제공해야 한다.

(8) 송신기의 작동모드

이 표준에 따른 측정의 목적을 위해, 송신기를 무변조로 동작시키는 수단이 있어야 한다. 무변조 반송파 또는 특수한 형태의 변조 패턴을 얻는 방법은 제조사와 시험소간의 합의에 의해 결정될 수 있다. 그것은 시험보고서에 기술되어야 한다. 시험 중인 장비의 일시적인 내부개조가 필요할 수 있다.
(9) 측정 불확도
측정 불확도의 최대값은 [표 2-36]과 같아야 한다.

[표 2-36] 측정 불확도의 최대값

매개변수	최대값
무선주파수	±1´10-7
복사 무선전력	±2.5 dB
Conducted RF power	±0.5 dB
송신기 어택시간	±20%
송신기 방출시간	±20%

이 표준에 따른 시험방법의 경우, 이 불확실성 수치는 95% 신뢰 수준에서 유효하다. 이 표준에서 설명하는 측정에 대한 시험 보고서에 기록된 결과의 해석은 다음과 같아야 한다.
(가) 장비가 이 표준의 요구사항을 충족하는지 여부를 결정하기 위해 해당하는 제한과 관련된 측정값을 사용해야 한다.
(나) 각 특성 측정에 대해 측정을 수행하는 시험소의 실제 측정 불확도가 시험 보고서에 포함되어야 한다.
(다) 실제 측정 불확도의 값은 각 측정에 대해 이 항에 주어진 수치와 같거나 더 낮아야 한다. (절대 측정 불확도)

제 6 절 해상환경 시험표준 및 EMC 규격 분석

1. 환경 조건에 대한 내구력과 저항력

테스트에 앞서 시료의 육안 검사를 행해야 하며, 이 때 장비 규격에서 요구되는 기계적, 전기적 사항을 체크하여야 한다. 모든 테스트는 일반적인 운용 구성 상태에서 시료를 통해 수행되어야 한다. 시료는 [표 2-37]에 나타낸 것의 조합으로 정상과 극한 테스트 조건하에서 성능 테스트(PT)와 성능 체크(PC)를 행하여야 한다.

[표 2-37] 성능 테스트와 체크

환 경	일반 전원	극한 전원
Dry heat	PT	PC
Damp heat	PC	--
저온	PT	PC
정상 온도	PT	PT

성능 체크는 각 내구성 테스트에 이어서 정상 테스트 조건하에서 수행되어야 한다. 각 테스트 또는 체크 동안 시료는 장비 규격에 따라서 올바르게 동작하여야 한다. 각 범주의 시료 각 유닛에 행해지는 테스트를 위한 환경 조건은 아래 [표 2-38]에 요약되어 있다.

극한 환경 조건하의 각 테스트의 마지막에 시료는 다음 테스트를 하기 전, 적어도 3시간 이상 또는 습기가 없어질 정도의 긴 시간동안 정상 환경 조건에 노출되어야 한다.

2. 불요 전자기파 방사

불요 전자기파 방사를 측정하는 동안, EUT는 정상 시험 조건하에서 동작되어야 하며, 최대 방사 레벨의 조사를 위하여 도전체 레벨이나 무선 방사체 레벨에 영향을 줄 수 있는 제어부 설정을 다양하게 변경하여야 한다. EUT가 하나이상의 전원모드를 가진다면, 최대 방사 레벨이 얻어지는 상태에서 조사되어야 하며, 그 상태에서 전체 측정이 이루어져야 한다. 만일 EUT에 안테나 연결부가 있다면 비방사 인공 안테나에 연결되어야 한다. 측정 주파수대역내에서 동작하는 송신기를 포함한 장비는 동작 상태에 있어야 하지만 무선 방사 시험을 위해서 송신 상태에 있지 않아야 한다. 외부 전자기 환경을 가진 EUT의 특별한 인터페이스는 포트에서 참고 된다. 방사나 영향을 받을 수 있는 전자기장을 통한 EUT의 물리적 경계는 포트 부근이다. 환경과 시험은 아래 [표 2-39]에 요약되어 있다.

[표 2-38] 내구력과 저항력 환경 조건

	Potable	Protected	Exposed	Submerged
Dry heat	+55℃ (storage +70℃)	+55℃	+55℃ (storage +70℃)	(storage +70℃)
Damp heat	+40℃ 93% relative humidity 1 cycle			-
Low temperature	-20℃ (storage -30℃)	-15℃	-25℃	-
Thermal shock	45 K into water	-		
Drop onto hard surface	6 drops from 1m	-		
Drop into water	3 drops from 20m	-		
Vibration	Sweep 2Hz - 13.2Hz at ± 1mm, 13.2Hz - 100Hz at 7m/s for 2h on each resonance, otherwise 2h at 30Hz in all axes			
Rain	*	*	12.5 mmnozzle 100 l/min at 3 m	*
Water immersion	100 kPa (1 bar) for 5 min 10 kPa (0.1 bar) for two-way VHF	*		600 kPa (6 bar) for 12 h
Solar radiation	1120 W/m² 80 h	*	*	*
Oil resistance	ISO Oil No. 1 24 h, 19℃	*	*	*
Corrosion	Four periods of seven days at 40℃ with 90% - 95% relative humidity after 2h salt spray			

* Not applicable

[표 2-39] 전자기 방사

	Portable	Protected	Exposed	Submerged
Conducted emissions		10㎑ - 150㎑ 63mV-0.3mV(96dBμV-50dBμV) 150㎑ - 350㎑ 1mV-0.3mV(60dBμV-50dBμV) 350㎑ - 30㎒ 0.3mV(50dBμV)		
Radiated emissions		150㎑-300㎑ 10mV/m-316μV/m (80dBμV/m-52dBμV/m) 300㎑- 30㎒ 316μV/m-50μV/m (52dBμV/m-34dBμV/m) 30㎒- 1㎓ 500μV/m(54dBμV/m) except for 156㎒-165㎒ 16μV/m (24dBμV/m)		

3. 전자기 환경에서의 내성

테스트를 위하여 EUT는 통상 동작시의 구성, 설치, 접지 장치를 가져야 하며, 통상 시험 조건하에서 동작하여야 한다. 외부 전자기 환경을 가진 EUT의 특별한 인터페이스는 포트에서 참고 된다. 방사나 영향을 받을 수 있는 전자기장을 통한 EUT의 물리적 경계는 포트 부근이다. 차별적인 시험이 전기적 전원, 신호, 제어 라인 간에 적용된다. 공통 모드 시험은 라인 그룹, 공통 reference, 통상 접지 간에 적용된다.

이러한 하부조항의 시험에 있어서, 결과는 EUT의 동작 조건과 기능적 특징에 관련된 수행 기준에 대하여 평가되며 다음과 같이 정의된다.

(1) 수행 평가 A : EUT는 시험 중이나 시험 후에 의도된 대로 동작이 지속되어야 한다. 제조자에 의해 발행된 기술사양이나 관련 장비 기준에 정의된 것처럼 수행능력의 저하나 기능의 저하가 없어야 한다.

(2) 수행 평가 B : EUT는 시험 후 의도된 대로 동작이 지속되어야 한다. 제조자에 의해 발행된 기술사양이나 관련 장비 기준에 정의된 것처럼 수행능력의 저하나 기능의 저하가 없어야 한다. 테스트 동안, 자체적으로 수정할 수 있는 수행능력의 저하나 기능의 저하는 허용되지만, 실제 동작 상태나 저장된 데이터의 변화가 없어야 한다.

(3) 수행 평가 C : 테스트 동안 일시적인 수행능력의 저하나 기능의 저하가 허용되며 기능은 자체 수정이 제공되거나 관련 기준이

나 제조자에 의해 발행된 기술 사양에 정의된 것처럼 제어장치의 동작에 의해 시험의 끝부분에 재 저장될 수 있어야 한다.

조건과 테스트들은 아래 [표 2-40]에 요약하였으며, 본 규격의 범주 1a)에서 1b)에 의한 무선장비와 항해 장비에서 요구하는 수행 평가 등급도 나타내었다. 다른 장비에 대해서는 관련 장비 규격이나 제조자에 의해 발행된 기술사양에서 제공되지만, EUT는 최소한 수행 평가 C에는 적합하여야 한다. 장비가 무선 수신기를 포함한다면, 알려진 수신된 spurious response와 함께 의도된 동작 하에서의 장비 주파수는 도전체 또는 방사체 간섭을 위한 immunity 테스트에서 제외된다.

[표 2-40] 전자기 immunity

	Portable	Protected	Exposed	Submerged
Conducted low-frequency interference	*	10% a.c. supply voltage 50Hz-900Hz 10%-1% 900Hz-6kHz, 1% 6kHz-10kHz 10% d.c. supply voltage 50Hz-10kHz AC and d.c. power ports. Performance criterion A		
Conducted radiofrequency interferences	*	3V r.m.s. e.m.f. 10kHz-80MHz, 10V r.m.s.e.m.f. at specified spot frequencies. AC and d.c. power ports, signal and control ports, common mode. Performance criterion A.		
Radiated interferences		10V/m 80MHz-1GHz Enclosure port Performance criterion A		*
Fast transients (bursts)	*	2kV differential on a.c. power ports 1kV common mode on signal and control ports Performance criterion B		
Slow transients (surges)	*	1kV line/earth, 0.5kV line/line AC power ports Performance criterion B		
Power supply short term variation	*	±20% voltage for 1.5s, ±10% frequency for 5s AC power ports Performance criterion B		
Power supply failure	*	60s interruption AC and d.c. power ports Performance criterion C		

제 3 장 국제 시험표준 분석

제 1 절 레이다의 국제 시험표준 분석

1. 시험

가. 해상 레이다 성능시험

많은 시험은 시험 당국이 승인한 시험장에서 실시될 수 있다. 특수한 시험이 해상에서 요구되어야 하며, 이것들은 육상 또는 해상에서 시험 선상에 있을 수 있다. 레이다 성능 테스트는 일반적으로 형식 테스트 기관이 선택한 테스트 사이트에서 수행된다. 이 시험장은 시험 대상 및 특정 시험에 필요한 피 시험물과 함께 수분 시험 범위를 제공해야한다. 이 표준의 작동 성능 시험은 공칭 안테나 높이가 15 m인 상태에서 수행되어야 한다. 2차 위치 소스로서의 레이다 값은 GNSS로부터의 독립성을 기반으로 한다. 탐지, 분석 및 추적 시험은 그러한 시험 동안 레이다 시스템에 대한 GNSS 위치 및 타이밍 인터페이스의 연결을 배제해야한다. GNSS 수신기가 레이다 시스템에 통합되어 있다면, 이 시험 중에는 GNSS 수신기가 비활성화 되어야 한다.

나. 성능 시험을 위한 물표 시험과 물표 시뮬레이션

레이다 성능 측정 및 평가에 사용되는 표준 물표는 관련 시험에 설명되어 있다. 물표 시나리오 시뮬레이터는 시험 시나리오를 이용해서 추적 성능을 평가한다. 보고된 물표 시뮬레이터는 AIS 물표 기능을 시험하고 물표 연관성을 시험하기 위한 시험 시나리오를 제공한다. 시험에 사용된 시뮬레이터는 측정에 사용하기 전에 적절히 보정 또는 검증되어야한다.

2. 레이다 성능

가. 일반사항

성능시험은 전송 주파수 스펙트럼, 운용성 용이, 신호처리, 최소 탐지

거리, 분해능력과 정확성 측정으로 구성된다. 해양 환경에서의 성능 평가는 신호 처리와 관련된 제어 기능을 수행해야한다. 시험 입회기관은 이득과 클러터 방지 기능을 이해해야 한다.

  나. 전송과 간섭
    (1) 전송주파수
      (가) 측정과 세부검토를 통해서 EUT가 부속서 B 요구사항을 만족하는지 확인한다. 시험입회자는 송신된 주파수를 기록해야 한다.
      (나) 관찰을 통해 사용 중인 선택된 주파수 대역이 표시되는지 확인한다.
    (2) 간섭
      (가) 세부검토를 통해 레이다가 다른 선박용 레이다의 전송을 제거할 수 있는 방법이 있는지를 확인한다.
      (나) 세부검토를 통해 레이다가 가까이 있는 다른 선박용 레이다에 심각한 간섭이나 성능의 심각한 저하를 일으키지 않은지 확인한다.

  다. 성능 최적화와 모니터링
    (1) 일반사항
      레이다 시스템은 탐지성능을 최적화 할 수 있는 방법을 제공하여야 하며, 성능이 많이 떨어진다는 것을 확인하는 수단을 제공해야한다.
    (2) 성능 최적화
      (가) 튜닝 기능이나 이와 동등한 기능이 효과적으로 되는 지 관찰하여 확인한다. 자료에 어떻게 최적화된 성능이 유지 되는지 기술해야 한다.
      (나) 수동 방법이나 자동 방법을 통해, 물표가 없는 경우에도 레이다가 최적화 성능을 내는지 관찰을 통해 확인한다. 예를 들어 튜닝 표시기의 제공한다.
      (다) 자동 튜닝 기능이 있으면, 세부검토로 수동 튜닝에 비해 성능이 떨어지지 않는지 확인한다.
      (라) 관찰을 통해, 감쇄기나 기타 방법으로 전체적인 성능이 10 dB

이하로 떨어지면 사용자에서 표시하는 기능을 제공하는지 확인한다. 업 마스트 시스템은 상응하는 구현 및 장비 설계를 고려할 때 다운 마스트 시스템과 유사하게 수용 될 수 있다.

라. 이득 및 클러터 방지 기능
 (1) 일반사항
    본 표준은 제어기능과 관련 신호처리와 레이다 신호를 포함한다. 다른 방법으로 동등한 기능을 있으면, 제조자는 방법을 제공해야 하며 동등성을 관련 자료에 설명해야 하고 시험검사기관을 만족시켜야 한다.
 (2) 이득함수
    (가) 관찰로 이득값이 항상 표시가 되는 것을 확인한다.
    (나) 관찰로 제어 기능이 직접 접근이 가능한지 확인한다.
    (다) 관찰로 24 NM 거리척도에서 이득 제어기능이 최소 가장 높은 신호 레벨에서 가장 높은 레벨인 노이즈가 보이는 수준까지 변경한다.
    (라) 관찰로 만약 미리 설정된 이득 조정이 있다면, 이 기능이 설치 메뉴에 사용자 접근이 허용하지 않게 보호되어야 하는지 확인하고 관련 기능이 자료에 기술되어 있는지 확인한다.
 (3) 수동 및 자동 해면 클러터 방지
    (가) 관찰로, "수동 해면"과 "자동 해면"이 제공되는지 확인한다.
    (나) 자료 검토로, 언급한 기능이 기술되어 있음을 확인하고 이와 관련한 기능 제한이 있는지 확인한다.
    (다) 자료 검토로, 수동과 자동 클러터 방지 해면 제어 기능 설명이 포함되어 있는지 확인하고 이점과 사용제한이 있는지 확인한다.
    (라) 관찰로, 이런 기능들의 상태표시와 레벨이 항상 표시 되는지 확인한다.
 (4) 우설 클러터 방지
    (가) 관찰로, 우설 클러터 방지 제어 기능이 제공됨을 확인한다.
    (나) 관찰로, 우설 클러터 방지 제어 기능의 레벨과 상태가 항상 표시됨을 확인한다.

(다) 도서 검토를 통해, 수동 우설 클러터 방지 제어 기능 설명이 있어야 하고 이와 관련한 성능제한에 대한 언급을 해야 한다.

마. 신호처리

(1) 일반사항

신호처리 기능은 물표 가시성 및 탐지 성능을 향상시키는 역할을 한다.

(2) 물표 향상

(가) 관찰을 통해, 물표 가시성을 높이는 방법이 있음을 확인한다. 이 기능은 선택가능하거나 항상 표시 될 수 있다. 이 기능이 다른 기능과 연계되었을 경우, 예를 들어 높은 잘못된 탐지율을 줄이는 경우에 물표의 시인성이 떨어질 수도 있다.

(나) 자료 검토를 통해, 사용자 매뉴얼에 물표 가시성을 높이는 기능과 원리 그리고 연관기능이 있는지 확인한다.

(다) 관찰을 통해, 물표 가시성 높이는 기능이 표시되는지 확인한다.

(3) 레이다 신호 상호관계

(가) 서류 검토와 관찰을 통해서, 다른 해양 재래식(마그네트론) 레이다에서 생성되는 간섭을 효과적으로 제거하는 방법이 제공되어야 한다.

(나) 서류 검토를 통해서, 상호관계 기술로 클러터를 제거하면, 장점과 제한이 있는지 사용자 매뉴얼에 기술되어 있는지 확인한다.

(4) 신호처리와 레이다 영상 지연

(가) 관찰과 측정으로, 어떤 물표 정보 업데이트가 1회 스캔보다 더 많은 지연이 있어서는 안되는 점을 확인한다.

(나) 관찰을 통해서, 상호관계 상태가 표시됨을 확인한다.

(다) 자료검토를 통해서, 사용자 매뉴얼에 상호관계를 대체하는 기능에 대한 장점과 제한이 기술되어 있는지 확인한다.

(5) 복수주기의 에코

이 에코들은 레이다 에너지가 물표에 반사되는 것인데 이전 레이다 전송에서 대기 중 영향으로 발생한다. 복수주기의 에코는 안정되게 보이지만 물표를 흐리게 보여준다. 복수주기 에코를 제거하는 기능이 있다면, 다음기능을 확인해야 한다.

(가) 관찰을 통해, 시험 기간 동안 환경조건이 적절하여 효과적인 복수주기 에코 제거가 되는지 확인한다.
   (나) 자료 검토를 통해, 복수주기 에코가 사용자 매뉴얼에 기술되어 있는지 확인한다.
(6) 전송형식
   전송형식이 변경이 가능하면,
   (가) 서류검토와 관찰 세부평가를 통해, 적절한 기본 전송이 각 거리척도마다 제공되는지 확인한다.
   (나) 적절하지 못한 전송형식은 송출이 되지 않거나 사용자에게 표시되는지 확인한다. 예를 들어 짧은 펄스에서 긴 펄스가 송출되지 않게 하는 것 등
   (다) 서류검토를 통해, 전송형식의 기능이 사용자 매뉴얼에 기술되어 있고, 기본적인 개념 특징 장점과 제한이 포함되어 있는지 확인한다.
(7) 화면 업데이트
   관찰을 통해, 레이다 이미지가 매끄럽게 그리고 사용자에 거슬리지 않게 업데이트 되어야 한다.
(8) 추가적인 신호처리
   (가) 서류 검토를 통해, 어떤 추가적인 신호처리가 있는지 확인한다.
   (나) 상위 레벨의 신호처리 특징을 기록하고 레이다의 탐지 성능에 어떤 영향을 주는지 확인한다.
(9) 신호처리 기술
   (가) 관찰을 통해, 모든 작동하는 신호처리 기능이 표시가 되어야 한다.
   (나) 서류검토를 통해, 이런 기능들이 사용자 매뉴얼에 기술되어야 하고 더불어 기본 개념 특징 장점 과 제한등도 포함되어야 한다.

바. SART, 능동형 레이다 반사기(RTE)와 비콘의 운용
 (1) 일반사항
   X-밴드 레이다 시스템은 레이다 비콘, SART 및 레이다 반사기와 호환 가능해야하나, S-밴드 레이다 시스템은 이러한 항해 보조 장치와 호환되지 않아도 되는 신기술을 채택해도 된다.

(2) 레이다 비콘, SART와 반사기

비콘, SART와 능동형 레이다 반사기가 있는 장비의 작동은 사용자 매뉴얼에 설명되어 있어야 한다.

(가) 관찰을 통해, X-밴드 시스템이 전형적인 레이다 비콘에 동작을 확인한다. EUT는 바다를 향해 설치를 하고 검증된 레이다 비콘이고 ITU-R M.824 (비콘)를 만족하는 것이어야 한다.

(나) 관찰을 통해, X-밴드 시스템이 검증된 SART와 레이다 반사기를 탐지하기 위해 바다로 EUT를 설치하고 시험을 한다. SART와 레이다 반사기는 각각 ITU-R M.628(SART)과 ITU-R M.1176(능동형 레이다 반사기)을 만족해야 한다.

(다) 관찰을 통해, 신호처리와 편광 상태를 확인한다.

(라) 서류 검토를 통해, 비콘, SART와 능동형 레이다 반사기가 사용자 매뉴얼에 기술되어 있는지 확인한다.

사. 최소거리와 거리보정

(1) 일반사항

레이다 시스템의 최소 탐지 거리는 선택된 안테나 위치에 대해 거리 지수 오차가 보상된 후에 측정되어야 한다.

(2) 거리보정

(가) 서류검토를 통해, 장비가 각 안테나 위치를 위한 거리 지수로 보정되는 방법이 있어야 하고, 설정값은 비휘발성 메모리에 저장되어야 한다. 각 안테나의 거리 보정을 알려진 거리로 보정하는 것을 확인한다.

(나) 서류검토와 관찰을 통해, 보정 설정값이 비휘발성 메모리에 저장되어 있는지 확인하고 각 안테나를 선택하면 자동적으로 적용되는지 확인한다.

(3) 최소거리

측정하기 전에 거리 지표가 보정되었는지 확인하고 수행한다.

시험 물표는, 코너 반사기와 동등한, RCS 값이 X-밴드의 경우 10 m^2(S-밴드의 RCS 값은 1 m^2)이어야 하고 높이는 3.5 m이여야 한다. 최소거리는 가장 짧은 거리이고, 그 곳은 거리가 1.5 NM 보다 커지 않아야 한다. 고정 물표는 그 위치와 이미지가 안테나 위치를 나타낸다. 이격 거리는 수평으로 안테나 위치에서 측정해야 한다. 이 측정은 거리 척도만 변경이 가능하다. 해양과 이득 조정은 시험 전에 할 수 있다. 조정한 후에는 시험 물표는 최소거리에서 보여야 하고 1 NM에서 같은 해양과 이득이어야 한다. 중심에 맞지 않는 표시 기능은 측정을 위해 할 수 있다.

(가) 관찰과 서류검토를 통해, 다운 마스트 송수신기가 시험 중인 레이다의 옵션이면, 시험은 다운 마스트 송수신기로 해야 한다. 그렇지 않으면 업마스트 형으로 시험을 수행한다. 만약 업 마스트와 다운 마스트 시스템이 다르면, 양쪽 형태로 시험해야 한다.

(나) 관찰을 통해, 기준 시험 물표가 움직이는 시험 물표와 같은 속성이어야 한다. 기준 시험 물표는 고정식이어야 하고 1 NM에 위치해야 한다. 레이다 시스템을 조정하고 기준 시험 물표가 거의 1 NM에서 분명히 보여야 한다.

(다) 측정을 통해, 레이다 안테나가 요구한 높이에 설치되어야 하고 움직이는 시험 물표와 안테나 위치는 계속 감소되어 가장 가까운 위치인 40미터까지 이동한다. 결과는 기록한다. 조정한 후, 움직이는 시험 물표가 40 미터에 있고 기준 물표가 1 NM에 있는 것이 같은 이득과 클러터 조정에서 보여야 한다.

(라) 대안으로 움직이는 물표를 RCS값이 10 m^2(X-밴드)인 것을 사용할 수 있고, 가장 가까운 지점에 1 NM로 같은 이득과 클러터 조정으로 측정할 수 있다.

아. 거리와 방위 분해능
 (1) 일반사항
  시험 물표를 방위 분해능과 거리 분해능 측정에 사용될 때, 항해용 부이로 코너 반사기가 있는 것으로 RCS 값은 10 m^2(X-밴드)와 1 m^2(S-밴드)이고 높이는 3.5 m이어야 한다.
 (2) 측정조건

거리와 방위 분해능은 잔잔한 바다 조건 (최소 클러터)에서 측정해야 한다. 거리 척도가 1.5이거나 이보다 작아야 하고 선택된 거리 척도의 50%와 100% 사이에 있어야 한다. 중심에 맞지 않는 표시 기능은 측정을 위해 할 수 있다.

(3) 거리 분해능

(가) 측정에 의해 확인해야 한다. 레이다를 0.75 거리 척도로 설정한다. 6.7.3에서 언급한 2개 물표를 안테나에 대해 같은 방위각에 설치하고 거리가 0.375 NM과 0.75 NM 사이에 두고 각각 40 m이상 거리를 띄우지 않는다. 우설 제어와 펄스 길이는 최소값으로 설정한다, 해면과 이득 제어는 2개 물표가 화면상에 분리되게 조절되어야 한다.

(나) 2개 물표가 10번 스캔 중에서 8개 스캔 화면에서 분리되게 보여야한다. 2개 물표사이의 거리를 직선적으로 측정해야 한다. 이 거리가 40 m를 넘지 않아야 한다.

(4) 방위 분해능

(가) 방위 분해능을 측정으로 확인한다. 레이다 거리 척도를 1.5 NM로 하고 시험 물표를 거리 척도의 60%에서 100%사이에 둔다. 2개 시험 물표는 6.7.3 에서와 같이 같은 레이다 단면적을 가지고 있어야 하고 레이다 안테나에서 같은 거리에 위치해야 한다. 측정은 안테나에서 측정하기 쉬운 방위각으로 가능하다. 2개 시험 물표의 각은 화면상에서 분리될 때까지 줄인다. 10 스캔 중 8 스캔에서 2개 시험 물표가 따로 보일 때, 두 시험 물표사이 직선거리를 측정한다.

(나) 계산을 통해서, 각도 계산이 알려진 거리의 시험 물표가 2.5°를 넘지 않아야 하고, 각도를 기록한다.

(5) 기본적인 레이다 정확성

(가) 방위 : 측정으로 확인한다. 고정 시험장소에서 시험할 때, 방위 정확도는 요구하는 방위정확도를 만족해야 한다. 측정은 실제 알고 있는 물표의 방위각 값과 레이다 시스템에서 측정한 값을 비교하여 이루어진다. 비교는 360° 전 방향

으로 하고 거리는 사용하는 거리 척도의 80%와 100% 사이에서 시험을 한다. 방위측정은 알려진 방위에 하나의 물표를 일렬로 배치하거나, 사전에 측정된 방위에 물표를 움직여서 측정을 한다.

(나) 거리 : 측정에 의해 확인한다. 안정적인 위치에서 확인할 수 있는 물표의 실제 거리를 이용한다. 레이다시스템의 전체적인 거리 정확도는 요구사항을 만족해야 한다. 측정은 적어도 알려진 물표는 2개 이상으로 한다. 첫 번째는 통상 거리 1 NM로 하고 두 번째는 10 NM로 한다. 거리 정확도는 30미터 이내 이거나 사용하는 거리 척도의 1%이내 중 큰 것으로 하고, 측정값을 기록한다. 레이다의 송수신기는 시험을 위해 적절한 전송 형식으로 운용한다.

자. 물표 탐지 성능평가

(1) 일반사항

본 규정은 최소거리의 첫 번째 탐지(first detection) 성능을 맑은 날씨 조건(clear condition)에서 기술하고 있고, 추가적으로 클러터가 있는 조건에 대한 탐지 성능요구 조건에서 시험 측정 평가를 요구한다. 그리고 다음을 포함한다.

(가) 최소 클러터조건에서 첫 번째 탐지 거리 측정한다. 관찰을 통해 시험 물표의 가시성을 확인하고 이는 IMO 요구사항을 만족해야 한다.

(나) 클러터가 있는 조건에서 측정/예상으로 첫 번째 탐지거리를 측정한다. 그리고 클러터 조건하에서 가시성 평가는 시험 물표가 클러터나 강우지역, 해상 상황과 강우량 등을 고려해야 한다.

모든 레이다시스템을 시험하기 위해, 레이다 안테나는 바다나 해안가의 플랫폼에 설치해야 한다. 안테나는 평균 해수면에서 15미터 근접하게 설치해야 하고, 안테나와 물표높이가 물표 탐지에 영향을 줄 수도 있으며, 다중경로 널(multi-path nulls)이 움직일 수 있다. 일관성 있는 시험을 위해서, 시험은 관찰과 측정을 통해서 시험 물표를 다중 경로 피크(multi-path peaks)

에 위치하는 것을 확인해야 한다. 안테나 높이와 물표의 파라미터를 입회자가 각 시험마다 기록으로 남겨야 한다. 모든 시험결과는 제조자에게도 공개해야 한다.

만약에 대표적인 레이다 시스템이 사용하여 더 향상된 성능을 평가하기 위해서라면, 시험 안테나와 기준 안테나를 같은 높이 가능하면 가깝게 설치해야 한다. 기준 레이다는 본 규격의 최소 요구사항을 만족해야 한다. 또한 상대적인 전파와 클러터 조건도 시험 측정 시 확인해야 할 수 있다. 패스와 패일의 결정은 단지 기준 레이다의 비교에 의해서 결정된다.

(2) 최소 클러터에서 1st 탐지거리

탐지 성능은 레이다 시스템에서 공급하는 안테나 중에서 가장 작은 것을 사용한다. 레이다 허위 경보율 10-4는 빛과 배경 잡음 스페클이 화면에 보일 때 가정할 수 있다. 만약 허위 경보율 10-4이 빛과 배경 잡음 스페클이 가능하지 않다면, 제조자는 동등한 기능을 확인할 수 있는 방법을 제공해야 한다.

(가) 관찰과 서류검토로, 주파수 대역별로 가장 작은 안테나가 설치되어 시험하는지 확인한다. 시스템을 조정하여 가장 가시성을 높게 하고 한 개 불빛과 배경에 잡음 스페클을 하여 좋은 탐지 기능을 제공한다. 바다 조건을 조용하여 첫 번째 탐지 평가를 가능하게 한다.(최대 해상 상황 레벨은 1) 이 시험은 육지에서 바다를 보고 수행하거나 바다에서 안정적인 플랫폼에서도 가능하다. 모든 관찰은 명확한 조건에서 시험한다.

(나) 관찰과 평가는 입회 참석하는 기관의 승인을 얻은 곳에서 수행하고, 시험하는 레이다는 바다를 스캔할 수 있고 물표를 탐지할 수 있는 곳에 위치해야 한다. 추가적으로, 가능하면 관찰과 측정은 다음을 포함한다. 10 NM까지 다양한 거리에 물표를 설치한다. 알려진 해안선까지 거리는 3 NM에서 20 NM까지 한다. 해안선과 해수면 물표는 적어도 20 스캔 중에서 16 스캔 (80% 탐지)을 한 것이 일관되게 보여야 하고, 측정은 적어도 4회 이상 그리고 결과는 평가한다.

취합된 4회 결과는 탐지 평가 비율 (80%)를 모두 만족해야 한다. 같은 방법으로 모든 물표와 샘플 물표가 관찰 시간 동안 만족해야 하여 첫 번째 탐지 거리를 도달해야 한다. 그러나 교정된 시험 물표는 포함될 수도 있다. RCS 값 10 ㎡의 X-밴드 (1 ㎡의 S-밴드)는 3.5미터에 설치하여 항해용 부이를 대체할 수 있다. 대안으로, 반사기를 RCS값 1 ㎡의 X-band (0.1 ㎡ 의 S-밴드)와 1.0미터 높이를 채널 마커로 대체할 수 있다.

[표 3-1] 클러터가 없는 상황에서 1st 탐지 거리

물표설명[e]	물표 해발높이 m	탐지거리[f]	
		X-band NM	S-band NM
해안선[g]	60 까지 상승	20	20
해안선[g]	6 까지 상승	8	8
해안선[g]	3 까지 상승	6	6
SOLAS 선박(> 5,000 총톤수)[g]	10	11	11
SOLAS 선박(> 500 총톤수)[g]	5.0	8	8
레이다 반사기가 있는 소형선박(IMO P.S.)[a]	4.0	5.0	3.7
코너 반사기가 있는 항법 부이[b]	3.5	4.9	3.6
전형적인 항법 부이[c]	3.5	4.6	3.0
레이다 반사가 없는 길이 10m의 소형선박[d]	2.0	4.3	3.0
채널 마커[c]	1.0	2.0	1.0

[a] IMO는 레이다 반사기의 성능 기준을 개정했다. (resolution MSC.164 (78)) - 레이다 단면은 (RCS) X-밴드의 경우 7.5 ㎡, S-밴드의 경우 0.5 ㎡로 정의된다. 사용된 반사기는 명시된 RCS를 50%이상 초과해서는 안된다.
[b] 물표는 X-밴드의 경우 10 ㎡, S-밴드의 경우 1.0 ㎡를 취한다.
[c] 전형적인 항법 부이는 X-밴드는 5.0 ㎡, S-밴드는 0.5 ㎡로 취해진다. RCS가 1.0 ㎡ (X-밴드)이고 0.1 ㎡ (S-밴드)이고 높이가 1 m 인 전형적인 채널 마커의 경우 감지 범위는 각각 2.0 NM 및 1 NM입니다.

^{d} 10 m 소형 선박에 대한 RCS는 X-밴드 용으로 2.5 ㎡, S-밴드 용으로는 1.4 ㎡(분산된 물표로 간주)를 취한다.
^{e} 반사기은 점 물표, 선박은 복잡한 물표, 해안선은 분산 물표(바위가 많은 해안선의 전형적인 값이지만 프로파일에 따라 달라짐)으로 간주된다.
^{f} 실제로 경험 한 탐지 범위는 대기조건(예를 들어 증발 덕트), 물표 속도 및 양상, 물표 물질 및 물표 구조를 포함한 다양한 요소에 영향을 받는다. 이들 및 다른 요소는 모든 범위에서 물표 검출을 향상 시키거나 저하시킬 수 있다. 첫 번째 탐지와 자체 선박 간의 범위에서 안테나/물표 중심 높이, 물표 구조, 해면 상태 및 레이다 주파수 대역과 같은 요소에 의존하는 신호 다중 경로에 의해 레이다 반환이 감소되거나 향상 될 수 있다.

비고 1) RCS 값은 물표 특성 및 양상에 따라 30 dB까지 변할 수 있으므로 탐지 범위가 변경된다.
비고 2) 첫 번째 탐지 범위에 대한 탐지 성능 예측은 CARPET 소프트웨어 계산 (CARPET : Computer Aided Radar Performance Evaluation Tool, 레이다 분석 소프트웨어)에서 파생된다.

(3) 클러터가 있는 경우 물표 탐지 평가
  (가) 클러터-일반사항
    제조자는 다른 방법에 동의하지 않는 한, 성능을 최적화해야 하고 시험 전에 만족스럽게 동작함을 확인해야 한다. 제조자는 레이다성능을 다양한 기후 조건과 다양한 바다 지역 과 시운전 기록화면 캡쳐 등을 제공해야 한다. 이러한 정보들은 시험 시작 전에 제공해야 하고, 충분한 기술 자료 와 결과 기록 장소 와 기후 조건들도 함께 준비되어야 한다. 입회 시험기관은 이런 자료와 시험 결과를 평가하여 레이다 성능이 만족스러운지 결정해야 한다.
  (나) 우설 클러터
    이 시험을 위해, 적절한 방법으로 레이다 클러터 방지 제어 기능과 이런 기능을 제어할 수 있는 방법을 제조자 지시에 따라서 이루어져야 한다.
    ① 우설 클러터 상태에서 탐지 할 수 없는 물표를 클러터 방지 기능을 사용하면 탐지가 가능하게 하는 것을 관찰을

통해서 확인하다. 이러한 제어기능은 제조자 지시에 따라서 일관된 방법으로 이루어져야 한다. 모든 수동 자동 우설 클러터 방지 제어 기능이 평가되어져야 한다.

② 제출된 서류와 자료를 세부평가 통해 예상되는 성능저하를 평가해야 한다. 제조자는 합리적인 자료를 입회 평가 기관에 가능한 한 4 mm에서 16 mm강우량의 자료 적절한 물표 거리 그리고 비슷한 레이다 시스템의 결과를 제공해야 한다.

(다) 해면 클러터

관찰과 평가를 통해서 다음의 성능이 아래의 시험조건에서 만족하는 지 확인한다.

① 시험은 해면상태 2와 5에서 수행해야 한다. 적어도 하나의 시험은 해면상태 3이나 더 큰 조건에서 해야 한다. 보다 높은 해면 상태는 더 중요하고 가능할 때마다 해야 한다. 시험한 해면 상태는 결과서에 기록해야 한다. 레이다 안테나 높이를 15 m로 고정하고 수행한다. 레이다 안테나는 실 해수면에서 3.5 m로 설치한다.

② 시험 물표거리는 S-밴드의 경우 0.4 NM이고 X-밴드는 0.7 NM로 해야 한다. 레이다 물표 특성은 무지향성(수평면) Luneberg 렌즈나 이와 동등한 것을 사용해야 한다. 이 3개 반사기는 측정 주파수 밴드에서는 X-밴드는 $1m^2$, $5m^2$과 $10m^2$, S-밴드는 $0.1m^2$ $0.5m^2$와 $1m^2$이다.

일관적인 물표 탐지를 위해, 무지향성(수평면) 렌즈 반사기(안정적이고 일관된 RCS값을 제공하는 메탈 반사기)를 시험 물표로 추천한다. 이 설계는 절연체 원형으로 중심에서 거리에 따라서 유전율이 다양하고, 중심점이 렌즈 센터에 위치해야 한다. 대안 반사기로 레이다 단면적에서 360° 방향과 ±15° 상하로 2.0 dB의 같은 허용오차를 가지고 있으면 된다. 반사기는 광역 응답과 광역 대역과 작은 크기로 되어야 한다. 작은 오차의 반사기는 밴치마크 물표로 사용하기에 알맞다. 표준 8면체 레이다 반사기와 다른 Luneberg 렌즈는 적절치 않다.

시험장비 설치 시에 모든 측정이 다중경로 패턴 (부속서 D)의 피크가 가능한 곳이 되어야 한다. 소소한 안테나 높이와 물표 거리와 높이는 각 측정마다 다중경로 피크를 하기 위해 조정할 수 있다.

레이다를 6 NM로 하고, 해무도 없고 해면과 우설 클러터도 없는 상황에서 이득 제어는 먼 거리에서 밝은 잡음 스펙클이 있게 설정을 해야 하고, 이 거리 밖에는 해면 클러터가 보이게 한다. (이 경우에 다량의 해면 클러터가 짧은 거리에 보여야 한다). 거리 척도를 3 NM로 설정하고, 수동 해면 클러터 제어 기능을 밝은 클러터 스펙클 조건에서 최적화로 보이게 조정한다. 시험 물표는 지속적으로 시험하는 동안 보여야 한다.

③ 관찰을 통해, 제조자가 레이다 성능을 최적화가 가능하게 하는 신호처리를 포함해야 한다.

④ 관찰을 통해, 숙련된 기술자가 수동 클러터 방지 제어기능으로 물표 주위의 해면 클러터를 제거하여 물표 가시성을 조정한다. 물표가 보이는 것을 확인하여 평가하고, 시인성은 적어도 80% 스캔 (V로 표를 작성) 또는 50% 스캔 (M으로 표를 작성)을 해면 상태와 레이다 단면적을 적용한다. 이 시험에서 파도에 의한 물표 성능 저하는 허용 오차가 없다. 상당한 파도에 의한 성능저하가 있으면 시험결과는 적절히 해석으로 풀 수 있다. 각 가시성 시험은 적어도 20 스캔 이상 되어야 하고, 한번 설정된 클러터 방지 제어 기능은 재조정을 하면 안된다. 시험은 최소 3차례이상 반복해야 하고 계산된 평균 탐지 확률 (Probability-of-detection(Pd))은 기록되어야 한다. 간신히 넘긴 패스/패일의 경우, 이 시험 절차를 적어도 5번 이상 각 해면상태 측정을 해야 한다. 간신히 넘긴 패스/패일을 피하기 위해 결과는 시험결과는 결과 비교분석으로 2개 이상 다른 반사기 사이즈로부터 얻은 데이터로 평가한다, 예를 들어 1 m^2과 5 m^2의 물표. 물표 가시성

시험결과 기후조건 시험장소를 기록해야한다.
⑤ 관찰로, 자동 클러터 방지 제어기능이 효과적으로 동작하여 물표의 가시성을 높임을 확인한다.
⑥ 세부평가를 통해, 레이다 제조자가 제출한 다양한 해면 클러터 조건에서 시험한 자료를 평가하여 해면 클러터 제어기능이 효과적이고 가시성을 증가시키는 것을 확인한다.
⑦ 관찰을 통해, 기능제한, 예를 들어 스캔 대 스캔 기술이 적용되어 빠른 선박을 탐지하는 것이 어렵다는 등이 사용자 매뉴얼에 기술되어야 한다.
(라) 해면과 우설 클러터에서의 성능

평가를 통해, 클러터 제어기능이 우설과 해면 클러터가 있는 상황에서 물표 가시성을 높임을 확인한다. 성능은 일반적으로 우설과 해면 클러터 따로 일관되게 확인한다. 자동 클러터 방지 제어 기능이 제조자 서류에 준하여 물표 가시성을 높이는 기능이 있음을 확인하고, 성능은 우설과 해면 클러터 따로 일관되게 수행 하여야 한다.

비고) 본 시험은 만약 제조자가 충분한 자료를 제출하면 해면과 우설 클러터 시험은 하지 않아도 된다.

[표 3-2] X-밴드 합격/불합격 판정기준

X-band 시험 물표 RCS	더글라스 해면상태에서 물표 가시성			
	1 to 2	2 to 3	3 개 4	4 to 5
1 m^2	V-M	M-NV		
5 m^2	V	V-M	M-NV	
10 m^2	V	V	V	V-M
비고) 시험 물표 거리는 통상 0.7 NM에 위치한다.				

[표 3-3] S-밴드 합격/불합격 판정기준

S-band 시험 물표 RCS	더글라스 해면상태에서 물표 가시성			
	1 to 2	2 to 3	3 개 4	4 to 5
0.1 ㎡	V	V-M	M-NV	
0.5 ㎡	V	V	V-M	M-NV
1.0 ㎡	V	V	V	V-M
비고) 시험 물표 거리는 통상 0.4 NM에 위치한다.				

[표 3-4] 합격/불합격 판정

약어	해석
V	물표가 최소 80% 이상 표시됨
M	물표가 최소 50% 이상 표시됨
NV	물표가 50% 미만 표시됨
비고) 결과는 각 조건에서 모든 관측치에 대해 Pd를 평균하여 유도한다.	

[표 3-5] 더글라스 해면상태 파라미터

더글라스 해면상태	평균 풍속 kn	유사 파도 높이 m	해면상태 설명
0	<4	<0.2	평탄, 매우 평온한
1	5-7	0.6	평탄
2	7-11	0.9	조금
3	12-16	1.2	보통
4	17-19	2.0	거침
5	20-25	3.0	매우 거침
6	26-33	4.0	높음

비고 1 유사 파도 높이는 3분의 1 가장 높은 파도의 평균 높이(마루에서 골)로 정의 된다. 개별 파도 및 부풀음이 파도 높이를 현저하게 증가시키며 결합하여 물표를 어둡게 할 수 있다. 이 표는 현지 바람에 의해 형성된 파도에만 적용된다.

비고 2 표 값은 해면상태 평가의 주관적 특성 때문에 근사치이다.

비고 3 바다의 팽창은 파도 높이 평가를 어렵게 만든다.

(4) 레이다 성능 서류

(가) 서류 검토로, 레이다 성능감소를 일으키는 요인이 사용자 매뉴얼에 기술되어 있는지 확인한다.

(나) 서류 검토로, 설치와 관련한 사항 중 레이다 성능감소를 일으키는 요소를 설치 매뉴얼에 있는지 확인한다.

(다) 서류 검토로, 비가 올 때 성능을 최적화 할 수 있는 기술이 적용되었는지 확인해야 한다.

(라) 서류 검토로, 관련된 사항이 사용자 매뉴얼에 기술되어 있는지 확인하고 우천 시 성능감소 여부를 확인할 수 있으며, 사용자가 잘 이해할 수 있어야 한다.

(마) 서류 검토로 사용자 매뉴얼이 해면 클러터 상황에서 레이다 운용을 최적화 할 수 있는 기술을 있음을 확인하고 특히나 해면 클러터에서는 성능감소가 더 심해질 수 있음을 강조해야 한다. 그리고 어떤 물표는 탐지가 어렵거나 불가능함을 언급해야 한다. 해면 클러터 상황에서 물표 탐지를 최적화 기능을 설명해야 한다.

(바) 서류 검토로, 사용자 매뉴얼은 레이다 성능 탐지기능에서 해면 클러터가 있는 경우에 대해 기수해야 하고, 성능감소에 대해서도 설명해야 한다. 그리고 이런 경우에 어떻게 해야 하는 지 절차를 추천해야 한다. 서류에서 경고나 제안을 하여, 물표가 보이지 않을 수 있는 제어가 있을 수 있음을 알려야 한다. 제어기능을 이용하여 해면 클러터 스파크를 제거 할 때, 특히 빠른 속도의 경우에 어떤 물표는 보이지 않을 수 있음을 알려야 한다.

(사) 서류 검토로, 사용자 매뉴얼은 더 많은 물표 탐지 성능감소가 레이다가 해무와 해면 클러터 존재하는 상황에서 있을 수 있음을 알려주어야 한다.

(아) 서류 검토로, 레이다 제조자는 충분한 자료로 다양한 조건에서 해면과 우설 클러터 상황에서 시험함을 증명해야 한다.

차. 레이다 안테나(피치와 롤 포함)
 (1) 일반사항
  레이다 안테나는 가장 중요하게 성능을 결정하여 시험을 통해 요구사항을 만족하는지 확인한다.
(2) 수직 방사 패턴/피치와 롤
　(가) 원방영역 또는 참조 될 수 있는 영역에서 측정 된 레이다 안테나의 수직 방사 패턴을 측정으로 확인한다. 측정은 가장 상위 주파수와 하위 주파수에서 측정되어야 한다. 이 수직 방사 패턴은 기록 되어야 한다.
　(나) 서류 검토로, 측정결과가 -3dB 빔 폭은 ±0° 수직을 포함해야 한다.
　(다) 대안 방법은 측정을 통해, 안테나 방사 패턴을 낮은 주파수와 높은 주파수에서 시험을 해야 하고, 관련 시험 자료인 탐지 성능과 거리 분해능과 방위 분해능을 롤링과 피칭상황에서 수행되어야 하고, 성능 저감을 운영자에게 제공해야 한다.
(3) 안테나 수평 패턴
　(가) 서류 검토로, 수평 편파가 있는지 확인하고 다른 대안 방법이 있는지 확인하고 있으면 기록한다.
　(나) 측정을 통해, 모든 편광 모드가 낮고 높은 주파수 제한에 만족하는지 확인한다.
　(다) 가장 작은 안테나가 어떤 새로운 기술 설계를 포함하여 방위 분해능을 만족하는지 확인한다.
　대안 시험으로, 위 요구사항을 만족하는지 안테나 방사 패턴과 시험 결과를 제출로 증명할 수 있다. 레이다 시스템이 방위 분해능을 만족하면, 대안적은 신호처리는 더 넓은 수평 안테나 빔 폭을 사용할 수도 있다.
(4) 안테나 사이드 로브
　원방영역 수평 방사 패턴 레이다 안테나 시험은 원방영역에서 직접 하거나, 중간 거리에서 측정하여 변환하는 방법으로 측정한다. 이 시험은 높고 낮은 라디오 주파수 제한에서 수행한다.
　(가) [표 3-6]에 나와 있는 값이 만족하는지 확인한다. 이 수치는 일방적인 전파임을 숙지한다. 측정된 주파수 패턴은 시험 결과서에 기록한다.
　(나) 세부 검토를 통해, 많은 양의 사이드 로브가 [표 3-6]에 나와

있는 제한 값을 넘지 않음을 확인한다. 안테나 수평 방사 패턴은 상대적인 응답으로 수평면의 각도 변위에 대한 것이다. 의미 있는 사이드 로브는 양의 편위(positive excursion)로 단조 감소 메인 빔 패턴에서 2 dB이상 인 것을 말한다.

[표 3-6] 효과적인 사이드 로브

메인 빔의 최대 위치 도 (°)	메인 빔의 최대값에 비례한 최대전력 (dB)
± 10 이내	-23
± 10 이외	-30

카. 레이다 가용성 - 대기와 전송
 (1) 관찰로 대기 기능이 있는지 확인한다.
 (2) 스위치가 켜진 후 4분 내에 작동하는지 확인한다. 레이다 시스템은 적어도 1시간이상 전원을 단절한 후 전원을 다시 연결하고 스위치를 켠 후 스톱워치를 시작한다. 레이다 시스템이 작동하기 시작하면, 전송 모드로 전환한다. 레이다 시스템이 운용하기 시작하여 레이다 비디오가 나타나면, 스톱워치를 정지시켜서 시간을 기록한다. 시간은 4분 이내여야 한다.
 (3) 측정으로, 대기 상태에서 5초 이내로 동작이 되는지 확인한다. 레이다 시스템은 대기모드에서 적어도 2분 이내로 유지하다가, 레이다 시스템을 전송하고 스톱워치를 시작한다. 레이다 시스템이 충분히 작동하여 전송을 할 때, 스톱워치를 정지하고 경과시간을 기록한다. 20번 이상을 측정하여 평균이 5초 이상을 넘지 않아야 한다.

3. 화면 표시

가. 일반사항
IEC 62288에 따라 MSC.191(79)를 시험할 것.
모든 MSC.192(79)는 시험되어야 한다.

나. 선형성과 인덱스 지연
  (1) 관찰로 레이다 물표가 선형 거리 척도로 지연없이 표시되는 것을 확인한다. 거리 척도가 선형적인 것은 보정된 마커나 알려진 물체로 확인될 수 있다
  (2) 추가적이거나 보조적인 레이다 화면 창은 거리 인덱스 지연이 있거나 없거나, 조작 표시 영역 밖에 사용될 수 있다. 가능한 한 실질적이고 크기가 허락하면, 허락된 보조 창은 본 규정을 지침으로 하여 기능과 표시를 준수해야 한다.

다. 색상 사용과 분별
  (1) 시험방법과 결과는 IEC 62288의 색상 분별과 다색 표시 장비에 대한 규정을 따라야 한다.
  (2) 레이다 맵에 대한 색상 규정을 따라야 한다.

4. CCRP와 본선

가. 공통 기준 위치(CCRP)
  (1) CCRP
    레이다는 하나의 공통 기준 위치(consistent common reference point)를 공간 정보와 관련되어 사용되어야 한다. 거리와 방위의 일관성을 위해 권장되는 기준위치는 조종위치(conning position)이다. 대안적인 기준 위치도 사용되어 질 수 있는데, 분명하고 확연하게 표시되어 지는 장소여야 한다. 이 대안적인 기준 점은 모니터링 절차에 영향을 주어서는 안된다.
  (2) CCRP 위치
    관찰로 그림이 중앙에 있으면 CCRP가 방위 척도의 중앙에 위치함을 확인한다.
  (3) 측정
    (가) 측정 기준점이 CCRP가 됨을 관찰로 확인하고 다른 지점에 위치하지 아니함을 확인한다. 다른 지점에 있으면 분명하게 표시해야 한다.

(나) 관찰과 측정으로, 거리와 방위측정이 CCRP나 다른 대안 지점에서 정확함을 확인한다.
(다) 측정으로, CCRP 위치와 다른 대안위치로 옮겨질 경우 표시되는 정보가 다름을 확인한다. 하지만 다른 장비로 전송되는 정보는 여전히 CCRP기준임을 확인한다.
(라) 자료 검토를 통해, 다른 대안 CCRP위치가 있음을 확인한다.
(마) 자료 검토를 통해, CCRP 기능이 사용 설명서에 설명 되어 있는지 확인한다.
(4) 안테나 오프셋
(가) 안테나 위치와 공통 기준 위치 사이의 오프셋을 보상하기 위한 기능이 없는 메뉴에 기능이 있음을 관찰하여 확인하여야 한다.
(나) 여러 대의 안테나가 설치되는 경우, 각 안테나마다 다른 위치 보정을 하는 기능이 있어야 한다.
(다) 관찰로, 오프셋이 자동적으로 각 선택된 안테나에 적용됨을 확인하고, 이 값은 비휘발성 이고 전달 가능한 메모리에 저장되어야 한다.
(라) 하나 이상의 CCRP가 제공되면, 관찰로서 안테나 위치 오프셋이 선택된 CCRP 위치에 따라 맞는지 확인한다.

나. 본선
(1) 일반사항
본선은 본선외곽선 선수 라인(heading line)과 선미 라인(stern line)으로 구성한다.
(2) 본선 외곽선과 최소화된 심볼
본선 심볼은 IEC 62288에 따라서 검증되어야 하고, CCRP 표시와 레이다 안테나 위치도 마찬가지이다.
(3) 선수 라인
(가) 관찰로, 선수 라인이 CCRP에서 방위 척도까지 확장되어 있음을 확인한다.
(나) 서류 검토와 관찰로, 선수 라인을 정확도 0.1°를 조정할 수 있는 방법이 있음을 확인한다.

(다) 서류 검토와 관찰로, 하나 이상의 안테나가 제공되면, 선수 스큐(방위 오프셋)이 유지 되고 자동적으로 각 안테나에 적용됨을 확인한다.
(라) 선수 오프셋 값이 저장되고 전달 가능한 비휘발성 메모리 또는 동등한 방법으로 보관됨을 확인한다.
(마) 잠깐 동안 선수 라인이 보이지 않게 되는 기능이 있는지 확인한다. 이 기능이 다른 그래픽 정보에 사용되어도 된다.
(바) 선수 라인이 레이다 영상 밝기 조절과 별도로 밝기 조절이 가능함을 확인한다. 이 기능은 다른 기능 속에 포함되어도 되지만 소거되지는 않아야 한다.

(4) 선미 라인
(가) 관찰로, 선미 라인이 제공되면, 켜고 끌 수 있는 기능이 있어야 한다.
(나) 관찰로, 선미 라인이 방위 척도까지 확장되어 있음을 확인하고, 표현 스타일은 IEC 62288을 따른다.
(다) 관찰로, 선미 라인이 표시되어 있을 경우에, 선수 라인이 없어지지 않아야 한다.
(라) 관찰로, 선미 라인이 소거까지 없어지지 않음을 확인해야 한다.

5. 항해 도구(Navigation tools)

가. 일반사항

항해 도구는 모든 항해 표시에 공통적이고 표현과 기능이 동일해야 한다. 본 절은 레이다 장비에 사용되는 항해 도구에 대해 구체적으로 요구한다.

나. 측정 단위
(1) 자료 검토를 통해, 거리 측정 단위와 관련 거리 척도가 제공됨을 확인한다. 사용자 매뉴얼에 대안 단위가 있는지 확인한다.
(2) 관찰을 통해, 거리 단위가 일관된 단위를 사용하고 분명함을 확인한다.

다. 표시

(1) 각 항해 도구가 IEC 62288에 요구하는 것과 같이 관련된 심볼을 사용하는지 확인한다.
(2) 항해 도구의 그룹이든가 하위 그룹이든가 밝기 조절이 레이다 영상의 밝기 조절과 조작 표시 영역의 다른 그래픽과 독립적으로 되어 있음을 확인한다.
(3) 관찰로 숫자로 각 항해 도구의 결과가 표현되는지 확인한다.

라. 화면 거리척도
 (1) 필수 거리척도
  (가) EUT를 조사하여 필수 거리척도가 있는지 확인한다.
  (나) 선택된 거리 척도가 영구적으로 두드러진 위치에 표시하는지 확인한다.
  (다) 추가적인 거리 척도가 별도로 필수 거리척도 외부에 (0.25NM 이하 및 24NM 이상)에 있는지 확인하고, 연속적인 필수 거리척도가 중간에 끼어 있지 않은지 확인한다. 낮은 미터법 척도를 추가적으로 허용한다.
  (라) 화면은 1초 이상 거리척도가 변경된 후 아무 영상이 없으면 안된다. 이 시간동안 전 기능이 복구가 되어야 한다.(차트가 제공되면, 다시 차트를 그리는데 보다 더 긴 시간이 필요하다)
  (마) 관찰로, CCRP 중앙에서 실제 거리는 동작 영역에서 +0%에서 +8% 거리척도 사이에 있어야 한다.

마. 가변 거리 표시(VRM)
 (1) 일반사항
   VRM은 사물이나 물표의 거리를 측정하거나 항해 목적으로 거리 기준을 설정하는 도구이다.
 (2) VRM 측정
  (가) 관찰로, 적어도 2개의 VRM이 있는지 확인한다.
  (나) 각 활성 VRM에 전용 결과 값을 보여주는 지점이 있는지 확인한다. VRM이 0.01 NM로 해상도가 있는지 확인한다. 듬성

듬성한 조정이 24 NM보다 큰 거리 척도에 제공 될 수 있다.
(다) VRM을 켜거나 끌 수 있는 기능이 있는지 확인한다.
(라) VRM의 정확도가 보정 된 물표나 마커를 이용하여 확인한다.
(마) 미터법 측정이 제공될 때, 측정값이 NM로 측정할 때와 같은지 확인한다.
(바) 24 NM을 선택한 후 VRM도 24 NM로 선택한다. 6 NM 거리 척도를 선택한 후 관찰로 VRM위치를 3 NM로 5초로 선택가능한지 확인한다.
(사) VRM 시작점이 5초 내로 위치되어 짐을 확인한다.
(아) 관찰로, VRM이 동작 표시 영역 내 어떤 지점까지 정확도가 1%내로 5초로 위치가 되어 짐을 확인한다.
(자) VRM 거리가 사용자에 의해 정해지고 거리 척도가 변경되어도 유지됨을 확인한다.
(차) VRM 시작점이 CCRP에서 다른 지점으로 옮겨지는 것이 가능하면 VRM 시작점이 CCRP로 다시 옮겨지는 것이 간단한 조작 행위로 이루어짐을 확인한다.

바. 전자 방위선(EBL)
(1) 일반사항
EBL은 사물이나 물표의 방위각을 측정하는 방법으로 본선으로부터 방위각을 측정하여 충돌회피를 목적으로 한다.
(2) EBL 측정
(가) 2개 EBL이 제공됨을 확인하고, 지리적으로 알려진 물체를 요구하는 정도에 따라서 측정할 수 있는지 확인한다.
(나) 관찰로 숫자로 된 결과가 나오고 정확도도 맞는데 각 EBL을 확인한다.
(다) 본선 선수를 기준으로 한 것과 진북을 기준으로 한 방위가 측정가능한지 확인한다. 방위 기준 표시가 있는지 확인한다.
(라) 관찰로 각 EBL을 켰다가 끌 수 있는 기능이 있어야 한다.
(마) EBL 보정은 점진적이어야 하며 증가하는 보정은 충분히 적절하게 EBL이 어떤 방위를 요구하는 정확도에 허용되어야 한다.

(바) 측정으로 EBL은 ±0.5°를 5초 내에 가능해야 한다.
(3) EBL 시작 지점
  (가) EBL 시작점을 CCRP에서 동작 표시 영역의 어느 지점으로 이동이 가능해야 하고, EBL 시작점을 CCRP로 간단한 동작으로 이동시킬 수 있어야 한다.
  (나) 지정학적으로 EBL 시작점을 고정시킬 수 있어야 하며, 또한 속도가 있는 본선으로 움직일 수 있어야 한다.
  (다) 측정으로, EBL시작점을 5초 내로 위치시킬 수 있어야 한다. 주어진 방위에 ±0.5°로 5초 내로 위치시킬 수 있어야 한다.

사. 커서
(1) 일반사항
  사용자 커서는 다양한 기능을 제공하는데 거리와 방위 측정, 본선 혹은 떨어진 두 지점 간, 그리고 위도 경도를 어떤 지점에서간 보여주는 것 등이다. 커서는 위치를 정하거나 물체를 선택하거나 할 수 있다. 커서는 선택하거나 메뉴를 고르거나 사용자 대화 영역에서 수행할 수 있다.
(2) 커서 측정
  (가) 커서를 CCRP 위치에 놓고 바깥 고정휘선 (range rings)에 위치하고 기본방위 (cardinal point)의 중간까지 5초 이내로 위치한다.
  (나) 측정으로, 커서 정확도를 거리와 방위를 측정하는데, 알려진 물표나 보정된 소스로 한다. 정도는 VRM과 EBL에 떨어지지 않아야 한다.
  (다) 커서 위치에서 값은 거리 방위 위도 경도 또는 순환하거나 동시에 표시 되어야 한다.
  (라) 화면상에서 커서 위치가 쉽게 파악되어야 한다.
(3) 커서로 선택
  (가) 커서로 선택하거나 선택해제는 쉽게 이용할 수 있어야 하고, 효과적으로 장비 기능을 운용할 수 있어야 한다.
  (나) 커서 운용에서 동작 영역 밖에 있는 모드, 기능, 다양한 파

라미터와 제어 메뉴를 선택할 수 있는지 확인한다.

아. 거리와 방위 오프셋 측정
 (1) 일반사항
   커서 또는 전자 방위선 (ERBL)은, 예를 들어, 두지점간에 거리와 방위를 측정하는데 사용할 수 있다.
 (2) 전자 방위선(ERBL)
   (가) 측정과 관찰로, ERBL이 어떤 한 지점에서 다른 지점까지 거리와 방위를 측정하는데 사용하는데 확인하고, 본선에서부터 시작하는 것도 확인해야 한다.
   (나) 관찰로, ERBL 시작점이 CCRP에서부터 다른 지점까지 가능한지 확인하고 시작점을 다시 CCRP로 간단한 동작으로 이동가능한지 확인한다.
   (다) 관찰로, 지정학적으로 ERBL을 고정하거나 움직이는 본선으로 시작점을 옮기는 것이 가능한지 확인한다.
   (라) ERBL이 5초 내에 위치하고 거리와 방위가 5초 내에 측정 가능한지 확인한다.
   (마) 활성 ERBL이 전용 숫자로 된 거리와 방위 값을 나타내야 한다. 거리와 방위 결과 값은 사용자 대화 영역에 있어야 하고, 동작 표시 영역에 있어도 된다.
   (바) 관찰로, 활성 ERBL이 0.01 NM까지 조정이 가능하고 0.1°까지 조정이 가능함을 확인한다. 듬성듬성한 정확도는 24 NM이상인 경우에는 허용한다.
   (사) ERBL은 IEC 62288에 따라서 표현되어야 한다.

자. 병렬 색인 선 (PIL, Parallel Index Lines)
 (1) 일반사항
   PIL은 맹목적 수로 안내에 사용되는 데, 종종 VRM 과 EBL과 함께 사용된다. PIL은 본선에서 평행하게 거리를 두고 직선을 사용하는데, 진방위를 이용한다. 두 개 색인 선은 평행하게 쌍을 이루어 사용하는데, 한 선은 지상 항로(ground track)를 확장한 것이고 다른 하나는 안전 한계(safety limit)을 나타낸다. 거리 설정은 사용자가 거리 척도를 변경할 때 바뀌지 않아야 한다. 본선 선수가 바뀔 때 방위각은 변경되지 않아야 한다.

(2) PIL과 위치
  (가) 관찰로, 최소 4개의 독립적으로 조정 가능한 PIL을 사용할 수 있으며 개별적으로 디스플레이 켜기/끄기 및 모든 PIL을 포함하는 그룹으로 선택할 수 있어야 한다.
  (나) 각 PIL 길이를 조정 가능해야 한다.
  (다) 각각 PIL은 IEC 62288에 따라서 표현되어야 한다.
  (라) PIL의 방위각과 거리가 5초 내에 측정이 가능해야 한다.
  (마) VRM 과 ERBL을 사용해서, 본선과 PIL간 거리는 변경되지 않아야 하고 PI의 방위각도 변경되지 않아야 한다.
  (바) 서류 검토로, PIL의 사용설명이 사용자 매뉴얼에 언급되어야 한다.
  (사) 색인 선이 본선과 평행하게 다시 설정하는 방법이 간단한 운용자 동작으로 제공되어야 한다.
  (아) 관찰로, 어떤 선택된 방위선의 방위와 거리가 표시되어 져야 한다.

차. 방위각
  (1) 일반사항
    방위각은 본선의 본선이나 물체의 방위를 알아보는 빠른 방법으로 제공되어야 한다.
  (2) 방위각 표현
    (가) 관찰로, 방위각이 동작 표시 영역 가장자리에 있는지 확인한다.
    (나) 방위각이 매 30° 마다 숫자로 표시되고, 매 5° 마다 분할 표시가 있음을 확인한다.
    (다) 5° 분할 마크는 10° 분할 마크와 차이 있음을 확인한다.
    (라) 1° 분할마크는 서로 분명하게 표시가 됨을 확인한다.
    (마) 방위각은 CCRP를 기준으로 한 방위각임을 확인한다.
    (바) 서류 검토를 통해, 만약 CCRP 위치가 방위각의 부분이고

구분이 되지 않으면, 그 부분의 방위각은 적절히 줄여서 표시 되어야 한다.
(사) 서류 검토를 통해, CCRP가 동작 영역 밖에 있으면, 사용자 매뉴얼에 어떻게 접근하는지 어떤 제한이 방위각에 있는지 기술해야 한다.

카. 거리환
 (1) 일반사항
  거리환은 보정되고 보이는 거리 표시가 선택된 거리 척도에 있어야 한다.
 (2) 거리환 표현과 측정
  (가) 거리환은 IEC 62288에 따라 표현됨을 확인한다. 거리환이 선택되어지면 동일한 간격으로 거리환이 표현되어져야 한다.
  (나) 관찰로, 합리적인 측정과 거리 척도를 제공해야 한다. 전형적으로 2개에서 6개의 해리 거리 척도와 5개 까지 미터법 거리 척도를 제공한다.
  (다) 관찰로, 거리환은 항상 CCRP를 중앙으로 한다.
   교정된 기준을 측정으로, 알려진 물체나 물표로 고정 거리환의 시스템 정확도는 사용 거리 척도의 최대 1%이거나 30 m, 둘 중에 큰 것으로 한다. 정확도는 교정된 신호 발생기나 동등한 신호 소스를 사용하여 요구사항에 맞는지 확인한다.
  (라) 검토로 거리환을 켜거나 끌 수 있는 기능이 제공됨을 확인한다.

타. 레이다 맵
 (1) 일반사항
  레이다 맵은 사용자 정의 맵과 심볼의 조합이다. 사용자가 만든 것은 비휘발성 메모리에 저장되어야 한다.
 (2) 맵 기능과 간단한 사용자 정의 맵 표시
  (가) 제공된 맵 기능이 요구조건에 맞는지 확인한다.
  (나) 서류 검토로 사용자 매뉴얼에 이러한 기능들과 적용 제한이 언급되어 있는지 확인한다.
  (다) 관찰로, 맵이 보여지지 않게 하거나, 켜기/끄기 기능을 제공

하는지 확인한다. 맵을 보여지지 않게 하는 기능은 다른 것과 연계할 수 있다. 그리고 잠깐 동안 보이지 않게 하는 기능이 맵이 사용할 때, 계속적으로 표시해야 한다. 맵의 켜기/끄기 기능이 상위레벨 메뉴에 있어야 한다.

　(라) 다른 외부 특징이나 계층화된 맵핑 데이터 소스를 사용할 수 있다.

(3) 맵 메모리와 전송
　(가) 맵이 작성되고 저장이 되면, 비휘발성 메모리에 저장됨을 확인한다.
　(나) 장비가 켜기/끄기 한 후 맵을 불러 올 수 있음을 확인한다.
　(다) 서류 검토로, 저장된 맵을 교체할 수 있는 모듈에 대한 방법을 기술한 것이 있음을 확인해야 한다.

(4) 맵 표현 속성
　(가) 맵 기능, 항해 라인, 항로 심볼과 색상은 이 요구사항을 만족해야 한다.
　(나) 맵 기능, 항해 라인, 항로는 레이다 정보를 심각하게 저해하지 말아야 한다.

파. 항해 항로
　(1) 일반사항
　　항해 항로는, 예를 들어 차트 표시, 전자 위치 표시 시스템이나 통합 항해 시스템에서 제공하여 한다.
　(2) 항로표시와 모니터링
　　(가) 항로 기능이 제공된다면, 항로를 기입하거나 로드하는 방법을 제공되어야 한다.
　　(나) 입력된 시뮬레이션 된 항로가 정확히 표현되고 시뮬레이션 되는 항로가 알려진 방법에 따라서 정확한지 확인한다.
　　(다) 항로 정보 표현은 IEC 62288에 따라야 한다.
　　(라) 모니터링 기능이 있다면, 항로 모니터링이 적절히 동작되는지와 중간 지점 계산과 그 동작이 IEC 61174에 따라서 동작이 되는지 확인한다.
　　(마) 레이다 표현은 항로 표현으로 심각한 성능저하가 일어나지

않아야 한다.

6. 방향, 동작과 안정화

가. 일반사항

레이다 시스템은 다양한 방위각 방향, 동작과 안정화 모드가 있어야 한다.

나. 방위(Azimuth orientation)

  (1) 정렬의 정확도

    (가) 모든 선수 센서 인터페이스에 공통

      ① 장비는 헤드업(head-up) 모드(안정화되지 않은 방위)가 선수 센서가 비정상적으로 운용될 때 정상적으로 동작해야 한다.

      ② 선수 센서 시뮬레이터가 꺼져 있거나 데이터 연결이 끊어져 있을 때, 장비가 백업 모드(헤드업)로 돌아오고 경고를 표시해야 한다.

      ③ 서류 검토로 기능 제한과 지침을 다양한 종류의 자이로 콤파스나 선수 센서와 인터페이스를 기술해야 한다.

      ④ 서류 검토로, 선박의 선회율에 적합한 업데이트 속도를 가진 자이로 콤파스 또는 동등한 선수 센서가 필요한 설치 매뉴얼에 포함되어 있는지 확인한다.

    (나) 아날로그 선수 센서 인터페이스

      레이다 화면 표현은 노스업(North-up)으로 해야 한다. 자이로 콤파스 또는 콤파스 시뮬레이터 또는 동등한 선수 소스의 출력은 레이다에 적용되어야 한다. 선수의 변화는 시계 방향으로 하고 0°/s에서 20°/s으로 약 3초간 변화시킨다.

      시험방법과 결과는 다음과 같다.

      ① 측정으로, 회전 속도가 20°/s를 최소 60초 동안 적용한 뒤 선수 라인이 나타나면 정지한다. 다음 선수 라인이 나타나면 이 정렬 오차가 0.5°를 넘지 않아야 한다.

      ② 측정으로, a)를 반복하고 선수 변화를 반시계 방향으로 하고, 정렬 오차는 0.5°를 넘지 않아야 한다.

      ③ 측정으로 시험은 반복하여 방위 모드를 코스업(course-up)

으로 하고, 정렬 오차가 0.5°를 넘지 않아야 한다.
④ 하나의 방위 모드에서 다른 모드(노스업에서 코스업)로 변경할 때, 정확도는 0.5°로 5초 내로 이루어 져야 한다.
(다) 디지털 선수 인터페이스
① 시리얼 선수 정보의 업데이트 속도는 최소로 설정하고, 항로 정확도에 부합해야 하고, 시나리오 2와 시나리오 3을 수행한다.
② 선수 센서의 파라미터는 메뉴에 있어야 하고, 설치 매뉴얼에 나타나야 하고 불필요한 수정에서 보호해야 한다.
(2) 선수 판독과 참조
(가) 선수는 CCRP를 참조함을 확인하고, 결과 값의 정확도는 0.1° 이다.
(나) 아날로그 시스템은 선수의 우발적인 정렬은 제한되어야 한다.
(3) 방위 안정화 업데이트
측정으로, 선수 정보 업데이트는 시나리오 2(11.3.14.4)를 만족시키기에 적당해야 한다.

다. 동작과 방위 모드
(1) 일반사항
화면 모드는 본선 동작과 방위 모드(azimuth orientation mode)를 포함한다.
(2) TM(true motion)과 상대적인 동작
(가) 진 동작(TM) 모드가 제공됨을 확인하고 모드가 표시되어야 한다.
(나) 측정으로, 속도 에러는 ± 1%를 넘지 말아야 하는데, 45 kn의 속도로 진 동작을 6분 동안 그리고 6 NM 거리 척도에서 측정하여야 한다.
(다) 측정으로, 추적 원점의 동작 오류가 1°를 넘지 않아야 하고, 콤파스 입력 값을 침로 값으로 비교할 때 값으로 한다.
(라) 상대적인 동작 기능이 있어야 한다. 그 속에서 본선은 정지해 있고 레이다 비디오가 표현되고 동작이 본선과 상대적으로 움직인다.

라. 중심 이탈(off-centering)
  (1) 일반사항
      중심 이탈 기능은 동작 영역에서 레이다 안테나 위치를 움직이는 방법이다.
  (2) 수동과 자동 중심 이탈
    (가) 수동 중심 이탈은 레이다 안테나를 적어도 방위각의 중심에 대해 반경의 50%에 위치시킬 수 있어야 한다.
    (나) 자동 위치 기능이 최대 미리보기(view-ahead)를 볼 수 있는 기능을 선박의 침로에 따라서 선택할 수 있는지 확인한다.
    (다) 최대 전방 주시를 위한 자동 중심 이탈과 TM을 위해 안테나 위치를 적어도 50%에서 75%까지 이동할 수 있는 기능을 확인한다.
    (라) 서류 검토로, 수동 또는 자동 중심 이탈로 CCRP가 동작 표시 영역 외곽으로 될 경우에, 사용자 매뉴얼은 어떻게 접근하는지와 관련사용 제한을 언급해야 한다.
    (마) 중심 이탈은 안테나 위치에 적용해야 하며, CCRP에는 적용하면 안된다.
  (3) 자동 리셋
    (가) TM 리셋은 최대 전방주시를 할 수 있는 위치이어야 한다.
    (나) 모든 기능 즉 조기 리셋과 최대 중심 이탈 제한까지 가기 전에 리셋되는 것은 모두 적절히 동작되어야 한다.
    (다) 서류 검토로, 사용자 매뉴얼에 리셋 옵션이 기술되어 있는지 확인한다.
  (4) 화면 방향
    (가) 노스업, 헤드업, 코스업 방향 모드가 제공되며, 선택된 모드가 표시되는지 확인한다.
    (나) 서류 검토를 통해, 사용자 매뉴얼에 각 모드에 대한 설명이 기술되어 있는지 확인한다.
    (다) 노스업이 선택되어 졌을 때
      ① 방위 안정화 표현이 되어야 하고 방위각이 고정된 것을 유지 되고 CCRP에 있어야 한다.
      ② 선수 라인은 CCRP에서 본선 선수가 방위각에 있어야 한다.

③ 화면상에 임의의 물표의 진방위각은 북쪽으로 측정되어야 한다.
(라) 코스업이 선택될 때
① 방위 안정화 표현에서 방위각이 본선 침로 CCRP위에 있어야 한다.
② 선수 라인이 CCRP에서 본선의 참조된 선수가 방위각에 있어야 한다. 만약 본선의 선수가 침로와 다르면 선수 라인은 CCRP에서 위로 가리키지 않는다. 방위각이 수동 또는 자동으로 리셋되어 침로 변경을 반영한다.
(마) 헤드업이 선택되면
① 프리젠테이션 모드는 방위각이 안정화 되지 않았으며 레이다 이미지는 방위각에서 "위로" 되어 있다.
② 레이다 에코와 물표는 측정된 거리와 본선과 상대적인 선수로 표시된다.
③ 선수 라인은 CCRP에서 방위각의 맨 위에 있고 상대적인 방위로 표시된다.
④ 물표 경로는 상대적이다.
(바) 헤드업 안정화(STAB H UP)이면
① 안정화 된 헤드업 상태 표시가 있어야 하고 헤드업과는 다르다.
② 고정된 시작점에서 프리젠테이션 모드가 방위에 안정화되어 있고, 레이다 영상은 방위각 쪽으로 위로 향해 있다.
③ 레이다 에코와 추적된 물표는 본선과 측정거리와 움직이는 방향으로 보여진다.
④ 선수 라인은 CCRP로부터 시작하고 방위각의 맨 위로 향하고 본선의 선수는 진 방위각으로 보여진다.
⑤ 물표 경로는 절대적 또는 상대적이다.

마. 대지와 대수 안정화
　(1) 모드와 소스
　　(가) 서류 검토와 관찰로, 대지와 대수안정화 두 개가 제공되고 선택할 수 있는지 확인한다. 그리고 선택된 모드와 안정화

소스가 표시되는 지 확인한다.
- (나) 안정화 모드가 일관되게 적용되는지 확인한다. 다른 안정화 모드가 특수한 기능에 적용된다면, 이러한 기능과 모드가 표시되어져야 한다.
- (다) 본선 속도 소스가 표시되어야 하고 설치 매뉴얼에 센서가 관련 IMO요구사항에 따른 승인된 것이 연결됨을 기술하여야 한다.

(2) 대지 안정화

대지 안정화 모드(지상 기준 속도)가 제공되어야 한다. 대지 안정화는 외부 센서 신호 입력이 필요하고 본선의 지상 속도값을 입력해야 한다. 예를 들어, EPFS, SDME나 고정된 추적 기준 물표이다. 사용제한이 있을 경우에 사용자 매뉴얼에 기술되어야 한다. 지상 기준의 속도 로그가 사용되면, 이중 축이 되어야 한다.
- (가) 관찰과 시험 신호로, 본선 신호는 속도와 실제침로(course over ground 정보로 COG와 SOG이고, 또는 속도 값이 앞뒤와 좌우 방향의 선박 속도가 있어야 한다.
- (나) 서류 검토로, 설치 매뉴얼과 사용자 매뉴얼은 EPFS, SDME나 INS 장비의 연결 요구사항을 기술해야 한다.
- (다) 서류 검토로 사용자 매뉴얼에서 EPFS 또는 대안적인 2차원 대지 안정화 SDME에 관련한 제한을 기술해야 한다.
- (라) 속도 소스를 표시해야 한다.
- (마) VBW 메시지가 두 축 모두에 대해 유효한 정보를 보내지 않으면 경고가 일어나야 하고, 받은 정보는 사용하지 않아야 한다.

(3) 대수 안정화
- (가) 서류 검토로 설치 매뉴얼과 사용자 매뉴얼에 IMO의 요구사항에 맞는 SDME나 INS가 연결되어야 함을 기술해야 한다.
- (나) 대수 안정화가 선택되었을 때 상당량의 조류량(예로 넓은 선수나 빔)과 조류 속도(예로 5 kn)가 인가하였을 때, 장비는 수면 기준 침로와 속도 데이터를 지반 기준값으로 정확하게 변경해야 한다.
- (다) 추적된 물표와 관련 물표 정보가 대수 안정화에 적절한지

확인한다.
(라) 서류 검토로 사용자 매뉴얼에 대수 안정화 방법과 관련한 제한이 포함되어 있는지 확인한다. 예를 들어 단일 축 수면 로그값은 풍압차(leeway) 효과를 감지 할 수 없다.
(마) 펄스나 접촉신호 입력으로 동작하는지 확인한다.
(바) 화면상 표시되는 속도값이 정확하고 소스가 표시되는지 확인한다.

7. 충돌 방지를 위한 보조장치

가. 일반사항

충돌방지는 레이다 물표, 물표 추적, 항적, 물표 경로와 보고된 AIS 물표가 주된 것이다. 항해용 화면표시 장치는 충돌방지 기능을 제공해야 하는데, CPA와 TCPA를 포함하여, 부속서 A를 최소로 만족해야 한다. 추적된 물표와 AIS 정보를 제공하는 화면표시 장치는 본 절에 따라서 맞는지 확인해야 한다.

나. 물표 경로와 항적
 (1) 일반사항
  레이다 시스템은 물표 경로를 적절한 방법으로 레이다 에코와 적어도 활성화된 AIS 물표의 항적에 표시해야 한다. 항적은 추가적으로 추적된 물표의 레이다 경로에 표시할 수도 있다.
 (2) 시간과 플롯 요구사항
  (가) 추적 시간과 가능하면 항적 플롯 간격을 조정할 수 있는 기능이 있는지 확인한다.
  (나) 시간 표시와 간격표시가 가능하고 기능이 제공됨을 확인한다.
  (다) 경로와 항적은 제공되며 일관적이고 진 혹은 상대적 둘 중 하나이다.
  (라) 장비와 서류를 통해, 자동 조정이 추적 시간과 플롯 간격에 제공되면, 기간은 각 시간 척도에 부합해야 한다.
  (마) 관찰로, 플롯이 항적표시로 조정 가능한 방법을 제공해야 한다. 이 경우, 총 기간은 쉽게 파악될 수 있어야 한다.

(바) 서류 검토로, 사용자 매뉴얼은 경로를 만든 것과 특정한 조건에서 항적, 예를 들면 대기 조건을 기술해야 한다. 이런 환경에서는 경로 표시와 항적기간은 특정한 시간동안 적용이 되지 않으며, 주의를 주어야 한다.

(사) 상대 침로와 항적은 대지 또는 대수안정화 모드 선택에 영향을 주지 않아야 한다.

(아) 진침로가 대수안정화 모드와 대지 안정화 모드에서 선택되어 졌을 때 맞는지 확인한다. 대지안정화 모드일 경우에, 대지에 고정된 에코는 경로가 없다. 대수안정화 모드일 경우에는 조류에 의한 경로가 보여진다.

(자) 상대와 진침로가 리셋 조건에서 모든 TM과 RM을 표시 가능한지 확인한다. 옵션이 있으면 진침로는 안정화 헤드업 모드에서 허용된다.

(차) IEC 62288에 따라, 경로와 항적이 표현되어야 하고 모든 조명 조건에서 보여져야 하고 물표와 구별되어야 한다.

(3) 침로/항적 가용성

(가) 침로와 항적은 거리 척도를 증가하거나 감소할 때에 유지해야 한다.

(나) 관찰로, 레이다 그림의 오프셋 위치와 TM 리셋, 경로 또는 항적이 변환한 후에 가능해야 한다. 이전에 육안으로 확인하고 2회 스캔 이내에. 경로와 항적이 선택된 거리 척도가 유지되어야 하며, 오프 스크린이 TM이나 중심 이탈로 발생한 경우에도 해당된다.

(다) 상대와 진 침로 변화 후에 선택된 경로와 상대 사이에서 변화가 되면, 선택된 침로/항적이 2회 스캔 내에서 가능해야 한다.

(라) 침로와 항적기능이 항로 기능이 있는 모든 거리 척도에서 가능해야 한다. 최소 거리 척도는 1.5 NM, 3 NM, 6 NM, 12 NM이다.

다. 물표 추적(Target tracking : TT)

(1) 물표 표현

(가) 본 절에 따라서 시험을 해야 하는데, 사용자 인터페이스와

데이터 형식은 물표 추적과 AIS기능은 유사해야 한다.
    (나) 이 시험은 물표 추적과 AIS 정보는 IEC 62288에 따라야 한다.
(2) 항로 계산
    (가) 충돌회피와 관련한 정보를 사용자 매뉴얼에 기술해야 하고, 사용자 매뉴얼에는 본선 동작과 상대적인 물표 위치와 물표 획득도 포함해야 한다. 사용자 매뉴얼은 다른 소스 정보가 어떻게 사용되어 충돌 회피 작업에서 최적 항로 성능을 수행할 수 있는지를 포함해야 하고, 다른 소스를 사용할 경우에 제한을 기술해야 한다.
    (나) 다른 소스로 최적 항로를 사용할 경우, 다른 소스가 사용됨을 언급하고 작용원리를 기술해야 한다.
    (다) 세부평가로, 예를 들면 변경된 항로 시나리오가 적당한지, 적용 방법이 항로와 그 결과가 저하되지 않아야 한다.
(3) 물표 추적 가용성
    (가) 서류 검토를 통해, TT 기능이 적어도 3 NM, 6 NM과 12 NM 거리 척도에서 제공되어야 한다. TT 기능이 사용가능한 거리 척도를 기록하고 최대 TT 거리는 제조자 서류에 나타내야 한다.
    (나) 서류 검토를 통해, 부속서 F (또는 실제 물표)에서 나온 것과 같이 물표 시뮬레이션을 사용하여 적어도 12 NM에서 TT 기능이 사용할 수 있음을 확인해야 한다.
    (다) 관찰로 선택한 거리 척도를 벗어나는 물표가 거리 한계까지 계속 추적되는지 확인한다. 12 NM 거리 척도와 3 NM 보다 큰 거리에서 추적이 되는 것을 확인한다. 3 NM로 거리 척도를 1분 동안 관찰하고 난 뒤 12 NM 거리 척도를 선택한다. 물표가 계속적으로 추적이 되는지 확인한다.
(4) 분류 및 추적된 물표 용량
    (가) 서류 검토로 장비 분류 정의되어 시험을 해야 한다.
    (나) 물표 시뮬레이션을 사용하여, 레이다 시스템은 [표 3-7]에 나와 있는 레이다 물표 숫자를 추적하고 처리할 수 있어야 한다. 시뮬레이터는 요구되는 숫자만큼 물표를 정렬하여 쉽게 평가할 수 있어야 한다.

(다) 관찰로 시뮬레이션 된 시나리오로 주의가 최대 용량의 95%
에 발생하여야 하고, 경고는 최대치를 넘어설 때 발생한다.
예를 들어 용량이 40개의 물표이라면, 주의는 38개 일 때이
고, 경고는 41개를 물표를 획득할 때 발생한다.
(라) 물표가 용량보다 넘어 섰을 경우에도, 표현이나 정보 처리
에서도 성능 저하가 발생하지 않아야 한다.

[표 3-7] 추적 물표 용량

	선박/배(크래프트)의 분류		
	분류 3	분류 2	분류 1
선박/배(크래프트)의 크기	총톤수 500톤	총톤수 500톤에서 총톤수 1,000톤 미만과 HSC<총톤수 1,000 톤	모든선박/배(크래프트) ≥총톤수 10,000톤
최소 추적 레이다 물표 용량	20	30	40

(5) 수동 포착
  (가) 관찰로 수동 포착의 작동과 용량을 시험 시나리오나 실제
   물표를 사용한다. 수동 포착을 통해 사용할 수 있는 물표
   용량은 적어도 [표 3-7]의 장비 분류에 따라 요구되는 용
   량이어야 한다.
  (나) 관찰로 수동 포착과 자동포착(제공되는 경우)의 조합은 최소
   한 장비 분류에 따라 요구되는 물표 용량이 맞는지 확인한다.
(6) 자동 포착
  (가) 관찰로 물표 시나리오 시뮬레이터를 사용하여, 자동 포착
   기능이 사용가능하고 물표 용량을 만족하는지 확인한다.
  (나) 관찰로 물표가 들어오거나 탐지가 되면 자동 포착 지역에서
   자동적으로 포착됨을 확인하다. 새로운 물표는 IEC 62288에
   만족하고 경고가 제공되어야 한다.
  (다) 자동 획득 지역과 다른 배타적인 지역이 화면에서 IEC 62288

에 따라 분명히 확인되어야 한다.
(7) 동작 트렌드
  (가) 관찰로, 물표가 포착이 되면, 시스템은 물표의 동작 트렌드를 동작을 1분 이내로 제공하고 물표의 동작 예측은 3분 이내로 제공한다. 물표의 동작 트렌드와 정확도는 7.3.14에 만족해야 한다.
  (나) 관찰로, 물표는 계속 추적되어야 하고, 물표 정보는 자동적으로 업데이트 되어야 한다.
(8) 50%의 가시성
  관찰로 관련 시험 시나리오는 레이다 물표가 계속 추적이 되고 분명하게 개별로 레이다 물표가 10회 중 5회 또는 동등하게 시나리오 5의 물표 6과 구별됨을 확인한다.
(9) 항로 알고리즘
  (가) 항로 시험 시나리오 2와 3을 실행할 때, 물표 벡터는 유지되고 데이터는 부드럽게 되어야 한다.
  (나) 트렌드와 예상은 각 시험 시나리오의 정확도에 따라야 한다.
(10) 물표 교차(target swap)
  관찰로 항로 시나리오 4가 실행될 때 물표 교차가 일어나지 않아야 한다.
(11) 항로 중지
  시나리오 5를 이용하여, 어떠한 물표나 모든 추적된 물표를 중지할 수 있는 기능이 각각 제공됨을 확인한다.
(12) 물표 추적 시나리오
  5개 항로 시나리오가 물표 추적 성능을 시험하기 위해서 제공한다.
  (가) 시나리오1 은 센서 에러에 관련한 것으로 부속서 E를 참조
  (나) 시나리오2 와 3은 본선의 양쪽 방향 회전하는데, 센서 에러가 없는 경우이다.
  (다) 시나리오 4는 물표 교차로 시험하는데, 센서 에러가 없음
  (라) 시나리오 5는 10개 물표를 제공하는데, 50% 가시성을 포함한다. 센서 에러는 포함하지 않는다.

(13) 물표 동작과 항로 정확도

시험 시나리오는 표준 선박과 고속선와 사용하는 파라미터에 따라서 다르다. 시험은 본선이 30 kn까지(HSC 용 최대 70 kn) 시험하는데, 물표 추적은 70 kn까지이다. 높은 회전율, 본선과 물표 운행, 물표 교차, 다양한 방위 물표, 가속과 음영을 시험한다. 시뮬레이터는 수평 빔 폭 2.0° 안테나 (-3dB 지점), 안테나 회전율은 장비 분류를 준수하고, 펄스 길이 펄스 반복 주파수를 제조자에서 추천해야 한다. 운전은 잡음이 없는 환경이고 시나오리1에 있는 센서 에러만 적용한다. 장비는 12 NM로 거리 척도로 맞추고 노스업, 진벡터(6분으로 설정) 그리고 상대 모드와 진 침로로 한다. 시나리오 일반적인 선박과 고속선에 적용한다.

측정으로, 관련 시험 시나리오는 모든 분류에 적용하고, 정확도는 각 시나리오에 나오는 조건을 만족해야 한다.

(가) TT 시나리오 1

본선이 20 kn로 운행한다. 센서 에러는 부속서 E에 나와 있는 대로 적용한다. [표 3-8]에 정의되고 <그림 3-1>에 표시된 대로 3가지의 물표가 추적된다. 모든 측정은 본선을 기준으로 한다.

[표 3-8] TT 시나리오 1, 센서 에러가 적용됨

물표 번호	속도 kn	침로 (°)	시작 거리 NM	시작 방위각(°)	3분:종료 거리 NM	3분:종료 방위각(°)
1	28.3	45	9.5	270	8	270
2	22.4	27	1.12	333	1	0
3	15.3	293	9.25	45	8	45

(초)	분:초		표기	
0	00:00	T2	A	물표 획득
45	00:45	T3	A	물표 획득
60	01:00	T2	M1	1분 측정
90	01:30	T1	A	물표 획득
105	01:45	T3	M1	1분 측정
150	02:30	T1	M1	1분 측정
180	03:00	T2	M3	3분 측정
225	03:45	T3	M3	3분 측정
270	04:30	T1	M3	3분 측정

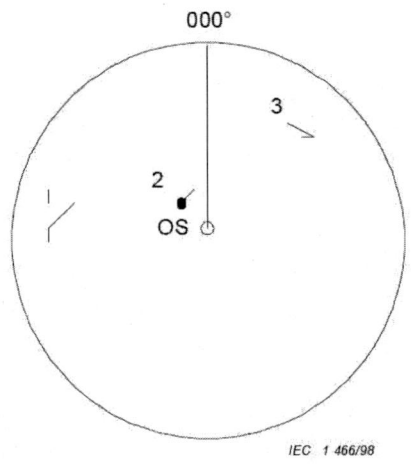

<그림 3-1> TT 시나리오 1

TT 기능은 [표 3-9] 기준에 떨어지지 않아야 한다. 이 시나리오는 부속서 E에 나오는 센서 에러와 ± 10°의 롤(roll) 조건을 적용한다. 안정 상태에서 추적하기 위해, 본선과 물표는 직선 항해에 일정한 속도로 한다. [표 3-8]의 시나리오를 사용하여, TT를 수행하고, 1분후에 획득을 하고 상대 동작 트렌드로 물표를 유지하고 3분 내로 물표의 동작을 수행하고, 다음 정확도를 적용한다(확률 값과 신뢰 수준은 95%).

[표 3-10] TT 시나리오 1, 1분 및 3분 후의 정확도(모두 ±값)

	상대 침로(°)	상대 속도(kn)	진침로 (°)	진속도 kn	CPA NM	TCPA 분
물표 1						
1분	11	1.5			1.5	1.8
3분	3	0.8	5	0.8	0.4	0.5
물표 2						
1분	11	1.5			1	1
3분	3	0.8	3	0.8	0.3	0.5
물표 3						
1분	11	1.5			1	1
3분	3	0.8	2.5	0.8	0.4	0.5

시나리오 1은 20번 반복한다.

(나) TT 시나리오 2

<그림 3-2>에 나타난 바와 같이 시나리오 2는 본선을 시뮬레이션하고 선수는 000° 회전은 ±180°로 하고 회전율은 10°/s는 표준선박이고 고속선은 20°/s로 한다. 센서 에러는 적용하지 않는다. 2개의 물표를 획득하고 적어도 2분간 추적을 한 뒤 본선을 우현으로(시나리오 2 - 시계 방향) 회전시킨다. 이 시험은 본선을 왼쪽으로(시나리오 2 - 반시계 방향)으로 반복한다. 초기 물표 데이터는 [표 3-11]에 있다.

[표 3-11] TT 시나리오 2, 본선 ± 180° 회전

파라미터	물표	
	1	2
거리(NM)	8	5
진방위(도)	23	135
진침로(도)	135	270

이 두 시나리오 동안, 물표는 계속해서 추적되어야 한다. 항로 정확도 1.5분은 선회가 끝나고 난 뒤에 ± 5% 또는 ±

1 kn 속도 중 큰 값과 ± 3° 이내 여야 한다.

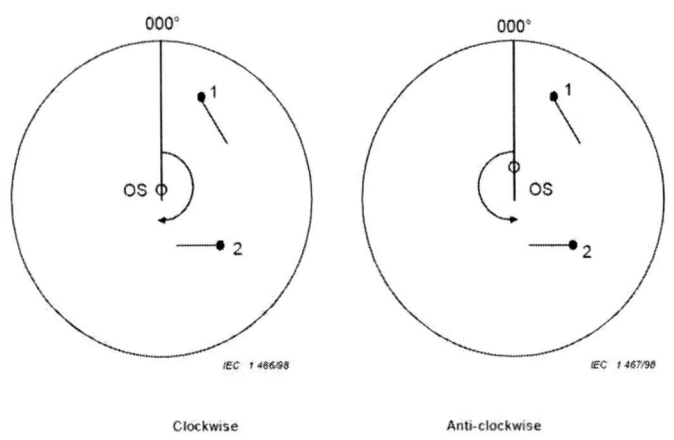

<그림 3-2> TT 시나리오 2

(다) TT 시나리오 3

<그림 3-3>에 나타난 바와 같이 시나리오 3은 본선을 시뮬레이션하고 초기 선수는 000°와 표준선박의 경우 30 kn와 고속선의 경우 45 kn 속도, 회전은 ±180°로 하고 회전율은 10°/s 실행한다. 센서 에러는 적용하지 않는다. 3개의 물표를 획득하고 적어도 2분간 추적을 한 뒤 본선과 물표 3 모두 10°/s (시나리오 3 - 시계방향)로 우현으로 회전시킨다. 본선은 180° 회전하고, 물표 3은 60° 회전합니다. 이 시험은 본선을 좌현으로(시나리오 3 - 반시계방향)으로 반복한다. 초기 물표 데이터는 [표 3-12]에 있다.

[표 3-12] TT 시나리오 3, 초기 물표 데이터

파라미터	물표		
	1	2	3
거리(NM)	8	3	8
진방위(도)	23	340	180
진침로(도)	180	-	000

이 두 시나리오 동안, 물표는 계속해서 추적되어야 한다. 항로 정확도 1.5분은 선회가 끝나고 난 뒤에 ± 5% 또는 ±

1 kn 속도 중 큰 값과 ± 3° 이내 여야 한다.

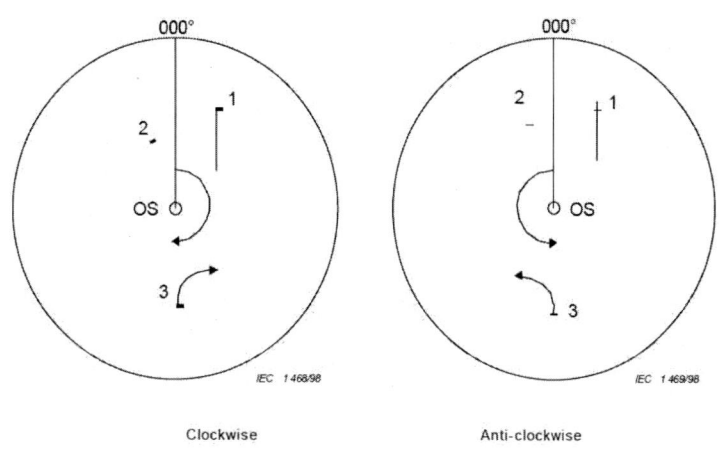

<그림 3-3> TT 시나리오 3

(라) TT 시나리오 4

시나리오 4는 본선으로 접근하고 지나가는 빠른 물표를 시뮬레이션 한다. 센서 에러는 적용하지 않는다. 본선은 직선 침로에서 표준 선박의 경우 28 kn, HSC의 경우 70 kn의 속도로 선수 45°로 이동한다. 물표는 상호 침로에서 70 kn으로 이동한다. 본선과 물표의 항로는 부이로 구분된다. 부이는 본선과 물표 모두에게 0.5 NM CPA를 가진다. 고속 물표와 부이는 시나리오 시작된 직후에 수집된다(<그림 3-4> 참조). 초기 물표 데이터는 [표 3-13]과 [표 3-14]에 있다.

[표 3-13] TT 시나리오 4, 빠른 물표에 대한 초기 물표 데이터(표준속도선박)

파라미터	물표	
	1	2
거리(NM)	2.02	7.01
진방위(도)	031	037
진침로(도)	0	225

[표 3-14] TT 시나리오 4, 빠른 물표에 대한 초기 물표 데이터(HSC)

파라미터	물표	
	1	2
거리(NM)	5	10
진방위(도)	040	040
진침로(도)	0	225
진속도(kn)	0	70

고속 물표와 부이는 지속적으로 그리고 물표 교차 없이 추적되어야 한다. 물표 데이터는 2분 후 획득하고 확인하고 다시 5분 및 7분 후 획득하고 확인해야 한다. 항로 정밀도는 ± 5% 또는 ± 1 kn 속도 중 큰 값과 침로에서 ± 3° 이다.

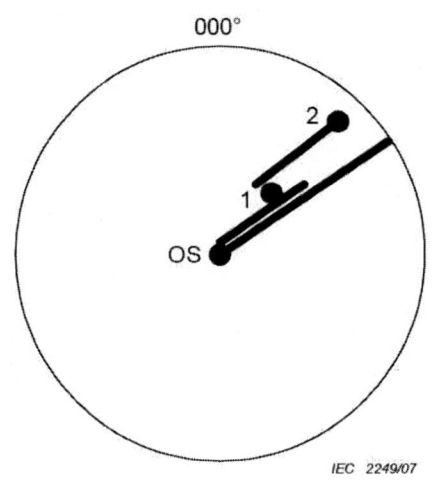

<그림 3-4> TT 시나리오 4

(마) TT 시나리오 5

시나리오 5는 <그림 3-5>에서 보는 바와 같이, 시뮬레이션을 전형적인 충돌 상황을 하는데 10개 선박이 추적하고 1개 선박이 제로 CPA한다. 센서 에러는 적용하지 않는다. 시나리오 동안 4개 물표가 추적되고 하나의 방위로 하고, 접선 방향의 물표가 추적되고, 본선은 속도와 성능을 시험하는데 사라지는 물표로 한다. 본선은 50% 중심 이탈을

- 174 -

135° 방위로 한다. 선수는 315° 이다.

① 표준 선박 속도로, 본선 속도는 25 kn로 시작한다. 속도는 7분 동안 유지 한다. 7분 후 본선은 선형적으로 15 kn으로 감소시킨다. 감속도 비율은 0.5 kn/s로 한다. 15 kn는 나머지 시험동안 유지 한다. 초기 물표 데이터는 [표 3-15]에 있다. 물표 7은 속도가 변화기 전에 제로 CPA로 한다. 물표 4, 8, 9, 10은 고정되어 있고 target 8, 9, 10은 비슷한 방위에 있다. 물표를 가로지르는 4번째 물표는 방위를 가지게 한다. 이 시나리오는 시작 후 15분 동안 시행한다. 모든 물표는 t0시간에 획득한다. 한 개 물표가 초기에는 추적된다. 센서 에러는 없다.

[표 3-15] TT 시나리오 5: 표준 선박에 대한 초기 물표 데이터

파라미터	물표									
	1	2	3	4	5	6	7	8	9	10
거리(NM)	4.47	5.10	6.71	7.07	12.0	11.0	14.4	8.0	9.0	10.0
진방위(도)	288	304	288	307	352	315	349	318	318	318
진침로(도)	045	045	045	-	200	225	190	-	-	-
진속도(kn)	20	30	40	0	60	20	40	-	-	-
비고) 물표6 - 음영과 50% 만 페인트 되어있음.										

② 고속선 경우, 본선 속도는 초기에 60 kn이다. 이 속도는 7분 동안 유지 한다. 7분 후에 선형적으로 40 kn로 줄인다. 감속률은 1 kn/s 이다. 40 kn는 나머지 시험동안 유지해야 한다. 초기 물표 데이터는 [표 3-16]에 나와 있다.

[표 3-16] TT 시나리오 5: HSC의 출동 시나리오에 대한 초기 물표 데이터

파라미터	물표									
	1	2	3	4	5	6	7	8	9	10
거리(NM)	4.47	5.10	6.71	7.07	12.0	11.0	14.4	13.0	14.0	150
진방위(도)	288	304	288	307	357	315	349	313	313	313
진침로(도)	045	045	045	-	200	225	190	-	-	-
진속도(kn)	20	30	40	0	60	20	40	-	-	-
비고) 물표6 - 음영과 50% 만 페인트 되어있음.										

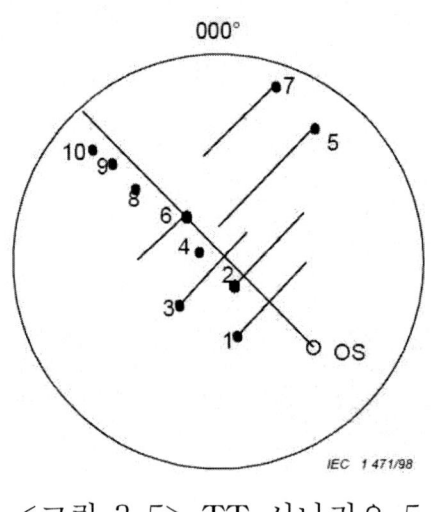

<그림 3-5> TT 시나리오 5

비고) 물표 8, 9과 10의 위치는 표준 속도 선박 및 고속 선박 시나리오에 따라 다르다. OS는 본선임

표준 선박 경우, 본선은 7분에서 25 kn에서 15 kn까지 줄인다, 그러므로 CPA와 TCPA는 변한다. 고속선인 경우, 본선은 7분에서 60 kn에서 40 kn 으로 줄인다. 그러므로 CPA와 TCPA가 변한다. [표 3-17]에서 [표 3-20]을 참조한다.
③ 관찰과 측정으로, 모든 물표는 계속 추적되어지고 물표 교차는

없어야 한다. 물표 침로, 속도, CPA와 TCPA를 주시한다.

t0 + 3분, t0 + 6분, t0 + 11분과 t0 + 14분 **********

④ 측정으로 물표 데이터의 오차를 주시하고 다음 제한 내에 있는 것을 확인한다.

± 5% 또는 ± 1 kn 속도 (둘 중 큰 것)

± 3° 침로

± 5%의 물표 거리 하지만 CPA는 6 NM에서 ± 0.1 NM 보다 작아야 한다.

± 0.3 NM CPA는 6 NM이상의 경우

± 1분 TCPA

[표 3-17] HSC의 3분 및 6분 측정 포인트와 결과

파라미터	물표									
	1	2	3	4	5	6	7	8	9	10
CPA (NM)	0.67	1.37	0.78	0.98	0.63	3.48	0.08	0.45	0.49	0.52
0분에서 TCPA	4.19	4.39	5.55	7.00	8.47	9.90	11.98	12.99	13.99	14.99
3분에서 TCPA	1.19	1.39	2.55	4.00	5.47	6.90	8.98	9.99	10.99	11.99
6분에서 TCPA	-1.81	-1.61	-0.45	1.00	2.47	3.90	5.98	6.99	7.99	8.99

[표 3-18] HSC의 11분 및 14분 측정 포인트와 결과

파라미터	물표									
	1	2	3	4	5	6	7	8	9	10
CPA (NM)	1.10	0.79	0.38	0.98	0.98	3.85	1.06	0.45	0.49	0.52
0분에서 TCPA	-4.20	-4.12	-2.36	-0.41	1.24	3.00	5.87	8.57	10.07	11.57
3분에서 TCPA	-7.87	-7.79	-6.02	-4.08	-2.43	-0.67	2.20	4.90	6.40	7.90

[표 3-19] 표준선박의 3분 및 6분 측정 포인트와 결과

파라미터	물표									
	1	2	3	4	5	6	7	8	9	10
CPA (NM)	0.90	3.22	3.46	0.98	2.12	6.87	0.09	0.42	0.47	0.51
0분에서 TCPA	8.20	6.07	7.32	16.80	9.56	16.10	14.88	19.17	21.57	23.97
3분에서 TCPA	5.20	3.07	4.32	13.80	6.56	13.10	11.88	16.17	18.57	20.97
6분에서 TCPA	2.20	0.07	1.32	10.80	3.56	10.10	8.88	13.17	15.57	17.97

[표 3-20] 표준선박의 11분 및 14분 측정 포인트와 결과

파라미터	물표									
	1	2	3	4	5	6	7	8	9	10
CPA (NM)	1.03	3.00	3.43	0.98	2.45	7.87	0.94	0.42	0.47	0.52
0분에서 TCPA	0.62	-2.70	-0.95	16.00	2.25	6.83	8.73	19.95	23.95	27.94
3분에서 TCPA	-3.06	-6.39	-4.64	12.32	-1.43	3.14	5.04	16.27	20.26	24.26
6분에서 TCPA	-6.07	-9.39	-7.64	9.31	-4.44	0.14	2.04	13.26	17.26	21.25

(바) 해양 환경에서 항로

추가적으로 추적 시스템은 잡음이 없는 환경에서 물표 시뮬레이션으로 물표를 생성하고 시험한다. 항로 시스템은 추적 능력을 잡음 환경과 클러터가 있는 환경을 수행할 수 있어야 한다.

① 관찰로 시험 물표 시나리오 5에서 최대 잡음 레벨을 10 dB이상으로 설정 하고, 추적 성능이 감소되지 않고 수행됨을 확인한다.

② 관찰로 추적 시스템이 전형적인 클러터 환경이고 물표를 획득할 수 있는 경우에 (다른 크기의 물표, 속도, 경로), 계속해서 최소 추적 성능저하로 운용되어야 한다.

(14) 추적 거리와 방위 정확도

측정으로 2개 시뮬레이션 되는 물표에서 정확도는 50 m이내 또는 물표 거리 ± 1% 이내이고, 방위는 2° 이내이다. 2개 물표는 본선에서 움직임이 없어야 하고, 본선 온도는 15 kn이다. 물표 1은 옆쪽을 보고 있고, 물표 2는 뒤쪽을 보고 있다.

비고) 물표 거리와 방위 정확도는 센서 오류의 크기와 추적된 물표의 안정성에 따라 크게 달라진다. 정확성은 정상 상태 항로 조건 및 안정된 레이다 플랫폼을 사용할 때 최적이다. 거리 및 방위 정확도가 최소한의 센서 오류로 개선되고 센서 오류가 없는 경우 정상 상태 항로가 달성되면 탐색 도구와 비교할 수 있다.

[표 3-21] 추적된 물표 정확도의 측정

파라미터	물표	
	1	2
거리(NM)	3.0	3.0
진방위(도)	270	000
진침로(도)	000	000
진속도(kn)	15	15
방향	옆	뒤

(15) 참조 물표

(가) 자료 검토와 관찰로, 하나 또는 그 이상 고정된 추적 물표를 기반으로 하는 지면 참조 기능이 가능해야 한다.

(나) 관찰로, 참조 물표 기능이 AIS 정보가 나타날 때나 또는 참조 물표가 제한될 때 사용을 하지 않게 하고, 진속도 계산이나 침로가 제한이 되고 상대값 속도, 침로와 CPA/TCPA 계산은 되어야 한다.

(다) 고정된 추적 참조 물표는 IEC 62288에 따라서 기준 물표 기호로 분류되어 있어야 한다.

(라) 서류 검토로, 사용자 매뉴얼에 경고가 참조 물표를 잃어버린 경우에 진속도와 진침로의 물표가 정확도에 영향을 주

는 경우에 일어나야 한다.
(마) 항로 정확도가 참조 물표를 잃어버려 떨어지면 경고가 나타나야 한다. 제조자는 참조 물표를 탐지하는 기술을 제공하여야 한다.
(바) 사용자 매뉴얼은 참조 물표를 잃어 버렸을 때 기능, 한계 및 정확성의 가능한 손실에 대해 설명하고 문서 검사로 확인한다.
(사) 사용자 매뉴얼은 참조 물표는 단지 진속도 계산에 사용되고, 상대 속도 계산이 위험할 수 있는지 조언을 주어야 한다.

라. 항로 제한
 (1) 항로 경고
  (가) 시험 시뮬레이션이 알려진 솔루션으로 시험 할 수 있어야 하고, 관련 시뮬레이션이 사용자 매뉴얼에 기술되어야 한다.
  (나) 시뮬레이션 기능은 IEC 62288에 나와 있는 기호를 이용하여야 하고, 오작동은 경고를 발생시켜야 한다.
  (다) 서류 검토로 사용자 매뉴얼에 항로 오작동 경고를 기술해야 한다.
 (2) 서류
  서류 검토로 항로 과정의 제한이 사용자 매뉴얼에 기술되어 있는지를 확인한다.

마. 자동 식별 시스템 (AIS)
 (1) 일반사항
  보고된 AIS 물표가 항해 표시 장치에 제공되고, 그 표시 목적이 충돌회피를 목적으로 하는 경우, 레이다 비디오가 제공되어야 하고 레이다 시스템의 추적된 물표 데이터가 보여져야 한다. 이 경우 보고된 AIS 정보는 시간정보가 있어야 하고 AIS 심볼 위치는 시간이 지남에 따라 움직여야 하는데, 레이다 비디오와 합쳐야 한다. 본 규격을 준수하지 않으면, 항법 표시는 물표를 추적하면 안되고, 물표 조합 기능을 제공해서는 안된다.
 (2) AIS 물표와 데이터 보고 용량
  (가) 제조자의 AIS 디스플레이 처리 용량이 일치함을 문서 검사

　　　　로 확인한다.
　(나) 문서 검사를 통해 사용자 설명서에 활성화 된 물표의 디스플레이 용량이 초과 된 경우 및 총 디스플레이 용량이 초과 된 경우 장비 작동을 설명 하고 있음을 확인한다.
　(다) 부속서 F에 기술되어 있고 AIS 물표 필터링(7.5.3 참조)이 없는 보고된 물표 시뮬레이터(RTS)를 사용하여 관찰에 의해 확인하고, 제조자 용량의 95%에서 지시가 주어 졌는지 확인한다.
　(라) 부속서 F에 기술되어 있고 AIS 물표 필터링이 적용되지 않은 보고된 물표 시뮬레이터(RTS)를 사용하여 전체 디스플레이 용량이 달성되었는지 관측에 의해 확인한다.
　(마) 관찰에 의해 확인하고, RTS 시뮬레이터를 사용하여 총 디스플레이 용량의 100% 이상을 제공하고 AIS 물표 필터링을 적용하지 않고 경고가 제공되도록 한다.
　(바) RTS 시뮬레이터를 사용하여 완전히 로드된 VDL(VHF Data-link)의 약 90%에 해당하는 2초마다 업데이트 되고 130개의 이동 AIS 물표에 대한 VDM 메시지(메시지 1 및 메시지 5) 시나리오 생성 되는지, 표시된 업데이트가 부드럽고 지속적인 업데이트를 보여주는지 관찰에 의해 확인한다.
　(사) RTS 시뮬레이터를 사용하여 2초마다 업데이트되는 하나 이상의 이동 AIS 물표를 사용하여 매 3 분마다 업데이트 된 앵커에서 6,000 AIS 물표에 대한 VDM 메시지(메시지 1 및 메시지 5)의 시나리오를 생성하고, 임의로 선택된 두 가지 유형의 AIS 물표를 표시한 10개의 샘플 세트의 표시된 업데이트가 부드럽고 지속적인 업데이트를 보여주는지 관찰에 의해 확인한다.
(3) AIS 물표 필터링
　(가) 문서 검사를 통해 사용 설명서에 사용 가능한 필터 및 필터 기준의 기능이 설명되어 있는지 확인한다.
　(나) 관측으로 확인하고 RTS 시뮬레이터를 사용하면 필터는 사용자 매뉴얼에 설명된 기능을 제공하고 준수한다.
　(다) 사용자가 수동으로 물표를 선택하여 개별 AIS 물표를 화면에서 제거 할 수 없음을 관측하여 확인한다.

(라) 필터가 활성 상태 일 때 필터 상태의 영구 표시가 제공된다는 관찰에 의해 확인한다.
(마) 사용 중인 필터 기준의 화면에 구동하기 위한 수단이 제공된다는 관찰에 의해 확인한다.
(바) 관측으로 확인하고 RTS 시뮬레이터를 사용하여 디스플레이 혼란을 줄이기 위한 필터링 기준을 선택하는 것은 하나 이상의 다른 요인과 결합 할 때 수면 클래스 A/B만을 포함한다.
(사) 분석 평가를 통해 확인하고 RTS 시뮬레이터를 사용하여 본 선에 대해 반복적인 AIS 보고서를 작성하면 AIS는 24 KN로 이동하는 가까운 AIS 물표에 대해 보고하고 지연 및 감소된 업데이트 속도로 이 목표에 대한 AIS 보고서를 반복한다(예 : 30초 지연됨). 반복된 데이터가 표시되지 않고 CPA/TCPA 데이터 또는 경보를 생성하지 않는다는 것을 의미한다.

(4) 활성과 비활성 AIS 물표
(가) 수면 물표를 활성화하고 활성화된 물표를 비 활성화시키는 기능이 제공된다는 관찰에 의해 확인한다.
(나) 자동 활성화 구역이 제공되는 곳은 자동 레이다 물표 획득을 위해 제공되는 것과 동일한 특성을 가짐을 관측하여 확인한다.
(다) 수면 AIS 물표가 활성화를 위해 사용자 정의 매개 변수를 충족시킬 때 자동으로 수면 AIS 물표를 활성화시키는 기능이 제공된다는 관찰에 의해 확인한다.
(라) 문서 검사를 통해 사용자가 자동 활성화를 위한 매개 변수를 정의했으며 관련 기능이 제공된 경우 사용자 설명서에 설명되어 있는지 확인한다.
(마) 자동 활성화를 위한 수단이 제공되면 해당 기능을 비활성화하고 사용 불가 상태를 나타내는 수단이 제공된다는 관찰에 의해 확인한다.

(5) AIS 기능 및 표현
(가) IEC 62288에 따라서 AIS 표시와 AIS 정보 심볼은 표시되어야 한다.
(나) 관찰로, AIS 물표 시뮬레이터로(부속서 F에 RTS 시뮬레이

터 설명 참조) AIS 처리 기능은 수면 물표 상태를 기본으로 그리고 심볼은 IEC 62288을 따라야 한다.

(다) 관찰로, 항상 벡터모드(true/relative)와 안정화(sea/ground)를 제공하여야 하며, 벡터 시간은 상위 메뉴에서 사용가능해야 한다.

(라) 관찰과 물표 시뮬레이터로, TT와 AIS 물표의 침로와 속도는 예상 동작을 보여주는 벡터로 표시되고, 벡터 속도는 대수/대지 안정화에 따라서 변경된다. 대지 안정화가 선택되면, 땅에 있는 물표는 경로가 표시되지 않는다.

(마) 관찰로, 벡터 시간(길이)가 변경할 수 있는 방법이 있고, 어떤 물표에도 적용할 수 있음을 확인한다.

(바) 벡터의 속성이 IEC 62288을 따라야 한다.

(사) CCRP가 AIS 심볼을 표시하는데 사양되어야 한다.

(아) 관찰로, 실제 척도 개요로 활성 물표가 이용할 수 있는 방법이 있어야 하고 표시는 IEC 62288을 따라야 한다. 물표의 개요는 자동적으로, 거리 척도에 따라서, 혹은 수동으로 선택 가능할 수 있다.

(자) 관찰로, 활성 AIS 물표의 항적기능을 제공할 수 있어야 하고, 항적 간격은 거리 척도와 부합해야 하고, 항적은 IEC 62288에 따라야 한다.

(차) 관찰로, RTS 시뮬레이터나 라이브 레이다 물표 신호를 사용하여 장비가 레이다 비디오와 AIS 심볼이 같은 시간에서 보고된 AIS정보를 일치시키기 위해 AIS 심볼은 그 속도에 따라서 위치되어져야 한다.

(카) RTS 시뮬레이터나 실제 레이다 물표를 사용하여 레이다 비디오와 AIS가 표시되고 낮은 속도로 움직이는 환경이고 조류와 대수 속도가 선택되어진 환경에서 시험해야 한다.

(타) AIS 시뮬레이터나 실 AIS 물표와 데이터를 사용하여 시스템이 정보를 받고 처리하고 표시하는지 확인 한다. 관련 정보는 IEC 62288을 따른다.

① 메세지 1, 2, 3 과 5
② 메세지 18, 19 와 24

③ 메세지 4
④ 메세지 9
⑤ 메세지 21
⑥ 메세지 12와 14.

바. 레이다와 AIS 물표 데이터
 (1) 관찰로, 장비는 물표를 선택하는 기능이 있어야 하고 선택되었을 때 물표 정보가 제공되어야 한다.
 (2) 관찰로, 장비는 TT 정보를 보여줄 수 있는 기능을 제공하여야 하고 그 정보는 요구사항에 부합해야 한다.
 (3) 관찰로, 물표 파라미터가 위의 요구사항에 맞는 지 확인한다.
 (4) 관찰로, 장비는 AIS정보를 확인하는 기능을 제공해야 하고 그 데이터는 요구사항에 부합해야 한다. 만약 받은 AIS정보가 부족하다면, 비어 있는 정보는 분명하게 "missing"이라고 데이터 필드에 표시해야 한다.
 (5) 세부적인 평가와 측정으로, AIS정보에서 추출한 정보는 바른 것인지 확인한다. 계산이 정확한지 10개 AIS정보로 확인한다. 데이터와 지리적인 표현이 계산에 의한 것이라면 알려진 시뮬레이션 방법으로 확인한다. 확인은 물표 데이터, AIS 물표 벡터 대지 안정화에서 대수 안정화로 변환도 포함한다.
 (6) 관찰과 세부적인 평가로 AIS 그래픽과 물표와 관련한 정보는 대수 안정화가 선택될 때 바르게 표현되는지 확인한다. 큰 조류(set, drift)를 인가한다.
 (7) 관찰과 물표 시뮬레이터를 사용하여, TT나 AIS를 선택할 때 간단하게 할 수 있어야 한다.
 (8) 관찰로, 선택된 물표 데이터가 표현되고 지속적으로 업데이트가 되는 것을 확인하는데, 다른 물표가 선택되거나 창이 닫혀질 때 까지 표현되어야 한다.
 (9) 관찰로, 만약 EUT가 여러 개의 물표를 동시에 선택할 수 있으면, 최소한, 짝을 이루는 물표 데이터가 제공되어야 한다. 예를 들면, CPA/TCPA, 거리/방위, 침로와 속도, 선수교차거리와 선

수교차시간(BCR/BCT). 하나 이상 물표가 선택되어지면, 관련 심볼과 해당 데이터는 분명하게 확인될 수 있어야 한다.
(10) 관찰로, 본선 데이터가 보여지는 기능이 있으면, 그 표현은 IEC 62288을 따른다.

사. 선수교차거리와 시간(BCR/BCT)
측정으로, 선수교차 기능이 제공되면, 모든 교차거리와 시간이 측정되어야 하고 본선의 선수를 근거로 계산되어야 하며, CCRP로 하면 안된다.

아. 운용 물표 경보
(1) CPA와 TCPA
 (가) 관찰과 물표 시뮬레이터로 TT와 활성화된 AIS 물표를 본선에 근접하게 하고 CPA/TCPA 제한 안에 들어오게 한다. 그러면 보이고 들리는 알람이 일어나야 한다. 알람을 일으키는 물표는 분명하게 확인되어야 한다.
 (나) 관찰로, AIS 자동 활성 물표가 CPA/TCPA 한계로 작동하지 않으면 그 상태는 표시되어야 한다.
 (다) 관찰과 서류 검토로 TT의 보이는 알람이 끌 수 없는지 확인하고, 추적이 끝나기 전이나 알람 조건이 더 이상 적용하지 않을 경우에 소리 나는 알람은 TT에 적용하지 않을 수 있다.
 (라) 관찰로, 같은 CPA/TCPA기능 제한이 양쪽 TT나 AIS 물표에 모두 적용한다.
 (마) 관찰로, CPA/TCPA 기능 제한이 모든 활성화된 AIS 물표에 적용하고 수면 물표는 사용자가 요구할 때 적용한다.
 (바) 관찰로, CPA/TCPA 계산이 부속서 A에 부합하는지 확인한다.
 (사) 관찰로, 만약 AIS 선박 외곽선 크기나 CPA/TCPA계산에 고려가 되면, 사용자 매뉴얼에 기술되어야 한다.
(2) 새 물표 경고
 (가) 관찰로, 사용자가 정의한 획득/활성화 영역 기능이 제공되면 사용자는 거리와 외곽선을 조정할 수 있어야 한다.
 (나) 관찰로, 물표 시뮬레이터가 제공되면, 자동 획득/활성화 기

능이 운용되어야 한다. 시뮬레이션 된 레이다와 AIS 물표가 사용되어야 한다. 이 지역은 거리를 3 NM에서 4 NM로 정하고 6 NM로 거리 척도를 선택한다. 레이다 물표는 이 지역으로 들어오면 획득이 되고 AIS 물표는 이 지역으로 들어오거나 지역에 있으면 보고되고 활성화 되어야 한다.

  (다) 관찰로, 새 물표가, 그 전에 획득이나 활성화 안 된 것이 들어오거나 탐지가 되면 IEC 62288의 심볼을 사용하여야 하고 경고가 나타나야 한다.
  (라) 관찰로 활성화된 보호영역을 사용하면, 물표가 들어오거나 지나가거나 이 영역에서 확인되면 새 물표 경고가 나타나야 한다.
(3) 추적 레이다 물표 놓침
  (가) 관찰로, 물표 시뮬레이터를 사용하고 물표를 잃어버리게 시뮬레이션을 하고, 마지막 보고된 물표 위치가 표시됨을 확인하고, 경고가 발생함을 확인한다. 물표가 미리 정한 거리 또는 파라미터를 벗어나지 않는지 확인한다.
  (나) 관찰과 서류 검토로, 물표 놓침 경고가 일어나진 않는 경우가 물표 속성이 물표의 파라미터에 배제되면 이루어짐을 사용자 매뉴얼에 기술해야 한다.
  (다) 잃어버린 물표 심볼은 IEC 62288에 부합해야 한다.
(4) AIS 물표 소실 기준
  (가) 물표 소실 경고기능이 활성화된 AIS 물표 경우에 켜거나 끌 수 있는지 확인한다.
  (나) 물표 소실 경고 기능이 꺼져 있으면 분명한 표시가 있어야 한다.
  (다) 물표 소실 경고가 물표 시뮬레이터로 운용하고 마지막 보고된 AIS 물표 위치는 표시되어야 하고 심볼은 IEC 62288을 준수해야 한다.

자. 물표 연관
 (1) 연관과 우선순위
    언급한 방법으로, EUT가 시나리오대로 시험될 때, 시험방법과 결과는 다음과 같다.

(가) 관찰로 사용자는 TT나 AIS 우선순위를 선택할 수 있고 이 디폴트 설정은 양쪽 그래픽 과 문자 숫자로 연관 물표는 표현되어야 한다.
(나) 관찰로, 우선순위 상태표시가 있는 것을 확인하고, TT나 AIS둘 중 하나로 우선순위를 표시한다.
(다) 관찰로, user는 일시적인 문자숫자 표현과 그래픽 표현을 각 target, AIS 와 TT, 으로 변경할 수 있어야 한다.
(라) 관찰로, AIS선 우선순위가 있을 때 그리고 물표 연관 기준이 만족하고, 활성화된 AIS 물표 심볼과 AIS 물표 데이터가 자동으로 선택된다. 이 경우, 레이다 물표 심볼은 표현이 감춰지거나 연관 물표 심볼은 IEC 62288에 따라 표현되어야 한다.
(마) 관찰로 TT가 우선순위로 선택되어 지고, 물표 연관 기준이 만족하고, TT 심볼과 데이터는 자동적으로 선택되어진다. 이 경우, AIS 심볼은 숨겨지거나 연관 물표 심볼은 IEC 62288에 따라서 표현되어진다.
(바) 검토로 연관 기능을 사용하지 않게 하는 기능이 제공되고 물표 연관 시험 시나리오대로 시험을 하면, 연관 기능을 실행되지 못하게 할 수도 있고 실행되게 할 수도 있다.
(사) 관찰과 측정으로, 물표 연관 시험 시나리오를 사용하여 물표 분리 알고리듬은 관련 요구사항을 만족해야 하고 추가적으로 히스테리시스가 헌팅(indecision)을 막기 위해 사용되었음을 확인한다.
(아) 물표가 분리될 경우에 경보가 없음을 확인한다.
(자) 물표가 연관을 중단할 때, 2개 다른 물표는 원래 심볼인 TT와 AIS로 돌아가야 하고, TT는 계속하여 연관기간 동안이나 후에 추적을 해야 한다.
(차) 물표의 연관이나 분리 기능은 물표 시험 시나리오 요구사항을 만족해야 하며, 각각은 연관과 분리 시험은 알려진 방법으로 해야 한다.

(2) 연관 시나리오 1

이 시나리오는 비슷한 속도로 수렴중인 작은(class A 또는 class B) AIS 물표와 추적된 물표를 제공하는데, 이 물표는 평행한 경로를 따라 연결한 다음 발산하여 물표가 분리된다. 분리는 두 사이 거리 때문이다. 시험할 동안 본선은 정지해 있다. [표 3-22]는 초기 물표 데이터를 제공한다. 이 물표는 초기에 이 침로와 속도를 따르고, 화면상에 같은 위치에 있다. 약 3분 정도 후에 화면에서 AIS 물표와 TT 물표는 점점 연관이 되고 적당한 심볼이 표현된다. [표 3-23]은 AIS 물표 데이터 보여주는데 시험 시나리오에서 사용된다. TT 데이터는 시험 기간 동안 항상 같은 값으로 유지 된다.

[표 3-22] 연관 시나리오 1, 초기 TT와 AIS 물표 위치와 데이터

파라미터	물표	
	TT	AIS
거리 (NM)	4	4
진 방위 (degrees)	340	340
COG (degrees)	90	90
SOG (kn)	10	10

[표 3-23] 연관 시나리오 1, 분기 및 수렴 추적에 대한 AIS 물표 데이터

파라미터	경과시간 (분)								
	0	3	4	5	8	10	12	15	16
거리 (NM)	4	3.86	3.82	3.77	3.67	3.63	3.72	3.90	3.98
진방위 (degrees)	340.0	347.0	349.4	351.9	359.5	4.7	9.8	16.9	19.1
COG (degrees)	90	90	98	98	98	82	82	82	82
SOG (kn)	10	10	10.1	10.1	10.1	10.1	10.1	10.1	10.1
연관된	NO	YES	YES	YES	NO	NO	NO	YES	YES

원래 물표 위치에서 4분 후, AIS 물표는 TT 물표에서 멀어져서 98°로 되고 속도는 10.1 kn로 유지 한다. 5분후 8분 내에

원래 위치에서, 물표는 두 물표 간에 거리가 멀어짐으로 분리가 된다. 10분 후에, AIS 물표는 침로가 변하여 방위가 82°가 되고 속도는 10.1 kn이다. 12분 후에서 15분 내에, AIS 와 TT 물표는 연관되고 적절한 심볼이 표현되어야 한다. 물표는 나머지 시간동안 연관이 유지되어야 한다.

(3) 연관 시나리오 2

이 시나리오는 Class A 물표와 TT를 평행한 경로에서 제공하고 연관과 분리를 위해 속도 변화를 한다. 변화의 결과로 속도는 물표와 방위각이 달라져서 분리가 일어난다. 시험하는 동안 본선은 정지해 있다. [표 3-24]는 초기 물표 데이터를 보여준다.

[표 3-24] 연관 시나리오 2, 초기 TT와 AIS 물표 위치와 데이터

파라미터	물표	
	TT	AIS
거리 (NM)	4	4
진 방위 (degrees)	340	340
COG (degrees)	90	90
SOG (kn)	10	10

물표는 초기에 이 침로와 속도를 따르고 같은 위치로 보여진다. 약 3분 후에 화면에서 AIS 와 TT 물표가 연관되어지고 적절한 심볼이 표현된다. [표 3-25]는 시험 시나리오 동안 AIS 물표 정보를 보여 준다. TT 데이터는 계속 유지 하고 있어야 하고 관련 자료는 [표 3-24]에 있다. 초기 물표 위치에서 4분 후, AIS 물표는 8.6 kn로 속도를 줄이고 방위각은 90°를 유지한다. 5분 후에서 8분 전까지 물표는 분리 되어야 한다. 10분경과 후, AIS 물표는 11.4 kn로 바꾸고 방위는 90°를 유지한다.

[표 3-25] 연관 시나리오 2, 분기 및 수렴 추적에 대한 AIS 물표 데이터

파라미터	경과시간 (분)								
	0	3	4	5	8	10	12	15	16
거리 (NM)	4	3.86	3.82	3.80	3.76	3.76	3.80	3.92	3.98
진방위 (degrees)	340.0	347.0	349.4	351.6	358.1	2.4	8.2	16.4	19.1
COG (degrees)	90	90	90	90	90	90	90	90	90
SOG (kn)	10	10	8.6	8.6	8.6	11.4	11.4	11.4	11.4
연관된	NO	YES	YES	YES	NO	NO	NO	YES	YES

12분 후에서 15분 전까지 AIS 와 TT 물표는 연관이 되고 적절한 심볼이 표시되어야 한다. 물표는 연관으로 나머지 시나리오 동안 유지한다.

(4) 연관 시나리오 3

이 시나리오는 연관시험으로 AIS와 TT 물표가 아주 가까이 함께 있지만 다른 침로와 속도 경우이다. 이 시나리오에서 TT 물표와 AIS 물표는 서로 접근하고 반대 방향이다. 이 시험 동안 본선은 정지해 있다. [표 3-26]은 물표 정보를 보여준다.

[표 3-26] 연관 시나리오 3, 초기 TT와 AIS 물표 위치와 데이터

파라미터	물표	
	TT	AIS
거리 (NM)	3	3
진 방위 (degrees)	340	20
COG (degrees)	90	270
SOG (kn)	10	10

물표는 이 침로와 속도를 시나리오 동안 따르고, 양쪽은 약 6분에 CPA에 도달 한다. CPA에서 거리와 방위가 같다. 물표를 12분 동안 확인한다. 어떤 부분도 물표가 연관되지 않아야 한다.

(5) 연관 시나리오 4

연관 시나리오 시험은 AIS 와 TT 물표는 침로와 속도 변화를 하고 계속적인 연관을 해야 한다. 그리고 AIS변화로 보고 주기도 변화한다. 본선은 시험동안 정지해 있다. [표 3-27]은 초기 물표 정보를 보여준다.

[표 3-27] 연관 시나리오 4, 초기 TT와 AIS 물표 위치와 데이터

파라미터	물표	
	TT	AIS
거리 (NM)	4	4
진 방위 (degrees)	335	335
COG (degrees)	90	90
SOG (kn)	10	10

물표는 초기에 위의 침로와 속도로 준수하고 같은 위치에 있다. 3분 후 화면에서 AIS 물표와 TT 물표를 보여 주고 연관되어지고 관련 심볼이 나타난다. [표 3-28]은 AIS와 TT 물표 정보로 시험 시나리오 동안에 사용된다.

[표 3-28] 연관 시나리오 4, 동일한 침로와 속도를 가진 TT와 AIS 물표

파라미터	경과시간 (분)					
	0	3	4	8	12	16
거리 (NM)	4	3.82	3.75	3.45	3.77	4
진방위 (degrees)	335.0	341.8	345.5	0.7	15.8	25
COG (degrees)	90	90	100	80	90	90
SOG (kn)	10	10	15	15	10	10
연관된	NO	YES	YES	YES	YES	YES

시나리오 동안 두 TT 와 AIS 물표는 같은 침로와 속도를 준수하는데 자료는 [표 3-28]에 있다. 초기 연관 후에, 물표는 나머지 시험동안 계속 연관 상태를 유지 한다. 이 시나리오에서

분리는 위치 정보의 지연이나 잘못된 처리, AIS에서 오는 보고 비율의 변화에 기인하는, 발생할 수 있다. 설계 시 지연이 최소하고 위치 정보를 동기화가 필요하다.

차. 시험 운용
  (1) 일반사항
    시운전 기능은 본선의 움직임 변화로부터 계산된 예측 상황에 대한 그래픽 평가를 제공한다.
  (2) 시험 기능
    (가) 관찰과 서류 검토로, 시험운행기능이 제공됨을 확인한다.
    (나) 관찰로, 이 기능으로 사용자가 본선의 속도와 침로를 변경할 수 있는지 확인한다.
    (다) 관찰로, 운행 시간 기능을 제공함을 확인한다.
    (라) 관찰로, 시뮬레이션 동안 물표 추적이 계속되며 실제 물표 데이터가 표시됨을 확인한다.
    (마) 관찰로, 시험운행이 모든 추적 물표와 적어도 모든 활성 AIS 물표에 적용된다.
    (바) 관찰로, 본선 동적 특성이 포함되어 있고, 이는 회전 성능과 속도의 변화율이 동적 특성에 포함한다.
    (사) 관찰로, 운행은 모든 그래픽 추적 물표에 적용되고 적어도 모든 활성 AIS 물표에 적용된다. 상대 벡터가 선택되었을 때, 벡터는 업데이트 되고 본선 침로와 동적특성이 변경되어야 한다.
    (아) 관찰로, 시험 운용이 표시되고 그래픽이 화면에 표시되고 "trial"이라는 심볼이 표시되고 IEC 62288에 따라야 한다.
    (자) 서류 검토로, 시험운행 관련한 자료가 제공되고 상대 동작과 대수 안정화일 경우에 더 정확한 정보가 제공됨을 언급해야 한다.

8. 차트 레이다(선택적 분류)

가. 일반 요구사항
  (1) 일반사항

레이다 시스템이 차트 기능이 있으면 이 규정 8항에 따라서 시험해야 한다. Raster nautical chart(RNC)는 차트 레이다에 사용하지 않는다. 차트 표현은 8항과 IEC 62288과 IEC 61174를 직접 참조해야 할 경우도 있다. 차트 레이다는 컬러 보정을 IEC 62288에 따라서 색상과 강도를 측정해야 한다.

(2) 차트 운전과 소스
 (가) 서류 검토로 장비 분류가 차트 기능을 포함하고 있는지 확인한다.
 (나) 관찰로 레이다 정보는 우선선위가 있고 차트 정보는 표현되고 레이다 정보는 보여지지 않거나 막혀있지 않거나 성능이 저하되지 않아야 한다. 차트정보는 분명히 인식할 수 있어야 한다.
 (다) 서류 검토로 사용자 매뉴얼에 모든 가능한 차트 기능을 서술하고 RNC 차트는 사용하지 않음을 기술해야 한다.
 (라) 관찰로 잠시 차트정보를 보이지 않게 할 수 있어야 한다. 그리고 차트를 켜거나 끌 수 있는 기능이 있어야 한다. 보이지 않게 하는 기능이 다른 기능과 다른 기능과 연계하여 동작할 수 있어야 한다.
 (마) 관찰로 다른 차트(ENC가 아닌 경우)는 정보를 확인할 수 있어야 하고 차트를 사용할 때 항상 표시가 있어야 한다.
 (바) 관찰로 차트 소스와 업데이트 정보가 사용자에게 제공되어야 한다.
 (사) 색상과 강도는 IEC 62288에 의해 확인되어야 한다.

(3) 차트 요소와 사용가능성
 (가) 관찰로 레이다 화면은 우선순위가 있고 차트 정보는 표시되고 레이다 정보는 막거나 보이지 않게 하면 안된다.
 (나) IEC 62288에 따라서 제어 기능이 제공되며 개개의 차트 특성이 카테고리 또는 레이어에 따라서 선택할 수 있고, 각 개체는 안된다. 이는 IEC 62288의 레이다의 차트 정보 표현 정의에 따라야 한다.
 (다) 관찰로, 선택된 SENC는 표현되어야 하고 내용의 감소가 없어야 한다. 예를 들어 수직 부이는 일반 부이로 나타나

지 않아야 한다.
- (라) 관찰로 레이다 지도가 ENC 정보와 같이 나타난다면, 지도 정부는 차트 정보에 추가적인 것이고, 색상과 그래픽은 다르고 지도 심볼은 차트 표현을 감소시키지 말아야 한다.
- (마) 관찰로 만약 커서로 쿼리를 어떤 객체에 정보를 불러온다면 그 정보는 투명하게 화면 창 밖에서 보여주거나 잠시 보여주어서 레이다 이미지를 저감하거나 방해하지 않아야 한다. 이 기능이 제공되는 경우 문자는 객체가 화면에 나타나는 경우는 언제든지 자동적으로 나타나지 않아야 한다. 수심 정보가 표현된다면, ENC차트에서 제공하는 것을 표현해야 하고 추가적인 속성에 의해 변경되지 않아야 한다.
- (바) 관찰로, 가능한 한 사용자 추가한 차트 관련된 정보는 IHO 표준을 따라야 한다.

(4) 차트 참조
- (가) 관찰로, 만약 입력 위치 센서값과 ENC의 WGS84 아닌 다른 지정학적 좌표로 들어오면 주의 경보가 주어져야 한다.
- (나) 서류 검토로, 사용자 매뉴얼에 차트 정보가 같은 참조 좌표 운영 속성을 가지는 점을 확인한다. 어떤 제한을 거리 척도나 모드를 포함하여 사용자 매뉴얼에 기술해야 한다.

(5) 주요한 차트 정보 세트
- (가) 관찰과 서류 검토로 차트 레이다는 차트 특성과 심볼을 주요한 차트 정보로 제공하고 이런 정보는 IMO MSC.232(82)와 IEC 61174를 따라야 한다.
- (나) IEC 61174에 따라서 안정성 점검과 좌초 위험물은 MSC.232(82)를 준수해야 하거나 관찰로 안전 등심선, 고립된 물속 위험물과 고립된 위험물이 화면에 표시되지 않고 모든 수심 지역은 레이다 배경화면으로 표시되어야 한다.
- (다) 관찰로 주요한 차트 정보는 별도의 전용 제어기능으로 선택되어질 수 있어야 한다.
- (라) 관찰로 차트 정보가 없는 지역에는 레이다 배경화면으로 제공되어야 한다.

        (마) 관찰로 만약에 사용자가 차트 내용을 제한하고 싶은 경우에 단지 해안선만 제어기능을 누르고 있을 때만 가능해야 한다.
  (6) 차트 안정화와 차트 다시 그리기
        (가) EUT를 관찰하여 ENC가 모든 방위 안정화된 운용 모드와 레이다의 거리 척도에서 사용가능해야 한다.
        (나) 관찰로 ENC 정보는 사용자가 다른 방위 안정화를 선택할 때 유지되거나 다시 표현되어야 하고, 선택된 모드는 표시되어야 한다.
        (다) 관찰로 위치센서가 고장 나거나 꺼져 있을 경우, 벡터 차트 정보는 30초 내에 자동적으로 사라져야 한다. 다른 위치 정보 소스나 추측 항법(DR)이 사용되어 질 수 있으나 분명한 표시가 있어야 한다.
        (라) 관찰로, 만약 방위 안정화 센서가 고장나거나 꺼져 있으면, 벡터 차트 정보는 30초 내에 자동적으로 사라져야 한다.
        (마) 관찰과 기능시험을 통해서, 위치와 회전이 20°/s 와 30 kn 동안, 장비는 표준선박 조건을 만족하거나 20°/s 와 70 kn 는 고속선인 경우에 해당하고, 적어도 연속적으로 20번 스캔하는 동안에 시험을 한다. 이 시험 동안에 차트와 레이다 영상은 육안으로 확인하여 일치하여야 한다.
        (바) 관찰로, 거리 척도가 변경되거나 레이다 원점이 다시 세팅되면 새로운 차트는 5초 이내에 정확한 스케일로 표현되어야 하고, 최초 변경 후에 차트는 보이지 않아야 하고 적절한 표시가 있어야 한다.
  (7) 차트 위치와 지연
        (가) 측정으로 24 NM로 거리 척도를 설정하고 ENC 정보를 70° N 와 70° S를 나타내고 본선 위치는 70° N 이거나 70° S에 있다. 거리와 방위를 4지점을 차트에서 레이다 항해 도구(EBL/VRM과 커서)를 이용하여 측정하고, 4지점은 10 NM과 24 NM사이에 있어야 하고, 방위는 45°, 135°, 225°, 315°에 있어야 하고 허용오차는 ± 5° 이다. 레이다 항해 도구를 이용할 대 ENC 정보에서 불러온 정보와 비교 할 때

거리는 0.25 NM이내이고 방위는 1° 이내여야 한다.
(나) 측정으로 위의 시험에 의해 다시 방위 안정화된 모드에서 하는데 본선 위치와 회전은 70° N과 70° S사이에서 아무 지점에서 한다. 레이다 항해 도구를 이용하여, 측정은 ENC 정보에서 받은 것과 비교해 볼 때 거리는 0.25 NM이고 방위는 1° 내이어야 한다. 회전율과 속도는 다음과 같이 세팅한다.
① 20°/s 와 30 kn, 고속선이 아닌 경우, 또는
② 20°/s 와 70 kn, 고속선인 경우,
(다) 관찰로 적어도 연속적으로 20번 스캔으로 각 방위 안정화된 방향 모드 에서 레이다 영상과 차트는 서로 일치해야 한다.
(라) 운용 모드가 표시되어야 한다.
(마) 측정으로, 방위 안정화를 끄고 시험을 다시하고 회전을 멈추고 1분 후 SENC 위치 지연이 하나의 레이다 스캔을 넘지 않아야 한다.
(바) 관찰로, 헤드업 모드에서 위치와 회전하는 동안, 차트 표현은 하지 않아야 하고 ENC 정보와 레이다 영상은 7.5°를 넘지 않아야 한다.
(사) 관찰로, 헤드업 모드이고 침로가 변경되지 않을 때, ENC 정보와 레이다 영상 간격은 1.5°를 넘지 않아야 한다.

(8) 일치와 조정
(가) 관찰로, 수동 ENC 정보를 조정하는 것이 가능해야 하고, 표시가 있고, 수동 조정을 리셋하는 것이 간단해야 한다.
(나) 관찰로, ENC 정보가 더 큰 스케일로 표현되면 표시가 있어야 한다.
(다) ENC가 거리, 스케일, 방향과 투영이 레이다 정보와 일치되는 것인지 확인한다.
(라) 관찰로 차트 정보가 다른 스케일로 보이면 스케일 외곽선이 분명히 보여야 한다.

(9) 차트 심볼, 색상, 크기
(가) 차트 심볼과 크기는 IEC 62288을 따른다.
(나) 관찰로, 차트 심볼은 IEC 61174에 주어진 SCAMIN/SCAMAX

거리 내에 있어야 한다.
- (다) 차트 색상 특성은 IEC 62288에 따라야 한다. 대비되는 색상으로 레이다 영상은 어두운 배경색으로 표현되어야 한다. 그래픽과 색상은 차트나 레이다 특성을 방해하지 않아야 한다.
- (라) 회색이 차트 정보에 사용되는 경우에, 물표 그림자는 속성과 레이다 정보를 구분할 수 있어야 한다.
- (마) 관찰로, 색상이 찬 경우 실질적이고 적절하게 사용되어야 하고 레이다 비디오를 방해하거나 저하를 하지 않아야 한다.
- (바) 관찰로, 해안선이 선으로 표시되어야 하고 정의된 색상은 해안지역과 달라야 한다.
- (사) 관찰로, 본선의 안전선은 선으로 되어야 하고 색상 그림자로 차이가 나야 한다.
- (아) 관찰로, 레이다 배경과 바다 표면이 같은 기본 색상이어야 한다.
- (자) 관찰로, 낮 과 밤 모드가 제공되어야 하며 ENC 낮과 밤 색상은 동시에 레이다의 낮과 밤 모드와 동시에 선택되어져야 한다. 모든 조건에서 같은 색상을 사용하는 것이 허용된다.
- (차) 관찰로, ENC 정보가 레이다 영상 부분만 겹쳐지는 것을 확인한다. ENC 정보가 표현될 때 ENC 정보 제한이 분명히 보여야 한다.
- (카) 관찰로, No-Data, Official-Data와 Non-Official-Data간 경계선이 있어야 하고, IHO S-52에서 정의한 선을 사용해야 한다.
- (타) 관찰로, 차트 정보가 없는 지역에 사용자가 NO-DATA-Pattern과 레이다 배경을 선택할 수 있는 방법이 있어야 한다.
- (파) 관찰로, 만약 Non-Official-Data가 사용되면, 분명한 표시가 IHO-52에 따라서 제공되어야 한다.
- (하) 관찰로, 차트지역이 레이다 영상 지역보다 크지 않아야 한다.

(10) 차트 화면 크기

투명한 자를 사용하여 레이다와 차트 영역이 방위각내에 있는지 확인한다.

(11) 차트 경보와 표시
- (가) 관찰로, 선박이 안전 등심선을 사용자가 정의한 시간 내에

서 넘어서면 알람이 발생함을 확인한다.
  (나) 모든 시간 동안, 안전 등심선을 사용자가 설정하거나 아니면 만약 특정한 선을 선택하지 않으면 다음 더 깊은 등심선이다. 최소한 사용자에게 새로운 안전 등심선을 부각시켜서 확인시켜야 한다. 만약 사용자가 안전 등심선을 선택하지 않으면, 디폴트로 30 m이다. 만약 안전 등심선이 사용자가 ENC에서 지정하지 않으면, 안전 등심선은 다음 더 깊은 선으로 선택되어져야 한다.
 (12) 차트 오류
  세부 평가와 서류로 가능한 한 실질적으로, 설계는 객관적이고 시뮬레이터 된 차트 자료 오류는 레이다/AIS 운용에 부정적인 영향을 주지 않음을 확인하여야 한다.
 (13) 차트 레이다 오류
  관찰로, 레이다 신호가 제거되면 경고가 제거되어야 한다.

나. 차트 기능이 있는 독립형 레이다에 대한 추가 요구사항
 (1) 일반사항
  다음 요구사항은 차트정보 업데이팅 표준 radar와 차트기능이 있는 경우에 해당한다. 추가적인 기능이 제공되면, 적절한 요구사항과 IEC 61174의 시험이 적용되어야 한다.
 (2) 차트 정보 제공 및 업데이트
  (가) IEC 61174에 따라 업데이트 된 절차가 완료되었는지 확인한다.
  (나) IHO S-63에 명시된 암호화 된 데이터에 대한 요구 사항이 충족되었는지 확인한다.
 (3) 차트 데이터의 내용과 구조
  EUT가 IEC 61174에 따라 편집 및 날짜별로 EUT의 ENC를 나열하는 차트 라이브러리를 포함하는지 검증한다.

다. ECDIS 백업을 위한 추가 요구사항(옵션)
 레이다 장비가 ECDIS 백업 요구사항을 IEC 61174를 만족하는지 확인한다.

9. 인체 공학적 기준(제어 기능과 화면)

가. 일반 요구사항

　일반적인 제어 요구사항은 IEC 60945에 있고, 레이다에 한정된 제어 정보는 부속서 I에 있다.

나. 운용 제어

　(1) 서류 검토로, 시험을 위해 제출된 장비 카테고리 및 해당 카테고리에 대한 관련 요구 사항을 확인한다.

　(2) 서류 검토로, 옵션사항인 하드웨어 제어가 제출된 서류가 있는지 확인하고 주요장비와 함께 시험한다.

　(3) 주요 제어 기능이 즉각적으로 사용가능한지 확인한다. 소프트 기능인 경우, 커서 사용과 한번 소프트키가 허용된다. 하드웨어 제어가 전용이거나 관련 기능을 확인한다.

　(4) 관찰로, 제어기능이 관련 상태 표시 또는 설명과 함께 제공되는 것을 확인한다. 어떤 소프트키는 상태표시 기능 가까이에 위치해야 한다.

　(5) 관찰로, 각 레이다 위치를 켜짐/꺼짐은 제어 위치와 관련된 레이다 센서(트랜시버와 안테나)는 눈에 띄어야 하고 모든 주위 밝기 조건에서 쉽게 접근이 가능해야 한다. 레이다 켜짐/꺼짐 제어는 보통 레이다 화면에 있거나 관련된 위치에 있다.

　(6) 서류 검토로, 제조자는 특정 사용자에게 성능평가를 수행해야 한다. 이 보고서는 레이다 시스템이 안정항해 요구사항을 현재 버전의 IMO STCW에 있는 레이다 훈련 교육을 만족해야 한다.

　(7) 관찰과 서류 검토로, 레이다 제어 화면 정보는 IEC 60945의 인체 공학적 요구사항에 따라서 기능별로 그룹 지어져 있어야 한다. 실제적으로 각 제어 관련 정보는 레이다 화면에도 위치해 있어야 한다.

다. 주요 제어

　(1) 관찰로 주요한 제어 기능이 사용가능함을 확인한다. 이 표준의 목적으로, 언급된 기능들은 화면 사용자 대화 창에서 직접 접

근이 가능해야 하고 즉시 효과를 나타내야 한다. 대안적 방법
이 기능적 요구사항을 만족하면 제공이 가능하다
(2) 관찰로, 이런 기능들이 소프트키로 제공된다면 옵션적인 하드
웨어 기반의 제어가 제공되면 EUT와 함께 시험되어야 한다.
(3) 관찰로, EBL과 VRM이 각각 제어가 가능하면 인체공학적 위치
에 있고 왼손잡이와 오른손잡이를 고려해야 한다.
(4) 관찰로, 제어기능이 IEC 60945에 따라서 그룹이 되어져야 하고,
그룹은 가능한 한 부속서 I를 따라야 한다.

라. 제어 속성
(1) 관찰로, 언급된 제어가 어두운 환경에서 감촉이나 육안적인 방
법이 있는 곳에 위치해야 한다.
(2) 관찰로, 어두운 환경에서 밝기가 0에서 저녁 조건까지 요구 조
건에 만족해야 한다.
(3) 밝기가 IEC 60945를 만족해야 한다.

마. 기본 제어 설정 및 저장된 사용자 제어 설정
관찰로 디폴트 세팅 선택은 분명하게 "Default Setting"이라고 레이블을 붙이고 간단한 운영자 동작과 선택을 확인하는 동작이 따라 와야 한다. 관찰로 저장하고 다시 불러내는 기능이 제공되고 적어도 다른 2개 제어 구성이 있음을 확인한다. 관찰로 다시 불러오기를 선택하면 구성상 확인하는 절차가 필요함을 확인한다. 서류 검토로 사용자 매뉴얼에 기본 설정 범위와 사용자 정의 가능한 저장 및 불러내기 가 상세히 기록되어 있는지 확인한다.

10. 외부접속 (Interfacing, 인터페이싱)

가. 일반사항
장비는 인터페이싱 센서 및 관련 항해 시스템에 대한 입력을 제공하고, 다른 항해 디스플레이에 대한 정보를 제공하기 위해 출력 인터페이싱을 제공해야한다.

나. 입력 인터페이싱
 (1) 입력 데이터
  (가) 자료 검토를 통해, 입력을 받을 수 있는 장비가 있어야 하고 관련 정보를 받을 수 있어야 한다.
  (나) 서류 검토와 관찰로, 입력 데이터를 구성할 수 있어 소스와 부합해야 한다. 인터페이스 구성은 운전모드에서는 접근이 가능하지 않아야 하고 의도하지 않은 조정으로부터 보호되어야 한다(예를 들면, 암호나 하드웨어 장치).
  (다) 서류 검토와 관찰로, 파라미터가 유지가 하드웨어나 비휘발성 메모리에 저장됨을 확인하고 사용자 매뉴얼에 이 파라미터가 하드웨어가 교체될 때 어떻게 전달되는지 기술해야 한다.
  (라) 서류 검토로, IEC 61162 인터페이스 장비가 있고 제조자 서류에 기술되어 있는지 확인한다.
  (마) 측정으로, 입력은 IEC 61162에 부합하고 각 타입의 직렬 인터페이스를 샘플을 시뮬레이터 시켜서 시험한다. 각 강제 문장은 부속서 H에 있으며, 최대 data 부하와 비율을 포함한다.
  (바) 적절한 IEC 61162 인터페이스 신호가 없다면 대안으로 적절한 인터페이스가 사용될 수 있으며 제조자 정보에 따라 시험해야 한다. 예를 들면 선수 신호로 아날로그 인터페이스 또는 SDME로 펄스나 접점. 대안 인터페이스가 제공되면, 응용 기본 프로토콜과 연결은 사용자와 설치 매뉴얼에 있어야 한다.
 (2) 입력 품질, 무결성과 대기시간
  (가) 관찰로, 입력 메시지가 유효하지 않은 경우에 레이다는 이 정보는 계산에 사용하지 않고 정보가 유효하지 않다고 표시하는지 확인한다.
  (나) 관찰로, 적절하고 가능한 한 실질적으로, 레이다 시스템은 입력 정보는 적절하지 않은 제한 값과 비교한다. 가능한 한, 설계는 무결점성 데이터는 다른 센서와 비교하여 확인한다. 예를 들면, 2개의 위치 입력이 있는 경우, 이 둘을 비교 한다.
  (다) 관찰로, 레이다 시스템 설계는 신호처리 지연이 입력 직렬 메시지가 1초 또는 1 스캔보다 작아야 한다.

다. 출력 인터페이싱
 (1) 출력 형식
 측정으로, 적절한 출력 인터페이스는 메시지 내용과 하드웨어는 IEC 61162를 따라야 한다. 이 경우에 '적절한(appropriate)'이란 실질적이고 사용가능 하다는 의미이다. 샘플 출력 메시지를 확인하여 부합함을 확인한다.
 EVE 문장이 사용자 매뉴얼에서 서술한 대로와 OSD와 RSD가 레이다 출력이 됨을 확인한다.
 (2) 출력 물표 데이터
   (가) 측정으로, 출력은 IEC 61162에 따라서 각 타입의 샘플 신호와 각 물표 데이터 문장을 시험해야 한다. 최대 데이터 부하와 비율도 포함해야 한다.
   (나) 추적된 물표 데이터는 IEC 61162를 따라야 하고 모든 데이터는 출력 메시지 내에서 정확하게 확인되어야 한다.
   (다) 관찰로, 물표 시뮬레이터를 사용하여, 각 추적 된 물표가 고유한 물표 식별 번호와 가능한 경우 MMSI를 갖는지 확인한다.
   (라) 관찰로, 물표 시뮬레이터를 사용하여, EUT는 추적된 물표 데이터 메시지가 제공되고 최대 추적 물표와 활성 AIS 물표를 위한 것이다.
 (3) VDR 인터페이스
   (가) 관찰로, 아날로그 RGB가 VDR로 출력하면, 본 표준의 요구사항으로 해상도 리프레쉬 속도와 버퍼 출력을 만족해야 한다.
   (나) 서류 검토로, 레이다 화면 해상도가 RGB 포맷과 호환하지 않으면, 레이다 시스템은 전용 DVI 출력이나 이더넷 인터페이스를 VDR로 제공해야 한다.
   (다) IEC 61162-450과 부속서 H.2에 따라서, 이더넷 출력이 VDR로 제공되면, 데이터 포맷과 내용은 레이다 영상 전송 요구사항에 부합해야 하고, 요구하는 헤더 정보를 제공해야 한다.
   (라) IEC 61996-1에 따라서, 이더넷 인터페이스가 VDR에 제공되면, 레이다 디지털 출력은 이미지 충실도 시험을 VDR

         표준에 나와 있는바와 같이 시험을 해야 한다.
   (마) 관찰로, 이더넷 인터페이스가 VDR로 제공되면, 스크린 캡쳐가 매 15초 간격으로 출력되어야 하고 동기화는 구성될 수 있다.
   (바) 관찰 또는 서류 검토로 VDR로의 출력이 레이다 화면의 성능을 저감해서는 안된다.
   (사) 관찰과 제조자의 도면 검토로, VDR 출력을 사용자가 비활성화하지 못하는 것을 확인한다.
   (아) 자료 검토로 VDR로 연결되는 것을 설치 매뉴얼에 확인한다.

11. 설계, 서비스 및 설치

가. 일반사항
다음의 설계 서비스 정보는 장비의 최대 사용성을 위해 제공되어야 한다.

나. 고장 진단 및 서비스
  (1) 서류 검토로, 사용자 매뉴얼은 전체적인 가이드로 간단한 자가 진단과 최대 장비 가용성을 유지하기 위한 것을 언급하고 있는지를 확인한다.
  (2) 서류 검토로 사용자 매뉴얼은 구성품 목록을 포함하고 있고 짧은 수명 주기 품목, 예를 들면 마그네트론과 다른 방열 소자 기계적인 구성품, 예를 들면, 벨트 브러시, 모터, 팬 윤활유 등, 그리고 이에 대한 유지 보수를 위한 지시등이 있어야 한다.
  (3) 서류 검토를 통해, 전체적 사용시간과 수명을 언급해야 한다, 예를 들면, 마그네트론과 같은 정보는 교체품이나 유지에 필요한 내용도 사용자 매뉴얼에 있어야 한다. 수명주기가 제한된 구성품의 사용시간은 관련 화면에 표시되거나 다른 표시로 되어야 한다.
  (4) 관찰과 서류 검토로, 표시가 제공되거나 최소가 사용자 매뉴얼에 있어야 하고, 추천은 특정한 구성품이 제한된 수명주기가 있어 교체되어야 함을 알려주어야 한다.

다. 화면 설계
  (1) 서류 검토와 측정으로, 자를 이용하여 화면 크기가 만족함을

확인한다.
　(2) 화면 크기가 6절을 만족함을 확인한다.
　(3) 장비 관련 매뉴얼 검토로, 중요한 파라미터가 유지되는 방법이 있는지 확인한다. 유지되는 파라미터는 제조자 매뉴얼에 목록을 확인한다. 서류는 관련 대체품 모듈이 적절하고 파라미터가 대체품에 전달가능 해야 한다. (어떤 요구사항은 본 표준과 다른 곳에서 확인한다.) 보존 된 정보 정보에는 예를 들어 설치 파라미터, 센서 파라미터, 인터페이스 파라미터, 빈 섹터 제한, 지도, 그리고 기본 화면 구성을 포함할 수 있다.

라. 송수신기 설계
　(1) 일반사항
　　　송수신기는 마이크로파 에너지를 발생시키고 전파하는데 적절한 전파선을 통해서 이루어진다. 리시버 시스템은 전형적으로 전파선을 공유하고 레이다 영상을 표현하는 신호를 제공한다. 트랜시버는 다운-마스트나 업-마스트를 합친 것 일 수 있다. 송수신기 시스템은 비응집 또는 응집일 수 있다.
　(2) 섹터 소거
　　(가) 관찰로, 전파 섹터가 소거되는 기능이 제공되면 이 섹터를 확인할 수 있는 기능이 있으며 상태가 표시 되어야 한다.
　　(나) 관찰로, 섹터 소거 기능이 운영과 관련된 메뉴에 아닌 곳에 있음을 확인한다.
　　(다) 서류 검토로, 조정하는 기능이 제조자 서류에 서술되어 있으며 접근이 보호된 메뉴에 있음을 확인한다.
　　(라) 관찰로, 섹터 소거는 설정이 가능하고 자동적으로 선택된 레이다 센서에 적용되며 이러한 파라미터가 전달 가능한 비휘발성 메모리에 저장되어야 한다.

마. 안테나 설계
　　(가) 안테나/페데스탈 혼합은 풍동(wind tunnel)에 놓고 공기 속도가 100 kn를 제공한다. 가장 큰 안테나를 시험한다. 안테나

모터는 파워 소스와 전압 주파수를 표기해야 한다. 적절한 곳에 안테나/페데스탈 혼합된 것만 이 시험에서 실행해야 한다.
- (나) 관찰로, 회전하는 안테나 경우에 스캔이 지속적이고 위에서 보았을 때 시계방향으로 돌아 360°로 해야 한다. 회전비율은 장비 범주에 적절해야 한다.
- (다) 관찰로, 안테나는 시작하고 지속적으로 상대속도 100 kn에서 운전해야 한다.
- (라) 서류 검토와 측정으로, 레이다 시스템은 선박 분류에 맞는 업데이트 비율이 제공함을 확인한다. 업데이트 속도는 모든 항로와 신호 처리 기능은 운용에 적절해야 한다. 그리고 사용자는 적절한 상황인식을 할 수 있어야 한다. 이런 경우 전형적인 안테나와 레이다 시스템의 경우, 최소한의 회전비율은 20 rpm이고 고속선은 40 rpm이다. 느린 안테나 회전속도는 높은 거리척도에 제공되거나 최신 신호처리 기술인 경우에 제공될 수 있다. 업데이트는 요구사항을 만족해야 한다. 예를 들면 시스템이 백투백 안테나가 적용되면 낮은 회전속도를 동등한 성능으로 제공한다. 이러한 회전속도는 제출되어 설명되고 시험되어 질 수도 있다.

바. 분배기와 다중 레이다
 (1) 일반사항
   레이다 시스템은 레이다 최대 사용가능하게 구성하고 설계되어야 한다.
 (2) 시스템 안전장치
   - (가) 서류 검토로, 사용자 매뉴얼은 시스템이 한 부분 고장에 안전장치를 어떻게 대응하는지 그리고 안전장치 조건이 자동적 또는 수동으로 단독적으로 운용되는지 확인한다.
   - (나) 서류 검토로, 두 레이다로 구성이 가능하여 각각 운영이 가능하고 동시에도 중요한 부분이 독립적으로 운영되어 동작이 가능해야 한다. 구성 가이드라인과 독립적인 것은 사용자 매뉴얼에 기술되어야 한다.

(다) 관찰로 인터스위치 시스템에 한 부분이 고장을 일으켜 각각 레이다가 독립적으로 동작 가능함을 확인한다.

(3) 레이다 결합

레이다 시스템이 만약 신호처리와 레이다 결합 신호가 2개 이상의 센서로 부터 오면 추가시험을 해야 한다

(가) 서류 검토로, 만약 신호 처리나 결합 레이다가 2개 이상의 센서로 부터 오면 장점과 제한을 설명해야 하고 결합 목적을 기술해야 한다. 예를 들면 레이다가 2개 이상의 섹터를 포함하여 공통된 섹터로 성능을 향상시킨다.

(나) 관찰로, 제어도 결합이 되면, 우설 클러터 방지, 해면 클러터 방지, 이득과 튜닝, 독립적으로 각 레이다 센서를 조정하는 것을 하면 안된다. 그리고 상태표시가 화면에 나타나야 한다.

(다) 관찰로, 각 레이다 센서는 위치 보정으로 CCRP를 참조할 수 있는 기능이 있어야 한다.

(라) 서류 검토로, 인터페이싱 시운전 셋업 절차서가 설치나 사용자 매뉴얼에 있어야 한다.

(마) 레이다의 운용범위가 2개의 센서로 부터 나와 공통부분을 표시할 때, 이 공통부분을 확인한다. 그리고 이 부분은 최소한으로 되어야 한다.

(바) 레이다 센서들이 다른 섹터에 운용되면 화면표시는 끊김이 없거나 제한 범위가 표시되어야 한다.

(사) 관찰로, 결합 또는 미리 정해진 시스템이면 성능이 본 시험규격서의 내용보다 떨어지지 않아야 한다.

(아) 세부 검토로, 하나의 레이다 센서가 고장이 나면 다른 레이다 센서의 성능 저하를 일으키지 않아야 하고, 사용자에게 분명하게 표시해야 한다.

(4) 다중 레이다 시스템 상태

관찰로 레이다 시스템 상태, 각 화면 위치는 표시되어야 한다. 표시는 항상 있어야 하고 사용자에게 만약 화면이나 시스템이

(가) 마스터 화면, 예를 들면 레이다 센서에

(나) 슬레이브 화면, 이는 예를 들면, "RADAR 1" 또는 "Display A"

화면 참조는 화면표시에 가까운 곳이나 화면에 있을 수 있다.

사. 다중 운용 화면
 (1) 추가 정보와 적합성
  (가) 관찰로, 화면표시 장치가 멀티플 기능을 표현할 수 있으면, 주요 화면 표시 기능을 분명하게 표시해야 한다. 만약 이 장치가 본 표준에 부합하지 않으면, 보조 화면표시 장치로서 간주된다.
  (나) 관찰로, 주요 기능과 관련된 표현을 간단한 조작으로 선택 되어져야 한다.
  (다) 관찰로, 가능한 한 실제적으로 화면표현은 관련 성능기준에 따라야 한다.

아. 안전성 - 안테나와 방사
 (1) 일반사항
  기초적인 안전 요구사항으로 방사와 안테나 회전 관련 사항은 정의 되어야 한다.
 (2) 안테나 방사와 회전
  (가) 관찰로, 적절한 기술로 전파가 안테나가 스캐닝 하는 동안만 발생함을 확인한다. 오버라이드는 유지 보수목적으로 제공될 수 있다. 분리 할 수 있는 방법이 선회 장치에 위치시키거나 별도의 스위치나 제거 가능한 장비 퓨즈를 사용할 수 있다.
  (나) 서류 검토로 회전하는 안테나를 막는 방법과 오버라이드 기능이 사용자 매뉴얼에 기술되어 있음을 확인한다.
 (3) 전자파 방사 레벨
  (가) 서류 검토로 방사레벨의 거리가 사용자 매뉴얼과 설치 매뉴얼에 기술되어야 한다.
  (나) 측정으로, 위의 거리에서 방사 레벨이 맞는 확인하거나 제조가의 측정 내에 있는지 확인한다.

12. 경보와 고장

가. 일반사항

(1) 경보의 우선

　　레이다는 경보와 표시를 전체 또는 부분 고장을 위해 제공되어야 한다. 우선순위와 분류는 IMO MSC.302(87)-선교경보관리(BAM)에 기술되어 있다.

(2) 경보와 표시

　　경보와 표시는 IEC 62288을 따라 확인한다.

(3) 알람 접점 출력

　　(가) 서류 검토로, 분리된 한 쌍의 노멀 클로즈 접점을 사용하여 레이다의 고장을 표시할 수 있어야 하고, 정격 스위치의 저항부하가 적어도 100 mA이어야 한다.

　　(나) 관찰로, 고장을 시뮬레이션하기 위해 릴레이 접점을 오픈 시킨다.

(4) 경보 관리 인터페이스

　　제조사 서류 검토로 제조자는 경보를 분류와 카테고리가 정의된 MSC.302(87)와 IEC 61924-2(2012) 부속서 C에 따라야 한다. 경보 통신과 표현 시험은, 제조자 서류에서 적어도 2개 알람 조건을 선택하고 2개의 사용가능한 경고를 2개 선택하고, 2개 주의를 임의로 선택한다.

　　(가) 경보의 표현은 IEC 62288을 준수해야 한다.

　　(나) 세부적 평가로 통신은 부속서 H에 열거 된 IEC 61162 문장을 준수한다. 자세한 문장 정의는 IEC 61924-2 (2012) 부속서 K와 IEC 61924(2012) 부속서 J를 따른다.

　　(다) 세부 평가로 중앙 집중 경보 관리 시스템이 있으면, HBT 문장의 주기적인 입력이 없으면 주의를 발생시켜야 한다.

(5) 미확인 경고

　　제조자 서류 검토로, 경보 확대 기본값은 60초 이다.

　　제조자 서류 검토로, 경보 확대 사용자 선택 시간 기간은 5분 이내를 확인한다. 제조자 서류 검토로, 제조자는 다음 정보를 제공해야 한다.

　　(가) 경고는 경고로 반복한다.

　　(나) 경고가 알람으로 사용자 선택시간 후에 변경한다.

　　(다) 경고가 알람으로 제조자간 선택한 고정시간 후에 변경한다.

제조자 서류 검토로, 적어도 2개 경우를 자유로이 선택하고 경고가 경고로 반복한다. 관찰로 반복되는 것이 사용자가 선택한 것을 확인한다. 제조자 서류 검토로, 적어도 2개 경우를 자유로이 선택하고 경고가 알람으로 변경한다. 관찰로 우선순위 변경 시간이 사용자에 의해 선택된다.

(6) 미확인 알람

제공이 된다면, 관찰로 기능이 IEC 61924-2와 인터페이스는 부속서 H에 적합한지 확인한다.

(7) 경보의 원격 확인 및 경보의 소거

BAM 시뮬레이터를 사용해서 다음 시험을 해야 한다.

(가) 경보 보고와 소거 시험

① 2개의 경보를 만들고, 적어도 하나는 카테고리 B다.
② 관찰로, ALF ALC와 HBT 문장을 EUT에서 BAM으로 통신하여 보낸다.
③ 시뮬레이터를 이용하여, ACN문장을 EUT에 보내어 소거를 한다.
④ 시뮬레이터를 이용하여, ALF ALC와 HBT문장은 적절하고 새로운 경보상태가 보고되는지 확인한다.
⑤ 시뮬레이터를 사용하여, ACN문장을 EUT에 카테고리 B 경보를 확인한다.
⑥ 관찰로, ALF ALC 와 HBT문장이 새로운 상태의 경보로 보고되는지 확인한다.

(나) 카테고리 A 확인 시도

① 카테고리 A 경보를 생성한다.
② 관찰로, ALF ALC와 HBT 문장이 EUT에서 BAM으로 전송한다.
③ 시뮬레이터를 통해, ACN문장을 EUT에 보내고 카테고리 A 경보를 확인한다.
④ 관찰로, EUT가 확인을 거절하고 ARC문장을 알맞게 거절로 보낸다.

(8) 화면 정지

(가) IEC 62288에 따라서 화면정지의 표현 고장을 표시하는 방법을 제공해야 한다.
(나) 서류 검토로, 사용자 매뉴얼에 화면정지 고장 조건을 설명하고, 이 경우에 관련 표시를 해야 한다.
(9) 센서 고장 경보
검토로 주요한 신호나 센서가 고장이 사용자 매뉴얼에 기술되어야 한다.

나. 백업과 폴백 구조
(1) 선수 정보의 고장(방위 안정화)
(가) 관찰로, 일련의 요구사항이 만족함을 확인한다.
(나) 관찰로, 모든 방위 안정화에 관련된 기능이 작동하지 않고, 예를 들면 물표 추적, 단지 상대 방위만 사용됨을 표시한다.
(2) 대수 속도 정보의 고장
(가) 관찰로, 수동으로 입력하는 대수 속도는 제동되어야 하며 사용 시 표시가 되어야 한다.
(나) 관찰로, 속도는 적어도 1 kn에서 70 kn로 조정이 가능해야 한다.
(다) 시험 방법 10.5.3.2 (나) (다) d)와 f)에 따라서 대수 안정화 요구사항은 수동속도 입력에 만족해야 한다.
(3) 침로와 대지속도 정보의 고장
(가) 관찰로, 본선 COG와 SOG와 관련된 기능이 되지 않음을 확인한다.
(나) 관찰로, 레이다 시스템이 COG와 SOG고장을 확인할 수 있는 기능이 있다면, 시스템은 자동적으로 대수속도로 변경해야 한다.
(다) 관찰로, 경보가 발생하여 속도 벡터 안정화의 참조를 대지속도 고장을 시뮬레이션을 하여 변경됨을 알려야 한다.
(4) 위치입력 정보의 고장
(가) 관찰로, 차트 정보 나 지리적인 참조 지도가 사용될 때, 한 개의 참조 물표가 정의되거나 위치가 수동으로 입력될 때 사용되지 않아야 한다.
(나) 관찰로, 본선 자료가 유효하지 않을 때, 경고 경보가 발생

되고 지리적인 참조 정보, 예를 들면 AIS, 지도와 차트가 사용되지 않아야 한다.

(다) 관찰로, 본선 위가 수동으로 입력되고 COG/SOG 업데이트가 한 개의 물표 추적으로 될 때, 지리적인 참조 정보는 사용되지 않아야 한다.

(라) 수동입력 위치가 사용될 때, 이 상태는 분명히 표시되고 이 정보에 의존하는 것은 의심스러운 무결점성으로 표시된다.

(5) 레이다 비디오 입력 정보의 고장

(가) 관찰로, 레이다 비디오 신호가 연결되지 않거나 사용할 수 없을 때, 정지된 레이다 화면을 표시하지 말아야 한다.

(나) 관찰로, 레이다 비디오 신호가 없을 때, AIS정보를 근거한 물표 정보를 표현이 가능해야 한다.

(6) AIS 입력 정보의 고장

관찰로 AIS신호가 없는 경우에, 레이다는 지속적으로 레이다 비디오와 물표 정보를 제공해야 하고, 그 기능이 손상 받지 않아야 한다.

(7) 통합 또는 네트워크 시스템의 고장

(가) 관찰과 서류 검토로 만약 적절한 장비가 있다면, 레이다가 독립적으로 운용되는 것을 허용하는 방법이 있어야 한다.

(나) 서류검토로, 서류에는 독립 실행형 시스템으로 변경 가능한 구조를 기술해야 한다.

13. 환경 시험

가. 일반사항

레이다 각 모듈의 환경 카테고리는 노출 또는 보호로 지정되어야 한다.

나. IEC 60945 시험

일반적 요구사항은 IEC 60945에 따라서 EUT를 확인한다. 성능체크가 필요한 경우 외부적인 손상이 없어야 하고 성능 면에서 확인할 수 있는 저감이 없어야 한다.

(1) 관찰로 커서 제어로 응답하고 각 축마다 유려하게 움직여야 한다.
(2) 관찰로 각 하드웨어가 제어가능하고 소프트웨어 제어 기능을 확인한다.
(3) 측정과 관찰로, 물표 시뮬레이션 기능 또는 추적 시나리오가 바르게 동작하는지 확인한다.
(4) 관찰로, 추적 시나리오 동안에 거리척도 변경을 할 때, 경로가 요구사항과 같이 남아 있음을 확인한다.
(5) 측정으로, 레이다 방사는 운용 온도 범위에서 ±20%를 넘지 않아야 한다.
비고) 안정화 시간은 적어도 30분이다.
(6) 관찰로, 시스템 노이즈 레벨이 화면에 표현되는 것으로 볼 때 운용 온도에서 급격하게 변화되지 않아야 한다.

다. 추가적인 환경 시험
(1) 일반사항
기본적인 IEC 60945요구사항과 고속선 레이다에 요구사항에 추가하여, 안테나와 설치에 추가적인 쇼크와 진동시험이 요구한다. 쇼크 시험은 고유 진동을 시뮬레이션 하는데, 이는 실제로 선박에서 운용 조건과 비교 가능한 것으로 실험실에서 시험하는 것이다. 안테나와 설치 마운팅은 이 조건에서 견딜 수 있도록 설계되어야 하고 외부적으로 손상이나 성능저하가 일어나지 않아야 한다. 성능 체크는 시험전과 후에 시행한다.
(2) 안테나 충격 시험
관찰로 3번 연속적인 위쪽 방향의 충격을 요구사항과 같은 강도와 펄스 파형으로 인가하고 전원을 끄고 외부적이고 물리적인 손상이 없어야 한다.

14. 장비 교범과 서류

가. 교범 시뮬레이터
(1) 일반사항

장비는 이해를 높이는 시뮬레이터를 포함해야 하고 운용이 간단해야 한다.
(가) 서류와 미디어 검토로 교범과 DVD 간단한 가이드 간략한 운용자 지침이 있어야 한다.
(나) 서류와 미디어 검토로 기본 특정 레이다 지식이 교범에 적절히 고려되어 있고 훈련을 받는 사람에게 유용해야 한다. 추가적인 교범 미디어는 승인을 받아야 하고, STCW(선원을 위한 훈련, 인증 및 당직 유지 표준)에서 요구하는 훈련과는 대체가 되지 않는다.
(다) 제출된 서류 검토로 13.2.1에서 요구하는 자료는 장비가 간단하고 직관적으로 운용함을 기술해야 한다.
(라) 관찰로 물표 시뮬레이션 기능이 교범 훈련을 위한 목적임을 확인한다.
(마) 서류 검토로 사용자 매뉴얼은 훈련 시뮬레이션 설명과 알려진 솔루션으로 만들어진 시나리오를 포함함을 확인한다.

나. 설명과 서류
 (1) 일반사항
사용자 서류는 분명하고 확실하며 불필요한 기술 용어를 사용하지 않아야 한다. 그리고 운영에 필요한 가이드 와 기본 고장 진단을 지원해야 한다. 설치에 관련한 특정 정보는 별도의 서류로 제공되어야 하며, 사용자 매뉴얼에 포함할 수 있다.

 (2) 서류
(가) 서류 검토로, 사용자 매뉴얼은 요구사항을 만족함을 확인한다. 정보가 쉽게 페이지와 차례가 쉽게 정렬이 되어 있어야 한다.
(나) 서류 검토로, 시스템 설명의 요구사항과 성능에 영향을 주는 사항 신호 지연과 신호처리가 사용자 매뉴얼에 포함되어 있어야 한다.
(다) 사용자 매뉴얼은 AIS 필터와 관련한 운영정보와 물표 연관과 분리 조건이 기술되어야 한다.

    (라) 설치 서류 검토로, 적절한 위치와 레이다 시스템의 결선도가 있어야 한다. 성능저하와 신뢰성에 관련한 사항은 설치 설명서에 있어야 한다.
  (3) 운영 설명서
    서류 검토로 사용자 매뉴얼에 위에서 요구하는 사항이 포함되어 있고, 설명이 비 기술자가 아니라도 이해 할 수 있어야 한다.

 다. 레이다 시스템 설치
 서류 검토로, IMO가이드라인과 IMO에서 강제화 하는 자료가 설치 관련 자료에 있는지 확인한다.
  (1) 안테나
    (가) 서류 검토로, 적절한 가이드가 설치 서류에 포함됨을 확인한다.
    (나) 서류 검토로, 맹목구간 설정기능과 안테나 높이 정보가 각 센서마다 있어야 하고 이 정보는 보호되어(예를 들어, 비밀번호나 스위치 또는 링크 등) 있고, 비운용 모드에 있어야 한다.
  (2) 화면 장치
    서류 검토로, 적절한 조언이 설치 관련 자료에 있어야 한다.

 라. 장비 업데이트를 위한 유지 정보
  (1) IEC 60945에 따라서 소프트웨어 와 하드웨어 유지 보수와 마킹이 되어야 한다.
  (2) 제조자의 서류 검토로, 승인 과 적용된 IMO ITU 규정과 차트 레이다가 적용되면 현재 소프트웨어에 적용된 IHO 규정을 매뉴얼이나 장비에 제공되는지 확인한다.

제 2 절 EPIRB의 국제 시험표준 분석

1. 시험

 가. 제한 사항
 이 표준에서 기술하고 있는 Cospas-Sarsat 시험은 다음 사항을 확인하기 위한 것으로 제한한다.
  (1) 비콘 신호가 위성 탑재 장비와 호환될 것.
  (2) 도입할 비콘이 정상적인 시스템 성능을 저하시키지 않을 것.
  (3) 부호화된 비콘 항법 데이터가 정확할 것.
    이러한 시험은 비콘이 본 문서와 "Cospas-Sarsat 406 ㎒ 비콘에 대한 규격" (C/S T.001), "Cospas-Sarsat 406 ㎒ 주파수관리계획" (C/S T.012)에 적합한지 여부를 결정한다.

  나. 시험 환경
  새로운 비콘 모델 개발 중 비콘 제조설비에서 수행되는 각종 시험 또는 제작 단위 장치 시험은 운용 중인 Cospas-Sarsat 시스템에 유해한 간섭을 유발하지 않아야 한다. 비콘 제조시설의 406 ㎒ 방사레벨은 제조자 시설 외부의 인접 지역에서 -51 dBW 미만이어야 한다. -51 dBW는 -37.4 dB (W/m^2)의 전력속밀도 또는 -11.6 dB (V/m)의 전자계 강도에 상당한다.

  본 문서에 기술되는 각종 시험은 위성으로 송신하는 비콘에 관한 일련의 시험소 기술시험과 옥외 기능 시험으로 구성된다. 제조자들은 비콘에 관한 각종 예비 시험소 시험을 수행할 것이 권장되지만 위성으로 신호를 방사하지 않도록 주의해야 할 것이다.

  406 ㎒ 신호의 야외 방사가 필요할 경우 제조자는 해당 국가 또는 지역 임무 통제 센터(MCC)와 조율하여 시험을 위한 승인을 받아야 한다. 예를 들어, 사용자 위치 프로토콜로 부호화하게 되어 있는 비콘의 시험을 위해서는 시험 사용자 위치 프로토콜(test user-location protocol)을 사용해야 한다.

2. 각종 시험장치

  비콘에 121.5 ㎒ 호밍송신기(homer)가 포함되는 경우 시험 비콘의 호밍송신기는 형식승인에 대해서 국가 주관청이 허용하는, 121.5 ㎒에서 가장 가까운 주파수로 맞추되, 어떠한 경우에도 이 주파수는 121.65 ㎒를 초과해서는 안된다. 시험 장치의 하나는 정상적인 전원으로 동작하고 적절한 안테나가 갖춘 제안한 제작 비콘과 유사하게 완전히 조립된 것이어야 한다. 다른 하나는 50 Ω 부하로 종단되는 동축 케이블에 의해 시험 장비에 연결될 수 있는 안테나 단자로 구성되어야 한다. 위치 데이터를 송신하는 비콘의 경우에는 환경 시험 무반사실 안에서 시험 장치가 외부 항해 입력 신호를 수신할 필요가 있을 것이다. 이것은 부가된 외부 항해 시스템 안테나 입력 신호 단자 또는 다른 적정한 방법에 의해 두 번째 비콘에 적용될 수도 있다. 대부분의 측정은 이 방법으로 이루어진다. 시험 장치는 시험용 프로토콜로 부호화되어야 하고 C/S T.001 의 요구 사항을 만족해야 한다.

3. 시험 조건 및 시험 구성

가. 시험 조건

시험은 시험용 비콘 장비자체의 전원으로 수행되어야 한다. 시험은 C/S T.001을 만족한다는 것을 입증하고 다음 요소로 구성해야 한다.
  (1) 비콘의 최소 규정된 운용 온도에서 운용 수명 및 성능 측정
  (2) 상온에서 성능 측정
  (3) 비콘의 최대 규정된 운용 온도에서 성능 측정
  (4) 온도 증감 상태 하에서 성능 측정
  (5) 열 충격과 동작 후 처음 15 분에서 성능 측정
  (6) 수동, 자동, 테스트 모드의 스위치 동작
  (7) 오발사 방지 성능
  (8) 안테나 측정
  (9) 위성과의 실제 성능시험.

나. 시험 구성

Cospas-Sarsat가 요구하는 형식승인시험은 아래 시험들을 제외하고 모든 종류의 406 ㎒ 비콘에 대해서 동일하다.
  (1) 위성정성시험(satellite qualitative test)
  (2) 안테나 특성
  (3) 위치포착시간 및 위치정확도

비콘 안테나 시험에 적용되는 시험구성은 아래 [표 3-29]와 같이 요약되며 위성실제 시험, 위치포착시간 및 위치정확도 시험 요약은 [표 3-30]과 같다.

[표 3-29] 안테나 시험 구성 요구사항

	운용환경	구성 1 (C/S T.007 그림 B.4)	구성 2 (C/S T.007 그림 B.3)	구성 3 (C/S T.007 그림 B.2)	구성 4 (C/S T.007 그림 B.5)
	아래 상황에서 사용되는 비콘	지반면 "수면 (Water)"	지반면에 고정된 안테나	지반면에 놓인 비콘	지반면 위의 비콘
EPIRB (*)	물, 안전뗏목(Safety rafting) 또는 선박 갑판위에서 부동(floating) 상태	×			×

*구성 1과 4는 두 극한값을 포함하므로 구성 3은 필요 없다.

[표 3-30] 위성실제시험과 위치포착시간 및 위치 정확도 시험 구성 요구사항

	운용환경	구성 5 (아래 참조)	구성 6 (아래 참조)	구성 7 (아래 참조)	구성 8 (아래 참조)
	아래 상황에서 사용되는 비콘	지반면 "수면 (Water)"	지반면에 고정된 안테나	지반면에 놓인 비콘	지반면 위의 비콘
EPIRB (*)	물, 안전뗏목(Safety rafting) 또는 선박 갑판위에서 부동(floating) 상태	×		×	×

구성 7은 지반면, 금속제 선체의 선박 갑판 그리고 안전뗏목의 바닥에 놓인 비콘을 구현하기 위해 사용된다. 구성 8은 지반면 위에 위치하거나, 유리섬유 또는 목제 선체의 선박 갑판에 놓이거나 안전뗏목에 고정되는 비콘을 구현하기 위해 사용된다. 위성실제시험과 위치포착시간 및 위치정확도시험을 수행할 때는 <표 3-30>의 적용 가능한 시험구성들 각각이 적용되어야 한다. 각 구성에 대한 시험 요구사항들은 아래와 같다.

구성 5 - 지반면 비콘은 염수[무게단위로 5% 염수용액]에 완전히 담근 후 전원을 공급하여 자체 부력으로 표면에 뜨게 한다. 시험 중 비콘

은 용기의 중심에 가깝게 유지되어야 한다. 염수를 담은 용기는 사방으로 하늘이 잘 보이는 지역의 평탄한 표면 위에 놓여야 한다. 용기는 비전도성 물질(예를 들어, 플라스틱)로 제조되어야 하며 용기 안에서 비콘이 떠있을 경우 비콘 밑면 아래로 적어도 10 cm, 그리고 비콘과 용기 측면들 사이에 적어도 10 cm의 염수가 있어야 한다.

구성 6 - 지반면에 고정된 안테나의 기초는 하늘이 사방으로 잘 보이는 지역의 건조하고 평탄한 지면(이상적으로는 시멘트, 포장도로 또는 흙바닥) 위에 50 cm ± 2 cm 지름의 얇은 전도성 (알루미늄 혹은 동제) 금속디스크 중심에 놓여야 한다. 비콘 자체는 전도성 금속디스크 아래의 구멍 안에 설치하거나 동축케이블을 이용하여 (안테나로부터) 디스크의 한쪽까지 3 m 이상 벗어나게 해야 한다.

구성 7 - 지반면의 비콘은, 제조자의 지침에 기술되는 방향으로 하여, 하늘이 사방으로 잘 보이는 지역의 건조하고 평탄한 지면(이상적으로는 시멘트, 포장도로 또는 흙바닥) 위에 27 cm ± 1 cm 지름의 얇은 전도성 (알루미늄 혹은 동제) 금속디스크 중심에 놓여야 한다.

구성 8 - 지반면 위의 비콘은, 제조자의 지침에 기술되는 방향으로 하여, 이의 기초가 하늘이 사방으로 잘 보이는 지역의 건조하고 평탄한 지면(이상적으로는 시멘트, 포장도로 또는 흙바닥) 위로 45 cm ± 5 cm가 되도록 전기적 절연재 위에 설치되어야 한다. 이 시험을 위해서는 구성 7에 사용되는 전도성 금속디스크는 제거해야 한다.

4. 비콘 측정 규격

가. 일반사항

본 항목에서는 406 ㎒ 비콘 형식승인을 위해 요구되는 각종 시험에 관해서 기술하며, 시험 중에 측정되어야 할 시험 항목들에 관해서 C/S T.001에 정의되는 세부사항을 제시한다. 모든 측정은 교정되어 있고 국가 표준에 부합한 측정장비 및 기기로 수행되어야 한다. Cospas-sarsat 승인 시험 시설에 대한 측정 정밀도 요구사항은 C/S T.008 문서의 부록 A에 기술되어 있다. 이들 측정 정밀도는 C/S T.001 의 비콘 사양 범위에 추가될 수 있다. 사용되는 측정 장비는 일반적으로 다음 사항을 수행할 수 있어야 한다.
　(1) 전력이 50 Ω 부하에 직접 인가되는 동안에 안테나에 수신되는 전력의 측정 비콘 안테나의 임피던스가 50 Ω이 아니라면 임피던스 매칭 네트워크가 비콘 제작자에 의해 제공되어야 한다. (비콘 전력증폭기 출력 임피던스가 50 Ω이며 50 Ω에 관해서 측정되는 비콘 VSWR이 1.5:1 비율 이내일 경우 정합회로망은 필요 없다).
　(2) 출력 신호의 순간 위상 결정, 위상 파형의 진폭 및 시간 측정
　(3) 부호화된 데이터 비트의 값을 결정하기 위하여 위상 변조를 복조
　(4) 출력 신호의 주파수 측정
　(5) 변조 신호의 다양한 특징과 동기되는 게이트 신호의 생성
　(6) 서술된 모든 다른 기능을 수행하는 동안에 지정 온도 및 온도 변화에서, 시험 비콘은 해당성능 및 기능을 유지
　(7) 해당된다면, 적절한 항법신호 입력 제공
　(8) 방사 전력 레벨 측정(C/S T.007의 부록 B에 기술)

나. 요구 시험
　(1) 일정온도 각종 전기 및 기능 시험
　　　다음 나. (1)에서 다. (3)까지(안테나시험은 제외) 지정된 시험이 스위치를 Off 한 상태로 시험실 대기 온도, 지정된 최소 운용 온도, 최대 운용 온도에서 최소 2 시간 동안 시험되는 비콘을 안정화시킨 후에 수행된다. 이 후 비콘은 세 가지 일정 온도 각각에서 다음 항목을 측정하기 위한 측정이 시작되기 전에 15분 동안 운용이 허용된다.
　　(가) 다-(2)-(나)에 따른 송신기 전력 출력(안테나 시험 제외)
　　(나) 다-(1)-(라)에 따른 디지털 메시지
　　(다) 다-(1), 다-(1)-(가), 다-(1)-(나) 및 다-(1)-(다)에 따른 디지털 메시지 발생장치
　　(라) 다-(2)-(다)에 따른 변조
　　(마) 다-(2)-(가)에 따른 송신 주파수
　　(바) 다-(2)-(나)-④에 따른 스퓨리어스 출력
　　(사) 다-(3)에 따른 전압 정재파비

(아) 다-(6)에 따른 자가진단 모드
(2) 열충격 시험
시험 중인 비콘 전원이 꺼져 있는 동안 선택된 온도에서 이의 동작범위 안에서 안정되어야 한다. 이와 동시에 비콘이 초기온도와 30℃ 차이로 유지되는 환경에 놓인 후 전원이 공급된다. 이어서, 비콘을 15분간 동작 상태로 유지한 후 아래 파라미터들의 측정을 시작한다.
(가) 다-(2)-(가)에 따른 송신 주파수
(나) 다-(2)-(나)에 따른 송신기 전력 출력
(다) 다-(1)-(라)에 따른 디지털 메시지

주파수 측정은 두 시간동안 연속해서 이루어진다. 안정도 분석은 다-(2)-(가)에서와 같이 이들 송신 주파수 샘플에 대해 수행된다. 안정도 계산을 위한 18개 분석 창은 각 후속 데이터세트가 최신 주파수 샘플을 포함시키고 가장 오래된 샘플을 탈락시키도록 기간 전체에 걸쳐 시간에 맞춰 앞으로 나아간다. 전력 출력 다-(2)-(나)-a와 디지털 메시지 검사 다-(1)-(라)는 또한 두 시간의 주기를 통해서 연속해서 이루어진다.

(3) 최소온도 운용수명시간
시험 중인 비콘은 최소 운용 온도에서 정격 수명 동안 동작된다. 이 기간 동안에 다음 항목이 각 전송에 대해 측정된다.
(가) 다-(2)-(가)에 따른 송신 주파수
(나) 다-(2)-(나)에 따른 송신기 전력출력
(다) 다-(1)-(라)에 따른 디지털 메시지

안정도 계산의 18개 샘플 분석 창이 가장 나중의 주파수 샘플을 포함하고 가장 초기의 것을 빼는 각 연속 데이터의 주기 동안에 진행된다. 비콘이 단문 또는 장문으로 둘 다 부호화가 가능할 경우, 이 시험은 장문 포맷 메시지로 수행되어야 한다. 이 비콘이 GNSS 수신기를 내장하는 경우 이 시험은 GNSS 수신기가 배터리로부터 최대 에너지 효율을 이끌어낼 것을 보장하는 (예를 들어, 시험기간 동안 GNSS 수신기 휴면시간의 최소화를 보장하는) 조건에서 수행되어야 한다.

운용수명시간시험은 배터리수명 기한에 도달한 배터리를 이용하여, 비콘이 정격 수명기간 동안 최소온도에서 기능을 동작하는 것을 확인하기 위한 것이다. 이를 위해서, 비콘을 활성화하기 전에 비콘 배터리로부터 전원을 공급받는 회로를 포함하는 비콘의 수명기간시험은 다음 사항들을 고려하기 위해서 방전된 신품 배터리 팩으로 수행하여야 한다.

① 배터리 팩의 정격수명 동안 배터리 노화에 기인하는 정상적인 배터리 에너지 손실로 유발되는 배터리 전력의 소모

② 배터리 팩의 정격수명 동안 무선표지 활성화 전에 무선표지 배터리로부터 전원이 공급되는 회로의 일정한 동작에 기인하는 평균 전류소모

③ 배터리 팩의 정격수명 동안, 비콘 제조자가 권장하는 자체시험 횟수 그리고 (기능이 포함될 경우) GNSS 자체시험 송신의 최대 횟수 및 최대 지속시간 (비콘 제조자는 관련 전류드레인을 결정하기 위해 사용하는 방법을 입증해야 한다).

④ 배터리간의 차이, 비콘간의 차이, 그리고 배터리 교체시간의 초과 가능성을 고려하기 위해 ②항과 ③항에 적용되는 보정계수.

배터리 팩을 적절히 방전시킨 후에 위에서 지시한 대로 비콘을 정격수명 동안 최소동작온도에서 시험한다. 배터리 방전은 운용수명시간시험의 등가연장시간(equivalent extension)으로 대체될 수 있다. 이 시험을 위하여 비콘 제조자는 배터리 팩 정격수명기간 동안의 전류소모를 고려하여 상온에서 신품 배터리 팩을 방전시키기 위해 필요한 데이터를 제공해야 한다.

(4) 온도 변화에 따른 주파수 안정도 시험

시험 중인 비콘은 스위치를 Off 한 상태로 최소로 지정된 운용온도에서 2 시간 동안 안정화시킨다. 이 후 스위치가 켜지고 -40℃의 온도에서 ±5℃/h 온도 변화 속도로 +55℃까지 온도를 변화시키게 된다. 시험이 이루어지는 동안에 다음 시험 항목이 각 버스트에 대해 연속적으로 수행된다.

(가) 다-(2)-(가)에 따른 송신기 주파수

(나) 다-(2)-(나)-① 송신기 출력 전력
(다) 다-(2)-(라)에 따른 디지털 메시지

안정도 계산의 18개 샘플 분석 창이 가장 나중의 주파수 샘플을 포함하고 가장 초기의 것을 빼는 각 연속 데이터의 주기 동안에 진행된다.

배터리 교체가 필요할 경우 2회의 개별 시험을 수행해야 한다. 상승구간(up-ramp) 시험은 t_{start}에서부터 점 D까지 <그림 3-6 참조>, 그리고 하강구간(down-ramp) 시험은 점 C에서부터 t_{stop}까지 수행된다. 하강구간의 점 C 이전에 시험 중인 비콘은 전원이 꺼진 상태에서 +55℃로 2시간 동안 안정시킨 후 전원을 넣고 15분의 기간 동안 예열(warm-up)을 한다.

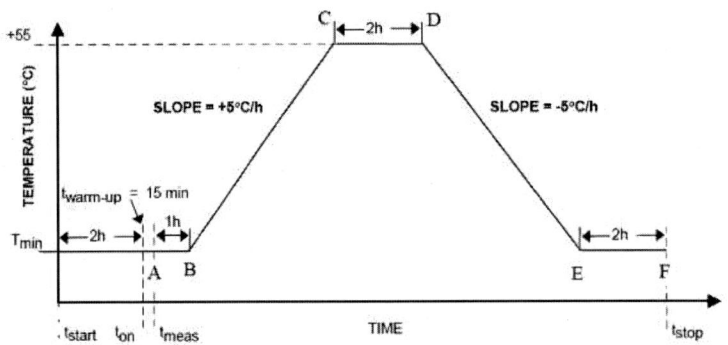

주) T_{min} = -40℃ (Class 1 비콘),
T_{min} = -20℃ (Class 2 비콘),
T_{on} = 2시간 "상온 소크(Cold soak)" 후의 비콘 전원 공급 시간
T_{meas} = 주파수 안정도 측정시간 (T_{on} + 15분)

<그림 3-6> 온도 기울기 시험 프로파일

[표 3-31] 온도 기울기 시험 중의 중기 주파수 안정도 기준

<그림 3-6>의 각 지점	요구 기준
예열 중	요구 기준 없음
A부터 B까지	1×10^{-9}
B부터 C + 15분 까지	2.0×10^{-9}
C + 15분부터 D까지	1×10^{-9}
D부터 E + 15분 까지	2.0×10^{-9}
E + 15분부터 F까지	1×10^{-9}

(5) 위성과의 실제시험

이 시험은 관할 Cospas-Sarsat 임무통제센터(MCC) 및 지역 당국과 협조하면서 수행되어야 한다. 비콘은 가능하다면 정상적인 구성으로 동작되어야 한다. 그러나 비콘이 조난주파수(예를 들어 121.5 ㎒ 또는 243 ㎒)로 운용되는 호밍 송신기를 내장할 경우 이 송신기는 시험시설에 관한 국가 요구사항에 따라 시험을 위해 경우에 따라 불능상태로 두거나 조난주파수와 오프셋을 둘 필요가 있기도 하다. 이 시험은 비콘의 지정용도에 가급적 가까운 환경에서 수행되어야 한다. 요구되는 시험 구성은 <표 3-30>에 표시된다. 시험 비콘은 자체 안테나를 연결해야 하며 적합한 형식 및 포맷의 시험 프로토콜로 부호화되어야 한다. 비콘은 야외에서 이 시험 시작 15분 이전부터 전원을 공급한 후 1도와 21도 사이의 교차추적각도(cross track angles)에서 5회 이상의 LEOSAR 위성이 통과하도록 한다. 그리고 비콘까지 위성의 최근접 접근시간(TCA)의 한계를 정하는 버스트들과 함께 운용되어야 한다.

(6) 비콘 안테나시험

비콘 안테나시험은 시험시설의 주위온도에서 수행되어야 하며 운용수명시간 종료 시에 최소온도에서 방사전력을 계산하기 위한 데이터에 보정계수가 적용되어야 한다. 이 시험은, 해당될 경우, 항법안테나를 내장하는 변경되지 않은 시험 비콘을

이용하여 수행해야 한다. 안테나 시험시설 규격 및 측정, 안테나 보정계수에 관한 사항은 C/S T.007 부록B 의 문서를 참조한다.

(7) 항법시스템시험(해당될 경우)

위치 데이터를 인코딩하여 송신하는 선택적 기능을 내장하는 비콘의 경우, 정확한 위치좌표, BCH 오류정정코드, 지정 값, 업데이트 비율(해당될 경우) 등, 비콘 출력 메시지를 검증하기 위해 다음 다-(8)의 항법 시스템에 기술되는 몇몇 추가 시험들이 필요하다. 위치데이터 부호화시험은 예외로 하고, 항법입력시스템이 406 ㎒ 신호에 영향을 미치지 않으며 비콘이 요구되는 운용수명기간 동안 운용될 수 있다는 것을 보장하기 위해 항법입력시스템은 모든 시험의 지속시간 동안 운용되어야 한다. 비콘 출력 디지털 메시지는 다음 다-(1)-(라)의 메시지 코딩에 기술되는 대로 모든 시험 중에 감시되어야 한다. 비콘에 호밍 송신기 또는 보조 장치들이 포함될 경우 모든 항법시스템 시험기간 동안에 송신기는 운용되어야 하며 보조 장치들은 활성화되어야 한다. 달리 지정되지 않는다면,

(가) 항법시스템 시험은 비콘에 의해서 지원되는 메시지 프로토콜마다 반복할 필요는 없다.

(나) 모사장치는 GNSS 위성으로 온 신호들을 복제하기 위해 사용되지 않아야 한다.

(다) 외부항법장치와 접속되는 비콘의 경우 항법장치 인터페이스 포맷/프로토콜에 주어지는 모사된 데이터 스트림을 실제 GNSS 수신기 대신에 이용할 수 있다.

(8) 비콘 부호화 소프트웨어

비콘에 의해서 지원되는 각 비콘 메시지 프로토콜을 위한 디지털 메시지는 다음 다-(1)-(라)의 메시지 코딩에 따라 주위온도에서 검증되어야 한다. 이 시험을 통해서 각 비콘 메시지 프로토콜에 대한 실제 모드 및 자체시험 모드를 평가해야 한다. 특정한 비콘 메시지 프로토콜의 유효성을 확인할 목적으로 C/S T.007 부록 C에 주어지는 지침에 따라서 비콘을 프로그

램화해야 한다.

위치 프로토콜의 경우 부호화 위치 데이터를 포함하는 2개 메시지의 검증이 필요하다. 두 번째 메시지에는 국가 및 표준 위치 프로토콜의 경우 첫 번째 위치로부터 500 m 이상 또는 사용자위치 프로토콜의 경우 10 km에 부호화 위치가 주어져야 한다. 디지털 메시지의 검증에는 비콘의 위치 변경이 필요하지 않다. 실제 송신 및 자체시험 송신을 위한 완전한 디지털 메시지의 내용(1-24 비트 포함)은 C/S T.007 부록 F의 부속서 D에 따라 시험보고서에 포함되어야 한다. 이 시험은 시험소 혹은 비콘 제조자가 수행할 수 있다. 비콘 제조자가 수행할 경우 제조자는 시험소에 시험보고서에 삽입하기 위해 필요한 정보를 제공해야 한다. 형식승인은 위치 프로토콜의 단문 포맷 변형들을 사용하는 비콘에는 허용되지 않는다.

다. 측정방법
 (1) 메시지 포맷 및 구조
  반복주기 TR 과 비변조 반송파 T1 지속시간은 <그림 3-7>에 예시된다. (주의 - 다음 측정들 가운데 다수는 동일한 18개 버스트 집단에서 수행될 수 있다).

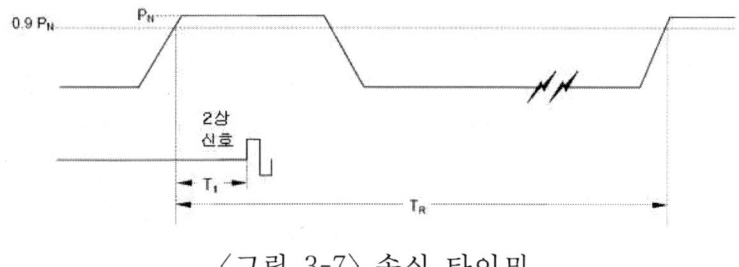

<그림 3-7> 송신 타이밍

 (가) 반복주기
  연속되는 두 송신 시점들(<그림 3-8> 참조) 사이의 반복주기 TR 은 47.5 s 에서 52.5 s 범위에 걸쳐 무작위로 추출되어야 한다. 18회 연속 측정을 하여 최대와 최소 반복

주기 사이의 차는 4초 이상이어야 한다. 평균 반복주기는 50 s ± 1.5 s 이어야 한다. 18개 값의 표준편차는 0.5 s - 2.0 s 범위 이 여야 한다. 관측된 TR의 최소값은 47.5 s - 48.0 s 이어야 하며 최대값은 52.0 s - 52.5 s 이어야한다. 시험 결과가 최소 혹은 최대 요구사항에 대한 적합성을 입증하지 못할 경우 3 회까지 시험을 반복할 수 있다.

(나) 비 변조 반송파의 지속시간

송신 시작과 데이터 변조 시작 사이의 비 변조 반송파 지속시간 T1 (<그림 3-8> 참조)은, 18회 연속 측정으로 값을 얻는 경우, 아래 요구사항을 충족시켜야 한다.

$$158.4 \text{ ms} < T1 < 161.6 \text{ ms}$$

(다) 비트율 및 안정도

한 송신의 최초 15 비트 이상에 걸쳐 측정되는 초당 비트(bps) 단위의 비트율 fB 는, 18회 연속 측정으로 얻는 경우, 아래 요구사항을 충족시켜야 한다.

$$396 \text{ bps} < fB < 404 \text{ bps}$$

(라) 메시지 코딩

복조된 디지털 메시지의 내용은 비트별로 각 데이터 필드의 포맷에 대한 유효성과 적합성을 검사받아야 하며, BCH 오류정정 코드는 정확성 검사를 받아야 한다. 모든 시험 중에는 디지털 메시지의 내용을 감시해야 한다. 코드화 위치 정보(예를 들어, 사용자위치, 표준위치 및 국가위치)를 지원하는 프로토콜들이 항법시스템의 위치정보를 수신하기 위해 설계된 비콘에만 사용되도록 주의한다.)

(2) 변조기 및 406 ㎒ 송신기

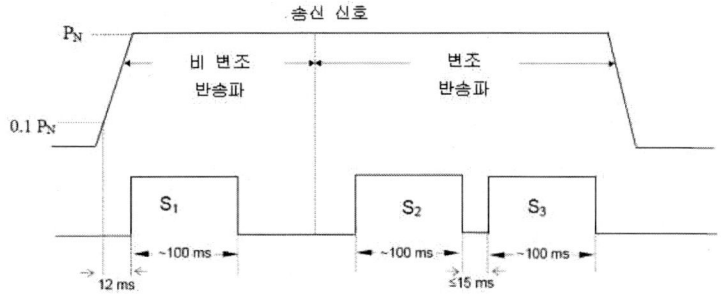

<그림 3-8> 측정 간격의 정의

S1 펄스는 비 변조 반송파가 시작된 지 12 ms후에 시작된다.
S2 펄스는 비트 23의 시작과 동시에 시작된다.
S3 펄스는 종료 후 15 ms이내에 시작된다.

(가) 송신 주파수

주파수 측정은 약 100 ms의 여러 시간간격 동안에 406 ㎒에서 직접, 혹은 안정된 하향변환 주파수에서 각 송신 중에 이루어져야 한다. 이하에서 정의되는 모든 각종 주파수 및 주파수 안정도는 동일한 18개 송신 집단으로부터 수집되는 데이터를 이용하여 계산할 수 있다.

① 공칭값

평균 송신주파수 f0 는 아래와 같이 18회 연속 송신 동안의 S1 중에 측정되는 18개 fi(1) 측정값으로부터 결정되어야 한다.

$$f_0 = f^{(1)} = \frac{1}{n}\sum_{i=1}^{n} f_i^{(1)}$$

여기서, n = 18

② 단기 안정도

단기 주파수 안정도는 아래와 같이 18회 연속 송신 동안의 간격 S2 및 S3 중에 측정되는 fi(2) 및 fi(3) 측정값으로부터 얻어야 한다.

여기서, n = 18

위의 관계는 알란분산(Allan variance)과 일치한다. 여기서 사용되는 측정 조건들 사이에는 차이(즉, 두 측정값 사이의 부동시간)가 있다. 그러나 결과는 알란분산에 대해서 정상적인 측정 조건에서 얻는 결과와 아주 흡사하다.

③ 중기 안정도

중기 주파수 안정도는 순간시간 t_i 에 18회 연속 송신에 걸쳐 측정한 $f_i(2)$의 측정값으로부터 얻어야 한다(<그림 3-9> 참조). n 개 측정값 집합의 경우에 중기 주파수 안정도는 최소제곱직선(least-squares straight line)의 평균 기울기와 그 선에 관한 잔여 주파수 변화량(residual frequency variation)으로 정해진다.

평균기울기(A)는 다음 식으로 얻는다.

$$A = \frac{n\sum_{i=1}^{n}t_if_i - \sum_{i=1}^{n}t_i\sum_{i=1}^{n}f_i}{n\sum_{i=1}^{n}t_i^2 - \left(\sum_{i=1}^{n}t_i\right)^2}$$

여기서, n = 18

최소제곱직선 원점의 세로좌표(B)는 다음 식으로 얻는다.

$$B = \frac{\sum_{i=1}^{n}f_i\sum_{i=1}^{n}t_i^2 - \sum_{i=1}^{n}t_i\sum_{i=1}^{n}t_if_i}{n\sum_{i=1}^{n}t_i^2 - \left(\sum_{i=1}^{n}t_i\right)^2}$$

여기서, n = 18

잔여 주파수 변화량은 다음 식으로 구한다.

$$\sigma(t_n) = \left\{\frac{1}{n}\sum_{i=1}^{n}(f_i - At_i - B)^2\right\}^{\frac{1}{2}}$$

여기서, n = 18

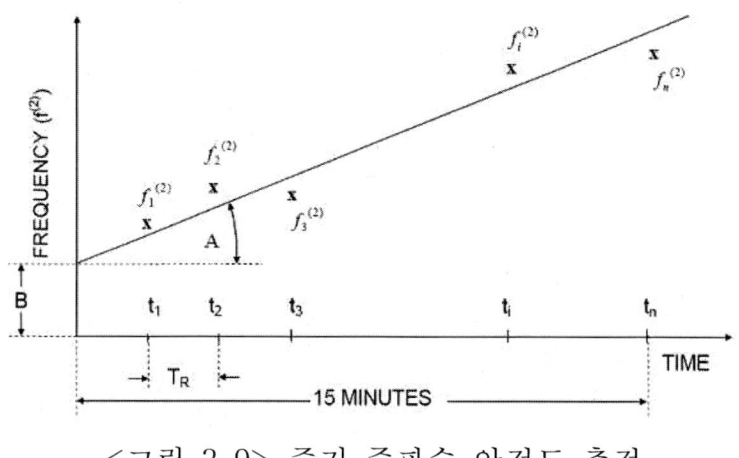

<그림 3-9> 중기 주파수 안정도 측정

(나) 송신기 전력출력
　① 송신기 전력출력 레벨
　　송신기 출력전력 레벨은 송신기 출력에서 측정되어야 한다. 출력전력 측정 중에, 정상 운용 조건일 때의 안테나 임피던스와 동일한 임피던스를 송신기에 주는 더미 부하(dummy load)로 안테나를 대신해야 한다. 전력출력 측정시에는 시험 목적으로만 비콘과 연결되는 임피던스 정합 회로망의 RF 손실을 고려해야 한다.
　② 송신기 전력출력 상승시간
　　송신기 전력출력 상승시간은 오실로스코프에서 10% 출력점에서부터 90% 출력점까지의 버스트 포락선 상승시간(rise time)을 측정하여 결정할 수 있다. 10% 출력점에 도달하기 1 ㎳전에 측정되는 전력출력 레벨은 -10 dBm 이하 이어야 한다. (주의 - 이 값은 비콘 출력신호가 비디오 트리거를 활성화하여 소인을 시작한 상태에서, 넓은 분해능 대역폭[예를 들어, 3 ㎑]으로 스펙트럼 분석기를 "제로 스팬" 모드에 놓고 측정할 수 있다.)
　③ 안테나 특성
　　안테나 특성시험 절차는 C/S T.007 문서의 부록 B에 주어진다. 이들 시험을 성공적으로 완수하면 비콘이

Cospas- Sarsat 형식승인을 위한 안테나 및 복사 출력 요구사항을 충족시킨다는 것을 입증하기에 충분하다.

비콘과는 별개로 시험하는 안테나의 경우 C/S T.007 문서의 부록 B의 절차 (절차에서 "시험대상 비콘(BUT)"를 "시험대상 안테나(AUT)"로 대체하여 적용) 혹은 동등한 기존 안테나범위시험(antenna range test) 절차를 이용하여 안테나 복사패턴을 검증한다.

④ 스퓨리어스 출력

이 측정은 비콘을 54 Ω으로 수행되어야 한다. 스퓨리어스 방사레벨 측정을 위한 분해능 대역폭은 100 Hz 이하이어야 한다. 스펙트럼 분석기에서 이 측정을 할 경우 그것의 디스플레이는 전체 주파수 스펙트럼 응답을 적분하기에 충분히 긴 기간 동안 최대홀드(maximum hold)에서 사용해야 한다. 406 ㎒ 비콘 형식승인 시험보고서는 완전한 406.0 ㎒ - 406.1 ㎒ 대역을 묘사하는 스펙트럼 도표를 포함해야 한다.

(다) 데이터 부호화 및 변조

데이터 부호화, 변조 방향(modulation sense), 변조지수, 변조 상승 및 하강 시간, 그리고 2상 복조신호의 변조 대칭성(modulation symmetry)을 오실로스코프로 검사할 수 있다. 변조 상승 및 하강 시간, t_R 및 t_f 와 변조 대칭성은 C/S T.001에서 정의된다. 변조지수 측정은 송신의 첫 15 비트 변조 부분 중에 수행되어야 하며 음양 위상 편차를 구하기 위해서 평균값을 결정해야 한다. 완전한 복조 송신의 화면 표시 또는 감시가 권장된다.

(3) 전압정재파비

송신기는 최소한 5분 동안 개방회로 상태로 운용한 후 최소한 5분 동안 단락회로 상태로 운용되어야 한다. 그 후 송신기는 3:1의 VSWR 부하(순수 저항 부하 R < 50 Ω, 즉 R=17 Ω)로 운용되어야 하며, 그 시간 동안 아래 파라미터들을 측정해야 한다. 송신기는 최소 5 분 동안 개방 회로로 동작하고 이후 5

분 동안 단락회로로 동작될 수 있어야 한다. 이후에 전압 정재파비(VSWR)가 3 : 1 의 부하로 다음 항목을 측정해야 한다.
(가) 송신기 정격 주파수, 다-(2)-(가)-①과 동일
(나) 디지털 메시지 내용, 다-(1)-(라)와 동일
(다) 변조 매개변수, 다-(2)-(다)와 동일
여러 가지 송신기 부하에 따른 측정은 최대, 최소 및 상온의 온도에서 수행되어야 한다.

(4) 연속 송신에 대한 보호기능

가능하면, 시험대상 비콘의 연속 송신을 유도하여 연속 송신에 대한 보호기능을 검사해야 한다. 그러나 비콘 제조자가 자신의 비콘이 이 시험에 적합하지 않은 것으로 결정하였을 경우 제조자는 자신의 설계가 규격에 적합하다 것을 입증하는 기술적 설명을 제공해야 한다.

(5) 발진기 노화

장기 주파수 안정도는 비콘 제조자가 시험시설에 제공한 데이터(예를 들어, 발진기 제조자의 시험 데이터)를 이용하여 입증해야 한다. 운용온도범위에 걸쳐 보정이 필요한 발진기의 경우 중기 안정도가 5년 후에도 규격 이내로 유지될 것을 실증하기 위한 측정 결과와 기술 분석이 주어져야 한다.

(6) 자가 진단 모드

제조자는 자체시험 모드로 감시되는 파라미터의 목록을 제공해야 한다. GNSS 자체시험이 제공되는 경우에도 그 목록이 표시되어야 하며 추가 파라미터들이 경우에도 포함시켜야 한다. 자체시험 운용은 운용모드 송신을 유발하지 않아야 한다. 406 MHz 버스트 지속 기간을 측정해야 하며, 프레임 동기화 패턴을 검사해야 하며, 해당될 경우 지정 코드의 정확성을 확인하기 위해 부호화 위치를 검사해야 한다. 또 GNSS 자체시험 모드가 제공될 경우 관련 프로토콜에 대해 C/S T.001의 4.5.5.3항에 정의된 정확도로 이미 알려진 위치와 대조해서 부호화 위치를 검사해야 한다. 포맷 플래그 비트를 보고해야 한다. 자체시험 모드를 시험하여 어떤 송신이 하나의 자체시험 버스트로만 제한되는지

확인해야 한다. GNSS 자체시험이 제공될 경우 이 모드의 우발적인 활성화가 방지되는 것을 검증해야 한다. GNSS 자체시험 모드를 시험하여 그것이 GNSS 자체시험 송신의 지속기간(모든 위치 프로토콜 비콘)과 횟수(내부항법장치를 갖춘 비콘에만 해당)로 제한되는지 검증해야 한다. 반복적 자체시험 모드 송신 보호 기능에 관한 설계 데이터를 제공해야 한다.

(7) 비콘의 보조 전기장치

비콘 버스트 특성을 기술하는 모든 그래프와 표들은 보조 장치들이 운용 중인 시간 혹은 운용모드가 변경되는 시기를 식별할 수 있는 방식으로 주석을 달 것이 권장된다.

(가) 자동으로 제어되는 보조 장치

비콘에서 자동으로 제어되는 보조 장치들(예를 들어, 호밍 송신기, 수색구조용 레이다 트랜스폰더[SART], 스트로브 라이트 등)은 시험소 시험 기간 동안 운용하여 이들이 406 ㎒ 신호에 영향을 미치지 않으며 배터리가 요구 운용수명 기간 동안 전 부하로 사용될 수 있다는 것을 확인해야 한다. (위성을 통한 비콘 시험의 경우 시험시설의 국가 요구사항에 따라 호밍 송신기의 스위치를 끄거나 조난 주파수로부터 벗어나게 할 필요가 있을 경우도 있다.)

(나) 운용자 제어식 보조 장치

보조 장치가 운용자 제어 하에 있는 비콘의 형식승인시험은 보조 장치가 주파수 안정도, 타이밍 및 변조 등, 비콘 송신 특성을 나쁘게 하지 않는다는 것을 확인할 수 있게 설계되어야 한다. 그렇게 하려면 운용자 제어 하에 있는 보조 장치들이 이런 특성 측정 중에 정기적으로 활성화되도록 한다.

보조 장치들의 정기적 활성화 타이밍은, 신호 특성에 미치는 활성화 및 비활성화의 영향을 검출할 목적으로, 활성화 및 비활성화 순간들이 비콘 송신 버스트와 관련한 전체 시간범위에 걸쳐 발생하도록 맞춰져야 한다. 활성화-비활성화 제어상태 확인은 장기시험(즉, 열충격, 온도기울기) 기간 전체에 걸쳐 일정한 간격의 선택된 시간 동안 수행되어 운용조건의 전체 범위에 걸쳐 비콘의 성능을 정해야 한다. 시험절차는 보조 장치들을 최대 배터리 에너지가 나오는 운용모드로 설정한 상태에서 수행되는 운용수명시험을 포함해야 한다. 이 시험 동안 활성화-비활성화 제어상태 확인은 적절한 시간 가격으로 수행되어야 한다.

(8) 항법시스템 (해당될 경우)

위치 데이터 부호화 시험을 제외하고, 항법 입력시스템은 모든 시험이 지속시간 동안 운용되어 406 ㎒ 신호에 영향을 미치지 않을 것과 비콘이 요구 운용수명기간 동안 운용될 것을 보장해야 한다. 외부항법장치로 운용되는 비콘의 경우 항법 데이터 입력은 운용항법장치에 의해서 주어지는 것과 같은 방식으로 주어져야 한다. 아래에 지정되는 모든 시험들은 주위온도에서 수행되어야 한다. 유효 BCH 코드에 대한 검사는 이들 시험 전체에 걸쳐 수행되어야 하며, 부호화 BCH가 부정확하였던 예들을 시험보고서에 구체적으로 명시해야 한다.

(가) 위치 데이터 지정 값

비콘이 406 ㎒ 메시지를 송신할 때 유효한 비콘 데이터를 이용할 수 없는 경우 메시지는 C/S T.001에 지정된 위치 데이터 비트를 위한 지정 값을 포함해야 한다. 이를 시험하기 위해 적어도 4시간 5분 동안 어떠한 항법 입력도 존재하지 않는다는 것을 확인한 후 (즉, 비콘의 해당 항법 신호 또는 항법 데이터 입력을 제거한 후) 시험비콘을 활성화하여 30분간 운용한다. 이 기간 전체에 걸쳐 디지털 메시지에 위치 데이터용 지정 값이 존재하는지 검증한다. 비콘을 비활성화 한다.

(나) 위치 수집 시간 및 위치 정확도

① 이미 알려진 위치에서, 비콘에 적절한 항법 신호 혹은 항법 입력 데이터를 인가한다. 비콘을 활성화하고 위치가 수집되어 지정된 시간간격(외부항법 장치의 경우 1분, 내부항법장치의 경우 10분) 이내에 디지털 메시지에 입력되는지 검증한다. 표준 또는 국가 위치 프로토콜을 갖춘 비

콘의 경우 500 m 혹은 사용자위치 프로토콜을 갖춘 비콘의 경우 5.25 km 이내에 부호화 데이터가 정확한지 검사한다. 비콘을 비활성화 한다.

② 위의 ①의 위치에 관해서 5 km 이상만큼 (GNSS RF 모사기를 사용하거나 비콘을 이동하여) 항법 데이터입력 또는 항법 신호를 변경한다. 비콘을 활성화한 후 새로운 메시지가 수집되어 지정된 시간간격(외부항법장치의 경우 1분, 내부항법장치의 경우 10분) 이내에 디지털 메시지로 부호화되는지 검증한다. 표준 또는 국가 위치 프로토콜을 갖춘 비콘의 경우 500 m 혹은 사용자위치 프로토콜을 갖춘 비콘의 경우 5.25 km 이내에 부호화 데이터가 정확한지 검사한다. 비콘을 비활성화 한다.

내부항법장치를 갖춘 비콘의 경우,
- 위의 시험 ①은 이용 가능한 GNSS 위성에 대해서 비콘이 명확한 가시도(visibility)를 가지고 있는 위치에서 수행되어야 하며,
- 위의 시험 ① 및 ②는, 비콘을 [표 3-30]에서 요구하는 모든 구성으로 하여 수행되어야 한다.

(다) 부호화 위치 데이터 업데이트 간격

비콘이 부호화 위치 데이터를 업데이트할 수 있을 경우 무선 위치 데이터가 업데이트되어야 할 비콘에 해당 항법 신호 또는 항법 데이터 입력 데이터를 인가하여 비콘이 마지막 업데이트 후 20분 이내에는 디지털 메시지를 업데이트하지 않는다는 것을 검증한다. 내부항법장치를 갖춘 비콘의 경우 시험은 비콘 위치를 변경하거나 GNSS 모사기로 GNSS 위성 하향링크를 모방하여 수행할 수 있다. 비콘이 제조자의 설계에 따라 디지털 메시지를 업데이트하는지 확인한다. 비콘 설계상 부호화 위치 데이터 업데이트가 허용되지 않는 경우 비콘의 해당 항법 신호 또는 항법 데이터 입력이 인가될 때 디지털 메시지의 부호화 위치 데이터가 변하지 않는지 확인한다.

(라) 비활성화 후의 위치 간격(Position Clearance)

시험 (다) 후에 비콘 항법 신호 혹은 항법 데이터 입력 없이 비콘을 비활성화 하였다가 다시 활성화하여 이전의 위치 데이터가 삭제되었으며 정확한 지정 값이 메시지에 부호화되었는지 확인한다.

(마) 위치 데이터 업데이트 간격

비콘 활성화 전에 외부항법장치로부터 위치 데이터를 수신하도록 비콘이 설계된 경우 항법 데이터 입력은 EPIRB 경우 20분 이하 간격으로 비콘 메모리에 공급되고 저장되어야 한다. 이를 시험하기 위해 비콘을 활성화하고 초기 위치 데이터를 변경한 후 변경 위치 수신을 위해 적절한 시간간격 (20 분 (-0/+10 분) 또는 1 분 (-0/+0.5 분))을 허용한다. 비콘의 항법 데이터 입력을 삭제한다. 비콘을 활성화한다. 부호화 위치 데이터가 정확한지 확인한다. GNSS RF 모사기를 사용하여 GNSS 위성 하향링크를 모사할 수도 있다.

(바) 최종 유효 위치 (Last Valid Position)

해당 항법 신호 혹은 항법 입력을 삭제한 후 항법 신호 상실 전에 마지막 유효 위치 데이터가 이의 입력으로부터 4시간(±5분) 동안 406 ㎒ 비콘 디지털 메시지에 남아있는지 확인한다. 4시간(±5분) 후 위치 데이터가 삭제되고 메시지에 정확한 지정 값이 부호화되는지 검사한다.

(사) 위치 데이터 부호화

이 시험은 항법장치의 출력을 사용자 위치 프로토콜, 표준 위치 프로토콜, 국가 위치 프로토콜에 대해서 주어지는 위치 정보를 모사하는 시험 스크립트로 대체하여 수행된다.

이 시험은 시험소 혹은 제조자가 수행할 수 있다.

(9) 스위치 조작부

비콘의 조작 스위치는 사용자가 조작하기 용이 하도록 수동, 자동, 시험 모드의 3 단계로 명확히 구분 되어야 하며 모드(Mode) 표기는 확연히 구별되어야 한다. 또한 국내에서 형식 인증 된 비콘은 조작 스위치부에 한글 및 국제 공통어 중 최소 1 개로 표기되어야 한다.
(10) 오발사 방지 성능

오발사를 방지하기 위한 해수(Sea Water)검출 기능의 경우에는 우천이나 비콘 보관함의 습기 또는 기상악화에 의한 해수 유입 등으로 인한 전파발사가 없어야 한다.

(11) 침수 성능

해수로 침수되었을 때, 기구물은 수압 1 Bar, 물속 10 m 이상에서 해수온도 45℃ 이상 변화 온도에서 견딜 수 있는지 확인한다.

(12) 배터리 동작 지속 시간

배터리 동작 지속 시간은 정해진 운용 온도 범위에서 최소한 48 시간 이상이어야 한다.

제 3 절 AIS의 국제 시험표준 분석

1. 시험 조건

가. 일반 및 극한 시험 조건
(1) 일반 시험 조건
(가) 온도 및 습도

온도와 습도는 다음 범위 이내이어야 한다.

온도   +15℃ ~ +35℃
습도   20% ~ 75%

(나) 전원

시험을 위한 정상 전원은 IEC 60945에 따라야 한다.

(2) 극한 시험 조건

극한의 시험 조건은 KS C IEC 60945에 규정되어 있다. 극한의 시험 조건에서의 시험이 요구될 때에는 건식 고온과 동시에 인가되는 공급 전압의 상한치가 조합되고 저온과 인가되는 공급 전압의 하한이 조합되어야 한다. 적합성검사 시험 중 장비의 전원은 정상 및 극한의 시험 전압을 생성할 수 있는 시험 전원으로 대체 될 수 있다.

나. 표준 시험 환경

시료는 시험 장비를 사용하여 VDL 메시지를 시뮬레이션하고 기록하는 환경에서 시험된다. 표준 환경에는 시뮬레이션 표적이 포함된다. 시뮬레이션 표적은 다음의 적절한 표적 수를 포함해야 한다.

(1) Class A 이동국,
(2) Class B "CS" 이동국,
(3) Class B "SO" 이동국,
(4) 기지국,
(5) AIS AtoN,
(6) SAR 항공기,
(7) AIS-SART.

원거리 AIS 방송 메시지 (메시지 27) 수신을 위한 수신기도 제공되어야 한다. 시뮬레이션 된 표적에 대한 시료의 RF 입력 포트에서의 신호 입력 레벨은 최소 -100 dBm 이어야 한다. 시료에 대한 자체 선박 센서 입력은 시험 시스템 또는 다른 수단에 의해 시뮬레이션될 것이다. 해상 이동 대역의 채널에서 작동 여부를 확인한다. 사용 중인 채널은 시험을 시작하기 전에 수동 입력 또는 채널 할당 메시지에 의해 선택되어야 한다.

다. 추가 시험 준비

(1) 수신기 입력에 적용되는 시험 신호의 준비

수신기 입력에 적용하기 위한 시험 신호의 소스는 수신기 입력에 제공된 소스 임피던스가 50Ω이 되는 방식으로 연결되어야 한다. 이 요구 사항은 결합 네트워크를 사용하는 하나 이상의 신호가 수신기에 동시에 적용되는지 여부에 관계없이 충족되어야 한다. 수신기 입력 단자(RF 소켓)에서의 시험 신호의 전력 레벨은 dBm으로 표현되어야 한다. 시험 신호원에서 발생하는 상호 변조 산출물 및 잡음의 영향은 무시할 수 있어야 한다.

(2) 수신기 측정을 위한 인코더(Encoder)

필요할 때마다 그리고 수신기에서 측정을 용이하게 하기 위해,

데이터 시스템을 위한 인코더는 일반적인 변조 프로세스의 세부 사항과 함께 시료를 동반해야 한다. 인코더는 시험 신호 소스로 사용하기 위해 신호 발생기를 변조하는 데 사용된다. 사용된 모든 코드 및 코드 형식에 대한 자세한 정보가 제공되어야 한다.

(3) 수신기 생략

제조업체가 두 TDMA 수신기가 동일하다고 선언하면 시험은 하나의 수신기로 제한되고 두 번째 수신기의 시험은 생략될 수 있다. 시험 보고서에는 이를 언급해야 한다.

(4) 임피던스

이 표준에서 "50Ω"이라는 용어는 50Ω 비-반응 임피던스가 사용된다.

(5) 의사 안테나(더미 로드)

시험은 안테나 커넥터에 연결된 50Ω의 비-반응 무-방사 부하이어야 하는 의사 안테나를 사용하여 수행되어야 한다.

(6) 접속 설비

모든 시험은 시료의 표준 포트를 사용하여 수행되어야 한다. 특정 시험을 가능하게 하는 접속 설비가 요구되는 경우, 이는 제조자가 제공해야 한다.

(7) 송신기의 운용 모드

이 표준에 따른 측정의 목적으로, 무 변조된 송신기를 작동시키는 설비가 있어야 한다. 또는 변조되지 않은 반송파 또는 특수한 유형의 변조 패턴을 얻는 방법은 제조업체와 시험기관 간의 합의에 의해 결정될 수 있다. 그것은 시험 보고서에 기술되어야 한다. 시험중인 장비의 적절한 일시적인 내부 개조가 필요할 수 있다.

라. 부적합 제어 장치로부터의 보호를 위한 공통 시험 조건

메시지 4, 16, 17, 20, 22, 23 및 DSC 채널 관리 원격 명령을 사용하는 모든 기능 시험에서, 메시지 또는 원격 명령 송신국은 시료가 요구되는 결과에서 설명한 것과 같이 동작됨을 검증할 수 있도록 유효한 기지국 MMSI 형식을 사용하여야 한다. 시험은 시료가 이들 메시지 또는 원격 명

령을 무시하는지 확인하기 위해 메시지 또는 DSC 원격 명령 송신국에 대한 유효하지 않은 기지국 MMSI 형식을 사용하여 시험을 반복해야 한다.

　　마. 측정 불확도
　　절대적인 측정 불확도의 최대값은 다음과 같아야 한다.
　　　(1) RF 불확도 : ± 1 x 10^{-7}
　　　(2) RF 전력 : ± 0.75dB
　　　(3) 인접 채널 전력 : ± 5dB
　　　(4) 송신기의 전도성 스퓨리어스 발사 : ± 4dB
　　　(5) 수신기의 전도성 스퓨리어스 발사 : ± 3dB
　　　(6) 두 신호 측정 : ± 4dB
　　　(7) 세 신호 측정 : ± 3dB
　　　(8) 송신기의 방사성 발사 : ± 6dB
　　　(9) 수신기의 방사성 발사 : ± 6dB
　　　(10) 송신기 전력 상승시간 : ± 20%
　　　(11) 송신기 전력 하강시간 : ± 20%
이 표준에 따른 시험 방법의 경우, 이 불확도 수치는 95% 신뢰 수준에서 유효하다. 이 표준에서 설명하는 측정에 대한 시험 보고서에 기록된 결과의 해석은 다음과 같아야 한다.
　　　　(가) 해당 한계와 관련된 측정값은 장비가 이 표준의 요구 사항을 충족하는지 여부를 결정하기 위해 사용해야 한다.
　　　　(나) 특정 측정에 대해 측정을 수행하는 시험 기관의 특정 측정에 대해 측정을 수행하는 시험소의 실제 측정 불확도가 시험 보고서에 포함되어야 한다.
　　　　(다) 각 측정에 대하여, 실제 측정 불확도의 값은 이 절에서 주어진 수치(절대적 측정 불확도)와 같거나 더 낮아야 한다.

2. 시험 신호

　주) 송신기에는 최대 연속 송신 시간 및 / 또는 송신 주기와 관련하여 제한이 있을 수 있다. 이러한 제한 사항은 테스트 중에 존중되어야 한다.

가. 표준 시험 신호 1 (DSC)

010101의 무한 연속으로 구성되는 DSC 변조 데이터 신호 (도트 패턴; ITU-R 권고 M.825 참조)

나. 표준 시험 신호 2 (TDMA)

010101의 무한 연속으로 구성된 시험 신호

다. 표준 시험 신호 3 (TDMA)

00001111의 무한 연속으로 구성된 테스트 신호

라. 표준 시험 신호4 (PRBS)

헤더, 시작 플래그, 종료 플래그 및 CRC를 가진 AIS 메시지 프레임 내의 데이터로서 권고 ITU-T O.153에 명시된 의사 랜덤 비트 시퀀스 (PRBS). NRZI는 PRBS 스트림 또는 CRC에 적용되지 않는다. RF는 AIS 메시지 프레임의 한쪽 끝에서 위 아래로 상승, 하강해야 한다.

마. 표준 시험 신호4 (PRBS)

이 시험 신호는 4개의 클러스터로 그룹화 된 200 개의 패킷으로 구성된다. 각 클러스터는 [표 3-32]에 설명된 패킷의 2회 연속 전송으로 구성된다. NRZI는 모든 패킷에 적용되어야 한다. 패킷 1과 패킷 2를 전송한 후 NRZI 프로세스의 초기 상태를 반전시킨 다음 패킷 1과 2를 반복해야 한다. 전송된 모든 패킷 사이에는 최소한 2개의 빈 시간 간격이 있어야 한다. RF 반송파는 정상 동작을 시뮬레이션하기 위해 패킷들 사이에서 꺼져야 한다.

| 패킷 1 | 패킷 2 | 패킷 1 | 패킷 2 |

여기에서 초기 NRZI 상태 반전

[표 3-32] 처음 두 패킷의 내용

패킷	변수	Bits	내용	비고
1	트레이닝	22	0101….0101	출력 상승시간 중첩으로 전문 2비트 감소
	시작 플래그	8	01111110	
	데이터	168	Pseudo Random	
	CRC	16	계산	
	종료 플래그	8	01111110	
2	트레이닝	22	1010….1010	출력 상승시간 중첩으로 전문 2비트 감소
	시작 플래그	8	01111110	
	데이터	168	Pseudo Random	
	CRC	16	계산	
	종료 플래그	8	01111110	

[표 3-33] 권고 ITU-T O.153의해 유도된 고정 PRS 데이터

주소	내용 (HEX)							
0-7	0x04	0xF6	0xD5	0x8E	0xFB	0x01	0x4C	0xC7
	0000.0100	1111.0110	1101.0101	1000.1110	1111.1011	0000.0001	0100.1100	1100.0111
8-15	0x76	0x1E	0xBC	0x5B	0xE5	0x92	0xA6	0x2F
	0111.0110	0001.1110	1011.1100	0101.1011	1110.0101	1001.0010	1010.0110	0010.1111
16-20	0x53	0xF9	0xD6	0xE7	0xE0			

3. 전원, 특수 목적 및 안전 시험

전원 공급 장치, 특수 목적 및 안전성에 대한 시험은 IEC 60945에 명시된 대로 수행되어야 한다.

4. 환경 시험

IEC 60945 : 2002, 8 절의 환경 시험에서 다음은 적용되어야 한다. 고온 건조 (IEC 60945) 낮은 극한 시험 전압 하에서 성능검사를 수행한다. 저온 (IEC 60945) 높은 극한 시험 전압 하에서 성능검사를 수행한다. 상온 (IEC 60945) 시험(성능시험) 불필요하다.

극한 조건 하에서 60945에서 요구되는 성능 시험은 15절의 시험과 14절의 상온에 대한 내용을 커버한다. 환경 시험과 함께 사용되는 성능 점검을 위해서는 시험 12.1.1 (최소한 1개의 시험 표적)을 반복한다.

"노출된" 또는 "휴대 가능한"것으로 선언된 장비의 경우, 이러한 유형에 대한 추가 테스트가 적용된다.

5. EMC 시험

EMC 방출 시험은 IEC 60945 : 2002, 9절에 명시된 대로 수행되어야 한다. EMC 내성 시험은 IEC 60945 : 2002, 10절에 명시된 대로 수행되어야 한다. EMC 내성 시험의 성능 기준에 대한 적합성을 입증하기 위해 시료는 표준 시험 환경에서 보고 간격이 2초인 AIS 1 및 AIS 2 채널을 사용하여 자율 모드로 설정되어야 한다. 보고 내용과 보고 간격은 고려되는 기준에 따라 시험 중 또는 시험 후에 저하되지 않아야 한다. IEC 60945의 성능 평가 기준 C는 시료의 기능이 자체 복구, 즉 제어 동작 없이 가능하다는 것을 의미한다.

6. 운용 시험

가. 식별 및 운용 모드
 (1) 자율 모드
  (가) 위치보고 송신
   ① 측정 방법

표준 테스트 환경을 설정한다. VDL 통신을 기록하고 다음과 같이 시료의 메시지를 확인한다.
a) 기본 MMSI (000000000)로 시료를 동작시킨다.
b) 유효하지 않은 MMSI를 프로그램하려고 시도한다.
c) 메시지 27 전송을 활성화하고 프로그래밍 된 유효한 MMSI로 테스트를 반복한다.
d) 프로그램 된 MMSI로 시험을 반복하고 12시간 동안 전원을 끈다.

② 요구되는 결과
a) 시료는 기본 MMSI로 전송하지 않으며 경보 001이 활성화되어야 한다.
b) 시료는 유효하지 않은 MMSI 프로그래밍을 거부하고 기본값으로는 송신하지 않아야 하며 알람(001)이 활성화되어야 한다.
c) 유효한 MMSI로 프로그램될 때, 시료가 자율적으로 송신하고 전송된 데이터는 센서 입력을 따릅니다. 시료가 6.3에 설명된 대로 메시지 27을 전송하는지 확인한다.

(나) 위치보고 수신
① 측정 방법
다음과 같이 표준 시험 환경을 설정한다.
a) 시험 표적을 켜고 시료의 동작을 시작한다.
b) 시료의 동작을 시작한 다음, 시험 표적을 켠다.
시료의 VDL 통신 및 표현 인터페이스(PI) 출력을 점검한다.
② 요구되는 결과
상기 두 조건 하에서 시료가 계속 수신하는 지와 수신된 메시지를 PI를 통해 출력하는지 확인한다.

(2) 할당 모드
(가) 측정 방법
표준 시험 환경을 설정하고 시료를 자율 모드로 작동시킨다. 기지국 MMSI를 사용하여 할당된 모드 명령 메시지 16을 다음 내용과 함께 시료에 전송

① 오프셋 및 증가
② 지정된 보고 간격
송신 메시지를 기록한다.
(나) 요구되는 결과
시료가 정의된 변수에 따라 위치보고 메시지 2를 송신하고 4분에서 8분 후 표준보고 간격으로 SOTDMA 메시지 1로 돌아가는지를 확인한다.
(3) 폴링 모드
(가) 질문 송신
① 측정 방법
표준 시험 환경을 설정하고 시료를 자율 모드로 작동시킨다. 시료가 1 또는 2개의 목적지 주소로 다음 응답을 요구하는 질문 메시지 (메시지 15) 송신을 시작한다.
a) 이동국에 메시지 3, 5, 9, 18, 19, 24
b) 기지국에 메시지 4, 24
송신된 메시지를 기록한다.
② 요구되는 결과
시료가 질문 메시지(메시지 15)를 적절하게 전송하는지 확인한다.
(나) 질문 응답
① 측정 방법
표준 시험 환경을 설정하고 시료를 자율 모드로 작동시킨다. 메시지 3, 메시지 5 및 슬롯 오프셋이 10 슬롯보다 큰 정의 된 값으로 설정된 응답에 대해 VDL에 질문 메시지 (메시지 15, EUT 대상)를 적용한다. 전송된 메시지와 프레임 구조를 기록한다.
② 요구되는 결과
정의된 슬롯 오프셋 후에 시료가 요청된 대로 적절한 질의 응답 메시지를 전송하는지 확인한다. 시료가 질문을 수신한 동일한 채널에서 응답을 전송하는지 확인한다.
(4) 주소가 달린 운용

(가) 주소가 달린 메시지의 전송
  ① 측정 방법
    표준 시험 환경을 설정하고 시료를 자율 모드로 작동시킨다.
    a) 주소가 지정된 2진 메시지 6의 전송을 시작한다. 시료에 의한 신호원으로서 시료
    b) 전송된 메시지를 기록한다.
    c) 주소가 달린 안전 관련 메시지 12로 시험을 반복한다.
    d) 주소가 지정된 구조화되지 않은 이진 메시지 25를 사용하여 시험을 반복한다.
    e) 주소 지정된 구조화된 이진 메시지 25를 사용하여 시험을 반복한다.
    f) 단일 주소가 지정된 구조화되지 않은 이진 메시지 26을 사용하여 시험을 반복한다.
    g) 단일 주소 지정된 구조화된 이진 메시지 26을 사용하여 시험을 반복한다.
  ② 요구되는 결과
    다음을 점검한다.
    a) 시료가 적절하게 메시지 6을 전송한다.
    b) 시료가 적절하게 메시지 12를 전송한다.
    c) 시료가 적절하게 메시지 25를 전송한다.
    d) 시료가 적절하게 메시지 25를 전송한다.
    e) 시료가 적절하게 메시지 26을 전송한다.
    f) 시료가 적절하게 메시지 26을 전송한다.
(나) 주소가 달린 메시지의 수신
  ① 측정 방법
    다음과 같이 표준 시험 환경을 설정하고 시료를 자율 모드로 작동시킨다.
    a) VDL에 주소 지정된 메시지 (메시지 6, 12, 25, 26; 시료 대상)를 적용한다.
    b) VDL에 주소가 지정된 메시지 (메시지 6, 12, 25, 26, 시료가 아닌 장치를 대상)를 적용한다.

전송된 메시지 및 프레임 구조를 기록한다.
② 요구되는 결과
시료가 적절한 확인 메시지를 전송하는지 점검한다. 다음을 확인한다.
a) 시료가 수신된 메시지를 표현 인터페이스를 통해 출력
b) 시료가 표현 인터페이스를 통해 수신된 메시지를 출력하지 않는다.

(5) 방송 운용
(가) 방송 메시지의 전송
① 측정 방법
표준 시험 환경을 설정하고 시료를 다음과 같이 자율 모드로 작동시킨다.
a) 방송 2진 메시지 8의 전송을 시작한다. 시료에 의한 신호원으로서 시료
b) 전송된 메시지를 기록한다.
c) 방송 안전 관련 메시지 14로 시험을 반복한다.
d) 방송의 구조화되지 않은 이진 메시지 25를 사용하여 시험을 반복한다.
e) 방송의 구조화된 이진 메시지 25를 사용하여 시험을 반복한다.
f) 단일 방송의 구조화되지 않은 이진 메시지 26을 사용하여 시험을 반복한다.
g) 단일 방송의 구조화된 이진 메시지 26을 사용하여 시험을 반복한다.
② 요구되는 결과
다음을 점검한다.
a) 시료가 적절하게 메시지 8을 전송한다.
b) 시료가 적절하게 메시지 14를 전송한다.
c) 시료가 적절하게 메시지 25를 전송한다.
d) 시료가 적절하게 메시지 25를 전송한다.
e) 시료가 적절하게 메시지 26을 전송한다.
f) 시료가 적절하게 메시지 26을 전송한다.

(나) 방송 메시지의 수신
① 측정 방법
표준 시험 환경을 설정하고 시료를 자율 모드로 작동시킨다. 방송 메시지 (메시지 8, 14, 25, 26)를 VDL에 적용한다.
② 요구되는 결과
시료가 수신된 메시지를 표현 인터페이스를 통해 출력하는지 확인한다.
(6) 다중 슬롯 메시지
(가) 5 슬롯 메시지
① 측정 방법
이진 메시지 (메시지 8)의 전송을 시작하기 위해 최대 121 데이터 바이트의 이진 데이터로 시료의 PI에 BBM 문장을 적용한다.
② 요구되는 결과
측정 방법에 따라 최대 5개 슬롯까지 메시지가 전송되는지 확인한다.
(나) 더 긴 메시지
① 측정 방법
5 슬롯 (즉, 값이 1인 이진 비트만을 포함하는 121 데이터 바이트 이상의 이진 데이터)으로 고정되지 않는 정보 내용으로 시료의 PI에 BBM 문장을 적용한다.
② 요구되는 결과
메시지가 전송되지 않았는지 확인한다. 표현 인터페이스에 부정적인 응답이 있는지 확인한다.

나. 정보
(1) AIS에 의해 제공되는 정보
(가) 측정 방법
표준 시험 환경을 설정하고 시료를 자율 모드로 작동시킨다. 모든 정적, 동적 및 항해 관련 데이터를 시료에 적용한다. VDL의 모든 메시지를 기록하고 위치보고 메시지 1과 정적 데이터 보고 메시지 5의 내용을 확인한다.
(나) 요구되는 결과
시료가 전송하는 데이터가 매뉴얼 및 센서 입력을 준수하는지 확인한다. 표준 시험 환경을 설정하고 시료를 자율 모드로 작동시킨다. 모든 정적, 동적 및 항해 관련 데이터를 시료에 적용한다.

(2) 보고 간격
(가) 속도와 진로의 변경
① 측정 방법
표준 시험 환경을 설정하고 시료를 다음과 같이 자율 모드로 작동시킨다.
a) 10 kn의 자체 속도로 시작한다. VDL의 모든 메시지를 10분간 기록하고 평가한다.
b) 시험 기간 이상의 평균 슬롯 오프셋을 계산하여 시료의 위치보고에 대한 보고 간격을 평가한다.
c) 속도를 높이고 진로를 변경한다. (ROT> 10°/분, 선수방위에서 파생됨)
d) 속도 및 회전율을 낮은 값으로 줄인다.
e) 속도 센서를 사용할 수 없게 한다.
f) 지속적으로 변경되는 선수 방위 데이터 적용한다. 선수 방위 센서를 사용할 수 없게 만든다.
b), c), d)는 VDL의 모든 메시지를 기록하고 연속된 두 개의 전송 사이의 슬롯 오프셋을 확인한다.
② 요구되는 결과
다음의 결과가 요구된다.
a) 보고 간격은 (10초 ± 10%)을 준수해야 한다.
b) 새로운 보고 간격이 설정되었는지 확인한다.
c) 보고 간격이 4분 (속도 감소) 또는 20초 (ROT 감소) 후에 증가했는지 확인한다.
d) 사용할 수 없는 속도 센서로 보고 간격이 기본값으로 되돌아가는 지 확인한다.

e) 사용할 수 없는 선수 방위 센서로 보고 간격이 주어진 속도에 대한 자율보고 간격으로 되돌아가는 지 확인한다.

(나) 항해 상태의 변경

① 측정 방법

표준 시험 환경을 설정하고 시료를 자율 모드로 작동시킨다. 항해 데이터 메시지를 다음과 같이 시료의 표현 인터페이스에 적용하여 항행 상태를 변경한다.

a) NavStatus를 "at anchor"및 "moored"로 설정하고 속도는 3 kn 미만으로 설정한다.

b) NavStatus를 "at anchor"로 속도> 3 kn으로 설정한다.

c) NavStatus를 다른 값으로 설정한다.

VDL의 모든 메시지를 기록하고 시료의 위치보고의 보고 간격을 평가한다.

② 요구되는 결과

다음의 결과가 요구된다.

- 보고 간격이 3분 이어야 한다.
- 보고 간격이 10초 이어야 한다.
- 보고 간격은 속도와 진로에 따라 조정되어야 한다.

(다) 할당 보고 간격

① 측정 방법

표준 시험 환경을 설정하고 시료를 자율 모드로 작동시킨다. 기지국 MMSI를 사용하여 할당된 모드 명령 메시지 16을 다음과 함께 시료에 EUT에 전송한다.

a) 초기 슬롯 오프셋 및 증가.

b) 지정된 보고 간격

② 요구되는 결과

할당의 보고 간격이 자율보고 간격보다 짧으면 시료가 메시지 16에 정의된 변수에 따라 위치보고를 전송하는지 확인한다. 시료는 자율보고 간격으로 자율 모드에서 메시지 1 또는 3으로 복귀해야 한다.

- 4분에서 8분 후, 또는

- 진로, 속도 및 NavStatus를 변경하면 더 짧은 자율 보고 간격이 요구된다.
(라) 정적 데이터 보고 간격
① 측정 방법
표준 시험 환경을 설정하고 시료를 자율 모드로 작동시킨다. 전송된 메시지를 기록하고 정적 및 항해 관련 데이터 (메시지 5)를 점검한다.
a) 정적 및/또는 항해 관련 장치의 데이터를 변경한다. 전송된 메시지를 기록하고 정적 및 항해 관련 데이터 (메시지 5)를 점검한다.
b) 동일한 정적 변수를 사용하여 SSD 및 VSD 문장을 여러 번 적용한다.
② 요구되는 결과
시료가 채널 A와 채널 B를 교대로 6분 보고 간격으로 메시지 5를 전송하는지 확인한다.
a) 시료가 1분 이내에 메시지 5를 6분의 보고 간격으로 되돌리는 것을 확인한다.
b) 첫 번째 SSD 문장이 수신된 후 1분 이내에 시료가 메시지 5를 전송하고 6분의 보고 간격으로 되돌아가는 지 확인한다. 이후의 동일한 SSD 및 VSD 문장은 더 이상의 메시지 5를 생성해서는 안된다.

다. 이벤트 로그
(1) 측정 방법
표준 시험 환경을 설정하고 시료를 자율 모드로 작동시킨다. 시료를 15분 이상 끄고 다시 적어도 10번 켠다. 기록된 데이터를 복구하고 판독한다. 구현되어 있다면 시료를 수신전용 모드로 전환한다. 기록된 데이터를 복구하고 판독한다.
(2) 요구되는 결과
시료가 시간과 이벤트를 올바르게 기록하고 표시하는지 확인한다.

라. 초기화 기간
  (1) 측정 방법
    모든 센서가 활용될 수 있는 표준 시험 환경을 설정한다. 시료가 자율모드로 동작하도록 시료를 켠다. 시료를 약 0.5초 동안 끄고 전송된 메시지를 기록한다.
  (2) 요구되는 결과
    스위치를 켠 후 2분 이내에 시료가 전송을 시작하는지 확인한다.

마. 기술 특성
  (1) 채널 선택
    (가) 측정 방법
      표준 시험 환경을 설정하고 시료를 자율 모드로 작동시킨다. ITU-R M.1084-5, 부록 4에 명시된 대로 25 ㎑ 채널 간격을 사용하여 해상 이동 대역에서 임의로 선택된 다른 채널로 시료를 전환한다.
      ① 수동
      ② 기지국 MMSI를 사용하여 시료에 채널 관리 메시지 (메시지 22)를 방송과 시료의 주소에 전송함으로써
      ③ ACA 문장을 표현 인터페이스에 적용함으로써
      ④ 기지국 MMSI를 사용하여 시료로 DSC 원격 명령을 전송함으로써 VDL 메시지를 기록한다.
    (나) 요구되는 결과
      시료가 시험에서 지시된 대로 적절한 채널을 사용하는지 확인한다.
  (2) 송수신기 보호
    (가) 측정 방법
      표준 시험 환경을 설정하고 시료를 자율 모드로 작동시킨다. 시료의 VHF- 안테나 단자를 각각 최소 60초 동안 회로 개방 및 단락한다.
    (나) 요구되는 결과
      송수신기를 손상시키지 않고 안테나를 다시 채운 후 2분

이내에 시료가 다시 작동해야 한다.
(3) 자동 출력 설정
  (가) 측정 방법
    표준 시험 환경을 설정하고 시료를 다음과 같이 자율 모드로 작동시킨다.
    ① NavStatus를 moored로 설정하고 SOG를 <3 kn으로 설정하고 유형을 "tanker"로 설정한다.
    ② 테스트 a)를 반복하고 VDL을 통해 출력 레벨을 높게 지정한다.
    ③ NavStatus를 underway로 변경한다.
  (나) 요구되는 결과
    다음을 검증한다.
    ① 출력 설정은 1W이고 MKD는 올바른 전원 설정을 나타낸다.
    ② 출력 설정은 1W이고 MKD는 올바른 전원 설정을 나타낸다.
    ③ 출력 설정은 12.5 W이고 MKD 표시는 정상으로 되돌아간다.
    주) 출력 설정을 위한 다른 메커니즘은 15.5에서 시험한다.

바. 알람 및 표시기, 폴백 (fall-back) 장치
 (1) 전원 공급 장치의 손실
  (가) 측정 방법
    시료의 전원을 차단한다.
  (나) 요구되는 결과
    전원이 꺼져 있을 때 릴레이 출력이 "활성"상태인지 검증한다.
 (2) 기능 및 무결성의 감시
  (가) 송신 고장
    ① 측정 방법
      시료가 Tx 오작동을 감지하는 방법에 대한 제조업체의 문서 세부 사항을 검사한다.
    ② 요구되는 결과
      요구 사항이 충족되고 경보 ID가 1인 ALR 문장이 PI로 전송되는지 확인한다.

(나) 안테나 VSWR
   ① 측정 방법
      3:1의 VSWR에 대한 안테나가 불일치로 시료가 최대 전력으로 방사되지 않도록 보호한다. 불일치 동안 출력 전력은 정격 출력 전력일 필요는 없다.
   ② 요구되는 결과
      시료가 계속 작동하는지 확인한다. 알람 ID 002를 가진 알람 문장 ALR이 전송되고 릴레이 출력이 오류 상태를 나타내는지 확인한다. 시료가 ACK를 수신하고 ALR 문장의 상태 필드가 업데이트되면 릴레이가 비 활성화되는지 확인한다.
(다) 수신 고장
   제조사는 AIS가 Rx 고장을 어떻게 감지하는지를 설명하고 알맞은 알람 ID를 가진 ALR 문장이 어떻게 보내지는 지에 대한 문서를 제공해야한다.
(라) UTC 손실
   ① 측정 방법
      표준 시험 환경을 설정하고 시료를 자율 모드로 작동시킨다.
      a) GNSS 안테나를 단절시킨다. (UTC 동기 불능).
      b) GNSS 안테나를 다시 연결한다.
   ② 요구되는 결과
      다음을 검증한다.
      a) 시스템은 계속 작동하고 동기화 상태를 간접 동기로 변경하며 ID 007의 ALR 문장이 전송되고 릴레이 출력이 활성화된다.
      b) 시료는 불활성화 상태의 ALR 문구 ID 007을 출력하고 릴레이 출력은 비활성화 됨. 시료는 동기 상태를 UTC 직접 동기화로 변경해야 한다.
(마) 구성시에 원격 MKD 연결 끊기
   ① 측정 방법
      표준 시험 환경을 설정하고 시료를 자율 모드로 작동시킨다.
      a) 원격 MKD를 분리하거나 HBT 문장을 중단한다.
      b) PI에 ID 008의 ACK 문장, 경보 확인을 제공한다.

c) 원격 MKD를 다시 연결하고 상태 표시 ok와 함께 HBT 문장을 적용한다.
d) 상태 표시가 ok가 아닌 HBT 문장을 적용한다.
e) DTE 플래그가 1로 설정된 SSD 문장을 적용한다.

② 요구되는 결과

다음을 검증한다.

a) HBT + 1 초로 정의된 지정된 반복 간격의 두 배가 지난 후, 알람 ID 008의 알람 문장이 전송되고 릴레이 출력이 실패 신호를 보낸다. AIS는 메시지 5에서 DTE 값 "1"로 계속 작동하는지 검증한다. 구성된 반복 간격 필드가 비워줘 있으면 30초로 간주한다.
b) 시료가 ACK를 수신하고 ALR 문장의 상태 필드가 갱신되면 릴레이가 비활성화 된다.
c) AIS는 DTE 값이 "0"으로 설정된 상태에서 계속 작동한다.
d) 경보 ID 008의 경보 문장이 전송되고 릴레이 출력이 고장 신호를 보냅니다. 메시지 5에서 DTE 값 "1"로 AIS가 계속 작동하는지 검증한다.
e) AIS는 SSD 문장에서 DTE 변수를 사용하고 DTE 값을 "1"로 설정하여 운용을 계속한다

(바) 상태 질의

① 측정 방법

표준 시험 환경을 설정하고 시료를 자율 모드로 작동시킨다. 시료에 질의 문장($ xxAIQ, TXT)을 보낸다.

② 요구되는 결과

현재 상태를 나타내는 TXT 문장 설정이 PI에 출력되는지 확인한다.

(3) 센서 데이터 감시

(가) 위치 센서의 우선순위

① 측정 방법

표준 시험 환경을 설정하고 시료를 자율 모드로 작동시킨다. 위치 센서를 위해 시료에 구현된 구성을 확인하기 위

한 제조자의 문서를 검증한다. 시료가 아래 정의된 상태에서 작동하는 방식으로 위치 센서 데이터를 적용한다. 다음을 확인한다.

a) 외부 DGNSS 사용 중 (보정 됨).
b) 구현되었다면 내부 DGNSS 사용 중 (보정 됨, 메시지 17)
c) 구현되었다면 내부 DGNSS 사용 중 (보정 됨, 비콘)
d) 사용중인 외부 EPFS (보정되지 않음)
e) 구현되었다면 내부 GNSS가 사용 중(보정되지 않음)
f) 사용중인 센서 위치가 없다.

ALR 문장과 VDL 메시지 1에서 위치 정확성 플래그를 확인한다.

② 요구되는 결과

위치 소스, 위치 정확도 플래그, RAIM 플래그 및 위치 정보의 사용이 규정을 준수하는지 검증한다. 메시지 5의 "전자 측위 장치 유형"이 해당되도록 설정되어 있는지 확인한다. 상태가 변경되면 ALR (025, 026, 029, 030) 또는 TXT (021, 022, 023, 024, 025, 027, 028) 문장이 각각 전송되는지 확인한다. 아래로 전환할 때 5초 후에 상태가 변경되고 위쪽으로 전환할 때는 30초 후에 상태가 변경되는지 확인한다.

(나) 다른 DGNSS 기준국으로부터 다중 메시지 17

① 측정 방법

표준 시험 환경을 설정하고 시료를 자율 모드로 작동시킨다. 메시지 17을 적용 할 때 다음과 같이 기지국 MMSI를 사용한다.

a) 원거리 DGNSS 기준국에서 메시지 17을 적용한다.
b) 원거리 기준국에 추가하여 가까운 DGNSS 기준국에서 메시지 17을 적용한다.
c) 가까운 DGNSS 기준국 메시지 17을 끈다.

② 요구되는 결과

다음을 검증한다.

a) 위치 결정에서 메시지 17의 사용

b) 가까운 DGNSS 기준국에서 메시지 17을 사용
c) 원격 DGNSS 기준국에서 메시지 17을 사용

(다) 선수방위 센서
① 측정 방법
표준 시험 환경을 설정하고 시료를 자율 모드로 작동시킨다.
a) HDG 및 ROT의 입력을 끊거나 잘못된 데이터를 잘못 설정한다. (예 : 잘못된 체크 섬, "유효/무효" 플래그 등)
b) HDG 및 ROT의 입력을 다시 연결한다.
c) ROT에 대한 입력을 끊거나 잘못된 데이터를 설정한다 (예 : 잘못된 체크 섬, "유효/무효" 플래그 등). 30초 동안 5° 이상 방위 변경 비율을 설정한다.
d) ROT 입력을 다시 연결한다.
e) SOG를 5kn 이하, COG와 HDT 사이의 차이를 5분 동안 45° 이상으로 적용한다.
f) SOG를 5kn 이상, COG와 HDT 사이의 차이를 5분 동안 45° 이상으로 적용한다.

② 요구되는 결과
다음을 점검한다.
a) 유효하지 않은 HDG에 대한 경보 ID 032 및 유효하지 않은 ROT에 대한 경보 ID 035를 갖는 경보 문장 ALR이 PI에 전송되고 "기본 값" 데이터가 VDL 메시지 1, 2 또는 3에서 전송된다.
b) 유효한 HDG에 대한 경보 ID 032 및 유효한 ROT에 대한 경보 ID 035를 갖는 경보 문장 ALR이 PI로 전송된다. 알람 문장에서 알람 조건 플래그가 "V"로 설정되고 릴레이 출력이 활성화되지 않았는지 확인한다.
c) 유효한 HDG에 대한 ID 031 및 사용중인 ROT 표시기에 대한 ID 033의 TXT 문장이 PI로 전송되는지 확인한다.
d) "다른 ROT 소스가 사용 중"에 대한 ID 034의 TXT 문장이 PI로 전송되고 메시지의 ROT 필드 내용이 올바른 "회전 방향"인지 확인한다.("ROT 센서 폴-백 조건" 우선순위 2)

e) 사용중인 ROT 표시기에 대해 ID 033을 가진 TXT 문장 및 유효한 ROT에 대해 ID 035 인 ALR 문장이 PI로 전송되고 경보 조건 플래그가 "V"로 설정되고 릴레이 출력이 활성화되지 않음을 확인한다.

f) 선수 방위 센서 오프셋에 대한 활성 알람 ID 011이 PI로 전송되지 않는다.

g) 선수 방위 센서 오프셋에 대한 경보 ID 011이 있는 경보 문장 ALR이 5분 후에 PI로 전송된다.

(라) 속도 센서

① 측정 방법

표준 시험 환경을 설정하고 시료를 자율 모드로 작동시킨다. 다음과 같이 위치 센서에 대해 시료에 구현된 구성을 확인하려면 제조업체의 설명서를 확인한다.

a) 유효한 외부 DGNSS 위치 및 외부 속도 데이터를 적용한다.

b) 외부 DGNSS 위치를 끊고 SOG, COG에 대한 입력을 분리하거나 잘못된 데이터를 설정한다.(예 : 잘못된 체크섬, "유효/무효"플래그로).

② 요구되는 결과

다음을 점검한다.

a) ID 027의 TXT 문장이 PI로 전송되고 SOG/COG에 대한 외부 데이터가 VDL 메시지 1, 2 또는 3으로 전송된다. 시스템이 계속 작동하고 릴레이 출력이 활성화되지 않았는지 확인한다.

b) ID 028의 TXT 문장이 PI로 전송되고 SOG/COG의 내부 데이터가 VDL 메시지 1, 2 또는 3으로 전송된다. 시스템이 계속 작동하고 릴레이 출력이 활성화되지 않았는지 확인한다.

(마) GNSS 위치 불일치

① 측정 방법

표준 시험 환경을 설정하고 유효한 내부 위치를 활용할 수 있도록 시료를 동작하고 유효한 외부 위치를 사용한다.

a) 3분 동안 내부 위치에 100m 이상의 오프셋을 가진 외부 위치를 적용한다. 그런 다음 내부 위치에 대해 100m 미만의 오프셋으로 외부 위치를 수정한다.

b) 외부 위치를 1시간 이상 내부 위치에 대해 100m 이상의 오프셋으로 수정한다.

c) 그런 다음 외부 위치를 내부 위치에 대해 100m 미만의 오프셋으로 수정한다.

d) 1시간 이상 외부 DGNSS 위치를 끊고 SOG, COG에 대한 입력을 분리하거나 잘못된 데이터를 설정한다.(예 : 잘못된 체크 섬, "유효/무효"플래그로)

② 요구되는 결과

다음을 점검한다.

a) 알람 문장 ALR이 출력되지 않는다.

b) 활성 상태인 알람 ID 009가 있는 알람 문장 ALR이 위치 수정 후 15분에 출력된다.

c) 상태가 비활성인 알람 ID 009의 알람 문장 ALR이 출력된다.

(바) 잘못된 NavStatus

① 측정 방법

표준 시험 환경을 설정하고 유효한 내부 위치를 활용할 수 있도록 시료를 동작시키고 유효한 외부 위치를 사용한 후 다음과 같이 진행한다.

a) NavStatus를 "at anchor"로 설정하고 SOG를> 3 kn으로 설정한다.

b) NavStatus "moored"로 시험을 반복한다.

c) NavStatus "Aground"로 시험을 반복한다.

d) NavStatus를 "Under"로 설정하고 SOG를 0 kn으로 2시간 이상 설정한다.

e) NavStatus를 14로 설정하도록 시도한다.

② 요구되는 결과

다음을 점검한다.

a) ID가 010인 ALR 문장이 생성된다. 시스템이 적절한 간

격으로 전송하는 지와 MKD는 사용자에게 NavStatus를 수정하도록 프롬프트를 표시하는지 검증한다.
b) ID가 010 인 ALR 문장이 생성된다. 시스템이 적절한 보고 간격으로 전송하는지 검증한다.
c) ID가 010 인 ALR 문장이 생성된다. 시스템이 적절한 보고 간격으로 전송하는지 검증한다.
d) ID가 010 인 ALR 문장이 2시간 후에 생성된다. 시스템이 적절한 보고 간격으로 전송하고 MKD가 사용자에게 NavStatus를 수정하도록 프롬프트를 표시하는지 검증한다.
e) NavStatus 14의 설정이 거부된다.

사. 화면, 입출력
(1) 데이터 입출력 장치
　(가) 측정 방법
　　　표준 시험 환경을 설정하고 시료를 자율 모드로 작동시킨다.
　　① 검사를 통해 MKD 표시를 확인하고 권고 ITU-R M.1371-4에서 요구하는 전체 6 비트 ASCII 문자 집합을 입력할 수 있는지 확인한다.
　　② 받은 메시지를 기록하고 MKD의 내용을 확인한다.
　　③ MKD를 통해 목적지 필드에 "<" 및 ">"괄호를 포함한 정적 및 항해 관련 데이터를 입력한다. 입력란의 전체 범위를 고려한다. 즉, 최소 및 최대.
　　④ 전송된 메시지를 기록하고 MKD의 내용을 확인한다.
　(나) 요구되는 결과
　　　다음을 확인한다.
　　① MKD에는 최소 세 줄의 표적 데이터가 포함되며 경과 시간 및 범위 및 방위 데이터 표시의 수평적인 스크롤은 없고 전체 6 비트 문자 설정이 지원된다.
　　② 모든 메시지가 표시되고 메시지 및 표시할 데이터 필드를 선택하는 방법을 사용할 수 있다.
　　③ 필요한 모든 데이터를 입력 할 수 있다. 보호가 요구되는 입

력 데이터에 대한 접속은 암호로 보호된다. 정의되지 않은 모든 데이터는 다른 암호 수준 또는 암호가 없음을 확인한다.

④ 전송된 모든 데이터가 올바르게 표시된다.

(2) 메시지 전송의 시작

  (가) 측정 방법

    표준 시험 환경을 설정하고 시료를 자율 모드로 작동시킨다. 시료가 제공한 Non-스케줄 메시지 및 질문의 송신을 시작한다.

  (나) 요구되는 결과

    최소한 안전 관련 주소 지정 및 방송 메시지 (메시지 12 및 메시지 14)의 전송이 MKD를 통해 시작될 수 있는지 확인한다. 메시지 4, 9, 16, 17, 18, 19, 20, 21, 22 및 23의 전송이 불가능하다는 것을 확인한다. 제조업체의 설명서를 검사하여 사전 구성된 안전 관련 문자 메시지 12 및 14를 사용할 수 없는지 확인한다.

    주) 메시지 4, 9, 16, 17, 18, 19, 20, 21, 22 및 23의 사용은 다른 유형의 AIS 장치로 제한된다.

(3) 통신 시험

  (가) 측정 방법

    표준 시험 환경을 설정하고 시료를 자율 모드로 작동시킨다. 시험 환경은 최소한 하나의 클래스 B SO 스테이션을 포함해야 한다. 다음의 방법으로 통신 시험 기능 (메시지 10 전송)을 시작한다.

    ① 제안된 표적을 사용하는 MKD;
    ② 대체 표적을 사용하는 MKD;
    ③ AIR 문장
    ④ 다른 송신기 (목적지로서 시료)

  (나) 요구되는 결과

    다음을 확인한다.

    ① 시료는 표적으로 향하는 메시지 10을 송신하고, 통신 시험 결과는 MKD에 대한 성공 및 실패 응답 모두에 대해 정확하다. Class A 장치만이 MKD 상에 제안된다는 것

을 검증한다.
② 시료는 표적으로 향하는 메시지 (10)를 송신하고, 통신 시험 결과는 MKD에 대한 성공 및 실패 응답 모두에 대해 정확하다. Class A 장치만이 MKD의 대체 표적으로 선택할 수 있는지 확인한다.
③ 시료는 표적으로 향하는 메시지 10을 송신한다.
④ 시료는 응답으로써 메시지 11을 송신한다.
  모든 경우에 VDO 메시지 10과 수신된 VDM 메시지 11이 PI로 출력되는지 확인한다. Class B 장치가 MKD에 의해 선택되지 않았는지 확인한다.

(4) 시스템 제어
 (가) 측정 방법
  표준 시험 환경을 설정하고 시료를 자율 모드로 작동시킨다. 지정된 대로 시스템 제어/구성 명령을 수행한다. 시스템 상태/알람 표시를 점검한다.
 (나) 요구되는 결과
  운영자에 의한 사용이 의도되지 않은 구성 레벨 및 기타 기능은 암호 또는 적절한 방법으로 보호되는지 확인한다. MKD를 통해 지역 채널 관리 설정을 입력 할 수 있는지, 그리고 무선 변수를 변경할 수 있는 다른 방법이 없는지 확인한다.

(5) 수신 표적의 표시
 (가) 측정 방법
  표준 시험 환경을 설정하고 시료를 자율 모드로 작동시킨다.
  ① 다음 표적으로부터 메시지를 VDL로 적용한다.
   - 10초 보고 주기, 메시지 1, 5의 Class A
   - 3분 보고 주기, 메시지 3, 5의 Class A
   - 10초 보고 주기, 메시지 4의 기지국
   - 10초 보고 주기, 메시지 9, 5의 항공용 AIS
   - 30초 보고 주기, 메시지 18, 19의 SO Class B
   - 3분 보고 주기, 메시지 18, 24A, B의 CS Class B
   - 1분 보고 주기, 메시지 21의 AtoN AIS

- 1시분할다중접속 버스트, 메시지 1과 14로 시험 중인 AIS- SART
- 시험용 AIS-SART 표시를 허용하는 1 시분할다중접속 버스트, 메시지 1과 14로 시험 중인 AIS-SART
- 1분 보고 주기, 메시지 1의 2 활성화된 AIS-SART

② VDL로부터 모든 표적을 삭제한다.
③ 정적 데이터 메시지 5, 19 및 24 없이 17분 후에 모든 표적을 다시 적용한다.
④ 하나의 AIS-SART 스위치를 끈다.
⑤ 200개의 표적을 시료에 인가한다.
⑥ 300개의 표적을 시료에 인가한다.

(나) 요구되는 결과

다음의 결과가 요구된다.

① 모든 표적이 이름, 거리, 방위 및 마지막으로 받은 위치보고서에서 분과 함께 표적 목록이 표시되는지 확인한다. 가장 가까운 활성 AIS-SART가 목록 맨 위에 표시되고 이름이 SART ACTIVE인지 확인한다. 경보 ID 014가 PI로 전송되는지 확인한다. 시험용 AIS-SART가 표시되지 않는지 확인한다. 그러나 시험용 AIS-SART 표시를 가능하게 할 때에만 표시된다. 다른 표적이 방위, 가택할 수 있는지 확인한다. 대상 목록에 표시되지 않는다면 상세보기에서 필요한 모든 정보가 표시되는지 확인한다. MKD에 표시된 모든 표적 정보가 올바르게 표시되는지 확인한다.
② 마지막 수신 메시지의 시간이 모든 표적에 대해 매분마다 카운팅되는지 확인한다. 활성 AIS-SART를 제외한 모든 표적이 마지막으로 수신된 메시지에서 7분 후에 표시장치에서 제거되는지 확인한다.
③ 모든 표적이 다시 표시되는지 확인한다. 모든 표적의 모든 정적 데이터가 올바르게 표시되는지 확인한다.
④ 마지막으로 받은 메시지의 시간이 AIS-SART에 대해 매분마다 카운트 다운되고 있는지 확인한다. 마지막으로 받은 메시지

의 18분 후에 AIS-SART가 화면에서 제거되었는지 확인한다.
⑤ MKD가 200 표적을 표시하는지 확인한다.
⑥ MKD가 최소한 가장 가까운 200개의 표적을 표시하는지 확인한다.

(6) 위치 품질의 표시
 (가) 측정 방법
  표준 시험 환경을 설정하고 시료를 자율 모드로 작동시킨다. 다음 데이터가 있는 Class A 전송을 VDL에 적용하고 MKD의 위치 품질 화면을 관찰한다.
  ① 타임스탬프 = 63;
  ② 타임스탬프 = 61;
  ③ 타임스탬프 = 62;
  ④ 타임스탬프 = 60;
  ⑤ 타임스탬프 0···59, PA=0, RAIM=0;
  ⑥ PA= 0. RAIM=1;
  ⑦ PA= 1. RAIM=0;
  ⑧ PA= 1. RAIM=1;
  ⑨ SOG=10kn으로 설정하고 표적 전송을 중단;
  ⑩ 다시 전송을 시작, SOG=2-kn을 설정한 후 전송을 중단
 (나) 요구되는 결과
  다음을 확인한다.
  ① 위치 품질 "위치 없음"이 표시된다.
  ② 위치 품질 "수동 위치"가 표시된다.
  ③ 위치 품질 "추측 항법 위치(Dead Reckoning position)"가 표시된다.
  ④ 위치 품질 "타임스탬프가 없는 유효 위치"가 표시된다.
  ⑤ 위치 품질 "Position> 10m"이 표시된다.
  ⑥ 위치 품질 "RAIM> 10 m 위치"가 표시된다.
  ⑦ 위치 품질 "위치 <= 10 m"가 표시된다.
  ⑧ 위치 품질 "위치가 RAIM <= 10 m"로 표시된다.
  ⑨ 마지막 전송 후 40초 후에 위치 품질이 "오래된 위치 >

         200 m "로 변경된다.
      ⑩ 마지막 전송 후 20초 후에 위치 품질이 "오래된 위치 >
         200 m "로 변경된다.
(7) 선택적인 필터가 구현되는 경우, 표적의 표시
   시험 방법과 요구되는 결과는 다음과 같다.
  (가) 관찰에 의해 사용자가 제조자의 문서에 따라 AIS 표적의
      표현을 걸러낼 수 있는지 확인한다.
  (나) 관찰에 의해 휴면 표적(sleeping target)이 제조자의 문서에
      따라 표시에서 필터링될 때 표시가 제공되는지를 확인한
      다.
  (다) 관찰에 의해 제조자의 문서에 따라 필터가 활성화되어 있
      는 동안 표시가 유지되고 있는지 확인한다.
  (라) 관찰에 의해 사용 중인 필터 기준이 제조사의 문서에 따라
      쉽게 이용 가능한 지를 확인한다.
  (마) 관찰에 의해 사용자가 제조사의 문서에 따라 표시에서 개
      별 AIS 표적을 제거할 수 없음을 확인한다.
(8) 수신된 안전 관련 메시지의 표시
  (가) 측정 방법
      표준 시험 환경을 설정하고 시료를 자율 모드로 작동시킨다.
      ① 시료로 송신되는 메시지 12를 20회 송신한다.
      ② MKD에 표시된 메시지를 확인한다.
      ③ 시료로 송신되는 메시지 12를 20회 송신한다.
      ④ 메시지 14를 송신한다.
  (나) 요구되는 결과
      다음을 확인한다.
      ① 가장 최근에 수신된 메시지 12가 가장 먼저 표시되고 20
         개의 모든 메시지가 화면에서 이용 가능하다.
      ② 확인된 메시지 12는 MKD의 화면 가장 위에서 제거된다.
      ③ 가장 최근에 수신된 메시지 12가 가장 먼저 표시되고 20
         개의 모든 메시지가 화면에서 이용 가능하다.
      ④ 메시지 14가 수신되었고 메시지 14가 화면에서 활용할 수

있음을 지시한다.
(9) 항해 정보의 표현

IEC 62288에 명시된 시험 방법 및 요구되는 결과에 따라 항행 관련 정보 표현에 대한 일반적인 요구 사항을 준수하는지 확인한다. AIS 데이터에 대한 그래픽 기호 표시가 제공되는 경우, IEC 62288의 테스트 방법 및 요구되는 결과에 따라 표적의 그래픽 표시 요구 사항을 준수하는지 확인한다. 아래 나열된 메시지를 입력하고 AIS 데이터 그래픽 기호가 표시되면 관찰에 의해 MKD가 IEC 62288에 설명된 그래픽 기호를 표시하는 지를 확인한다.

- 메시지 1, 2, 3 및 5(Class A AIS, AIS-SART)
- 메시지 18, 19 및 24(Class B AIS)
- 메시지 4(AIS 기지국)
- 메시지 9(수색구조 항공기용 AIS)
- 메시지 21(AIS AtoN)

IEC 62288에 기술되지 않은 기호는 제조자가 정의할 수 있다. 제공된 경우 CPA / TCPA 계산을 위한 IEC 62388 (레이다)의 시험 방법 및 요구되는 결과에 따라 적합성을 확인한다.

7. 링크 계층의 특정 시험

가. TDMA 동기
(1) UTC를 사용한 동기 시험
(가) 측정 방법

표준 시험 환경을 설정한다. 시료가 다음의 동기화 모드로 동작하는 방식으로 시험 조건을 선택한다.

① UTC 직접
② UTC 간접 (내부 GNSS 수신기 사용 불가, 최소 UTC 직접 동기된 다른 장치)
③ UTC 간접 (내부 GNSS 불능, 범위 내의 UTC 직접 동기화를 사용하는 기지국). 올바른 UTC 날짜 및 시간이 기

지국의 메시지 4에서 파생되었는지 확인한다.
④ 기지국 직접 (내부 GNSS 불능, 범위 내에 기준국(기준국(semaphore)) 권한의 기지국).
⑤ UTC 간접 (내부 GNSS 수신기 불능, UTC 직접 동기된 Class B 장치)

위치보고의 CommState 변수인 동기상태와 보고 주기를 점검한다.

(나) 요구되는 결과
다음을 확인한다.
① 동기 상태 = 0
② 동기 상태 = 1
③ 동기 상태 = 1
④ 동기 상태 = 2
⑤ 시료는 Class B 장치와 동기하지 않는다. SynchState = 3

(2) 반복 메시지와 함께 UTC를 사용한 동기화 시험
(가) 측정 방법
모든 메시지가 동기 상태 "0"을 갖는 시험 환경을 설정한다. 시료가 다음의 동기화 모드로 동작하는 방식으로 시험 조건을 선택한다.
① UTC 직접
② UTC 간접 (내부 GNSS 수신기 사용 불가, 최소 UTC 직접 동기된 다른 장치)
③ UTC 간접 (내부 GNSS 불능, UTC 직접 동기된 다른 모든 장치와 동기상태 0, 반복 지시기 1)

위치보고의 CommState 변수인 동기상태와 보고 주기를 점검한다.

(나) 요구되는 결과
다음의 결과가 요구된다.
① 전송된 통신 상태는 동기화 모드에 적합해야한다
동기 상태 = 0
② 시료는 다른 무선국과 동기해야 한다.
③ 시료는 동기 상태 3으로 가야 한다.

(3) UTC, 기준국(semaphore) 없이 동기 시험
　(가) 측정 방법
　　　UTC를 활용할 수 없도록 표준 시험 환경을 설정한다. 시료는 다음과 같이 기준국(semaphore) 권한이 되도록 한다. (동기화 모드 1 또는 3)
　　　① 다른 수의 수신국을 가진 다른 기준국(semaphore) 권한의 장치를 시뮬레이션 한다.
　　　② 동일 수의 수신국을 가진 다른 기준국(semaphore) 권한의 장치를 시뮬레이션 한다.
　　　위치보고의 CommState 변수인 동기상태와 보고 주기를 점검한다.
　(나) 요구되는 결과
　　　전송된 CommState는 동기화 모드에 적합해야 한다. 다음을 점검한다.
　　　① 시료는 가장 많은 수의 수신국을 가진 경우에만 기준국(semaphore)으로서 동작한다.
　　　② 시료는 가장 낮은 MMSI를 갖는 경우에만 기준국(semaphore)으로서 동작한다.
　　　시료는 기준국(semaphore)으로서 작용할 때, 보고 간격을 2초로 줄이고 기준국(semaphore) 자격 조건이 3분 동안 유효하지 않을 때까지 이 상태를 유지해야 한다.

(4) UTC 없이 동기 시험
　(가) 측정 방법
　　　표준 시험 환경을 설정한다. 시료는 다음과 같이 동기 모드로 동작하는 방법으로 시험 조건을 선택한다.
　　　① 기지국 간접 (내부 GNSS 사용 불가, UTC 직접 동기되어 있는 장치나 범위 내의 기지국 없음).
　　　② 이동국 간접 (내부 GNSS 사용 불가, UTC 직접 동기되어 있는 다른 장치 또는 범위외의 기지국).
　　　③ 내부 GNSS는 UTC 직접 이외의 동기화 모드에서 활성화 된다.

위치보고의 CommState 변수인 동기상태와 보고 주기를 점검한다.
　(나) 요구되는 결과
　　　다음의 결과가 요구된다.
　　　① 전송된 통신 상태는 동기 모드를 고정해야 한다.
　　　② 전송된 통신 상태는 동기 모드를 고정해야 한다.
　　　③ 동기 모드는 UTC 직접으로 복구되어야 한다.
(5) 비-동기 메시지의 수신
　(가) 측정 방법
　　　표준 시험 환경을 설정하고 시료를 UTC 직접 모드로 작동시킨다. 동기화되지 않은 시험 메시지를 전송한다. (슬롯 경계에서 ±10ms이상 떨어져 있음).
　(나) 요구되는 결과
　　　전송된 시험 메시지가 수신되고 처리되는지 확인한다.

나. 시간 분할(프레임 형식)
(1) 측정 방법
　　＞ 23kn의 속도와 ＞ 20°/s의 ROT를 적용하여 시료를 2초 보고 간격으로 설정한다. VDL 메시지를 기록하고 사용된 슬롯을 확인한다. 위치보고의 CommState에서 변수 슬롯 번호를 점검한다. 슬롯 길이 (전송 시간)를 점검한다.
(2) 요구되는 결과
　　사용된 슬롯 번호와 CommState에 나타나 있는 슬롯 번호가 일치해야 한다. 슬롯 번호는 2,249를 초과하지 않아야 한다. 슬롯 길이는 26,67ms를 초과하지 않아야 한다.

다. 동기 및 지터(jitter) 정확도
(1) 정의
　　동기 지터 (송신 타이밍 오류)는 UTC 동기 소스에 의해 결정된 공칭 슬롯 시작과 "송신기 켜짐" 기능의 시작 사이의 시간이다 (T0참조, 권고 ITU-R M.1371-4/A2-3.2.2.10)

(가) 측정 방법

표준 시험 환경을 설정하고 보고 간격을 2초로, 다음을 사용한다.

① UTC 직접 동기

② EUT의 GNSS 안테나를 단절함에 의해 UTC 간접 동기 VDL 메시지를 기록하고 슬롯 간격의 정격 시작과 "송신기 켜짐" 기능의 시작 사이의 시간을 측정한다. 다른 방법으로 예를 들어 시작 플래그를 평가하고 T0까지 다시 계산하는 등의 다른 방법이 허용된다.

(나) 요구되는 결과

지터(jitter)를 포함하는 동기는 다음을 초과하지 않아야 한다.

① UTC 직접 동기를 사용하여 ± 104μs

② UTC 간접 동기를 사용하여 동기 소스에 상대적으로 ± 312μs

라. 데이터 인코딩(비트 스터핑)

(1) 측정 방법

다음과 같이 표준 시험 환경을 설정한다.

(가) 데이터 부분에 HEX 값 "7E 3B 3C 3E 7E"가 포함된 이진 방송 메시지 (메시지 8)을 VDL로 인가하고 시료의 표현 인터페이스 출력을 확인한다.

(나) 데이터 부분에 위와 같이 HEX 값을 포함하는 메시지 8의 전송을 시작하는 BBM 문장을 시료에 BBM 문장을 인가하고 VDL을 점검한다.

(2) 요구되는 결과

다음을 확인한다.

(가) 표현 인터페이스상의 데이터 출력은 전송된 데이터에 따르고,

(나) 전송된 VDL 메시지는 표현 인터페이스 상에 입력된 데이터와 일치한다.

마. 프레임 체크 시퀀스

(1) 측정 방법

잘못된 CRC 비트 시퀀스로 시뮬레이션 된 위치보고 메시지를 VDL에 적용한다.
  (2) 요구되는 결과
    MKD를 관찰하고 PI 출력을 검사하여 이 메시지가 처리되지 않았는지 확인한다.

바. 슬롯 할당(채널 접속 프로토콜)
 (1) 네트워크 입장
  (가) 측정 방법
    표준 시험 환경을 설정한다. EUT를 켠다. 초기화 기간 후, 처음 3분 동안 전송된 예정된 위치보고를 기록한다. 채널 접속 모드에 대한 CommState를 점검한다.
  (나) 요구되는 결과
    시료는 ITDMA의 CommState, KeepFlag가 전송 첫 1분 동안 true로 설정되는 메시지 3 (위치보고)과 이후 SOTDMA의 CommState를 가진 메시지 1의 자율 전송을 시작해야 한다.
 (2) 자율 예정 전송(SOTDMA)
  (가) 측정 방법
    표준 시험 환경을 설정하고 다음과 같이 시료를 자율 모드로 작동시킨다.
    ① 전송된 예약 위치보고 메시지 1을 기록하고 프레임 구조를 점검한다. 채널 접속 모드에 대한 송신 메시지의 CommState와 수신국 수, 슬롯 타임아웃, 슬롯 번호 및 슬롯 오프셋의 변수를 점검한다.
    ② 각 SI에 최소 4개의 빈 슬롯이 있는지 확인하면서 50% 채널 부하로 시험을 반복한다.
    ③ 각 SI에 최소 4개의 빈 슬롯이 있는지 확인하면서 메시지 26에 의해 50% 채널 부하로 시험을 반복한다.
  (나) 요구되는 결과
    다음을 점검한다.

① 공칭 보고 간격은 ±20%로 달성된다(선택 간격 SI에서 슬롯 할당).
② 시료가 새로운 공칭 송신 슬롯 (NTS)을 3분에서 8분 후 선택 간격 내에서 할당하는지 확인한다.
③ CommState에 표시된 슬롯 오프셋이 전송에 사용된 슬롯과 일치하는지 확인하십시오. Class B "CS"가 수신국 수에 포함되어 있지 않은지 점검한다.
④ 빈 슬롯만이 송신에 사용된다,
⑤ 빈 슬롯만이 송신에 사용된다.

(3) 자율 예정 전송(ITDMA)
  (가) 측정 방법
     표준 시험 환경을 설정하고 시료를 자율 모드로 작동시킨다. 시료의 NavStatus를 3분의 보고 간격을 제공하는 "at anchor"로 설정한다. 전송된 예정 위치보고를 기록한다.
  (나) 요구되는 결과
     시료가 메시지 3을 전송하고 ITDMA를 사용하여 슬롯을 할당하고 CommState에 표시된 슬롯 오프셋이 전송에 사용된 슬롯과 일치하는지 점검한다. 공칭보고 간격이 ± 20%에 도달했는지 확인한다.

(4) 안전 관련 이진 메시지 전송
  (가) 측정 방법
     표준 시험 환경을 설정하고 다음과 같이 시료를 자율 모드로 작동시킨다.
     ① 다음 예정된 송신전에 시료의 PI에 1 슬롯 이진 방송 메시지 (메시지 8)를 4초 이내에 인가한다. 전송된 메시지를 기록한다. 90% 채널 부하로 다시 시도한다.
     ② 다음 예정된 송신 전에 시료의 PI에 1 슬롯 이진 방송 메시지 (메시지 8)를 4초 이상의 ㅣ 시간으로 인가한다. 전송된 메시지를 기록한다. 90% 채널 부하로 다시 시도한다.
     ③ 이진 방송 메시지(메시지 8), 주소 지정된 이진 메시지(메시지 6), 방송 안전 관련 메시지 (메시지 14) 및 주소가 지

정된 안전 관련 메시지 (메시지 12)의 조합을 시료의 PI에 적용한다. 전송된 메시지 및 시료의 PI 출력을 기록한다.

④ PI에 분당 5건 이상의 AIR 문장을 적용한다.

(나) 요구되는 결과

다음을 확인한다.

① 시료는 ITDMA를 사용하여 4초 이내에 이 메시지 8을 전송하고,

② 시료는 RATDMA를 사용하여 4초 이내에 이 메시지 8을 전송하고,

③ 메시지 6, 8, 12, 14, 25 및 26에 대해 프레임 당 최대 20개의 슬롯을 사용할 수 있으며 3개보다 많은 슬롯을 사용하는 메시지는 거부된다. 메시지가 거부되었을 때, ABK 문장이 확인 유형 2 (메시지는 방송할 수 없음)와 함께 전송되었는지 확인한다.

④ 시료는 분당 5개 이하의 메시지 15를 전송한다. 메시지가 거부될 때 확인 유형 2 (메시지는 방송할 수 없음)로 ABK 문장이 전송되는지 확인한다.

(5) 메시지 5의 전송

(가) 측정 방법

표준 시험 환경을 설정하고 시료를 자율 모드로 작동시킨다. 전송된 메시지를 기록한다.

(나) 요구되는 결과

시료가 ITDMA 접속 방식을 사용하여 메시지 5를 전송하는지 확인한다. ITDMA 접속 방식은 메시지 3으로 예정된 위치보고 메시지 1을 대체해야 한다.

(6) 할당 운용

(가) 보고율을 사용하는 할당 모드

① 측정 방법

표준시험 환경을 운용하고 시료를 자율 모드로 둔다. 기지국 MMSI를 사용하여 시료에 할당 모드 명령 메시지 (메시지 16)를 다음과 함께 전송한다.

- 10분당 보고 수는 20의 배수가 아니며,
- 10분당 보고 수는 600회를 초과한다.

② 요구되는 결과

다음을 확인한다.

a) 시료는 10분당 20개의 보고 중 다음으로 가장 높은 배수에 해당하는 보고 속도로 위치보고 메시지 2를 전송한다.
b) 시료는 1초의 보고 간격으로 위치보고 메시지 2를 전송한다.

(나) 수신 시험

① 측정 방법

표준 시험 환경을 설정하고 시료를 자율 모드로 작동시킨다. 기지국 MMSI를 사용하여 시료에 할당 모드 명령 (메시지 16)을 다음과 함께 전송한다.

- 슬롯 오프셋과 증분
- 지정된 보고 간격

송신된 메시지를 기록한다.

② 요구되는 결과

다음을 확인한다.

시료가 정의된 변수에 따라 위치보고 메시지 2를 전송하고 4분에서 8분 후 표준 보고 간격으로 SOTDMA 메시지 1로 되돌아가는 지 확인한다.

(다) FATDMA 예약 슬롯에 대한 슬롯 할당

① 정의

메시지 20에 의해 예약된 슬롯에 대한 메시지 16 할당의 결합된 작업을 검사하는 시험.

② 측정 방법

표준 시험 환경을 설정하고 EUT를 자율 모드로 작동시킨다. 기지국 MMSI를 사용하여 데이터 링크 관리 메시지 (메시지 20)를 슬롯 오프셋 및 증분과 함께 시료로 송신한다. 기지국 MMSI를 사용하여 할당 모드 명령 (메시지 16)을 시료에 송신하고 하나 이상의 FATDMA 할당 슬롯을 사용하도록 명령한다. 전송된 메시지를 기록한다.

③ 요구되는 결과

시료가 자체 송신을 위해 메시지 16에 의해 명령된 슬롯을 사용하는지 확인한다.

(7) 그룹 할당

(가) 할당 우선순위

① 측정 방법

표준 시험 환경을 설정하고 자율 모드에서 시료를 동작시키고, 기지국 MMSI를 사용하여 메시지 22와 23을 송신한다. Tx/Rx 모드 1로 할당 모드 명령 (메시지 23)을 다음과 같이 시료에 송신한다.

a) 시료가 있는 지역을 그 지역 내부로 정의하는 메시지 22를 전송한다. 시료에 개별적으로 주소 지정되고 Tx/Rx 모드 2를 지정하는 메시지 22를 송신한다.

b) 시험 a)의 10분 이내에 Tx/Rx 모드 1로 시료에 메시지 23을 전송한다.

c) 시험 a)의 15분 후에 Tx/Rx 모드 1로 시료에 메시지 23의 전송을 반복한다.

d) 시험을 반복하고 a) 시험하의 메시지 22에 정의된 영역을 지운다. 그리고 Tx/Rx 모드 2를 지정하는 지역 설정을 가진 메시지 22를 시료에 전송한다.

② 요구되는 결과

다음을 확인한다.

a) 메시지 22의 Tx/Rx 모드 필드 설정이 메시지 23의 Tx/Rx 모드 필드 설정보다 우선한다.

b) 시료는 메시지 23에 의한 할당을 무시하고 메시지 설정이 10분간 우선한다.

c) 시료는 메시지 23의 Tx/Rx 모드 설정을 적용한다.

d) 메시지 23의 Tx/Rx 모드 필드 설정은 메시지 22의 Tx/Rx 모드 필드 설정보다 우선한다. 수신국은 240초에서 480초 사이에서 임의로 선택한 시간 초과 값 이후에 이전 Tx/Rx 모드로 되돌아간다.

(나) 증가된 보고 주기 할당
① 측정 방법
표준 시험 환경을 설정하고 시료를 10초의 보고 간격으로 자율 모드로 작동시키고 다음과 같이 메시지 23을 전송하기 위하여 기지국 MMSI를 사용한다.
a) 자율보고 간격보다 긴 보고 간격으로 시료에 그룹 할당 메시지 (메시지 23)를 전송한다.
b) 침묵 시간 명령의 그룹 할당 메시지 (메시지 23) 시료에 전송한다.
c) NavStatus 상태를 "moored" 및 "at anchor" 그리고 SOG <3 kn로 설정한다. 자율보고 간격보다 짧은 보고 간격으로 시료에 그룹 할당 메시지 (메시지 23)을 전송한다.
d) NavStatus 상태를 "moored" 및 "at anchor" 그리고 SOG >3 kn로 설정한다. 자율보고 간격보다 짧은 보고 간격으로 시료에 그룹 할당 메시지 (메시지 23)을 전송한다.
e) 송신된 메시지를 기록한다.
② 요구되는 결과
다음을 확인한다.
a) 시료는 할당 명령을 무시하고 자율보고 간격으로 위치보고를 송신한다.
b) 시료는 할당 명령을 무시하고 자율보고 간격으로 위치보고를 송신한다.
c) 시료는 할당 명령을 무시하고 자율보고 간격으로 위치보고를 송신한다.
d) 시료는 할당 보고 간격으로 위치보고를 송신한다.
(다) 주기 할당 입력
① 측정 방법
표준 시험 환경을 설정하고 시료를 보고 간격이 10초인 자율 모드로 작동시킨다.

a) 5초로 할당된 보고 간격으로 시료에 그룹 할당 명령 (메시지 23)을 전송한다.
b) 2초로 할당된 보고 간격으로 시험을 반복한다.
c) 보고 간격 필드 설정 10 (다음 긴 자율보고 간격)으로 시료에 그룹 할당 명령 (메시지 23)을 전송한다.
d) 보고 간격이 6초인 자율 모드에서 시료를 작동한다. 보고 간격 필드 설정 9 (다음 짧은 자율보고 간격)로 시료에 그룹 할당 명령 (메시지 23)을 전송한다.
VDL을 모니터한다.

② 요구되는 결과
다음을 검증한다.
a) 시료는 할당 동작 모드로 들어가고 5초의 보고 간격으로 위치보고 메시지 2를 전송한다. 시료는 네트워크 진입 절차에 따라 할당 송신 계획을 구성한다. 이전 보고 스케줄에서 사용되지 않은 슬롯이 해제되었는지 확인한다.
b) 시료는 할당 동작 모드로 들어가고 2초의 보고 간격으로 위치보고 메시지 2를 전송한다.
c) 시료는 할당된 동작 모드로 들어가지 않으며 10초의 보고 간격으로 위치보고 메시지 1을 전송한다.
d) 시료는 할당 동작 모드로 들어가고 2초의 보고 간격으로 위치보고 메시지 2를 전송한다.

(라) 지역별 할당
① 측정 방법
표준 시험 환경을 설정하고 보고 간격이 10초인 자율 모드에서 시료를 작동시키고 다음과 같이 기지국 MMSI를 사용하여 메시지 23을 전송한다.
a) 시료에 그룹 할당 명령 (메시지 23)을 전송한다. (시료가 이 영역 안에 있도록 장치 유형 0 및 지리적 영역을 정의). 보고율을 2초로 설정하고 메시지를 VDL에 적용한다.
b) 시료에 그룹 할당 명령 (메시지 23)을 전송한다. (시료가 이 영역 밖에 있도록 장치 유형 0 및 지리적 영역을 정

의). 보고율을 2초로 설정하고 메시지를 VDL에 적용한다.
② 요구되는 결과
　　다음을 검증한다.
　a) 시료는 할당 모드로 전환하고 2초 간격으로 위치보고를 전송한다. 타임아웃 기간 후에 시료가 정상 동작 모드로 복귀하는지 확인한다.
　b) 시료는 메시지 23을 거부한다.
(마) 장치 유형별 할당
① 측정 방법
　　표준 시험 환경을 설정하고 보고 간격이 10초인 자율 모드에서 시료를 작동시키고 다음과 같이 기지국 MMSI를 사용하여 메시지 23을 전송한다.
　a) 시료에 그룹 할당 명령 (메시지 23)을 전송한다. (시료가 이 영역 안에 있도록 지리적 영역을 정의). 보고율을 2초로 장비 유형을 0(모든 장치)으로 설정한다.
　b) 시료에 그룹 할당 명령 (메시지 23)을 전송한다. (시료가 이 영역 안에 있도록 지리적 영역을 정의). 보고율을 2초로 장비 유형을 4로 설정한다.
　c) 시료에 그룹 할당 명령 (메시지 23)을 전송한다. (시료가 이 영역 안에 있도록 지리적 영역을 정의). 보고율을 5초로 장비 유형을 1(Class A 이동국)로 설정한다. 4분 안에 이 메시지를 다시 VDL에 적용한다.
　　VDL을 기록하고 시료의 반응을 점검한다.
② 요구되는 결과
　　다음을 검증한다.
　a) 시료는 할당된 모드로 전환하고 보고 간격이 2초인 위치 보고를 전송한다.
　b) 타임아웃 기간 후 시료가 자율 모드로 복귀하는지 확인한다.
　c) 시료는 메시지 23을 거부한다.
　d) 시료는 할당 모드로 전환하고 보고 간격이 5초인 위치보

고를 전송한다. 두 번째 그룹 할당 타임아웃 시간 후에
시료가 자율 작동 모드로 복귀하는지 확인한다.
(바) 선박 및 화물 유형별 주소 지정
① 측정 방법
표준 시험 환경을 설정하고 보고 간격이 10초인 자율 모드에서 시료를 작동시키고 다음과 같이 기지국 MMSI를 사용하여 메시지 23을 전송한다.
a) 시료에 그룹 할당 명령 (메시지 23)을 전송한다. (시료가 이 영역 안에 있도록 지리적 영역을 정의). 보고율을 2초로 선박 및 화물 값을 원하는 값으로 설정한다. 이 값이 시료에도 구성되어 있는지 확인한다.
b) 시료에 그룹 할당 명령 (메시지 23)을 전송한다. (시료가 이 영역 안에 있도록 지리적 영역을 정의). 보고율을 2초로 선박 및 화물 값을 원하는 값으로 설정한다. 다른 값이 시료에 구성되어 있는지 확인한다.
② 요구되는 결과
다음을 검증한다.
a) 시료는 할당 모드로 전환하고 보고 간격이 2초인 위치보고를 전송한다.
b) 타임아웃 기간 후 시료가 자율 모드로 복귀하는지 확인한다.
c) 시료는 메시지 23을 거부한다.
(사) 주기 할당에서 복귀
① 측정 방법
표준 시험 환경을 설정하고 시료를 자율 모드로 작동시킨다. 기지국 MMSI를 사용하여 5초로 할당된 보고 간격으로 시료에 그룹 할당 명령 (메시지 23)을 전송한다. 타임아웃이 발생한 후 최소 1분이 경과 할 때까지 VDL을 모니터링한다. 10회 반복한다. (메시지 23의 전송은 시료의 초기 송신 스케줄과 동기화되지 않아야 한다) 메시지 23 수신과 시간 초과 후 첫 번째 전송 사이의 시간 T_{rev}를 측정한다.
② 요구되는 결과

시료가 4분에서 8분 사이의 시간 초과 후 자율 모드로 들어가고 위치보고 메시지 1을 전송하며 이전 스케줄에서 사용되지 않은 슬롯을 해제하는지 확인한다.

(8) 고정 할당 전송(FATDMA)
　(가) 측정 방법
　　표준 시험 환경을 설정하고 시료를 자율 모드로 작동시킨다. 메시지 4를 VDL에 적용한다. 기지국은 다음과 같이 기지국 MMSI를 사용해야한다.
　　① 120 NM 이내의 기지국으로부터 채널 A상에 슬롯 오프셋과 증가를 가진 데이터 링크 관리 메시지 (메시지 20)를 시료로 송신한다. 전송된 메시지를 기록한다.
　　② 시료가 위치가 없을 때 시험을 반복한다.
　　③ 120 NM 이상의 기지국으로 시험을 반복한다.
　　④ 기지국 보고 (메시지 4)없이 테스트를 반복한다.
　　⑤ 120 NM 이내의 기지국으로 테스트를 반복하고 메시지 20의 전송을 유지한다. 메시지 4의 전송을 중지한다.
　(나) 요구되는 결과
　　다음을 확인한다.
　　① 120 NM 이내의 기지국의 경우, 시료는 메시지 20에 주어진 타임아웃까지 자체 송신을 위해 메시지 20에 의해 할당된 슬롯을 사용하지 않는다. 시료가 채널 B에서 동일한 슬롯을 사용하지 않는지 확인한다.
　　② 시료는 메시지 20에 주어진 타임아웃까지 자체 송신을 위해 메시지 20에 의해 할당된 슬롯을 사용하지 않는다.
　　③ 120 NM을 넘는 기지국의 경우, 시료는 슬롯을 자유(free)로 다룬다.
　　④ 시료는 슬롯을 자유 (free)로 다룬다.
　　⑤ 시료는 메시지 4가 멈춘 후에 시료의 표적 타임아웃이 발생할 때까지 자체 송신을 위해 메시지 20에 의해 할당된 슬롯을 사용하지 않는다.

(9) 메시지 전송의 무작위화

(가) 측정 방법

표준 시험 환경을 설정한다. 시료의 전원을 켜고 3분 동안 자율 전송을 모니터링 한다. 시료를 재시작하고 10분 동안 자율 전송을 모니터한다. 프레임 내에서 다른 초에서 시작하도록 최소한 10번 이 절차를 반복한다.

(나) 요구되는 결과

전송 슬롯을 모니터링 함으로써 공칭 슬롯이 전원 순환 후 항상 동일한 선택 간격 내에 있지 않음을 확인한다. 다수의 전원 사이클 후에 시료는 동일한 선택 구간 내에 있지 않은 슬롯에서 최종적으로 전송을 시작해야 한다.

사. 메시지 형식

(1) 수신 메시지

(가) 측정 방법

표준 시험 환경을 설정하고 시료를 자율 모드로 작동시킨다. 최대 5 슬롯의 다중 슬롯 메시지 포함하여 VDL에 메시지를 적용한다. 시료의 PI에 의한 메시지 출력을 기록한다.

(나) 요구되는 결과

시료가 PI를 통해 올바른 필드 내용과 형식을 가진 해당 메시지를 출력하는지 또는 적절하게 응답하는지 확인한다.

(2) 송신 메시지

(가) 측정 방법

표준 시험 환경을 설정하고 시료를 자율 모드로 작동시킨다. 시료가 이동국에 관련된 메시지의 송신을 시작한다. 전송된 메시지를 기록한다.

(나) 요구되는 결과

시료가 올바른 필드 내용과 형식으로 메시지를 송신하는지 또는 적절하게 응답하는지 확인한다. 메시지 4, 9, 16, 17, 18, 19, 20, 21, 22 및 23이 시료에 의해 전송되지 않음을 확인한다.

제 4 절 AIS-SART의 국제 시험표준 분석

1. 일반적인 시험 방법

가. 소개

제조자는 그 외 허용되지 않는 장비를 설치하고 테스르를 하기 전에 정상적으로 작동하는지 확인해야 한다. 전력은 장비를 구성하는 배터리에 의해 성능시험동안 전력이 공급되어야 한다. 작동 후 1분 이내에 이 표준요건을 충족해야 한다.

나. 일반 요구사항

(1) 일반

장비 범위"휴대용"에 해당하는 장비의 경우 IEC 60945에 포함된 일반요건에 따라 시험해야 한다. 저온시험은 배터리시험과 결합될 수 있다. 나침반 안전거리 측정이 필요한 경우에는 장비에 전원이 공급되지 않아도 된다. 방사시험은 스퓨리어스 발사 시험으로 대체된다.

(2) 성능 점검

이 표준의 목적을 위해 성능검사는 EPFS 데이터가 있는 테스트 모드에서 AIS-SART를 활성화 하고 AIS 수신기로 메시지 1과 메시지 14의 수신을 확인하는 것으로 구성된다.

(3) 성능 시험

이 표준의 목적을 위해 성능시험은 이용 가능한 EPFS 데이터로 시험 모드에서 AIS-SART를 활성화 하고 전송된 버스트의 무결성을 검사하는 것으로 구성된다.

다. 정상 시험 조건

온도 및 습도는 다음과 같은 범위 내에 있어야 한다.
온도 : +15° C to +35° C
습도 : 20% to 75%

라. 극한 시험 조건

극한의 시험조건은 IEC 60945에 규정되어 있다. 필요하다면, 극한의 시험조건 하에서의 시험은 다음과 같다.
- 배터리 수명이 거의 다 할 때까지 저온유지(92시간)과
- 최대용량의 배터리로 고온유지

마. 형식승인 시험을 위한 AIS-SART의 준비
표준 AIS-SART 외에, 개조된 AIS-SART는 50 Ω 부하로 종단처리 되는 동축케이블을 통해 안테나 포트가 테스트장비에 연결될 수 있도록, 특별한 테스트 전송, 의해서만 종단 처리되는 동축케이블에 의해 테스트 장비에 연결될 수 있도록 그리고 기기의 RF매개변수확인을 위해 특별한 테스트 전송을 허용하는 방법을 의미한다. (신호 1,2, 및 3 그리고 순수반송파)
제조사는 다음의 식을 사용하여 두 장치사이에 전력증폭 출력전력 차이 비(Pd)의 데이터를 제출해야 한다.

$$Pd(dB) = 표준단위전력(dBm) - 수정된 단위전력(dBm)$$

별도의 언급이 없는 한 모든 시험은 표준 AIS-SART로 수행해야 한다. 만약 제조사가 시험장비를 공급하는 경우, 시험을 시작하기 전에 이 하위 항의 모든 요구사항을 준수한다는 근거를 제출해야 한다.
 (1) 표준시험신호 1
  헤더, 시작부호 (Start Flag), 종료부호 (End Flag) 및 CRC가 있는 AIS 메시지 프레임내의 데이터로 일련의 010101이다. NRZI는 비트 스트림 또는 CRC(순환 중복검사)에 적용되지 않는다. 예를 들면 "On Air" 데이터는 변경되지 않았다. RF는 AIS 메시지 프레임의 양쪽 끝단에서 위아래로 증폭되어야 한다.
 (2) 표준시험신호 2
  일련의 00001111을 헤더, 스타트 플래그, 엔드 플래그 CRC가 있는 AIS 메시지 프레임내의 데이터로 사용할 수 있다. NRZI는 00001111 비트 스트림 또는 CRC에 적용되지 않는다. RF는

AIS메시지 프레임의 양쪽 끝에서 증가 및 감소되어야 한다.
(3) 표준시험신호 3
유사랜덤시퀀스(PRS)는 권고사항 ITU-T O.153에 명시된바와 같이 헤더, 스타트 플래그, 엔드 플래그 및 CRC가 있는 AIS 메시지 프레임 내에 데이터로 제공된다. NRZI는 PRS 스트림이나 CRC에 적용되지 않는다. RF는 AIS 메시지 프레임의 양쪽 끝에서 증가 및 감소되어야 한다.

바. 의사 안테나 (더미 로드)
복사전력을 제외한 송신기 시험은 모두 의사안테나(더미로드)를 사용한다. 이 안테나는 안테나 커넥터에 연결된 50W 의 무반응, 무방사 부하되는 의사 안테나를 연결하여 수행되어야 한다.

사. 접속을 위한 설비
특정시험을 수행하기 위해 추가 접근 수단이 요구되는 겨우, 제조사는 이를 제공해야 한다.

아. 송신기의 작동 모드
이 표준에 따른 측정의 목적을 위해, 송신기를 무변조로 동작시키는 수단이 있어야 한다. 무변조 반송파 또는 특수한 형태의 변조 패턴을 얻는 방법은 제조사와 시험소간의 합의에 의해 결정될 수 있다. 그것은 시험보고서에 기술되어야 한다. 시험 중인 장비의 일시적인 내부개조가 필요할 수 있다.

자. 측정 불확도
측정 불확도의 최대값은 [표 3-34]의 다음과 같아야 한다. 이 표준에 따른 시험방법의 경우, 이 불확실성 수치는 95%신뢰 수준에서 유효하다.

무선주파수	$\pm 1 \times 10^{-7}$
복사 무선전력	± 2.5 dB
전도 무선전력	± 0.5 dB
송신기 어택시간	$\pm 20\%$
송신기 방출시간	$\pm 20\%$

이 표준에서 설명하는 측정에 대한 시험 보고서에 기록된 결과의 해석은 다음과 같아야 한다.
 (1) 장비가 이 표준의 요구사항을 충족하는지 여부를 결정하기 위해 해당하는 제한과 관련된 측정값을 사용해야 한다.
 (2) 각 특성 측정에 대해 측정을 수행하는 시험소의 실제 측정 불확도가 시험 보고서에 포함되어야 한다.
 (3) 실제 측정 불확도의 값은 각 측정에 대해 이 항에 주어진 수치와 같거나 더 낮아야 한다. (절대 측정 불확도)

2. 성능 시험

가. 작동 시험

성능 요구사항은 다음과 같이 검증되어야 한다.
(1) 비숙련자에 의해 쉽게 작동될 수 있어야 한다.
(2) 부주의한 작동을 방지하기 위한 수단을 갖추어야 한다.
(3) 시각적 또는 청각적 또는 시각적 및 청각적 수단을 통해 정확한 작동을 나타낼 수 있어야 한다.
(4) 수동으로 작동 및 작동 중지 할 수 있어야 한다. 자동 작동을 위한 조항이 포함될 수 있다.
(5) 20 m 높이에서 던졌을 경우 손상없이 작동되어야 한다. (IEC 60945의 수면낙하시험에서 확인)
(6) 적어도 5분 동안 10 m의 깊이에서 방수되어야 한다. (IEC 60945의 방수시험에서 확인 - 노출형 장비)
(7) 규정된 입수 조건 하에서 45° C의 열충격을 가했을 때 수밀성

을 유지해야 한다. (IEC 60945의 열충격시험에서 확인 - 노출형 장비)

(8) 생존정의 필수 불가결한 부분이 아니라면 부양할 수 있어야한다. 기기장치가 구명정의 필수적인 부분이 되도록 특별히 설계되지 않은 경우, 기기장치는 부유할 수 있는지 확인하기 위해 5분 동안 담수에 담아야 한다. 1미터 마운팅 시스템이 있는 기기장치는 부유해야 한다.

(9) 부력이 있는 경우, 줄끈으로 사용하기에 적합한 부력이 있는 매는 줄끈을 갖춰야 한다. 줄끈의 길이는 10 m보다 길어야 한다.

(10) 해수 또는 기름에 의해 과도하게 영향을 받지 않아야 한다. (IEC 60945의 부식 및 내유시험 확인)

(11) 햇빛에 장기간 노출될 경우 변질되지 않아야 한다. (IEC 60945의 태양복사시험)

(12) 탐지를 원조하기 위한 경우, 모든 표면은 눈에 띄는 황색/주황색이어야 한다.

(13) 생존정의 손상을 피하기 위한 부드러운 외부 구조를 가진다

(14) 삽화가 든 지시사항과 함께 AIS-SART 안테나를 해발 1미터 이상으로 유지하기 위한 장치를 갖추어야 한다.

(15) 1분 또는 그 이하의 보고 간격으로 송신 할 수 있어야 한다. (VDL 관찰)

(16) 내부 위치 정보를 갖추고 각 메시지에서 현재 위치를 전송할 수 있어야 한다. (VDL 관찰)

(17) 특정 시험 정보를 사용하여 모든 기능을 시험 할 수 있어야 한다. (VDL에 대한 제조업체지침 및 관찰을 사용해 관찰)

제조자는 그 외 허용되지 않는 장비를 설치하고 테스트하기 전에 정상적으로 작동하는지 확인해야 한다. 전력은 장비를 구성하는 배터리에 의해 성능시험동안 전력이 공급되어야 한다. 작동 후 1분 이내에 이 표준요건을 충족해야 한다.

나. 배터리
 (1) 배터리 용량 시험
    새로운 배터리 팩을 사용할 경우, AIS-SART는 제조업체가 명시한 기간 동안 주위 온도에서 작동시켜 자체 테스트, 대기부하로 인한 배터리 용량 손실과 동등해야한다. 배터리팩의 유효수명동안 배터리 팩 자체 방전으로 간주한다. 제조자는 이 시간을 결정하는데 사용된 방법을 입증해야 한다. 또는 제조업체의 재량에 따라 배터리의 사전방전(위에서 설명한대로)은 다음 배터리용량 및 저온 테스트 96시간을 초과하는 동등한 연장으로 대체될 수 있다. 이 시험방법을 사용하는 경우 AIS-SART 제조업체는 배터리 용량손실로 인한 연장기간이 주변 온도가 아닌 최소작동 온도에서 수행되고 있다는 사실을 고려하여 보상수치를 적용해야 한다. 이 보상수치는 제조자에 의해 입증되어야 한다. AIS-SART는 정온 챔버에 두어야 한다. 그런 다음 온도를 10시간에서 16시간동안 -20 ℃ ± 3 ℃ 로 낮추고 온도를 유지해야 한다. 이 시험기간이 끝나면 장비에 제공된 모든 제어장치를 켤 수 있다. 장비는 시험기간이 끝난 후 30분 후에 최대전류모드(예: EPFS 전자식 위치 고정장치 최대전류)로 동작되어야 하며 96시간동안 계속 동작해야 한다. 시험 중 AIS-SART의 작동은 검증되어야 한다. 또한 96시간이 끝나면 성능시험이 수행되어 한다.
    주) 상기에 기술된 대체시험방법을 사용하는 경우, 96시간에 대한 모든 참조는 적절한 기간까지 연장되어야 한다.
 (2) 완료 날짜 표시
    검사
 (3) 역전압 보호
    검사

다. 고유 식별자
VDL 관찰을 통해

라. 환경
IEC 60945(5.2참조)의 시험으로 확인.

마. 성능 범위
방사출력시험의 준수는 AIS-SART의 범위 내 성능을 검증한다.

바. 송신 성능
VDL관찰

사. 표식 (Labelling, 라벨링)
검사

아. 매뉴얼
검사

자. 전자측위시스템(EPFS)
문서화된 증거조사

차. 활성자
검사

카. 지시자
검사

3. 물리적 무선 시험

가. 일반적인 설명
이 시험의 목적은 AIS-SART가 정상 및 극한조건에서 RF 요구사항을 준수하는지 확인하는 것이다. 시험은 다음절차에 따라 수행된다. 별도의 언급이 없는 한 모든 물리적 무선시험은 AIS 1 또는 AIS 2에서 수행할 수 있다. 별도의 언급이 없는 한 모든 물리적 무선시험은 수정된 AIS-SART(참조)로 수행되어야 한다.
다음시험은 정상조건하에서 수행되어야 한다.
- 전도출력전력
- 표준AIS-SART에 따른 복사출력전력
- 전도된 스퓨리어스 발사
- 주파수 에러
- 변조 정확도
- 변조 스펙트럼 슬롯전송
- 전력대 시간함수
- 시간함수의 전력
  다음 시험은 극한 조건하에서 수행되어야 한다.
- 전도력
- 주파수 에러
- 송신기 테스트 시퀀스 및 변조 정확도

나. 주파수 에러
(1) 목적
   송신기 주파수 오차는 변조가 없을 때 측정된 반송파 주파수와 필요주파수의 차이이다.
(2) 측정 방법

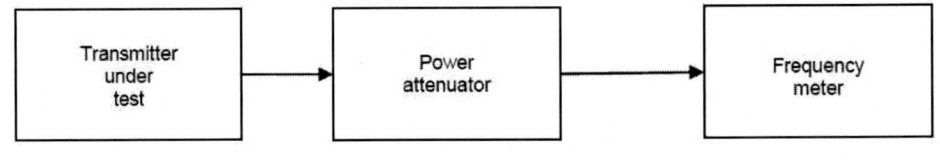

<그림 3-11> 측정 배열

다음과 같이 측정이 진행된다.
(가) <그림 3-11>과 같이 장비를 연결해야 한다.
(나) 반송파 주파수는 변조가 없을 때 측정되어야 한다.
(다) 측정은 정상적인 시험조건과 극한의 시험조건 하에서 실시되어야 한다.

(라) 시험은 AIS 1 과 AIS 2에서 수행되어야 한다.
(3) 요구되는 결과

주파수 편차는 정상조건에서 ±0,5 ㎑를 초과해서도 안되고, 극한의 시험조건에서 ±1 ㎑를 초과해서는 안된다.

다. 전도 전력
 (1) 목적

이 시험의 목적은 AIS-SART의 출력전력이 극한의 동작 조건에서 한계내에 있는지 확인 하는 것이다.

 (2) 측정 방법

시험기기를 전력계에 연결하고 정상시험조건(P20)에서 전도된 전력을 기록을 한다. 극한저온 및 고온에 대해 시험을 반복하여 이 측정값(P-20 and P55)을 기록한다. 다음 방정식을 사용하여 AIS-SART 안테나의 이득을 계산한다.

$$G = PR - P20 - Pd$$

여기서,

G는 안테나 이득 (dB)

PR   7.4.2 (dBm)에서 측정된 복사전력레벨

P20 일반적인 테스트 조건(dBm)에서 측정된 전도 전력 레벨

Pd   5.5 (dB)에서 주어진 전력 출력 차이

 (3) 요구되는 결과

안테나 이득에 대해 보정된 전도전력은 적어도 [표 3-35]에 주어진 값이어야 한다.

[표 3-35] 전도된 전력 - 요구결과

전력	dBm
$P-20 + G + Pd$	27

라. 복사 전력
 (1) 목적
  이 시험의 목적은 AIS-SART가 정상동작에서 1W의 실효등방성 복사전력(EIRP)을 갖는지 확인하는 것이다.
 (2) 측정 방법
  이 시험은 정상적인 시험조건에서만 수행해야 하며 최소 92시간동안 배터리가 켜져있는 AIS-SART를 사용해야 한다. 시험이 4시간을 초과하는 경우, 배터리는 적어도 92시간의 켜져 있는 시간으로 사전에 준비된 다른 배터리로 교체할 수 있다. 방사신호측정은 AIS-SART로부터 5M이상 떨어진 지점에서 이루어져야 한다. AIS-SART는 비전도성 지지대의 접지면 위 1M에 기본안테나가 있는 정상동작 위치에 장착되어야 한다. 측정 안테나는 수직 편파를 가진다, 수평으로 놓여있는 케이블과 함께 비전도성 지지대에 장착되어 측정 안테나 케이블의 다른 쪽 끝단은 돛의 바닥에 위치한 측정 수신기와 연결되어 있다. 측정은 적어도 3m의 전도성 접지판을 갖는 테스트 장소에서 수행되어야 한다. 그리고 측정 안테나의 높이는 30도 앙각의 최대까지 측정 수신기에서 최대 리딩이 가능하게 조정되어야 한다. 지면 반사의 위치에서 RF 흡수 물질 사용에 의한 접지판으로 부터의 반사는 제거되도록 주의하여야 한다. 90도 단위로 AIS-SART를 회전하여 방위각 평면의 4개 지점에서 수신된 레벨을 측정한다. 최소 수신 레벨(PREC)은 다음 방적식을 사용하여 정상 작동 온도에서 방사전력을 계산하기 위해 기록하고 사용해야 한다.

$$PR = PREC - GREC + LC + LP$$

여기서
PR 은 AIS-SART로 부터의 방사 출력 레벨임 (dBm)
PREC 은 측정 수신기로부터 측정된 파워 레벨임
GREC 은 검색 안테나의 안테나 이득임
LC 수신 시스템 감쇄와 케이블 손실임

LP 은 자유공간 전파 손실임
(3) 요구되는 결과

복사전력은 적어도 27 dBm (500 mW)이어야 한다.

주) 이것은 안테나 이득 특성과 온도 변화를 허용하기 위해 -3dB 공차를 갖는 공칭방사 출력 1w와 동일하다

마. 슬롯 전송의 변조 스펙트럼
 (1) 목적

이 시험은 정상동작 조건에서 송신기에 의해 생성된 변조 및 순간적 측파대가 허용 가능한 마스크 내에 있는지 확인하는 것이다.
 (2) 측정 방법

다음과 같이 수행한다.

(가) 시험에서는 시험신호 3을 사용한다.

(나) AIS-SART는 스펙트럼 분석기에 연결되어야 한다. 이 측정에서는 1㎑의 분해능 대역폭, 3㎑이상의 비디오 대역폭 및 피크 검출(최대유지)을 사용해야 한다. 충분한 값의 스위프가 사용되어야 하고, 파형이 만들어지도록 충분한 전송 패킷이 측정되어야 한다.

 (3) 요구되는 결과

슬롯전송을 위한 스펙트럼은 다음과 같이 방사 마스크 내에 있어야 한다.

- 반송파와 반송파에서 제거된 ±10 ㎑ 사이의 영역에서, 변조 및 일시적 측파대는 0dBc미만이어야 한다.
- 반송파에서 제거된 ±10 ㎑ 에서 변조 및 일시적인 측파대는 -20 dBc이하이어야 한다.
- 반송파에서 제거된 ±25 ㎑ 부터 ±62.5 ㎑에서 변조 및 일시적인 측파대는 -40 dBc보다 낮아야 한다.
- 반송파에서 제거된 ±10 ㎑ 와 ±25 ㎑ 사이의 영역에서 변조 및 일시적인 측파대는 이 두 점 사이에 명시된 선 이하이어야 한다.

측정을 위한 기준 레벨은 적절한 시험 주파수에 기록된 반송파 출력(전도)이어야 한다. 위에서 설명한 방사 마스크는 정보

는 <그림 3-12>에 나와 있다.

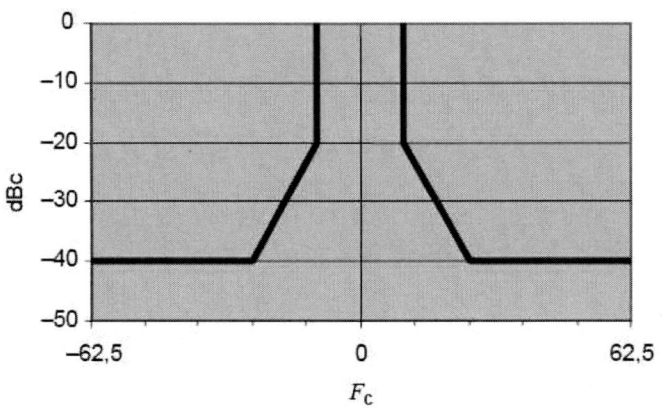

<그림 3-12> 방사 마스크

F_c는 반송파 주파수 임.

바. 송신지 시험 순차 및 변조 정확도
 (1) 목적
    이 시험은 트레이닝 시퀀스가 0으로 시작하고 24비트의 0101 패턴임을 확인하는 것이다. 피크 주파수 편차는 기저대역신호로부터 파생되어 변조 정확도를 검증한다.
 (2) 측정 방법

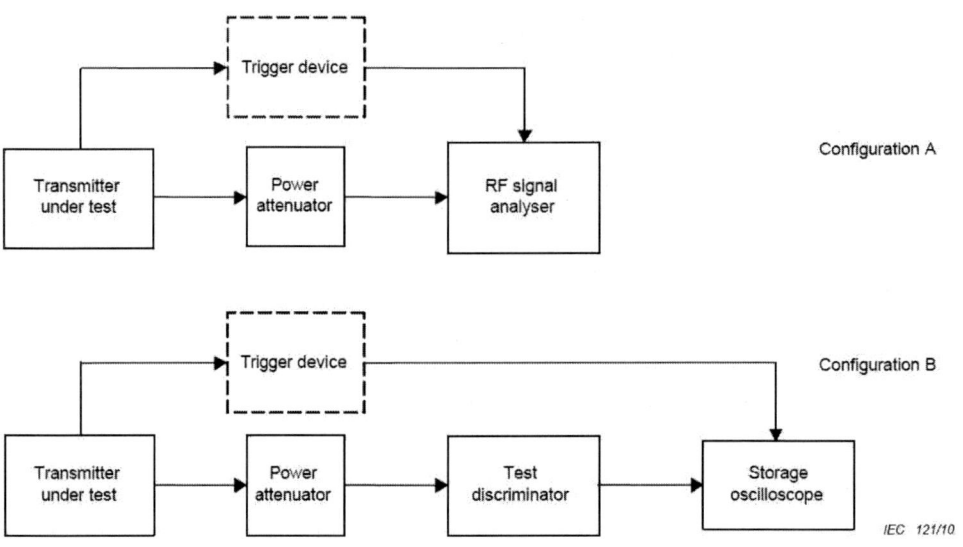

측정절차는 다음과 같아야 한다.
(가) 장비는 <그림 3-13>과 같이 구성 A 또는 구성 B 중 하나로 연결되어야 한다. 장비가 전송된 버스트와 동기화할 수 있는 경우 트리거 장치는 선택사항이다.
(나) 송신기는 AIS 2 (162,025 ㎒)
(다) 송신기는 시험신호 2로 변조되어야 한다.
(라) 반송파 주파수로부터의 편차는 시간함수로 측정되어야 한다.
(마) 송신기는 시험신호2으로 변조되어야 한다.
(바) 반송파 주파수로부터의 편차는 시간함수로 측정되어야 한다.
(사) 측정은 AIS1에서 송신할 수 있는 최저 주파수에서 제조사의 사양에 따라 반복되어야 한다.
(아) 시험은 극한 시험 조건하에서 반복 되어야 한다.
(3) 요구되는 결과

각각의 경우 훈련순서가 '0'으로 시작하는지 확인한다. 데이터 프레임 내의 다양한 지점에서 피크 주파수 편차는 [표 3-36]을 만족해야 한다. 이러한 제한은 양극 및 음극 변조 피크 모두에 적용된다. 비트 0 은 트레이닝 시퀀스의 첫 번째 비트로 정의된다.
- 반송파와 반송파에서 제거된 ±10 ㎑ 사이의 영역에서, 변조 및 일시적 측파대는 0 dBc미만이어야 한다.
- 반송파에서 제거된 ±10 ㎑ 에서 변조 및 일시적인 측파대는 -20 dBc이하이어야 한다.
- 반송파에서 제거된 ±25 ㎑ 부터 ±62,5 ㎑에서 변조 및 일시적인 측파대는 -40 dBc보다 낮아야 한다.
- 반송파에서 제거된 ±10 ㎑ 와 ±25 ㎑ 사이의 영역에서 변조 및 일시적인 측파대는 이 두 점 사이에 명시된 선 이하이어야 한다.

[표 3-36] 시간 대 최대 주파수 편차

각 비트의 중심에서 중앙까지의 측정주기	시험신호 1		시험신호 2	
	일반조건	극한조건	일반조건	극한조건
Bit 0 to bit 1	<3,400 Hz			
Bit 2 to bit 3	2,400 Hz ± 480 Hz			
Bit 4 to bit 31	2,400 Hz ±240 Hz	2,400 Hz ±480 Hz	2,400 Hz ±240 Hz	2,400 Hz ±480 Hz
Bit 32 to bit 199	1,740 Hz ±175 Hz	1,740 Hz ±350 Hz	2,400 Hz ±240 Hz	2,400 Hz ±480 Hz

사. 송신기 출력 대 시간 함수
 (1) 정의
　　송신기 출력 대 시간 함수는 송신기 지연, 어택시간, 릴리스 시간 및 송신 지속 시간의 조합이다.
　(가) 송신 지연시간(TA － T0)은 슬롯의 시작과 송신출력이 정상 상태 출력(Pss)의 －50dB를 초과하는 시간 사이의 시간이다.
　(나) 송신기 어택시간(TB2 － TA)은 송신출력이 －50dBc를 초과하고 Pss 로부터 +1.5 / －1dB 이내의 레벨로 유지하는 Pss 출력이 측정되는 아래의 송신 출력이 1dB 아래에 도달하는 순간 사이의 시간이다.
　(다) 송신 해제 시간(TF － TE) 은 종료 플래그가 송신되는 순간과 송신기 출력 전력이 Pss 보다 50dB 낮은 레벨로 감소한 이 후의 시간 사이의 시간이다.
　(라) 송신 지속 시간 (TF － TA) 은 출력이 －50 dBc를 초과할 때까지의 시간이며, 출력이 －50 dBc 이하로 돌아가는 시간 사이의 시간이다.

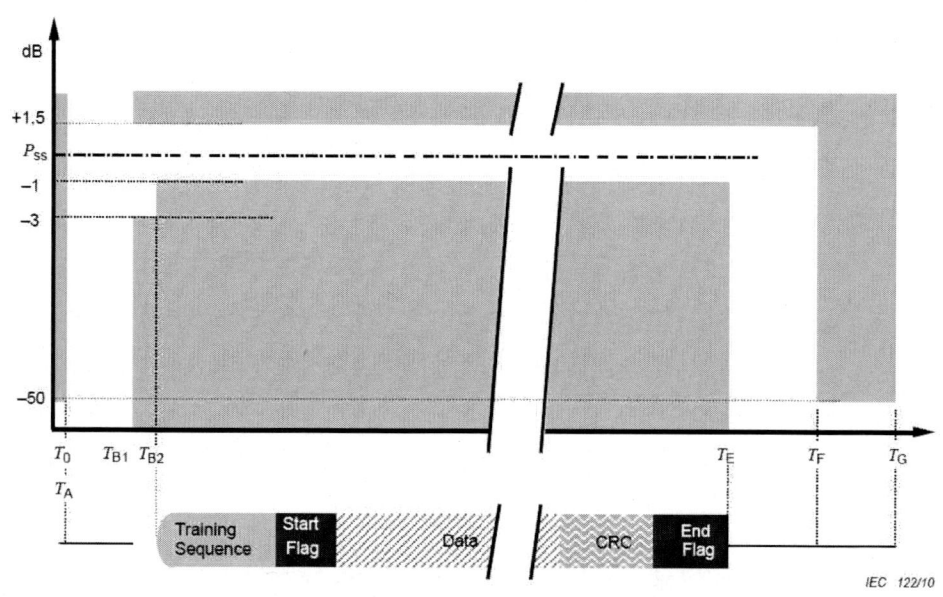

<그림 3-14> 출력 대 시간 마스크

[표 3-37] 타이밍 정의

참조		비트	시간 (ms)	정의
T_0		0	0	전송슬롯의 시작. 출력은 T_0 하기 전의 P_{ss}에서 -50 Db를 초과하지 않아야 한다.
$T_0 - T_A$		0-6	0-0.625	출력은 P_{ss} a의 -50 dB를 초과할 수 있다.
T_B	T_{B1}	6	0.625	출력은 +1.5Db 또는 -3dB의 P_{ss} a 이내여야 한다.
	T_{B2}	8	0.833	출력은 P_{ss} a 의 +1,5 dB 또는 -1 dB 이내여야 한다.
T_E (1 스터핑 비트 포함)		233	24,271	출력은 T_{B2}에서 T_Ea 동안 +1,5 dB 또는 -1 Db 내에서 유지되어야 한다.
T_F (1 스터핑 비트 포함)		241	25,104	출력 P_{ss}의 -50dB이며 이보다 낮아야 한다.

(2) 측정 방법

측정은 시험신호 1을 전송함으로써 수행되어야 한다. (이 시험 신호는 CRC 부분 내에 하나의 추가 스터핑 비트를 발생시킨다.) AIS-SART는 스펙트럼 분석기에 연결되어야 한다. 이 측정에는 1㎒의 분해능 대역폭, 1㎒ 비디오 대역폭 및 샘플 검출기가 사용되어야 한다. 분석기는 이 측정을 위해 0 스팬 모드에 있어야 한다. 스펙트럼 분석기는 외부적으로 제공될 수 있거나 AIS-SART로부터 제공될 수 있는 슬롯의 공칭 시작시간(T0)에 동기 되어야 한다.

(3) 요구되는 결과

송신기 출력은 <그림 3-14>에서 표시된 마스크와 [표 3-37]에 주어진 관련 시간 내에 남아 있어야 한다.

아. 송신기로부터의 스퓨리어스 발사

(1) 목적

스퓨리어스 발사는 정상변조와 관련된 반송파와 측파대 이외의 주파수에서의 방사이다.

(2) 측정 방법

측정은 수신기 또는 100㎑ 와 120㎑ 사이의 대역폭 또는 다음 주파수 대역을 초과하면서 거기에 가장 가까운 설정으로 대역폭을 설정한 스펙트럼 분석기를 사용하여 50 Ω으로 송신기 출력에서 이루어져야 한다. 108 ㎒ ~ 137 ㎒, 156 ㎒ ~ 161,5 ㎒, 406,0 ㎒ ~ 406,1 ㎒ 및 1525 ㎒ ~ 1610 ㎒

(3) 요구되는 결과

이 대역내의 신호레벨은 25 μW를 초과하지 않아야 한다.

4. 링크 계층 시험

가. 동기 정확도에 대한 시험

AIS-SART의 동기화 오류를 측정한다.

(1) 측정 방법

활성모드에서 사용 가능한 EPFS 데이터로 AIS-SART를 활성화하고 40분 동안 전송을 기록한다. VDL 메시지를 기록하고 ITU-R M.1371에 정의된 전송패턴과 AIS- SART가 실제로 전송한 시간 사이의 시간을 측정한다. 전송 파이티밍은 ITU-R M.1371에 따라 전송 패킷시작의 시작(시작 플래그)로 측정되고 참조되어야 한다.

(2) 요구되는 결과

동기 지터가 있는 동기화 오류는 15~40분 사이에 ±312 ms를 초과하지 않아야 한다.

나. 활성 모드 시험

이 시험은 AIS-SART의 전송 분석을 필요로 한다.

(1) 측정 방법

활성모드에서 AIS-SART를 활성화 하고 40분동안 전송을 기록한다. EPFS 데이터를 금지하고 전송을 20분 더 기록한다. AIS-SART 활성화 시간을 기록한다.

모든 전송된 메시지 기록
- 전송시간(UTC 시간)
- 전송 슬롯
- 슬롯내 타이밍
- 전송 채널
- 메시지 내용

기록은 다음 테스트 항목에서 평가된다.

(2) 초기화 시간 - 요구되는 결과

다음이 요구된다.

(가) 첫 번째 메시지는 활성화 후 1분 이내에 전송된다.

(나) 유효한 위치를 가진 첫 번째 메시지가 15분 이내에 전송된다.

(3) 메시지 1의 메시지 내용 - 요구되는 결과

15분후와 40분전에 전송된 위치보고서의 경우 다음이 필요하다.

(가) 메시지 ID = 1

(나) 복지시기 = 0

(다) AIS-SAFRT에 구성된 사용자 ID
(라) 항법 상태 = 14
(마) 회전율 = 기본값
(바) SOG = GNSS수신기로부터의 실제 SOG
(사) 위치정확도 = 제공된 경우 RAIM 결과에 따라 다르며, 그렇지 않은 경우0이다.
(아) 위치 = 내부GNSS 수신기로부터의 실제위치
(자) 위치는 각 버스트에 대한 분당 적어도 한번 업데이트 된다
(차) COG = 내부 GNSS 수신기로부터의 실제 COG
(카) 실제헤딩 = 기본값
(타) 시간스탬프 = 실제 UTC 초 (0 - 59)
(파) 제조업체 설명서에 따라 정확한 표시를 확인한다.

(4) 메시지 14의 메시지 내용 - 요구되는 결과
　　다음이 요구된다.
(가) 메시지 ID = 14
(나) 반복 지시기 = 0
(다) 소스 ID = AIS-SART에 구성된 대로
(라) 문자 = "SART ACTIVE"

(5) 메시지 1의 전송 스케줄 - 요구되는 결과
　　15분후와 40분전에 전달된 위치보고서는 다음이 적용된다.
(가) AIS-SART가 동기 모드0(UTC 직접)에서 작동했는지 확인한다.
(나) AIS-SART는 분당 한 번씩 하나의 메시지 버스트를 전송한다.
(다) 버스트의 지속시간은 14초이다.
(라) 버스트는 8개의 메시지로 구성된다.
(마) 버스트에서의 전송은 AIS1과 AIS2사이에서 번갈아 나타난다.
(바) 연속메시지는 75개의 슬롯이 떨어져 있고 다른 채널에 있다.
(사) 8분 동안 동일한 버스트 세트가 각 버스트에 사용된다.
(아) 새로운 슬롯 세트가 8분후에 무작위로 선택된다.
(자) 새로운 슬롯세트의 첫 번째 슬롯은 이전 슬롯 세트의 첫 번째 슬롯에서 1분± 6초의 간격 내에 있다. 즉, 증가분은 2025에서 2475 슬롯사이에서 무작위로 선택된다.

(차) 제조자는 증가분이 무작위로 선택되는 방법에 관한 문서를 제공해야 한다.

(6) 메시지 1의 통신 상태 - 요구되는 결과

15분후와 40분전에 전달된 위치보고서는 다음이 적용된다.

(가) 메시지 1에 대해 정의된 SOTDMA 통신상태가 사용된다.
(나) 동기상태 = 0.
(다) 타임아웃은 슬롯 변경후 첫 번째 버스트의 모든 메시지에 대해 7부터 시작한다.
(라) 타임아웃 값은 각 프레임에 대해 1씩 감소된다.
(마) 타임아웃 값은 타임아웃 =0후에 7로 리셋 된다.
(바) 타임아웃을 위한 서브 메시지 3,5,7 = 수신국 수(0).
(사) 타임아웃을 위한 서브 메시지 2,4,6 = 슬롯 번호.
(아) 시간제한 1에 대한 하위 메시지 = UTC 시간 과 분.
(자) 타임아웃을 위한 서브 메시지 0 = 다음 프레임의 전송 슬롯에 대한 슬롯 오프셋.

(7) 메시지 14의 전송 스케줄 - 요구되는 결과

다음이 요구된다.

(가) 메시지 14는 4분마다 전송된다.
(나) 메시지 14의 전송은 AIS1 과 AIS2를 교대로 반복한다.
(다) 메시지 1은 메시지 1이 대체된 메시지1 슬롯에서 메시지 1이 예정된 채널을 통해 전송된다.
(라) 메시지 (14)는 메시지 (1)을 타임아웃 값 =0으로 대체하지 않았다.

(8) 손실된 EPFS로 전송 - 요구되는 결과

45분후에 전송된 위치보고서의 경우, 다음 사항이 적용된다.

(가) AIS-SART는 전송을 계속한다.
(나) 사용가능한 EPFS 데이터와 동일한 전송 일정이 사용된다.
(다) 통신상태동기 상태 = 3
(라) SOG = 최종 유효 SOG
(마) 위치정확도 = 낮음
(바) 위치 = 마지막 유효위치

(사) COG = 마지막 유효 COG
(아) 타임스탬프 = 63
(자) RAIM-flag = 0
(차) 제조업체 설명서에 따라 올바른 표시를 확인할 것

다. 테스트 모드 시험
 (1) 일반
    이 테스트는 AIS-SART의 전송 분석을 필요로 한다.
 (2) EPFS데이터를 활용할 수 있는 전송
   (가) 측정방법
     사용가능한 EPFS 데이터로 시험모드에서 AIS-SART를 활성화 하고 전송을 기록한다.
   (나) 요구되는 결과
     다음이 요구되어진다.
     ① 유효한 GNSS 데이터가 이용 가능해지면 AIS-SART는 전송을 시작한다.
     ② 올바른 순서로 8개의 메시지가 단일 버스트 되고 올바르게 채워진다.
     ③ AIS-SART에 구성된 사용자 ID
     ④ 항법 상태 = 15 (정의되지 않음)
     ⑤ SOG = GNSS 수신기로부터의 실제 SOG
     ⑥ 위치정확도 = 제공된 경우 RAIM결과에 따라 다르며, 그렇지 않은 경우 0
     ⑦ 위치 = 내부 GNSS수신기로부터의 실제위치
     ⑧ COG = 내부 GNSS 수신기의 실제 COG
     ⑨ 타임스탬프 = 실제 UTC 초 (0 - 59)
     ⑩ 서브메시지= 0인 통신상태 타임아웃은 항상 0이다
     ⑪ 메시지 1과 메시지 14의 전송은 8 개의 메시지 중 한 버스트 후에 중단된다.
     ⑫ 메시지 14의 텍스트 메시지는 "SART TEST"이다
     ⑬ 제조업체의 설명서에 따라 올바른 표시를 확인한다.

(3) EPFS데이터를 활용할 수 없는 전송
  (가) 측정방법
      사용가능한 EPFS 데이터 없이 시험모드에서 AIS-SART를 활성화 하고 전송을 기록한다.
  (나) 요구되는 결과
      다음이 요구되어진다.
      ① AIS-SART는 15분 이내에 전송을 시작한다.
      ② 올바른 순서로 8개의 메시지가 단일 버스트 되고 3.7.2에 올바르게 채워진다.
      ③ AIS-SART에 구성된 사용자 ID
      ④ 항법 상태 = 15 (정의되지 않음)
      ⑤ SOG = 기본값
      ⑥ 위치정확도 = 낮음
      ⑦ 위치 = 기본값
      ⑧ COG = 기본값
      ⑨ 타임스탬프 = 63
      ⑩ 서브 메시지= 0 인 통신상태 타임아웃은 항상 0이다
      ⑪ RAIM-플래그 = 0
      ⑫ 메시지 1과 메시지 14의 전송은 8개의 메시지 중 한 개가 버스트 후 중단된다.
      ⑬ 메시지 14의 텍스트 메시지는 "SART TEST" 이다.
      ⑭ 제조업체 설명서에 따른 올바른 표시확인

제 4 장 국제표준에 부합하는 시험방법(안)

제 1 절 레이다의 시험방법

1. 국제 표준 (IEC 62388 Edition 2) 시험 항목

[표 4-1] 국제 표준 시험 항목

IEC 번호	IEC 세부번호	시험 항목	적용 유무	기타 사항
6	5.1.1	환경시험과 RF 시험	-	
	5.1.2	해상 레이다 성능시험	-	
	5.1.3	성능시험을 위한 물표시험과 물표 시뮬레이션	-	
	5.2	시험용어와 형식	-	
	6	레이다 성능	-	
	6.1	일반사항	-	
	6.2	전송과 간섭	-	
	6.2.1	전송 주파수	△	불요파측정
	6.2.2	간섭	△	불요파측정
	6.3	성능 최적화와 모니터링	o	
	6.3.1	일반사항	-	
	6.3.2	성능 최적화	o	관찰
	6.4	이득 및 클러터 방지 기능	-	
	6.4.1	일반사항	-	
	6.4.2	이득 제어함수	o	관찰
	6.4.3	수동 및 자동 해면 클러터 방지	o	관찰
	6.4.3	우설 클러터 방지	o	관찰
	6.5	신호처리	-	
	6.5.1	일반사항	-	
	6.5.2	물표 향상	o	관찰

IEC 번호	IEC 세부번호	시험 항목	적용 유무	기타 사항
	6.5.6	전송 형식(장, 단 펄스 기능이 있을 때)	o	관찰
	6.5.7	화면 갱신	o	관찰
	6.5.8	추가적인 신호처리	–	
	6.5.9	신호처리 기술	o	관찰
	6.6	SART와 능동형 레이다 반사기와 비콘의 운용 (X-밴드 필수, S-밴드 선택사항)	△	거리 방위 시험장
	6.7	최소 거리와 거리보정	–	
	6.7.1	일반사항	–	
	6.7.2	거리 보정	–	관찰
	6.7.3	최소 거리	△	거리 방위 시험장
	6.8	거리와 방위 분해능	–	
	6.8.1	일반사항	–	
	6.8.2	측정 조건	–	
	6.8.3	거리 분해능	△	거리 방위 시험장
	6.8.4	방위 분해능	△	거리 방위 시험장
	6.8.5	기본적인 레이다 정확성	△	거리 방위 시험장
	6.9	물표 탐지 성능평가	–	
	6.9.1	일반 사항	–	
	6.9.2	최소 클러터에서 첫 탐지거리	△	거리 방위 시험장
	6.9.3	클러터가 있는 경우 물표 탐지 평가	–	
	6.9.3.1	클러터-일반사항	x	자료제공요청
	6.9.3.2	우설 클러터	x	자료제공요청

IEC 번호	IEC 세부번호	시험 항목	적용 유무	기타 사항
				청
	6.9.4	레이다 성능 서류	-	
	6.10	레이다 안테나	-	
	6.10.1	일반 사항	-	
	6.10.2	수직 방사패턴/피치와 롤	x	자료제공요청
	6.10.3	안테나 수평패턴	x	자료제공요청
	6.10.4	안테나 사이드 로브	x	자료제공요청
	6.11	레이다 가용성(대기모드, 4분 이내 동작)	o	관찰
7	7	화면표시	-	
	7.1	일반사항	x	
	7.2	선형성과 인덱스 자연	o	관찰
	7.3	색상 사용과 분별(9.12와 중복)	x	
8	8	CCRP와 본선	-	
	8.1	공통 기준 위치(CCRP)	-	
	8.1.1	CCRP(정의)	-	
	8.1.2	CCRP 위치	o	관찰
	8.1.3	측정	o	관찰
	8.1.4	안테나 오프셋	o	관찰
	8.2	본선	-	거리 방위 시험장
	8.2.1	일반사항	-	
	8.2.2	본선 외곽선과 최소화된 심볼 (IEC 62288에 따라 본선 외곽선은 자선에 대한 그랙픽 표현이 제공될 때에만)	x	

IEC 번호	IEC 세부번호	시험 항목	적용 유무	기타 사항
9	9.1	일반사항	-	
	9.2	측정 단위	o	관찰
	9.3	표시	o	관찰
	9.4	화면 거리 척도	-	
	9.4.1	필수 거리 척도	o	관찰
	9.5	가변 거리 표식	-	
	9.5.1	일반사항	-	
	9.5.2	가변 거리 표식	o	관찰
	9.6	전자 방위선(EBL)	△	거리 방위 시험장
	9.6.1	일반사항	-	
	9.6.2	EBL 측정	o	관찰
	9.6.3	EBL 시작 시점	o	관찰
	9.7	커서	-	
	9.7.1	일반사항	-	
	9.7.2	커서 측정	o	관찰
	9.7.3	커서로 선택	o	관찰
	9.8	거리와 방위 오프셋 측정	-	
	9.8.1	일반사항	-	
	9.8.2	전자 거리 방위선	o	관찰
	9.9	병열 색인 선	-	
	9.9.1	일반사항	-	
	9.9.2	병열 색인 선과 위치	o	관찰, 선박 실험
	9.10	방위각	-	
	9.10.1	일반사항	-	
	9.10.2	방위각 표현	o	관찰
	9.11	거리환	-	

IEC 번호	IEC 세부번호	시험 항목	적용 유무	기타 사항
	9.12.2	맵 기능과 간단한 사용자 정의 맵 표시	-	
	9.12.3	맵 메모리와 전송	-	
	9.12.4	맵 표현 속성	-	
	9.13	항해 항로		
	9.13.1	일반 사항	-	
	9.13.2	항로표시와 모니터링	-	
10	10	기준점, 운동, 안정화	-	
	10.1	일반사항	-	
	10.2	방위 원점	-	
	10.2.1	정렬의 정확도	-	Gyro외 구축
	10.2.2	선수 판독과 기준	-	Gyro외 구축
	10.2.3	방위 안정화 업데이트	-	센서 시뮬레이터
	10.3	운동 및 시작점 모드	-	
	10.3.1	일반사항	-	
	10.3.2	실제 및 상대 운동	-	Speed Log외 구축
	10.4	중심 이탈	-	
	10.4.1	일반사항	-	
	10.4.2	수동 및 자동 중심 이탈	-	
	10.4.3	자동 리셋	-	
	10.4.4	화면 방향	-	
	10.5	대지와 대수 안정화	-	
	10.5.1	모드와 소스	-	
	10.5.2	대지 안정화	-	
	10.5.3	대수 안정화	-	

IEC 번호	IEC 세부번호	시험 항목	적용 유무	기타 사항
	11.2.1	일반사항	-	
	11.2.2	시간과 플롯 요구사항	-	
	11.2.3	경로/항적 가능성	-	
	11.3	물표 추적	-	
	11.3.1	일반사항	-	
	11.3.2	물표 표현	-	
	11.3.3	항로 계산	-	
	11.3.4	물표 추적 가용성	-	
	11.3.5	분류 및 추적된 물표 용량	-	
	11.3.6	수동 획득	-	
	11.3.7	자동 획득	-	
	11.3.8	동작 트랜드	-	
	11.3.9	50% 가시성	-	
	11.3.10	추적 알고리즘	-	
	11.3.11	물표 교차	-	
	11.3.12	추적 중지	-	
	11.3.13	물표 추적 시나리오	-	
	11.3.14	물표 동작 및 추적 정확도	-	
	11.3.15	추적 거리와 방위 정확도	-	
	11.3.16	기준 물표	-	
	11.4	추적 제한	-	
	11.4.1	추적 경고	-	
	11.4.2	문서	-	
	11.5	자동 식별 시스템	-	
	11.5.1	일반사항	-	
	11.5.2	AIS 표적 및 데이터 보고 용량	-	
	11.5.3	AIS 표적 필터링	-	
	11.5.4	AIS 표적의 활성화 및 비활성화	-	

IEC 번호	IEC 세부번호	시험 항목	적용 유무	기타 사항
	11.7.1	CPA와 TCPA	-	
	11.7.2	새 물표 경고	-	
	11.7.3	추적 레이다 물표 놓침	-	
	11.7.4	AIS 물표 놓침 기준	-	
	11.8	물표 연관	-	
	11.8.1	일반사항	-	
	11.8.2	연관과 우선순위	-	
	11.9	시험 운용	-	
12	12	차트 레이다	-	
	12.1	일반 요구사항	-	
	12.1.1	일반사항	-	
	12.1.2	차트 운전과 소스	-	
	12.1.3	차트 요소와 사용 가능성	-	
	12.1.4	차트 참조	-	
	12.1.5	주요한 차트 정보 세트	-	
	12.1.6	차트 안정화와 차트 다시 그리기	-	
	12.1.7	차트 위치와 지연	-	
	12.1.8	일치와 조정	-	
	12.1.9	차트 심볼, 색사, 크기	-	
	12.1.10	차트 화면 크기	-	
	12.1.11	차트 경보와 표시	-	
	12.1.12	차트 오류	-	
	12.1.13	차트 레이다 오류	-	
	12.2	차트 기능이 있는 독립형 레이다에 대한 추가 요구사항	-	
	12.2.1	일반사항	-	
	12.2.2	차트 정보 제공 및 업데이트	-	
	12.2.3	차트 데이터의 내용과 구조	-	

IEC 번호	IEC 세부번호	시험 항목	적용 유무	기타 사항
13	13	인체 공학적 기준(제어기능과 화면)	–	
	13.1	일반사항	–	
	13.2	운용 제어	–	
	13.3	주요 제어	–	
	13.4	제어 속성	–	
15	14	연동	–	
	14.1	일반사항	–	
	14.2	입력 연동	o	연동 시뮬레이터
	14.2.1	입력 데이터	o	연동 시뮬레이터
	14.2.2	입력 품질, 무결성 및 지연	o	연동 시뮬레이터
	14.3	출력 연동	–	
	14.3.1	출력 형식	o	연동 시뮬레이터
	14.3.2	출력 물표 데이터	–	14.1.3 통합
	14.3.3	VDR 인터페이스	o	관찰
	15	설계, 서비스, 설치	–	
	15.1	일반사항	–	
	15.2	고장 진단 및 서비스	–	
	15.3	화면 설계	–	
	15.4	송수신기 설계	–	
	15.4.1	일반사항	–	
	15.4.2	섹터 소거	–	
	15.5	안테나 설계	–	
	15.6	분배기와 다중 레이다	–	
	15.6.1	일반사항	–	
	15.6.2	시스템 안전장치	–	

IEC 번호	IEC 세부번호	시험 항목	적용 유무	기타 사항
	15.7.1	추가 정보와 적합성	-	
	15.8	안전성- 안테나와 방사	-	
	15.8.1	일반사항	-	
	15.8.2	안테나 방사와 회전	-	
	15.8.3	전자파 방사 레벨	-	
16	16	경보와 고장	-	
	16.1	일반사항	-	
	16.1.1	경보의 우선	-	
	16.1.2	경보와 표시	-	
	16.1.3	알람 접점 출력	-	
	16.1.4	경보 관리 연동	-	
	16.1.5	미확인 경고	-	
	16.1.6	미확인 알람	-	
	16.1.7	경보의 원격확인 및 경보의 소거	-	
	16.1.8	화면 정지	-	
	16.1.9	센서 고장 경보	-	
	16.2	백업과 폴백 구조	-	
	16.2.1	요구사항	-	
	16.2.2	선수정보의 고장(방위 안정화)	-	
	16.2.3	대수 속도 정보의 고장	-	
	16.2.4	침로와 대지속도 정보의 고장	-	
	16.2.5	위치입력 정보의 고장	-	
	16.2.6	레이다 비디오 입력 정보의 고장	-	
	16.2.7	AIS 입력정보의 고장	-	
	16.2.8	통합 또는 네트워크 시스템의 고장	-	
17	17	환경시험	-	
	17.1	일반사항	-	
	17.2	IEC 60945 시험	o	별도 시험 성적서

성능시험은 전송 주파수 스펙트럼, 운용성 용이, 신호처리, 최소 탐지거리, 분해능력과 정확성 측정으로 구성된다. 해양 환경에서의 성능 평가는 신호 처리와 관련된 제어 기능을 수행해야한다. 시험 입회기관은 이득과 클러터 방지 기능을 이해해야 한다.

2. 전송과 간섭에 대한 시험(IEC 6.2)

ITU-R SM.1541의 대역외 발사 제한에 대한 권고를 따른다. 대역외 발사 제한 권고는 다음 권고와 관련된다.
- 인접 할당 대역내로 떨어지는 대역외 발사(SM.1540)
- 대역외 발사와 스퓨리어스 발사 사이의 경계(SM.1539)
- 스퓨리어스 발사(SM.329)

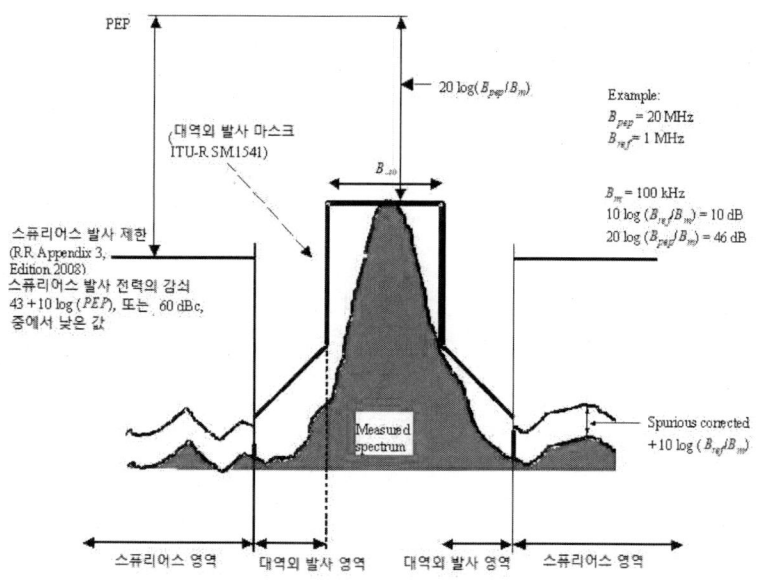

<그림 4-1> 대역외 발사 및 스퓨리어스 발사 기준

가. 전송 주파수의 간섭시험
 (1) 간섭
  대역외 발사에 대한 ITU-R 권고(SM.1541)는 사용자가 선택할 수 있는 펄스 파형의 복합 및 단순 레이어에 적용한다. 레이다에서 다수의 대표적인 펄스(가장 긴 펄스와 가장 짧은 펄스 포함)에 대한 펄스 길이, 상승시간, 하강시간이 측정되어야 하고 해당 B-40 대역이 계산되어야 한다. 계산된 가장 긴 B-40 대역은 시험용 레이다에 적용될 대역외 마스크를 만드는데 사용되어야 한다. 발사 측정은 계산된 가장 긴 B-40 대역을 생성하도록 펄스 길이를 설정하여 수행된다.

필수적으로 표면 수색 레이다인 해상 레이다는 수직면에 대한 측정을 요구하지 않는다. 수평면의 측정에서 안테나는 회전하거나 안테나 보어 사이트에 정렬될 수 있고 수평면에서 측정은 불요파의 방향이 알려질 때 해당 안테나 방향에서 이루어진다. 두 가지 기술 모두 허용될 수 있고 특정 선택은 제조사와 시험 기관의 협의에 의해 결정된다. 두 가지 경우 모두 수평면에서 발생하는 최대 발사치가 [표 4-2]에서 정의된 주파수 범위 이상으로 기록되어야 한다. 측정된 펄스폭과 상승시간, 하강시간으로부터 계산된 필요 대역폭은 할당된 주파수 대역 이내이어야 한다. 선언된 펄스 전송 주파수와 함께 B-40 대역은 다음 <그림 4-2>와 <그림 4-3>에서 설명된 마스크를 결정하는 데 사용된다.

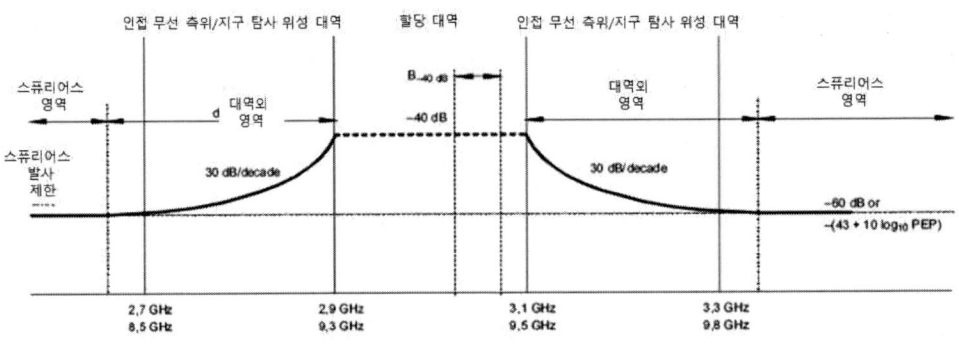

<그림 4-2> 할당 대역내로 떨어지는 B_{-40}

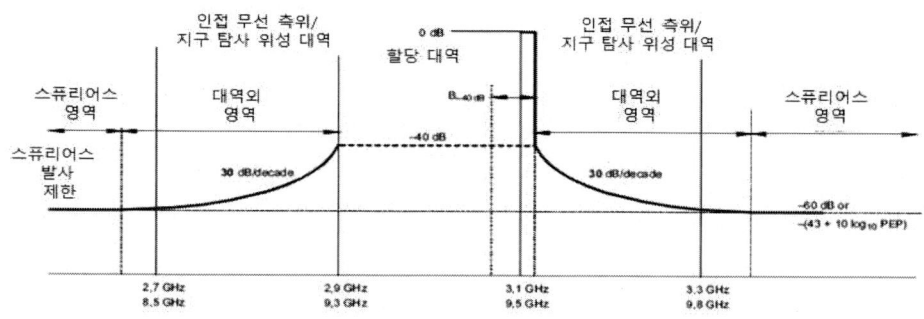

<그림 4-3> 할당 대역 바깥으로 떨어지는 B₋₄₀

 발사 스펙트럼은 대역 외 및 스퓨리어스 영역 모두에서 계산된 마스크 이하이어야 한다. 대역외 발사 마스크는 할당 대역 내 또는 인접 무선 측위/지구 탐사 위성 대역 내에서는 적용하지 않는다. 스퓨리어스 발사 제한은 주파수 대역에 상관없이 스퓨리어스 영역에 적용한다.

[표 4-2] 레이다 측정 주파수 범위

할당 대역	측정 대역	
	하한	상한
2.9GHz ~ 3.1GHz	2GHz	5차 고조파
9.3GHz ~ 9.5GHz	도파관 Cut-off의 0.7	26GHz

나. 성능 최적화와 모니터링
 (1) 성능 최적화
  (가) 튜닝 기능이나 이와 동등한 기능이 효과적으로 되는 지 관찰하여 확인한다. 자료에 어떻게 최적화된 성능이 유지 되는지 기술해야 한다.
  (나) 수동 방법이나 자동 방법을 통해, 물표가 없는 경우에도 레이다가 최적화 성능을 내는지 관찰을 통해 확인한다. 예를 들어 튜닝 표시기의 기능을 제공한다.

(다) 자동 튜닝 기능이 있으면, 분석적인 평가로 수동 튜닝에 비해 성능이 떨어지지 않는지 확인한다.
(라) 관찰을 통해, 감쇠기나 등가의 수단으로 전체적인 성능이 10 dB이하로 떨어지면 사용자에서 표시하는 기능을 제공하는지 확인한다. 업 마스트 시스템은 상응하는 구현 및 장비 설계를 고려할 때 다운 마스트 시스템과 유사하게 수용 될 수 있다.

다. 이득 및 클러터 방지 기능
 (1) 이득함수
  (가) 관찰로 이득 값이 항상 표시가 되는 지를 확인한다.
  (나) 관찰로 제어 기능이 직접 접근이 가능한지 확인한다.
  (다) 관찰로 24 NM 거리척도에서 이득 제어기능이 최소 가장 높은 신호 레벨에서 가장 높은 레벨인 노이즈가 보이는 수준까지 변경한다.
  (라) 관찰로 만약 미리 설정된 이득 조정이 있다면, 이 기능이 설치 메뉴에 사용자 접근이 허용하지 않게 보호되는지 확인하고 관련 기능이 자료에 기술되어 있는지 확인한다.
 (2) 수동 및 자동 해면 클러터 방지
  (가) 관찰로, "수동 해면"과 "자동 해면"이 제공되는지 확인한다.
  (나) 자료 검토로, 언급한 기능이 기술되어 있음을 확인하고 이와 관련한 기능 제한이 있는지 확인한다.
  (다) 자료 검토로, 수동과 자동 클러터 방지 해면 제어 기능 설명이 포함되어 있는지 확인하고 이점과 사용제한이 있는지 확인한다.
  (라) 관찰로, 이런 기능들의 상태표시와 레벨이 항상 표시 되는지 확인한다.
 (3) 우수 클러터 방지
  (가) 관찰로, 우설 클러터 방지 제어 기능이 제공됨을 확인한다.
  (나) 관찰로, 우설 클러터 방지 제어 기능의 레벨과 상태가 항상 표시됨을 확인한다.
  (다) 도서 검토를 통해, 수동 우설 클러터 방지 제어 기능 설명이 있어야 하고 이와 관련한 성능제한에 대한 언급을 해야 한다.

라. 신호처리
 (1) 물표 강화
  (가) 관찰을 통해, 클러터 환경에서 물표 가시성을 높이는 방법이 있음을 확인한다. 이 기능은 선택하거나 항상 표시될 수 있다. 관련 기능이 제공되는 경우, 예를 들어 높은 오류 경보율을 줄이기 위해 물표의 가시성 저하를 감소시킬 수 있다.
  (나) 자료 검토를 통해, 사용자 매뉴얼에 물표 가시성을 높이는 기능과 원리 그리고 연관기능이 있는지 확인한다.
  (다) 관찰을 통해, 물표 가시성 강화 상태가 표시되는지 확인한다.
 (2) 레이다 신호 상호관계
  (가) 서류 검토와 관찰을 통해서, 다른 해양 재래식(마그네트론) 레이다에서 생성되는 간섭을 효과적으로 제거하는 방법이 제공되는지 확인한다.
  (나) 서류 검토를 통해서, 상관(Correlation) 기법이 제공된다면 예를 들어 클러터를 줄이는 것이 사용자 매뉴얼에 어떤 장점과 제한이 있는지 기술되어 있음을 확인한다.
 (3) 신호처리와 레이다 영상 지연
  (가) 관찰과 측정으로, 어떤 물표 정보 갱신이 1회 안테나 스캔보다 더 많은 지연이 없는지 확인한다. 다른 방법으로 상관(Correlation) 기법이 다중 스캔의 지연을 가지도록 하는 것이 허용된다.
  (나) 관찰을 통해서, 상관(Correlation) 기능의 상태가 표시됨을 확인한다.
  (다) 자료검토를 통해서, 사용자 매뉴얼에 적용된 대체 상관(Correlation)의 장점과 제한이 기술되어 있는지 확인한다.
 (4) 2차 주변 에코
  (가) 관찰을 통해, 시험 기간 동안 환경조건이 허용된다면 2차 주변 에코를 억압하는 효과적인 수단이 제공되는지 확인한다.
  (나) 자료 검토를 통해, 2차 주변 에코를 억압하는 수단이 사용자 매뉴얼에 기술되어 있는지 확인한다.

(5) 전송형식(예, 펄스 길이 조정)
　(가) 서류검토와 관찰, 분석적인 평가를 통해, 적절한 기본 전송형식이 각 거리 척도마다 제공되는지 확인한다.
　(나) 적절하지 못한 전송형식은 송출이 금지되거나 사용자에게 표시되는지 확인한다. 예를 들어 짧은 거리 척도에서 긴 펄스 길이는 금지되어야 한다.
　(다) 서류검토를 통해, 전송형식의 변경 기능이 사용자 매뉴얼에 기술되어 있고, 기본적인 개념 특징 장점과 제한이 포함되어 있는지 확인한다.
(6) 그림 업데이트
　(가) 관찰을 통해, 레이다 그림이 매끄럽게 그리고 사용자에 거슬리지 않게 갱신되는지 확인한다.
(7) 추가적인 신호처리
　(가) 서류검토를 통해, 어떤 추가적인 신호처리가 있는지 확인한다.
　(나) 상위 레벨의 추가적인 신호처리 특징의 상세내용을 기록하고 레이다의 탐지 성능에 어떤 영향을 주는지 확인한다.
(8) 신호처리 기술
　(가) 관찰을 통해, 모든 작동하는 신호처리 기능이 표시되어 있는지 확인한다.
　(나) 서류검토를 통해, 이런 기능들이 사용자 매뉴얼에 기술되어야 하고 더불어 기본 개념 특징 장점 과 제한등도 포함되어야 한다.
(9) 신호처리 설명
　(가) 관찰을 통해, 모든 작동하는 신호처리 기능이 표시되어 있는지 확인한다.
　(나) 서류검토를 통해, 이런 기능들이 사용자 매뉴얼에 기술되어야 하고 더불어 기본 개념, 특징, 장점과 제한등도 포함되어야 한다.

마. SART, 능동형 레이다 반사기(RTE)와 비콘의 운용 (① 6.6)
　(1) 관찰을 통해, X-밴드 시스템이 전형적인 레이다 비콘에 동작함을 확인한다. 시료는 ITU-R M.824(비콘)과 호환됨을 검증하기 위해 바다를 내려다 볼 수 있고 레이다 비콘 주변에 설정되어야 한다.

(2) 관찰을 통해, X-밴드 장비가 바다를 내려다 볼 수 있고 알려진 SART와 레이다 반사기 주변에 설정될 때, 시스템은 각각 ITU-R M.628(SART)과 ITU-R M.1176(능동형 레이다 반사기)에 의해 요구되는 것과 같은 SART와 레이다 반사기를 검출하는지 확인한다.
(3) 관찰을 통해, 신호처리와 극성 상태(선택할 수 있을 때)를 나타내는지 확인한다.
(4) 서류 검토를 통해 비콘, SART와 능동형 레이다 반사기의 장비 운용이 사용자 매뉴얼에 기술되어 있는지 확인한다.

바. 최소거리와 거리보상
(1) 거리보정
 (가) 서류검토를 통해, 장비가 각 안테나 위치를 위한 거리 지수로 보정되는 방법이 있어야 하고, 설정값은 비휘발성 메모리에 저장되는지 확인한다. 각 센서에 대한 거리 보정을 조절해 알려진 물표의 거리가 바른지 확인한다.
 (나) 서류검토와 관찰을 통해, 각 센서에 대한 보정 설정값이 비휘발성 메모리에 저장되어 있는지 확인하고 각 센서가 선택되면 자동적으로 적용되는지 확인한다.
(2) 최소거리
 최소거리는 1.5NM보다 크지 않은 의무적인 거리 척도를 사용할 때 가장 짧은 거리이고, 고정 물표는 안테나 위치를 나타내는 위치와 이미지로부터 분리되어 표현된다. 이격 거리는 안테나 위치의 해수/지표면에서 수평으로 측정된다. 이 측정에서 거리 척도만 변경이 가능하다. 해상과 이득 제어는 조정은 시험 전에 조절될 수 있다. 조정한 후에는 시험 물표는 최소거리와 해상과 이득의 동일한 설정으로 1NM에서 보여야 한다. 이 측정에서는 중심을 이탈한 표현이 허용된다.
 (가) 관찰과 서류검토를 통해, 시료에 대해 다운 마스트 송수신기가 선택사항이면 시험은 다운 마스트 송수신기를 사용하여 수행되고 그렇지 않다면 업 마스트 장치로 수행되어야

한다. 만약 업 마스트와 다운 마스트 시스템의 구현이 다
르다면, 두 시스템 형태에 대해 시험해야 한다.

(나) 기준 시험 물표는 움직이는 시험 물표와 같은 속성을 가질
수 있다. 기준 시험 물표는 고정식이어야 하고 1 NM 거리
에 위치해야 한다. 기준 시험 물표가 약 1 NM에서 분명히
보이도록 레이다 시스템을 조절한다.

(다) 특정 높이에 고정된 레이다 안테나로 측정을 확인하고 이동
시험 표적과 안테나 위치의 분리는 표적이 안테나 위치의
40m 이내로 식별될 수 있을 때 가장 근접한 점으로 감소시
킬 수 있다. 결과를 기록하고 조절한 후에 최소 거리에서
의 이동 시험 표적과 1NM에서의 기준 표적은 이득과 클러
터 제어가 동일한 설정으로 보여질 수 있어야 한다.

(라) 대안으로 이득과 클러터 제어의 동일한 설정으로 X-밴드에서
10 m^2 RCS의 이동 표적이 사용될 수 있고 표적이 보여질 수
있는 가장 가까운 거리에서 1NM까지 이동할 수 있다.

사. 거리와 방위 판별 (① 6.8)

(1) 거리 판별 (① 6.8.3)

(가) 레이다를 0.75NM 거리 척도로 설정한다. 최소거리 측정에
서 언급한 2개의 시험 물표를 레이다 안테나에 대해 동일
한 방위각에 위치시키고 거리를 0.375 NM과 0.75 NM사이
에 두고 각각 40 m 이하의 거리로 분리시킨다. 레이다의
우수 제어와 효과적인 펄스 길이는 최소값으로 설정한다.
해상과 이득 제어는 2개 물표가 화면상에 분리되어 보이도
록 조절되어야 한다.

(나) 2개 물표가 10번 스캔 중에서 최소 8개 스캔 화면에서 분
리되게 보여야 한다. 2개 물표사이의 직선거리가 측정되어
야 한다. 이 거리가 40 m를 넘지 않아야 한다.

(2) 방위 판별 (① 6.8.4)

(가) 측정으로 방위 판별력를 확인한다. 레이다 거리 척도를 1.5
NM 또는 그 이하로 설정하고 시험 물표를 선택된 거리 척

도의 60%에서 100%사이에 둔다. 최소 거리 시험에서 정의된 것과 같은 동일한 레이다 단면적의 2개 시험 물표가 동일한 거리에 위치해야 한다. 그리고 레이다 안테나에서 상대적으로 방위각이 분리되어야 한다. 측정은 안테나 위치에서 편리한 방위각에서 수행될 수 있다. 두 표적 사이에 각도 분리는 화면상에서 분리되어 표시되는 것이 멈출 때까지 감소되어야 한다. 10 스캔 중 최소 8 스캔에서 2개 시험 물표가 분리되어 보일 때, 두 시험 물표사이 직선거리를 측정해야 한다.

(나) 시험 표적의 알려진 거리에 대해 계산된 각도가 2.5°를 초과하지 않음을 계산을 통해 확인한다. 계산된 분리 각도를 기록한다.

(3) 기본적인 레이다 정확성 (① 6.8.5)

(가) 방위 : 고정 플랫폼으로 운용할 때, 레이다 시스템에 의해 구한 방위의 전반적인 정확도는 요구되는 방위 정확도를 만족해야 한다. 측정은 식별가능한 점 표적의 실제 방위와 레이다 장비를 사용하여 구한 방위를 비교로써 이루어져야 한다. 비교는 360° 전 방향으로 분산된 샘플 방위에서 이루어져야 하고 레이다 안테나로부터 각 표적의 거리는 사용 중인 거리 척도의 80%와 100% 사이에 있어야 한다. 방위 측정은 레이다 안테나 받침대에 상대적으로 일련의 알려진 방위각에 위치한 단일 점 표적을 사용하거나, 레이다 안테나 받침대 주변에 조사된 알려진 방위각의 일련의 점 표적의 레이다 방위각을 얻음으로써 이루어질 수 있다.

(나) 거리 : 고정 플랫폼으로 운용할 때, 식별할 수 있는 점 표적의 실제적인 거리를 사용하여 안정적인 플랫폼으로부터 측정에 의해 확인한다. 측정은 최소 두 개의 알려진 표적, 첫 번째는 일반적으로 1NM에 두 번째는 일반적으로 10NM에 있는 표적을 사용해야 한다. 거리 정확도는 30m 이내 또는 사용 중인 거리 척도의 1% 이내 중 큰 값의 것 이내 이어야 하고 결과를 기록한다. 레이다의 송수신기는 이 시험을 위해 적절한 전송 형식으로 운용해야 한다.

아. 물표 탐지 성능평가 (① 6.9)

본 규정은 최소거리의 첫 번째 탐지(first detection) 성능의 최소 거리를 맑은 날씨 조건(clear condition)에서 규정하고 있고, 추가적으로 다음 사항을 포함하여 검출 성능 요건에 부합하는 클러터 조건이 시험되고 측정 또는 평가되도록 정의한다.

- 최소 클러터조건에서 첫 번째 검출의 거리를 측정한다. 관찰을 통해 시험 물표의 가시성을 확인하고 이는 일반적으로 IMO 요구사항인 다음 [표 4-3]과 일관되어야 한다.

[표 4-3] 클러터가 없는 상황에서 1차 탐지 거리

물표설명[e]	물표 해발높이 m	탐지거리[f]	
		X-band NM	S-band NM
해안선	60 까지 상승	20	20
해안선	6 까지 상승	8	8
해안선	3 까지 상승	6	6
SOLAS 선박(> 5,000 총톤수)	10	11	11
SOLAS 선박(> 500 총톤수)	5.0	8	8
레이다 반사기가 있는 소형선박 (IMO P.S.)[a]	4.0	5.0	3.7
코너 반사기가 있는 항법 부이[b]	3.5	4.9	3.6
전형적인 항법 부이[c]	3.5	4.6	3.0
레이다 반사가 없는 길이 10m의 소형선박[d]	2.0	4.3	3.0
채널 마커[c]	1.0	2.0	1.0

S-밴드의 경우 0.5 ㎡로 정의된다. 사용된 반사기는 명시된 RCS를 50%이상 초과해서는 안된다.
b 물표는 X-밴드의 경우 10 ㎡, S-밴드의 경우 1.0 ㎡를 취한다.
c 전형적인 항법 부이는 X-밴드는 5.0 ㎡, S-밴드는 0.5 ㎡로 취해진다. RCS가 1.0 ㎡ (X-밴드)이고 0.1 ㎡ (S-밴드)이고 높이가 1 m 인 전형적인 채널 마커의 경우 감지 범위는 각각 2.0 NM 및 1 NM이다.
d 10 m 소형 선박에 대한 RCS는 X-밴드용으로 2.5 ㎡, S-밴드용으로는 1.4 ㎡(분산된 물표로 간주)를 취한다.
e 반사기은 점 물표, 선박은 복잡한 물표, 해안선은 분산 물표(바위가 많은 해안선의 전형적인 값이지만 프로파일에 따라 달라짐)으로 간주된다.
f 실제로 경험 한 탐지 범위는 대기조건(예를 들어 증발 덕트), 물표 속도 및 양상, 물표 물질 및 물표 구조를 포함한 다양한 요소에 영향을 받는다. 이들 및 다른 요소는 모든 범위에서 물표 검출을 향상 시키거나 저하시킬 수 있다. 첫 번째 탐지와 자체 선박 간의 범위에서 안테나/물표 중심 높이, 물표 구조, 해면 상태 및 레이다 주파수 대역과 같은 요소에 의존하는 신호 다중 경로에 의해 레이다 반환이 감소되거나 향상 될 수 있다.

- 다양한 해상 상태와 강우량의 기회를 이용하여 클러터 영역 및 우수 영역내에서 시험 표적을 관찰함으로써 클러터가 있는 조건에서 첫 번째 검출의 거리 측정/예상과 클러터 조건하에서 표적 가시성 평가가 이루어진다. 모든 레이다 성능시험에서 레이다 안테나는 바다나 해안가의 플랫폼에 설치해야 한다. 안테나는 실제적으로 평균 해수면에서 15m에 근접한 높이에 설치해야 하고, 안테나와 물표 높이의 적은 편차조차도 물표 탐지 성능에 영향을 줄 수 있다는 것을 인식하고, 다중경로 널(multi-path nulls)을 재배치할 것이다. 일관성 있는 시험을 위해서, 시험은 관찰과 측정이 다중 경로 피크(multi-path peaks)로 검출되는 위치의 시험 표적으로 이루어짐을 확인해야 한다. 레이다 안테나 높이와 물표의 변수는 각 시험에서 시험 기관에 의해 문서화되어야 한다. 모든 시험결과는 장비 제조사가 활용할 수 있도록 해야 한다.

만약에 대표적인 레이다 시스템이 더 향상된 성능을 평가하기 사용된다면, 시험 레이다와 기준 레이다의 두 안테나는 동일한 높이와 실질적으로 가장 가까운 같은 위치에 있어야 한다. 기준 레이다는 본 규격의 최소 요구사항을 만족함을 검증해야 한다. 또한 상대적인 전파와 클러터 조건도 시험 측정 시 확인해야 할 수 있다. 합부 판정은 기준 레이다와의 비교로 패스와 패일의 결정은 단지 기준 레이다의 비교에만 의존하지 않아야 한다.

(1) 최소 클러트에서 1차 탐지거리 (① 6.9.2)

   (가) 관찰과 서류검토로, 시험 주파수 대역에서 레이다 시스템과 사용될 수 있는 가장 작은 안테나가 설치되어 시험하는지 확인한다. 좋은 검출 감도를 제공하도록 연한 배경 잡음 도 함께 최상의 표적 가시성으로 시스템을 조정한다. 바다 상태는 첫 번째 탐지 거리를 평가하기 위해 조용한 상태이어야 한다.(최대 해상 상태 레벨은 1, [표 3]을 참조) 이 시험은 육지에서 바다를 보고 수행하거나 바다에서 안정적인 플랫폼에서도 가능하다. 모든 관찰은 맑은 상태에서 시험되어야 한다.

[표 4-4] 더글라스 해면 상태 파라미터

더글라스 해면상태	평균 풍속 (kn)	주요 파도 높이 (m)	해면상태 설명
0	< 4	< 0.2	평탄, 매우 평온한
1	5-7	0.6	평탄
2	7-11	0.9	조금
3	12-16	1.2	보통
4	17-19	2.0	거침
5	20-25	3.0	매우 거침
6	26-33	4.0	높음

비고 1) 주요 파도 높이는 가장 높은 파도의 3분의 1의 평균 높이로 정의 된다. 개별 파도 및 물결은 현저하게 파도 높이를 증가시키도록 결합될 수 있고 물표를 엄폐하는 결과를 낳을 수 있다. 이 표는 현지 바람에 의해 형성된 파도에만 적용된다.

비고 2) 표 값은 해면상태 평가의 주관적 특성에 기인한다.

비고 3) 바다 물결은 파고의 평가를 매우 어렵게 만든다.

(나) 관찰과 평가는 시험 기관의 승인을 얻은 곳에서 수행하고, 생생한 레이다시스템을 사용하여 바다를 스캔할 수 있고 위치시키고 지나가는 물표를 사용한다. 1차 검출 거리는 일반적적으로 [표 4-4]의 예와 일관된다.

추가적으로, 가능하면 관찰과 측정은 다음을 포함해야한다.

- 10 NM까지 다양한 거리에 설정된 물표
- 3 NM에서 20 NM까지 다양한 거리의 알려진 해안선

해안선과 해수면 물표는 일반적으로 [표 4-4]에서 규정된 것과 일관된 거리에서 적어도 20 스캔 중에서 16 스캔 (80% 탐지)에서 분명하게 보여져야 한다. 측정은 적어도 4회 이상 주기로 수행되어야 하며 결과가 평가되어야 한다. 그리고 결과는 평가한다. 4 주기의 집계 결과는 검출율 분류기준을 만족해야 한다. 모든 물표에 대해 검출의 동일 기준을 적용하고 관찰 주기 동안 샘플 물표([표 4-4]의 전체 내용이 아님)는 1차 검출의 거리를 검증하기에 충분해야 한다. 그러나 교정된 시험 물표(무지향성 Luneberg lens와 같은)는 다음과

같이 포함될 수도 있다. X-밴드에서 10 ㎡ 의 RCS 반사기 (S-밴드는 1 ㎡)가 3.5m의 높이에 고정되고 항해용 부표에 반사기를 접어서 사용할 수도 있다. 대안으로, X-밴드에서 1 ㎡의 (S-밴드에서 0.1 ㎡) RCS의 반사기를 1.0미터 높이에 고정하여 채널 표식으로 대체할 수 있다.

(2) 클러터가 있는 물표 탐지 평가 (① 6.9.3)

① 클러터-일반사항 (① 6.9.3.1)

전형적으로 해무와 해면 클러터 조건에서 기인한 성능 제한은 [표 4-4]에서 정의된 것과 상대적으로 표적 탐지 능력의 저하를 가져올 것이다. 레이다는 최적화되고 가장 일관적으로 탐지 성능을 낼 수 있게 설계되어야 하고, 단지 물리적인 전파의 한계에 의해서만 제한되어야 한다. 다음 조건의 다양한 거리와 표적 속도에서 탐지 성능([표 4-4]의 형상 관련)이 떨어지는 경우를 명확히 사용자 매뉴얼에 기술해야 한다.

- 가벼운 비 (4 mm/h)와 폭우 (16 mm/h)
- 해면 상태 2 그리고 해면 상태 5
- 위의 두 상황이 혼합된 경우

제조자는 다른 동의가 없는 한, 성능을 최적화하도록 레이다를 설정해야 하고 시험 전에 시료가 만족스럽게 동작함을 확인해야 한다. 제조자는 레이다성능을 다양한 운용 기후 조건과 다양한 바다 지역, 예를 들어 VDR 기록의 고색 샘플, 화면의 영상 기록, 스크린샷 또는 검사된 시운전의 보조 증명서류를 제공해야 한다. 이러한 증명서류는 성능 시험 전에 제시되어야 하고 결과를 얻기 위해 사용된 설치된 레이다 시스템의 전체 기술 상세 내역과 기록 위치 및 지배적인 환경 조건을 포함해야 한다. 시험기관은 레이다 성능이 만족됨을 결정하기 위해 이 시험에서 요구되는 시험 측정, 관찰과 함께 이러한 증거를 평가해야 한다.

② 우수 클러터 (① 6.9.3.2)

우수 클러터는 잡음과 비슷하지만 강한 에코를 발생하여

레이다 수신기에 신호 대 잡음 비율을 감소시킨다. 추가적으로 이는 레이다 신호를 감쇄시키고 전체적으로 신호 대 잡음 비율의 감소로 이어진다. 이 경우에 레이다 시스템의 물표 탐지 능력을 감소시키는 효과를 가져온다. 강우량 1,000m이고 탐지 영역 내에 지속적으로 비가 온다고 할 때, 1차 탐지 거리에 대한 효과는 S-밴드에서는 <그림 4-4> 그리고 X-밴드에서는 <그림 4-5>에 나타나 있다. 주파수 운용과 함께, 그 효과는 안테나 수평 빔과 수직 빔 폭과 펄스 길이에 의존한다. 레이다 제조자는 비가 있는 상황에서 레이다가 성능을 최적화하도록 하는 자동 임계값과 차등 신호처리와 같은 기술을 포함시켜야 한다. 제조자는 비가 있는 상황에서 시스템 성능이 일반적으로 <그림 4-4>와 <그림 4-5>에 주어진 이론적인 데이터와 일관됨을 시운전으로부터 보충 증거를 제출해야 한다.

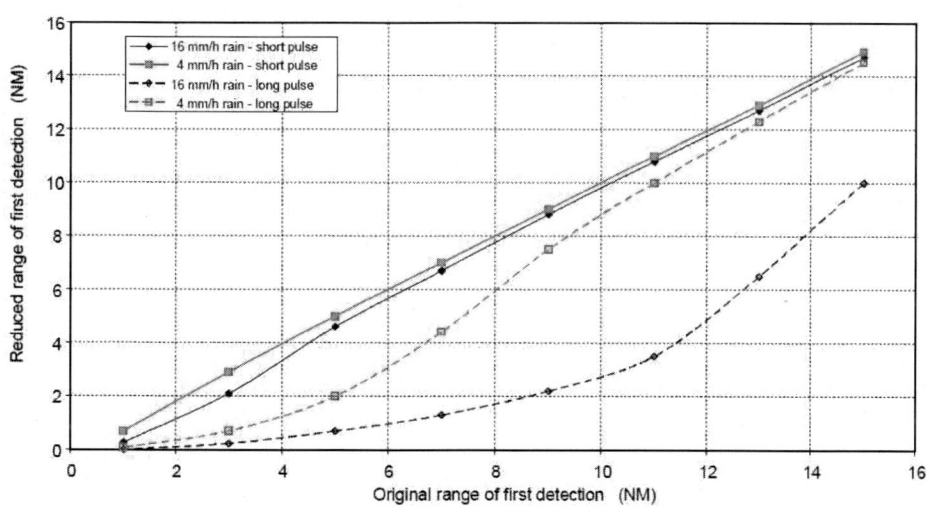

<그림 4-4> S-밴드에서 우수로 인한 1차 검출 거리의 감쇠

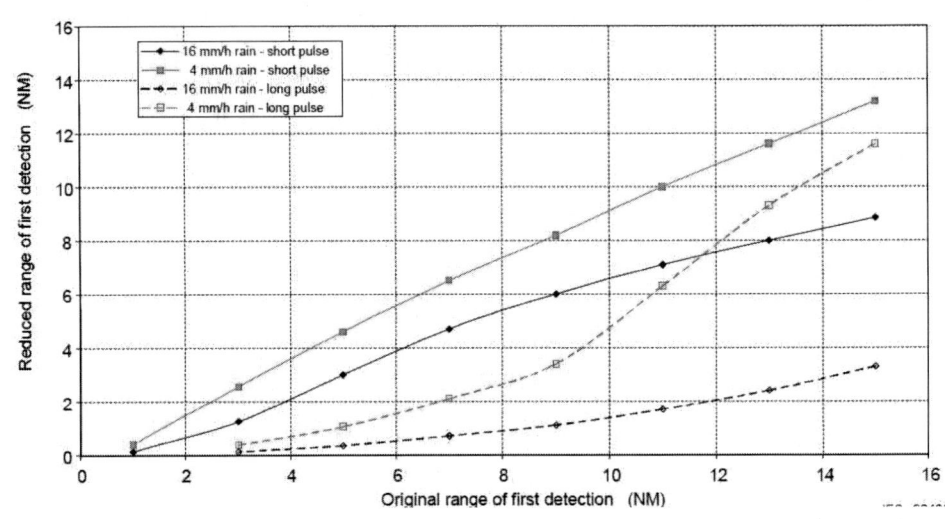

<그림 4-5> X-밴드에서 우수로 인한 1차 검출 거리의 감쇠

③ 해면 클러터 (① 6.9.3.3)

해면 클러터의 존재는 레이다 탐지 성능을 떨어지게 한다. 3가지 주요한 효과가 성능 감쇠를 유발한다.

첫 번째는 큰 파도가 물표를 엄폐할 수 있다. 일반적으로 이를 극복할 방법은 없다. 두 번째는 파도는 물표로부터 반사되어야 하는 레이다 에너지를 반사한다. 것은 물표내의 잡음 레벨을 증가시킨다. 그러나 통계적 특성으로 볼 때 파도에서 반사되는 신호는 물표에서 오는 신호와 다르고 다양한 신호처리 기술의 조합으로 물표 가시성을 높일 수 있다. 세 번째는 어떤 파도는 여러 번 스캔 동안 계속 나타날 수 있어 물표와 같게 보일 수 있다. 이는 해면 "스파크"를 일으키고 실 물표를 엄폐하거나 혼동을 줄 수 있다. 적절한 신호처리는 이런 효과를 때때로 감소시키지만 항상 그렇지 않다. 제조자는 파도가 있는 상황에서 시스템 성능이 일관됨을 시운전으로부터 보충 증거를 제출해야 한다.

자. 레이다 안테나(피치와 롤 포함) (① 6.10)

(1) 수직 방사 패턴/피치와 롤 (① 6.10.2)

(가) 제조사는 원방영역 또는 참조 될 수 있는 영역에서 측정된 레

이다 안테나의 수직 방사 패턴의 측정 결과를 제시해야 한다. 측정은 가장 상위 주파수와 하위 주파수에서 측정되어야 한다.
(나) 서류 검토로, (가)에서 측정결과가 -3dB 빔 폭은 ±0° 수직을 포함하는 지 확인한다.
(다) 대안 방법은 측정을 통해, 안테나 방사 패턴을 낮은 주파수와 높은 주파수에서 시험을 해야 하고, 관련 시험 자료인 탐지 성능과 거리 분해능과 방위 분해능을 롤링과 피칭상황에서 수행되어야 하고, 성능 저감을 운영자에게 제공해야 한다.

(2) 안테나 수평 패턴 (① 6.10.3)

X-밴드는 수평적으로 편파 모드로 동작될 수 있어야 한다. X-밴드 안테나에 대한 원방영역에서 수평 패턴은 제조사가 규정한 상위 주파수와 하위 주파수에서 측정되어야 한다. 수평 빔 패턴 제한 값은 [표 4-5]를 만족해야 한다. 다음 값은 단 방향 전파에 관련이 있다. 그리고 이 제한 값은 S-밴드에도 적용이 된다.

[표 4-5] 메인 수평 빔 패턴

메인 빔의 최대 전력 (dB)	최대 총 빔폭 (X-밴드) 도(°)	최대 총 빔폭 (S-밴드) 도(°)
-3	2	2
-20	10	10

제조사는 아래 요구사항을 만족하는지 안테나 방사 패턴과 시험 결과를 제출로 증명할 수 있다.

(3) 안테나 사이드 로브 (① 6.10.4)

실질적으로, 설계 시 안테나 사이드 로브를 최소화해야 한다. 사이드 로브는 다음 [표 4-6]을 만족해야 한다.

[표 4-6] 효과적인 사이드 로브

메인 빔의 최대 위치 도(°)	메인 빔의 최대값에 비례한 최대전력 (dB)
± 10 이내	-23
± 10 이외	-30

제조사는 아래 요구사항을 만족하는지 안테나 사이드 로브 시험 결과를 제출로 증명할 수 있다.

(가) 세부 검토를 통해, 많은 양의 사이드 로브가 [표 4-6]에 나와 있는 제한 값을 넘지 않음을 확인한다. 안테나 수평 방사 패턴은 상대적인 응답으로 수평면의 각도 변위에 대한 것이다. 의미 있는 사이드 주 빔 패턴이 2 dB 이상 단조롭게 감소하는 것에서 양의 편위(positive excursion)로 정의된다.

차. 레이다 가용성 - 대기와 전송 (① 6.11)
 (1) 관찰로, 대기 기능이 있는지 확인한다.
 (2) 스위치가 켜진 후 4분 내에 작동하는지 확인한다. 레이다 시스템은 적어도 1시간 이상 전원을 끊게 한 후 다시 전원을 연결하고 스위치를 켠 후 시간을 확인한다. 레이다 시스템이 작동하기 시작하면, 전송 모드로 전환한다. 레이다 시스템이 운용이 가능한 것으로 표시되면 즉시 송신 모드로 설정되어야 한다. 레이다 시스템이 완전히 운용될 때 시간을 확인하고 기록한다. 이 시간은 스위치를 켠 후 4분 이내여야 한다.
 (3) 측정으로, 대기 상태에서 5초 이내로 동작이 되는지 확인한다. 레이다 시스템은 대기모드에서 적어도 2분 동안 유지하다가 전송으로 설정되어야 한다. 이때의 시간을 확인하고 레이다 시스템이 완전히 작동하여 전송을 할 때 시간을 확인한다. 이러한 측정에서 20회 이상의 평균이 5초를 초과하지 않아야 한다.

3. 화면표시 (① 7)

가. 선형성과 인덱스 지연 (① 7.2)
   (1) 관찰로, 레이다 물표가 선형 거리 척도로 지연 없이 표시되는 것을 확인한다. 거리 척도가 선형적인 것은 보정된 마커나 알려진 물체로 확인될 수 있다.
   (2) 추가적이거나 보조적인 레이다 화면 창은 거리 인덱스 지연이 있거나 없거나, 조작 표시 영역 밖에 사용될 수 있다. 가능한 한 실질적이고 크기가 허락하면, 허락된 보조 창은 본 규정을 지침으로 하여 기능과 표시를 준수해야 한다.

4. CCRP와 본선 (① 8)

가. 공통 기준 위치(CCRP) (① 8.1)
   (1) 관찰로, 그림이 중앙에 있으면, CCRP가 방위 척도 측정 기준의 중앙에 위치함을 확인한다. 특별히 선택되는 경우를 제외하고는 어떤 다른 위치를 중앙으로 하지 않아야 한다.
   (2) 관찰과 측정으로, 거리와 방위측정이 CCRP에 대해 바른지 또는 제공된다면 다른 기준 위치에 맞는지 확인한다.
   (3) 측정으로, CCRP 위치에서 다른 위치로 옮겨질 경우 표시되는 정보는 그에 따라 변경되는지 확인한다. 하지만 다른 장비로 전송되는 정보는 여전히 CCRP 기준임을 확인한다.
   (4) 자료 검토를 통해, 다른 대안 CCRP 위치가 있음을 확인한다.
   (5) 자료 검토를 통해, CCRP 기능이 사용 설명서에 설명 되어 있는지 확인한다.
   (1) 안테나 오프셋 (① 8.1.4)
      (가) 안테나 위치와 공통 기준 위치 사이의 오프셋을 보상하기 위한 비-운용 메뉴의 기능이 있음을 관찰하여 확인한다.
      (나) 여러 대의 안테나가 설치되는 경우, 각 안테나마다 다른 위치 오프셋을 적용하기 위한 기능이 있는지 확인한다.
      (다) 관찰로, 오프셋이 자동적으로 각 선택된 안테나에 적용됨을 확인하고, 이 값은 비휘발성이고 전달 가능한 메모리에 저장되는지 확인한다.

(라) 하나 이상의 CCRP에 대한 기능이 제공되면, 관찰로서 안테나 위치 오프셋이 선택된 CCRP 위치에 따라 수정되는지 확인한다.

나. 본선 (① 8.2)
 (1) 본선 외곽선과 최소화된 심볼 (① 8.2.2)
  (가) 본선 심볼, CCRP 표시와 레이다 안테나 위치가 다음 [표 4-7]과 같이 구성되는지 확인한다.

[표 4-7] 본선 심볼

	심볼 이름 및 설명	심볼 그림
1	본선 - 실 척도 외형 사용자는 CCRP에 상대적인 선수방향을 중심으로 실 척도 외형으로써 본선을 표시하도록 선택할 수 있고 본선 심볼에 사용된 동일한 기본 색상으로 두꺼운 실선을 사용하여 그려져야 한다. 실척 외형의 자동 선택이 허용된다. Gyro/THD 안정화 모등에서 선수방위가 알려지지 않을 때와 외형의 선폭이 3m 이하일 때에는 실 척도 외형은 사용되지 않아야 한다.	
2	본선 - 간략화된 심볼 항해 화면이 차트 모드로 표현된다면 본선에 대해 간략화된 심볼이 사용될 수 있다. 간략화된 심볼은 아래 최소화된 심볼과 결합될 수 있다. 간략화된 심볼은 차트가 북쪽이 위로(North-Up) 표현될 때 레이다 영상없이, 선수방위가 없을 때 사용되어야 한다. 그림의 바깥 원은 직경 6mm, 내부 원은 직격 3mm이어야 한다. 이는 본선 심볼에 사용된 동일한 기본 색상으로 두꺼운 실선을 사용하여 그려져야 한다. 레이다 모드에	

	서 간략화된 심볼이 최소 거리 요건을 허용하지 않으므로 사용되지 않아야 한다.	
3	본선 - 최소화된 심볼 항해 화면이 레이다 모드를 표현한다면 본선은 최소화된 심볼로 표현되어야 한다. 최소화된 심볼은 선수선과 빔선으로 구성된다. 적용될 때 최소화된 심볼은 본선의 실척도 외형선과 결합될 수 있다.	
4	레이다 안테나 위치 레이다 영상이 표시되고 본선이 실측 외형으로 표시될 때, 사용자는 레이다 안테나 위치를 레이다 안테나의 물리적 위치에 중심을 둔 십자 표시로써 표현하도록 선택할 수 있다. 십자선의 길이는 1㎜이상, 2㎜이하이어야 한다. 또한 이는 본선 심볼에 사용된 동일한 기본 색상으로 얇은 실선을 사용하여 그려져야 한다.	
5	본선 선수선 선수선은 항상 CCRP를 기점으로 본선의 선수 방향으로 확장되어 방위 척도까지 표시되어야 한다. (사용자가 일시적으로 기능을 억압한 경우 제외) 이는 본선 심볼에 사용된 동일한 기본 색상으로 얇은 실선을 사용하여 그려져야 한다. 선수선은 빔선과 함께 항상 보여져야 한다.	
6	빔 선 빔 선은 본선 최소화된 심볼의 한 부분을 구성한다. 본선의 빔 선은 CCRP를 지나는 선수 선에 수직인 단일 선으로 표현되고 CCRP의 양 측면으로 최소 5㎜이상 확장된다. 이는 본선 심볼에 사용된 동일한 기본 색상으로	

| | 얇은 실선을 사용하여 그려져야 한다. | |

다. 표시 (① 9.3)
  (1) 각 항해 도구가 아래 [표 4-8]에 요구하는 것과 같이 관련된 심볼을 사용하는지 확인한다.
  (2) 관찰로, 숫자로 각 항해 도구의 결과가 표현되는지 확인한다.

[표 4-8] 항해 도구 표시

	설명	심볼
1	사용자 커서 사용자 커서는 모든 측면에서 중앙으로부터 최소 3㎜이상의 수직교차선으로 표현되어야 한다. 커서는 굵은 실선으로 그려져야 한다. 선택적으로 커서의 중앙이 개방된 교차선을 사용할 수도 있다	
2	전자적 방위선(EBL) 전자적 방위선는 CCRP 또는 지리적 고정위치를 원점으로하는 단일선으로 표현되어야 한다. 전자적 방위선은 점선으로 그려져야 한다. 추가적인 전자적 방위선은 다른 형태의 점선 또는 색상으로 구별되어야 한다. 전자적 방위선에 오프셋이 있다면 전자적 방위선은 전자적 거리 및 방위선을 구성하도록 가변 거리 표식과 결합될 수도 있다. 거리는 전자적 방위선과 교차하는 적은 호로써 표현되어야 한다. 이러한 호는 전자적 방위선과 동일한 색상을 사용하여야 한다.	
3	가변 거리 표식(VRM) 가변 거리 표식은 원으로 표현되어야 한다. 가변 거리 표식은 점선으로 그려져야 한다. 추가적인 가변 거리 표식은 다른 형태의 점	

4	선 또는 색상으로 구별되어야 한다. 거리 환 선택될 때, 일련의 고정 거리환은 CCRP를 원점으로 하는 적정한 수의 동일한 간격의 동심원으로 표현되어야 한다. 거리환 사이의 간격은 거리 스케일에 따라 달라지고 얇은 실선으로 그려져야 한다.	
5	병렬 색인 선 병렬 색인 선은 설정 방위로 정렬된 일련의 선으로 표현되어야 하고 일련의 빔 거리로 이격되어야 한다.(예, 거리 환 간격) 병렬 색인 선의 형태는 규정되지 않았지만 각각의 선 상호간 및 전자적 방위선과는 구별되어야 한다. 다른 방위각으로 설정된 색인 선이 사용될 수도 있다. 다른 위치에서 일련의 색인 선이 사용될 수도 있다.	

라. 화면 거리 척도 (① 9.4)

(1) 시료를 조사하여 필수 거리 척도가 있는지 확인한다.
- 거리 척도가 0.25 NM, 0.5 NM, 0.75 NM, 1.5 NM, 3 NM, 6 NM, 12 NM 과 24 NM는 제공되어야 한다.
- 추가적인 거리 척도는 제공될 수 있다.
- 낮은 미터 단위 거리 척도도 필수 거리 척도에 더불어 제공되어 질 수 있다.

(2) 선택된 거리 척도가 영구적으로 두드러진 위치에 표시하는지 확인한다.
- 선택된 거리 척도는 지속적으로 표시되어야 한다.

(3) 추가적인 거리 척도가 별도로 필수 거리 척도 외부에(0.25NM 이하 및 24NM 이상)에 있는지 확인하고, 연속적인 필수 거리 척도가 중간에 끼어 있지 않은지 확인한다. 낮은 미터법 척도를 추가적으로 허용한다.

(4) 화면은 1초 이상 거리 척도가 변경된 후 아무 영상이 없으면 안된다. 이 시간동안 전 기능이 복구가 되어야 한다.
(5) 관찰로, CCRP 중앙에서 실제 거리는 동작 영역에서 +0%에서 +8% 거리 척도 사이에 있어야 한다.

마. 가변 거리 표식(VRM) (① 9.5)
(1) 관찰로, 적어도 2개의 VRM이 있는지 확인한다.
  - 적어도 두 개의 가변 거리 표시(VRM)가 제공되어야한다.
(2) 각 활성 VRM에 전용 결과 값을 보여주는 지점이 있는지 확인한다. VRM이 0.01 NM로 해상도가 있는지 확인한다. 듬성듬성한 조정이 24 NM보다 큰 거리 척도에 제공될 수 있다.
(3) VRM을 켜거나 끌 수 있는 기능이 있는지 확인한다.
(4) VRM의 정확도가 보정 된 물표나 마커를 이용하여 확인한다.
(5) 미터법 측정이 제공될 때, 측정값이 NM로 측정할 때와 같은지 확인한다.
(6) 24 NM을 선택한 후 VRM도 24 NM로 선택한다. 6 NM 거리 척도를 선택한 후 관찰로 VRM 위치를 3 NM로 5초 이내로 선택 가능한지 확인한다.
(7) VRM 시작점이 5초 내로 위치되어짐을 확인한다.
(8) 관찰로, VRM이 동작 표시 영역 내 어떤 지점까지 정확도가 1%내로 5초 이내로 위치가 되어 짐을 확인한다.
(9) VRM 거리가 사용자에 의해 정해지고 거리 척도가 변경되어도 유지됨을 확인한다.
(10) VRM 시작점이 CCRP에서 다른 지점으로 옮겨지는 것이 가능하면 VRM 시작점이 CCRP로 다시 옮겨지는 것이 간단한 조작 행위로 이루어짐을 확인한다.

바. 전자 방위선(EBL) (① 9.6)
(1) EBL 측정 (① 9.6.2)
  (가) 2개 EBL이 제공됨을 확인하고, 지리적으로 알려진 물체를 요구하는 정도에 따라서 측정할 수 있는지 확인한다.

(나) 관찰로, 적절한 분해능의 숫자 판독 값이 각각의 활성화된 EBL에 대해 제공되는지 확인한다.
   - 화면 주변장치에서 ±0.5°의 측정 불확도를 바탕으로 최대 레이다 시스템 에러가 1° 이하이어야 한다.
(다) 본선 선수를 기준으로 한 것과 진북을 기준으로 한 방위가 측정가능한지 확인한다. 방위 기준 표시가 있는지 확인한다.
(라) 관찰로, 각 EBL을 켰다가 끌 수 있는 기능이 있는지 확인한다.
(마) EBL 보정은 점진적이어야 하며 증가하는 보정은 요구되는 정확도의 특정 방위로 충분히 적절하게 EBL을 설정할 수 있는지 확인한다.
(바) 측정으로, EBL을 ±0.5° 이내의 방위값으로 5초 이내에 설정 가능해야 한다.

(2) EBL 시작 시점 (① 9.6.3)
(가) EBL 시작점을 CCRP에서 동작 표시 영역의 어느 지점으로도 이동이 가능해야 하고, EBL 시작점을 간단한 동작으로 CCRP로 재설정할 수 있어야 한다.
(나) 지리적으로 EBL 시작점을 고정시킬 수 있어야 하며, 또한 본선의 속도로 EBL 시작점을 이동할 수 있는지 확인한다.
(다) 측정으로, EBL 시작점을 5초 내로 위치시킬 수 있고 EBL을 5초 이내에 주어진 방위의 ±0.5°로 위치시킬 수 있는지 확인한다.

사. 커서 (① 9.7)
(1) 커서 측정 (① 9.7.2)
(가) 커서를 CCRP 위치에 놓고 5초 이내에 중심 기점의 바깥 거리환에 위치할 수 있는지 확인한다.
(나) 측정으로, 알려진 물표 또는 보정된 소스와 비교하여 거리와 방위에 있어서 커서 정확도를 측정한다. 정확도가 가변 거리 표식 및 전자 방위선보다 떨어지지 않아야 한다.
(다) 커서 위치에서 커서 판독 값은 거리와 방위, 위도 및 경도로 순환하거나 동시에 표시되는지 확인한다.
(라) 화면상에서 커서 위치가 쉽게 파악되는지 확인한다.

(2) 커서로 선택 (① 9.7.3)

(나) 모든 커서 선택과 선택해제는 쉽게 이용할 수 있고 사용하기 쉽고 장비의 효과적인 운용을 지원하는지 확인한다.
　　(나) 운용 화면 영역내와 제공된다면 운용영역 바깥에서 모드와 기능의 선택, 변수의 변경, 메뉴의 제어를 위한 커서의 작동을 확인한다.

아. 거리와 방위 오프셋 측정 (① 9.8)
　(1) 전자 거리 방위선 (① 9.8.2)
　　(가) 측정과 관찰로, ERBL이 어떤 한 지점에서 운용화면 영역내의 다른 지점 및 본선과의 상대적인 거리와 방위를 측정하는데 사용할 수 있는지 확인한다.
　　(나) 관찰로, ERBL 시작점이 CCRP에서부터 운용 화면영역내의 다른 지점까지 이동하는 것이 가능한지 확인하고 ERBL 시작점을 간단한 동작으로 다시 CCRP로 재설정할 수 있는 수단이 제공되는지 확인한다.
　　(다) 관찰로, ERBL을 지리적으로 고정하거나 ERBL 시작점을 본선의 속도로 움직이게 하는 것이 가능한지 확인한다.
　　(라) ERBL 시작점이 5초 내에 위치하고 거리와 방위의 측정이 5초 내에 이루어질 수 있는지 확인한다.
　　(마) 활성 ERBL이 전용 숫자 판독기를 가지는 지와 거리와 방위 판독값이 사용자 대화 영역에서 활용 가능해야 하고 운용 화면 영역에서도 활용될 수(선택) 수 있는지 확인한다.
　　(바) 관찰로, 활성 ERBL이 거리에서 0.01 NM까지 조정이 가능하고 방위에서 0.1° 까지 조정이 가능함을 확인한다. 24 NM이상의 스케일에서는 좀 더 거친 분해능이 제공될 수도 있다.
　(2) PIL(Parallel Index Lines)과 위치 (① 9.9.2)
　　(가) 관찰로, 최소 4개의 독립적으로 조정 가능한 PIL을 사용할 수 있으며 개별적으로 화면 On/Off 및 모든 PIL을 포함하는 그룹으로 선택할 수 있는지 확인한다.
　　(나) 각 PIL 길이를 자를 수 있는 수단이 제공되는지 확인한다.
　　(다) PIL 기능을 선택함으로부터 5초 이내에 PIL의 방위각과 거

리를 설정할 수 있는지 확인한다.
- (라) 본선의 선수방위가 변경되고 실제 동작으로 운용하는 동안에 본선으로부터 PIL의 거리가 변경되지 않고 PIL 선의 실제 방위가 다른 거리 스케일이 선택될 때 변경되지 않음을 가변 거리 표식과 전자 거리 방위선으로 측정하여 확인한다. (선박 탑재시험 필요)
- (마) 서류 검토로, PIL의 운용 및 사용이 사용자 매뉴얼에 언급되어 있는지 확인한다.
- (바) 선박의 선수 방위와 평행한 색인 선의 설정이 간단한 운용자 동작으로 제공되는지 확인한다.
- (사) 관찰로, 어떤 선택된 방위선에 대한 방위와 거리가 표시되는 수단이 제공되는지 확인한다.

자. 방위각 스케일 (① 9.10)
 (1) 방위각 스케일 표현 (① 9.10.2)
- (가) 관찰로, 방위각 스케일이 동작 화면 영역 바깥과 둘레에 제공되는지 확인한다.
- (나) 방위각 스케일은 최소 매 30°마다 숫자로 표시되고, 매 5°마다 분할 표시가 있음을 확인한다.
- (다) 5°분할 마크는 10°분할 마크와 분명히 구별될 수 있음을 확인한다.
- (라) 1° 분할마크가 사용될 때는 분명하게 다른 것들과 구별될 수 있음을 확인한다.
- (마) 방위각 스케일은 CCRP에 관한 방위각을 나타냄을 확인한다.
- (바) 서류 검토를 통해, 만약 CCRP 위치가 방위각 스케일 부분을 구별할 수 없도록 만든다면 방위각 스케일의 그 부분은 적절히 줄인 세부사항으로 표시됨을 확인한다.
- (사) 서류 검토를 통해, CCRP가 동작 영역 밖에 있으면, 사용자 매뉴얼에 어떻게 접근하는지 방위각 스케일의 사용에서 어떠한 제한이 수반되는지를 사용자 매뉴얼에 설명하고 있는지 확인한다.

차. 거리환 (① 9.11)
 (1) 거리환 표현과 측정 (① 9.11.2)
  (가) 관찰로, 거리 환의 수는 전형적으로 해리(NM) 거리 척도에서 2개에서 6개와 미터법 거리 척도에서 5개까지로 구성되도록 논리적 보정과 거리 스케일의 분할을 제공하는지 확인한다.
  (나) 관찰로, 거리환은 항상 CCRP를 중앙으로 하는지 확인한다.
  (다) 고정된 거리환의 시스템 정확도가 사용 중인 거리 스케일의 최대 거리의 1% 또는 30m 중에서 먼 거리의 형상 또는 표적의 교정된 기준에 대해 측정을 확인한다. 정확도는 교정된 신호 발생기 또는 등가의 검증된 신호원을 사용하여 요구사항을 만족함을 확인한다.
  (라) 검토로, 거리환을 켜거나 끌 수 있는 기능이 제공됨을 확인한다.

4. 인체 공학적 기준(제어 기능과 화면) (① 13)

가. 운용 제어 (① 13.2)
 (1) 서류 검토로, 시험을 위해 제출된 장비 카테고리 및 해당 카테고리에 대한 관련 요구 사항을 확인한다.
 (2) 서류 검토로, 원격 제어 모듈을 포함하는 선택사항인 하드웨어 제어가 제출된 서류가 있는지 확인하고 주요장비와 함께 시험한다.
 (3) 주요 제어 기능이 즉각적으로 사용 가능한지 확인한다. 소프트 키 기능인 경우, 커서 사용과 단일 소프트 키가 허용된다. 제공된다면 하드웨어 제어가 전용 기능 또는 관련 기능을 가지는지 확인한다.
 (4) 관찰로, 해당되는 경우, 제어기능이 관련 상태 표시 또는 설명과 함께 제공되는 것을 확인한다. 모든 소프트 키는 상태 지시 기능 가까이에 위치해야 한다.
 (5) 관찰로, 개별 레이다 위치에 대한 On/Off 제어와 관련 레이다 센서(송수기와 안테나) 위치는 명확하고 모든 주위 밝기 조건에서 쉽게 접근이 가능해야 한다. 레이다 On/Off 제어는 보

통 레이다 화면에 있거나 관련된 논리적 위치에 있어야 한다.

나. 주요 제어 (① 13.3)
(1) 관찰로, 주요한 제어 기능이 사용가능함을 확인한다. 이 표준의 목적으로, 언급된 기능들은 화면 사용자 대화 창에서 직접 접근이 가능해야 하고 즉시 효과를 나타내야 한다. 대안적 방법이 기능적 요구사항을 만족하면 제공이 가능하다.
(2) 관찰로, 이런 기능들이 소프트키로 제공된다면 옵션적인 하드웨어 기반의 제어가 제공되면 시료와 함께 시험되어야 한다.
(3) 관찰로, EBL과 VRM이 각각 제어가 가능하면 인체공학적 위치에 있고 왼손잡이와 오른손잡이를 고려해야 한다.
(4) 관찰로, 레이다 장치의 데이터와 제어 기능은 논리적 그룹으로 나누어져 있는지 확인한다.

[표 4-9] 레이다 활용을 위한 데이터와 제어 기능의 최상위 그룹

본선 정보	항해 도구
위치 선수방위/속도(또는 침로/속도)	커서 판독 VRM/EBL/ERBL 판독 병렬 색인선 판독
거리와 모드 정보	레이다 시스템 정보
범주 스케일 방위각 중심 모드 대수/대지 안정화 모드 운동 모드	대기/기동 펄스 길이 주파수 대역 주/보조 지정 동조
물표 정보	레이다 신호 정보
물표 관련 물표 벡터 특성 물표 자취 충돌 회피 변수 AIS 상태	이득(Gain) 우수 바다 처리(예, 물표 강조 또는 상호 관계)

AIS 필터	
해도	일반
스케일 데이터베이스 정보	경고

다. 제어 속성 (① 13.4)

 (1) 관찰로, 제공되는 제어 기능이 감촉이나 육안적인 방법에 의해 어두운 환경에서 위치할 수 있는지 확인해야 한다.

 (2) 관찰로, 어두운 환경에서 밝기가 0에서 저녁 조건까지 조명이 요구 조건에 만족하는지 확인한다.

라. 기본 제어 설정 및 저장된 사용자 제어 설정 (① 13.5)

 (1) 관찰로, 기본 설정 선택은 분명하게 "기본 설정(Default Setting)"이라고 레이블을 붙이고 간단한 운영자 동작과 선택을 확인하는 동작이 따라오는지 확인한다.

 (2) 관찰로, 기본 설정 선택은 다음 [표 4-10]에 부합하는지 확인한다.

[표 4-10] '기본 설정' 선택에 대한 응답으로 구성된 제어 설정

기능	설정
밴드	X-밴드, 만약 선택할 수 있다면
이득과 클러터 방지 기능 (해면, 우설)	제공되는 곳에서 자동으로 최적화되거나 수동 제어가 '있는 그대로' 설정
튜닝	제공되는 곳에서 자동으로 최적화되거나 수동 제어가 '있는 그대로' 설정
거리	6 NM
고정된 거리환	꺼짐
VRMs	한 개의 VRM상에, 0.25 NM
EBLs	한 개의 EBL상에

중심이탈	적절한 미리보기
물표 경로	켜짐, 6 분(벡터와 동일)
항적	꺼짐
레이다 물표 추적	계속
벡터 모드	상대적인 모드
벡터 시간	6 분
자동 레이다 물표 획득	꺼짐
그래픽 AIS 보고된 물표 화면	켜짐
레이다와 AIS 물표 융합	연관 켜짐
작동 알람(충돌 경고를 제외한)	꺼짐
충돌 경고	켜짐(CPA 2 nm 제한, TCPA 12 분)
맵, 항해 라인과 항로의 표시	마지막 설정
차트 표시	꺼짐

(3) 관찰로, 저장하고 다시 불러내는 기능이 제공되고 적어도 다른 2개 제어 구성이 있음을 확인한다.

(4) 관찰로, 다시 불러오기를 선택하면 구성상 확인하는 절차가 필요함을 확인한다.

(5) 서류 검토로, 사용자 매뉴얼에 기본 설정 범위와 사용자 정의 가능한 저장 및 불러내기 가 상세히 기록되어 있는지 확인한다.

5. 연동 (① 14)

가. 입력 연동 (① 14.2)

(1) 입력 데이터 (① 14.2.1)

(가) 자료 검토를 통해, 열거된 센서로부터 요구되는 입력 정보를 수신할 수 있는 기능이 있는 지 확인한다.

(나) 서류 검토와 관찰로, 입력 데이터가 신호원과 호환성을 제공하도록 구성할 수 있는 수단이 제공되는 지 확인한다. 인터페이스 구성은 운용 모드에서는 접근이 가능하지 않아야 하고 의도하지 않은 조정으로부터 보호되어야 한다.(예를 들면, 암호나 하드웨어 장치)

(다) 서류 검토와 관찰로, 변수가 하드웨어나 비휘발성 메모리에 유지되고 사용자 매뉴얼에 그 변수들이 장비에서 해당 하드웨어가 교체될 때 어떻게 전달되는지 기술되어 있는지 확인한다.
(라) 서류 검토로, IEC 61162 연동 기능이 있고 제조자 서류에 기술되어 있는지 확인한다.
(마) 측정으로, 입력은 제공되는 각 종류의 시리얼 인터페이스를 샘플을 시뮬레이션 한 신호로 시험함으로써 IEC 61162에 부합하고 다음 강제 문장이 포함되는지 확인한다.

[표 4-11] IEC 61162 입력 필수 문장

변수	문장 포에	비고
시간과 날짜	$--ZDA	입력단자 1
지리적 위치	$--GLL $--GGA $--GNS	입력 1
AIS 표적 및 본선 정보	!--VDM !--VDO	입력 2
데이터	$--DTM	입력 1
선수방위	$--THS	입력 2(50Hz까지)
속도	$--VBW $--VTG	입력 1(SDME에서)
경고(Alarm) 취급	$--ALR $--ACK	입력 1 및 출력 1

(바) 적절한 IEC 61162 인터페이스 신호가 없다면 대안으로 적절한 인터페이스가 제직자 정보에 따라 시험되어야 한다. 예) 선수방위에 대한 아날로그 연동 신호,SDME에 대한 펄스/접점신호
(2) 입력 품질, 무결성과 대기시간 (① 14.2.2)
(가) 관찰로, 입력 메시지가 유효하지 않은 경우에 레이다는 이 정보는 계산에 사용하지 않고 정보가 유효하지 않다고 표시하는지 확인한다.

(나) 관찰로, 적절하고 가능한 한 실질적으로, 레이다 시스템은 입력 정보는 적절하지 않은 제한 값과 비교하고 가능한 한 설계는 무결점성 데이터는 관련된 다른 센서와 비교하여 점검하는지 확인한다. 예를 들면, 2개의 위치 입력이 있는 경우, 이 둘을 비교 한다.

(다) 관찰로, 레이다 시스템 설계는 이력 시리얼 메시지 신호처리 지연이 1초 또는 1 스캔보다 작아야 한다.

나. 출력 연동 (① 14.3)
 (1) 출력 형식 (① 14.3.1)
  (가) 측정으로, 적절한 출력 인터페이스는 메시지 내용과 하드웨어는 IEC 61162를 따라야 한다. 이 경우에 '적절한 (appropriate)'이란 실질적이고 사용 가능하다는 의미이다. 샘플 출력 메시지를 확인하여 부합함을 확인한다.

[표 4-12] IEC 61162 출력 필수 문장

변수	문장 포에	비고
추적 표적 데이터	!--TTD $--TLB	출력 1 또는 2
본선 데이터	$--OSD	출력 1
레이다 시스켐 데이터	$--RSD	출력 1
경고(Alarm) 취급	$--ALR $--ACK	입력 1 및 출력 1
경보(Alert) 취급	$--ALC $--ALF $--ARC $--HBT	출력 3
경보(Alert) 취급	$--ACM $--HBT	입력 3
동작 정보	$--EVE	출력 1

(나) EVE 문장이 사용자 매뉴얼에서 서술한 대로와 OSD와

RSD가 레이다 출력이 됨을 확인한다.
(다) 관찰로, 물표 시뮬레이터를 사용하여, 각 추적된 물표가 고유한 물표식별번호와 가능한 경우 MMSI를 갖는지 확인한다.

다. VDR 인터페이스 (① 14.3.3)
(1) 관찰로, 아날로그 RGB가 VDR로 출력하면, 본 표준의 요구사항으로 해상도 갱신 속도와 버퍼 출력을 만족하는지 확인한다.
(2) 서류 검토로, 레이다 화면 해상도가 RGB 포맷과 호환하지 않으면, 레이다 시스템은 전용 DVI 출력이나 이더넷 인터페이스를 VDR로 제공하는지 확인한다.
(3) IEC 61162-450과 부속서 H.2에 따라서, 이더넷 출력이 VDR로 제공되면, 데이터 포맷과 내용은 레이다 영상 전송 요구사항에 부합해야 하고, 요구하는 헤더 정보를 제공하는지 확인한다.
(4) IEC 61996-1에 따라서, 이더넷 인터페이스가 VDR에 제공되면, 레이다 디지털 출력은 이미지 충실도 시험을 VDR 표준에 나와 있는바와 같이 시험을 해야 한다.
(5) 관찰로, 이더넷 인터페이스가 VDR로 제공되면, 스크린 캡쳐가 매 15초 간격으로 출력되는지 확인한다.
(6) 관찰 또는 서류 검토로, VDR로의 출력이 레이다 화면의 성능을 저감하지는 않는지 확인한다.
(7) 관찰과 제조자의 도면 검토로, VDR 출력을 사용자가 비 활성화하지 못하도록 구성되었는지 확인한다.
(8) 자료 검토로, VDR로 연결되는 것을 설치 매뉴얼에 확인한다.

제 2 절. EPIRB의 시험 방법

1. EPIRB 국제 표준 (IEC 61097-2 Edition 3) 시험 항목

[표 4-13] EPIRB 국제 표준 시험 항목

IEC 번호	IEC 세부번호	시험 항목	적용 유무	기타 사항
5	5.2	General tests	O	
	5.2.1	Tests for float-free arrangements	O	
	5.3	Operational tests	-	
	5.3.1	Prevention of inadvertent activation	O	
	5.3.2	Immersion, buoyancy and drop into water	X	
	5.3.3	Activation	-	
	5.3.3.1	Test for salt water activation	O	
	5.3.3.2	Test for repetitive manual activation and deactivation	O	
	5.3.3.3	Test of low-duty cycle light	O	
	5.3.3.4	Test for 3.3.3 d) to 3.3.3 f)	O	
	5.3.3.5	Test for 3.3.3 g) and 4.5	O	
	5.3.4	Self-Test	O	
	5.3.5	Colour and retro-reflecting material	O	
	5.3.6	Lanyard	O	
	5.3.7	Exposure to marine environment	X	
	5.3.8	Ergonomics	X	
	5.3.9	Indication of previous activation	O	
	5.4	Distress function	O	
	5.5	Float-free arrangements	-	
	5.5.1	General	-	
	5.5.1.1	Test to prevent release when sea water washes over the unit	O	

IEC 번호	IEC 세부번호	시험 항목	적용 유무	기타 사항
	5.5.3	Ability to check the automatic release	X	
	5.5.4	Manual release	X	
	5.6	Environment	X	
	5.6.1	Temperature	X	
	5.6.2	Icing	X	
	5.6.3	Wind speed	X	
	5.6.4	Stowage	X	
	5.6.5	Shock and vibration	X	
	5.7	Environment for float-free arrangement	X	
	5.8	Interference - Electromagnetic compatibility	X	
	5.9	Maintenance	X	
	5.10	Safety precautions	X	
	5.11	Equipment manuals	X	
	5.12	Labelling	-	
	5.12.1	Equipment labelling	O	
	5.12.2	Float-free arrangement labelling	O	
	5.13	Installation	X	
	5.14	Technical characteristics	O	
	5.15	Power source	-	
	5.15.1	Battery capacity and low-temperature test	O	
	5.15.2	Expiry date indication	-	
	5.15.3	Reverse polarity protection	O	
	5.16	Antenna characteristics	X	
	5.17	Environment	X	
	5.18	Interference testing	X	
	5.19	Spurious emissions	X	
	5.20	Compass safe distance	X	

참조 : 본 시험 방안에서의 ①는 IEC 61097-2를 의미한다.

2. EPIRB 시험 항목

가. 자동수압이탈장치 시험 - [① 5.2.1]

자동이탈 메커니즘이 설치된 위성 EPIRB는 모든 시험을 위해 일반 온도에서 물속에 침수되어 있어야 한다. 물의 온도는 기록되어야 한다. 다음의 시험은 순서대로 수행될 수 있다. 일반 온도에서의 시험은 장비가 다음과 같이 매번 회전되면서 6회 수행되어야 한다.
- 정상적인 설치 위치(장비 매뉴얼에 정의, 3.11 참조)
- 우현으로 90° 회전
- 좌현으로 90° 회전
- 앞쪽으로 90° 회전
- 뒤쪽으로 90° 회전
- 180 회전

위성 EPIRB는 임의의 방향에서 4m의 깊이에 도달하기 전 또는 그 깊이에 해당하는 수압, 즉 40kPa에 도달하기 전에 자동 이탈 및 부양되어야 한다. 극한 온도에서의 시험은 장비의 매뉴얼에 정의된 것으로서 정상적인 설치 위치에서만 수행되어야 한다.

비 고) 극한의 온도에서 요구되는 시험이 환경 시험 챔버에서 수행될 수 없으면, 요구되는 조건의 적합한 다른 방법이 사용될 수 있다.

장비에 제공되는 모든 기후 제어 장치는 시험 전 또는 시험 중에 스위치가 켜질 수 있다. 기계적 저하 또는 물의 침투에 대한 검사 시험은 그것의 자동 부상 메커니즘으로부터 위성 EPIRB가 이탈될 때마다 이후에 수행되어야 한다. 아래에 정의된 만족스러운 성능 점검을 조건으로 침수가 있는지를 확인하기 위해 위성 EPIRB를 여는 것은 모든 시험이 완료 될 때까지 지연될 수 있다.

나. 부주의한 활성화의 예방 - [① 5.3.1]
(1) 부적절한 활성화와 비활성화를 방지하기 위한 적당한 수단을 갖추어야 한다.
(2) 이탈 메커니즘에 있는 동안 물로 세척할 때 자동 활성화되지 않아야 한다.

(3) 부주의한 406㎒의 연속 전송은 최대 45초로 제한되도록 설계되어야 한다.

다. 염수 활성화 시험 - [① 5.3.3.1]
위성 EPIRB는 0.1%의 소금 용액에 의해 부유되어야 하며, 어떤 제어의 설정에 상관없이 활성화해야 한다. 이 시험은 모든 제어 설정 조합에서 반복되어야 한다. 시험을 위해 사용되는 소금은 건조 시 0.1% 이하의 요오드화나트륨 및 0.03% 이하의 총 불순물을 함유하는 염화나트륨(NaCl)이 되어야 한다. 소금 농도는 0.1 ± 0,01% 이어야 한다. 용액은 증류수 또는 탈염수 1,000 중량에 1 ± 0.1의 중량 소금을 용해시켜 제조한다.

라. 반복적인 수동 활성화 및 비 활성화 시험 - [① 5.3.3.2]
제조사가 제공하는 방식에 따라 검사한다.

마. 의무 주기 플래시 시험 - [① 5.3.3.3]
플래시 속도는 분당 20 ~ 30회 사이 이어야 한다.

사. 활성화 - [① 5.3.3.4]
 (1) 위성 EPIRB가 수동으로 활성화 될 때 어떤 채광 조건에서도 플래시의 의무 주기는 2초 이내에 깜박이기 시작해야 하고, 위성 EPIRB가 수동으로 활성화 된 이 후에는 적어도 47초까지, 최대 5분 까지 어떤 조난 신호도 발사해서는 안된다.
 (2) 조난 신호의 전송이 시작된 후에는 플래시의 의무 주기 동작은 분당 20 ~ 30회 사이 이어야 한다.
 (3) 위성 EPIRB는 신호가 발사되고 있는 것을 표시하는 수단을 제공해야 한다.

아. 121.5㎒ 호밍 신호 - [① 5.3.3.5]
 (1) 위성 EPIRB는 구조 비행기에 의한 호밍 신호를 위해 121.5㎒ 비콘과 함께 제공되어야 한다.
 (2) 406㎒ 가 전송되는 최대 2초 동안의 인터럽트를 제외하고는 계

속해서 의무 주기로 동작해야 한다.

자. 자가 시험 - [① 5.3.4]
  (1) 위성 EPIRB는 자가 시험 모드가 활성화되어야 한다.
  (2) 시료의 자동 초기화와 자가 시험 모드의 표시는 검사에 의해 점검되어야 한다.
  (3) 121.5㎒ 보조 무선 위치 장치 신호는 자가 시험 중 3회의 오디오 스윕 또는 1초 중 큰 것을 초과하지 않는 것을 보장하기 위해 점검되어야 한다.

차. 컬러 및 반사 물질 - [① 5.3.5]
  (1) 위성 EPIRB는 노랑/오렌지 컬러로 쉽게 식별될 수 있도록 하며, 반사 물질이 부착되어야 한다.
  (2) 위성 EPIRB가 수면 위에서 식별될 수 있는 반사 물질의 최소 면적은 최소 25 ㎠이 되어야 한다. 이것은 수평선상의 모든 각도에서 볼 수 있는 최소 25㎜의 폭과 최소 5 ㎠ 크기의 반사 물질에 의해 달성되어야 한다.

카. 줄끈 - [① 5.3.6]
  (1) 위성 EPIRB는 견고하게 부착되는 부력 있는 줄끈이 함께 장착되어야 한다.
  (2) 물에서 생존정으로 부터 또는 생존자를 위해 묶는 줄끈으로 사용하기에 적당해야 한다.
  (3) 줄끈은 자동 부상할 때 선박의 구조물에 갇히지 않도록 배치되어야 한다.
  (4) 부력이 있는 줄끈은 5m 에서 8m의 길이가 되어야 한다.
  (5) 줄끈의 인장강도와 위성 EPIRB에 대한 부착력은 최소 25kg이 되어야 한다.

타. 이전 활성화의 표시 - [① 5.3.9]
  (1) 위성 EPIRB는 요구되는 배터리 용량의 감소 가능성을 사용자

에게 충고하기 위하여 이전에 활성화된 것을 표시할 수 있는 수단이 함께 제공되어야 한다.
  (2) 이들 수단은 사용자에 의해 초기화 될 수 없어야 한다. 예를 들어, 위성 EPIRB의 수동 활성화는 사용자에 의해 대체할 수 없는 봉인을 제거하는 것을 요구한다.

파. 조난 기능 - [① 5.4]
  (1) 위성 EPIRB가 수동으로 조난 경보를 작동시킬 때는 전용 조난 경보 활성기를 통한 수단만으로 개시되어야 한다.
  (2) 전용 활성기는 명확하게 식별될 수 있어야 한다.
  (3) 전용 활성기는 오작동으로부터 보호될 수 있어야 한다.
  (4) 수동 조난 경보 개시는 최소 두 번의 독립적인 행위를 요구한다. 만일 브라켓으로부터 위성 EPIRB를 분리하는 경우, 그 행동에 의해 장비는 활성화되지 않도록 되어야 한다.

하. 자동 부상 장치의 이탈 방지 시험 - [① 5.5.1.1]
  (1) 위성 EPIRB와 그것의 브라켓에 설치된 이탈 매커니즘으로 구성된 장치는 장비 매뉴얼에 설명된 대로 선박에 설치하기 위한 각 방법에 적합한 시험 장치에 설치되어야 한다. 호스로부터 물은 5분 동안 직접 장치로 보내져야 한다. 호스의 노즐은 63.5mm의 직경과 분당 약 300L의 물 공급 속도를 가져야 한다. 노즐의 끝은 위성 EPIRB에서 3.50m 떨어져 있어야 하며 안테나 바닥에서 1.50m 떨어져 있어야 한다. 시험 중에 노즐이나 장치를 움직여 물이 장치의 정상적인 설치 위치에 수직으로 180° 이상의 각도로 위성 EPIRB에 부딪히도록 한다. 위성 EPIRB 브라켓으로부터 이탈되어서는 안되며, 호스 물로 인해 자동적으로 활성화되지 않아야 한다.

거. 위성 EPIRB의 라벨링 - [① 5.12.1]
  (1) 라벨링은 수동 활성화와 비활성화 및 자가 시험을 위하여 영어로서 최소한의 간결한 작동 지침이 포함되어야 한다.

(2) 위성 EPIRB는 비상 상황을 제외하고는 작동되지 않아야 한다는 경고문구가 포함되어야 한다.
(3) 배터리의 형식, 배터리가 사용되는 유효일자, 배터리가 교체될 때 이 일자를 변경하기 위한 방법이 제공되어야 한다.
(4) 선명과 비콘 식별 데이터가 포함될 수 있어야 한다.
(5) GNSS 수신기를 포함할 경우 이에 대한 간격한 운용 지침을 포함해야 한다.
(6) 위성 EPIRB가 자가 시험을 하는 동안 121.5㎒ 신호를 발사하므로 처음 5분까지만 시험을 제한하라는 경고 문구가 포함되어야 한다.

너. 자동수압이탈장치의 라벨링 - [① 5.12.2]
(1) 수동 이탈을 위한 작동 지침
(2) 위성 EPIRB의 클래스
(3) 이탈 메커니즘을 위한 유지 관리 및 교체 일자(가능한 경우)

더. 기술 특성 - [① 5.14]
(1) 라벨링은 수동 활성화와 비활성화 및 자가 시험을 위하여 영어로서 최소한의 간결한 작동 지침이 포함되어야 한다.
(2) 위성 EPIRB는 비상 상황을 제외하고는 작동되지 않아야 한다는 경고문구가 포함되어야 한다.
(3) 배터리의 형식, 배터리가 사용되는 유효일자, 배터리가 교체될 때 이 일자를 변경하기 위한 방법이 제공되어야 한다.
(4) 선명과 비콘 식별 데이터가 포함될 수 있어야 한다.
(5) GNSS 수신기를 포함할 경우 이에 대한 간략한 운용 지침을 포함해야 한다.
(6) 위성 EPIRB가 자가 시험을 하는 동안 121.5㎒ 신호를 발사하므로 처음 5분까지만 시험을 제한하라는 경고 문구가 포함되어야 한다.
(7) 위성 EPIRB는 동 문서의 부속서에 포함되어 있는 Cospas-Sarsat 형식승인 시험을 만족하여야 한다.

러. 배터리 용량 및 저온 시험 - [① 5.15.1]
  (1) 라벨링은 수동 활성화와 비활성화 및 자가 시험을 위하여 영어로서 최소한의 간결한 작동 지침이 포함되어야 한다.
  (2) 위성 EPIRB는 비상 상황을 제외하고는 작동되지 않아야 한다는 경고문구가 포함되어야 한다.
  (3) 배터리의 형식, 배터리가 사용되는 유효일자, 배터리가 교체될 때 이 일자를 변경하기 위한 방법이 제공되어야 한다.
  (4) 선명과 비콘 식별 데이터가 포함될 수 있어야 한다.
  (5) GNSS 수신기를 포함할 경우 이에 대한 간결한 운용 지침을 포함해야 한다.
  (6) 위성 EPIRB가 자가 시험을 하는 동안 121.5MHz 신호를 발사하므로 처음 5분까지만 시험을 제한하라는 경고 문구가 포함되어야 한다.

머. 역극성 보호 - [① 5.15.3]
극성이 바뀌었을 경우 배터리를 연결하는 것이 불가능해야 한다.

제 3 절. AIS의 시험방법

1. AIS 국제 표준 (IEC 61993-2 Edition 2) 시험 항목

[표 4-14] AIS 국제 표준 시험항목

IEC 번호	IEC 세부번호	시험 항목	적용 유무	기타 사항
14	14.1	Identification and operating modes	-	
	14.1.1	Autonomous mode	-	
	14.1.1.1	Transmit position report	o	
	14.1.1.2	Receive position reports	o	
	14.1.2	Assigned mode	o	
	14.1.3	Polled mode	-	
	14.1.3.1	Transmit an interrogation	o	
	14.1.3.2	Interrogation response	o	
	14.1.4	Addressed operation	-	
	14.1.4.1	Transmit an addressed message	o	
	14.1.4.2	Receive addressed message	o	
	14.1.5	Broadcast operation	-	
	14.1.5.1	Transmit a broadcast message	o	
	14.1.5.2	Receive broadcast message	o	
	14.1.6	Multiple slot messages	-	
	14.1.6.1	5 slot messages	o	
	14.1.6.2	Longer messages	o	
	14.2	Information	-	
	14.2.1	Information provided by the AIS	o	
	14.2.2	Reporting intervals	-	
	14.2.2.1	Speed and course change	o	
	14.2.2.2	Change of navigational status	o	
	14.2.2.3	Assigned reporting intervals	o	
	14.2.2.4	Static data reporting intervals	o	

IEC 번호	IEC 세부번호	시험 항목	적용 유무	기타 사항
	14.5.1	Channel selection	o	
	14.5.2	Transceiver protection	o	
	14.5.3	Automatic power setting	o	
	14.6	Alarms and indicator, fall-back arrangements	-	
	14.6.1	Loss of power supply	o	
	14.6.2	Monitoring of functions and integrity	-	
	14.6.2.1	Tx malfunction	o	
	14.6.2.2	Antenna VSWR	o	
	14.6.2.3	Rx malfunction	o	
	14.6.2.4	Loss of UTC	o	
	14.6.2.5	Remote MKD disconnection, when so configured	o	
	14.6.2.6	Status query	o	
	14.6.3	Monitoring of sensor data	-	
	14.6.3.1	Priority of position sensors	o	
	14.6.3.2	Multiple Message 17 from different DGNSS reference	x	
	14.6.3.3	Heading sensor	o	
	14.6.3.4	Speed sonsors	o	
	14.6.3.5	GNSS position mismatch	o	
	14.6.3.6	Incorrect NavStatus	o	
	14.7	Display, input and output	-	
	14.7.1	Data input/output facilities	o	
	14.7.2	Initiate message transmission	o	
	14.7.3	Communication test	o	
	14.7.4	System control	o	
	14.7.5	Display of received targets	o	
	14.7.6	Display of position quality	o	

IEC 번호	IEC 세부번호	시험 항목	적용 유무	기타 사항
	14.7.9	Presentation of navigation information	o	
15	15.1	TDMA transmitter	-	
	15.1.1	Frequency error	o	RF
	15.1.2	Carrier power	o	RF
	15.1.3	Slotted transmission spectrum	o	RF
	15.1.4	Modulation accuracy	o	RF
	15.1.5	Transmitter output power characteristics	o	RF
	15.2	TDMA receivers	-	
	15.2.1	Sensitivity	o	RF
	15.2.2	Error behaviour at high input levels	o	RF
	15.2.3	Co-channel rejection	o	RF
	15.2.4	Adjacent channel selectivity	o	RF
	15.2.5	Spurious response rejection	o	RF
	15.2.6	Intermodulation response rejection and blocking	o	RF
	15.2.7	Transmit to receive switching time	o	RF
	15.2.8	Immunity to out-of-band energy	o	RF
	15.3	Conducted spurious emissions	-	
	15.3.1	Spurious emissions from the transmitter	o	RF
	15.3.2	Spurious emission from the receiver	o	RF
16	16.1	TDMA synchronization	-	
	16.1.1	Synchronization test using UTC	o	
	16.1.2	Synchronization test using UTC with repeated messages	o	
	16.1.3	Synchronization test without UTC, 기준국(semaphore)	o	
	16.1.4	Synchronization test without UCT	o	
	16.1.5	Reception of un-synchronized messages	o	
	16.2	Time division (frame format)	o	

IEC 번호	IEC 세부번호	시험 항목	적용 유무	기타 사항
	16.6	Slot allocation (channel access protocols)	-	
	16.6.1	Network entry	o	
	16.6.2	Autonomous scheduled transmissions (SOTDMA)	o	
	16.6.3	Autonomous scheduled transmissions (ITDMA)	o	
	16.6.4	safety related/binary message transmission	o	
	16.6.5	Transmission of Message 5 (ITDMA)	o	
	16.6.6	Assigned operation	-	
	16.6.6.1	Assigned mode using reporting rates	o	
	16.6.6.2	Receiving test	o	
	16.6.6.3	Slot assignment to FATDMA reserved slots	o	
	16.6.7	Group assignment	-	
	16.6.7.1	Assignment priority	o	
	16.6.7.2	increased reporting interval assignment	o	
	16.6.7.3	Entering interval assignment	o	
	16.6.7.4	Assignment by region	o	
	16.6.7.5	Assignment by station type	o	
	16.6.7.6	Addressing by ship and cargo type	o	
	16.6.7.7	Reverting from interval assignment	o	
	16.6.8	Fixed allocated transmissions (FATDMA)	o	
	16.6.9	Randomization of message transmissions	o	
	16.7	Message formats	-	
	16.7.1	Received messages	o	
	16.7.2	Transmitted messages	o	
17	17.1	Dual channel operation - Alternate transmissions	o	
	17.2	Regional area designation by VDL message	o	

IEC 번호	IEC 세부번호	시험 항목	적용 유무	기타 사항
		position		
	17.5	Power setting	o	
	17.6	Message priority handling	o	
	17.7	Slot reuse and FATDMA reservations	o	
	17.8	Management of received regional operating settings	–	
	17.8.1	Test for replacement or erasure of dated or remote regional operating settings	o	
	17.8.2	Test of correct input via presentation interface or MKD	o	
	17.8.3	Test of addressed telecommand	o	
	17.8.4	Test for invalid regional operating areas	o	
	17.9	Continuation of autonomous mode reporting interval.	o	
18	18.1	Addressed messages	–	
	18.1.1	Transmission	o	
	18.1.2	Acknowledgement	o	
	18.1.3	Transmission retry	o	
	18.1.4	Acknowledgement of addressed safety related messages	o	
	18.1.5	Behaviour of NavStatus 14 reception	o	
	18.2	Interrogation responses	o	
19	19.1	General	–	
	19.2	Checking manufacturer's documentation	o	
	19.3	Electrical test	x	
	19.4	Test of input sensor interface performance	o	
	19.5	Test of sensor input		
	19.5.1	Test of GNS input	o	
	19.5.2	Test of RMC input	o	

IEC 번호	IEC 세부번호	시험 항목	적용 유무	기타 사항
	19.5.6	Test of VTG input	o	
	19.5.7	Test of HDT/THS input	o	
	19.5.8	Test of ROT input	o	
	19.5.9	Test of different inputs	o	
	19.5.10	Test of multiple inputs	o	
	19.6	Test of high speed output	o	
	19.7	High speed output interface performance	o	
	19.8	Output of undefined VDL messages	o	
	19.9	Test of high speed input	o	
20	20.1	Long-range application by two-way interface	-	
	20.1.1	LR interrogation	o	
	20.1.2	LR "all ships" interrogation	o	
	20.1.3	Consecutive LR "all ships" interrogations	o	
	20.2	Long-range application by broadcast	-	
	20.2.1	Long-range broadcast	o	
	20.2.2	Multiple assignment operation	o	

2. AIS 시험 시 요구되는 표준 시험 환경

시험을 위한 표준 시험 환경은 아래의 모의 무선국 표적을 포함하여야 한다.

　가. AIS Class A 이동국
　나. AIS Class B "CS" 이동국
　다. AIS Class B "SO" 이동국
　라. AIS 기지국 (Base Station)
　마. AIS 항로표지장치 (AtoN)
　바. AIS 항공용(SAR)
　사. AIS-SART

3. AIS 시험을 위한 표준 시험 신호

가. 표준 시험 신호 1(DSC)

010101 의 무한 연속으로 구성되는 DSC 변조된 데이터 신호 (도트 패턴)

나. 표준 시험 신호 2(TDMA)

010101 의 무한 연속으로 구성되는 데이터 신호

다. 표준 시험 신호 3(TDMA)

00001111 의 무한 연속으로 구성되는 데이터 신호

라. 표준 시험 신호 4(PRBS)

헤더, 시작 플래그, 종료 플래그 및 CRC를 가진 AIS 메시지 프레임 내의 데이터로서 아래 표와 같이 권고 ITU-T O.153에 명시된 의사 랜덤 비트 시퀀스(PRBS). NRZI는 PRBS 스트림 또는 CRC에 적용되지 않는다. RF는 AIS 메시지 프레임의 한쪽 끝에서 위 아래로 상승, 하강 해야 한다.

[표 4-15] 권고 ITU-T O.153 의해 유도된 고정 PRS 데이터

주소	내용 (HEX)							
0-7	0x04	0xF6	0xD5	0x8E	0xFB	0x01	0x4C	0xC7
	0000.0100	1111.0110	1101.0101	1000.1110	1111.1011	0000.0001	0100.1100	1100.0111
8-15	0x76	0x1E	0xBC	0x5B	0xE5	0x92	0xA6	0x2F
	0111.0110	0001.1110	1011.1100	101.1011	110.0101	1001.0010	1010.0110	0010.1111
16-20	0x53	0xF9	0xD6	0xE7	0xE0			
	0101.0011	1111.1001	1101.0110	1110.0111	1110.0000			

마. 표준 시험 신호 5(PRBS)

이 시험 신호는 4개의 클러스터로 그룹화 된 200 개의 패킷으로 구

성된다. 각 클러스터는 아래 표에 설명된 패킷의 2회 연속 전송으로 구성된다. NRZI는 모든 패킷에 적용되어야 한다. 패킷 1과 패킷 2를 전송한 후 NRZI 프로세스의 초기 상태를 반전시킨 다음 패킷 1과 2를 반복해야 한다. 전송된 모든 패킷 사이에는 최소한 2개의 빈 시간 간격이 있어야 한다. RF 반송파는 정상 동작을 시뮬레이션하기 위해 패킷들 사이에서 꺼져야 한다.

패킷 1   패킷 2   패킷 1   패킷 2

여기에서 초기 NRZI 상태 반전

[표 4-16] 처음 두 패킷의 내용

패킷	변수	Bits	내용	비고
1	트레이닝	22	0101….0101	출력 상승시간 중첩으로 전문 2비트 감소
	시작 플래그	8	01111110	
	데이터	168	Pseudo Random	표준 시험 신호 4의 [표 4-15]와 같이
	CRC	16	계산	
	종료 플래그	8	01111110	
2	트레이닝	22	1010….1010	출력 상승시간 중첩으로 전문 2비트 감소
	시작 플래그	8	01111110	
	데이터	168	Pseudo Random	표준 시험 신호 4의 [표 4-15]와 같이
	CRC	16	계산	

4. AIS 표준 시험 방법

참 고 : 본 시험 방안에서의 ①는 IEC 61993-2를 의미한다..

가. 송신 위치보고 - [① 14.1.1.1]
  (1) 측정 방법
      표준 시험 환경을 설정한다. VDL 통신을 기록하고 다음과 같이 시료의 메시지를 확인한다.
    (가) 기본 MMSI(000000000)로 시료를 작동한다.
    (나) 유효하지 않은 MMSI를 프로그램 하려고 시도한다.
    (다) 메시지 27 전송을 활성화하고 프로그래밍 된 유효한 MMSI로 시험을 반복한다.
    (라) 프로그래밍 된 MMSI로 테스트를 반복하고 12시간 동안 전원이 꺼진 후에 테스트를 반복한다.
  (2) 필수 결과
    (가) 시료는 기본 MMSI로 전송하지 않으면 경보 001이 활성화된다.
    (나) 시료는 유효하지 않은 MMSI 프로그래밍을 거부하고, 기본 MMSI로 전송하지 않고 경보 001이 활성화 된다.
    (다) 시료는 유효한 MMSI로 프로그래밍 될 때 자발적으로 전송되고, 전송 된 데이터는 센서 입력을 준수해야 한다. 시료가 메시지 27을 전송하는지 확인한다.
    (라) 모든 정적 및 항해 관련 데이터는 최소한 12시간 동안 유지되어야 한다.

나. 수신 위치보고 - [① 14.1.1.2]
  (1) 측정 방법
      다음과 같이 표준 시험 환경을 설정한다.
    (가) 시험 목표물을 켜고, 시료의 동작을 시작한다.
    (나) 시료의 동작을 시작한 다음, 시험 목표물을 켠다.
        시료의 VDL 통신 및 프레젠테이션 인터페이스(이하 PI) 출력을 확인하여야 한다.

(2) 필수 결과
    (가) 시료가 목표물을 지속적으로 수신하는지를 확인하고 PI를 통해 수신된 메시지를 출력한다.
    (나) 시료가 목표물을 지속적으로 수신하는지를 확인하고 PI를 통해 수신된 메시지를 출력한다.

다. 할당 모드 - [① 14.1.2]
  (1) 측정 방법
      표준 시험 환경을 설정하고 시료를 자동 모드로 작동한다. 기지국 MMSI를 사용하여 할당 모드 명령 메시지 16을 시료에 전송한다.
      (가) 슬롯 오프셋 및 증가
      (나) 지정된 보고 간격
      전송된 메시지를 기록한다.
  (2) 필수 결과
      (가) 시료가 정의된 매개변수에 따라 위치보고 메시지 2를 전송하는지 확인한다.
      (나) 시료가 4분에서 8분 후 표준보고 간격으로 SOTDMA 메시지 1로 되돌아가는지 확인한다.

다. 질의 전송 - [① 14.1.3.1]
  (1) 측정 방법
      표준 시험 환경을 설정하고 시료를 자동 모드로 작동 시킨다. 시료가 다음의 응답을 요구하는 1개 혹은 2개의 목적지를 어드레싱 하는 질의 메시지(메시지 15)의 송신을 시작한다.
      (가) 이동국 3, 5, 9, 18, 19, 24번 메시지
      (나) 기지국 4, 24번 메시지
      전송된 메시지를 기록한다.
  (2) 필수 결과
      (가) 시료가 질의 메시지(메시지 15)를 전송하는지를 확인한다.
      (나) 시료가 질의 메시지(메시지 15)를 전송하는지를 확인한다.

라. 질의 응답 - [① 14.1.3.2]
 (1) 측정 방법
  표준 시험 환경을 설정하고 시료를 자동 모드로 작동 시킨다. 메시지 3, 메시지 5 및 슬롯 오프셋이 10슬롯 보다 큰 정의된 값으로 설정된 응답의 경우 VDL에 질문 메시지(메시지 15[시료를 대상으로])를 적용한다. 전송된 메시지 및 프레임 구조를 기록한다.
 (2) 필수 결과
  정의된 슬롯 오프셋 후에 시료가 요청된 대로 적절한 조회응답 메시지를 전송하는지 확인하여야 한다. 시료가 질의 받은 곳과 동일한 채널에서 응답을 전송하는지 확인하여야 한다.

마. 주소 지정된 메시지 전송 - [① 14.1.4.1]
 (1) 측정 방법
  표준 시험 환경을 설정하고 시료를 자동 모드로 작동 시킨다.
  (가) 주소가 지정된 이진 메시지 6을 전송한다. (시료에 의한 소스로서의 시료)
  (나) 주소 지정된 안전 관련 메시지 12를 사용하여 시험 반복한다.
  (다) 주소 지정된 구조화되지 않은 이진 메시지 25를 사용하여 시험 반복한다.
  (라) 주소 지정된 구조화되어 있는 이진 메시지 25를 사용하여 시험 반복한다.
  (마) 단일 주소 지정된 구조화되지 않은 이진 메시지 26번을 사용하여 시험 반복한다.
  (바) 단일 주소 지정된 구조화되어 있는 이진 메시지 26번을 사용하여 시험 반복한다.
 (2) 필수 결과
  (가) 시료가 메시지 6을 적절하게 송신한다.
  (나) 시료가 메시지 12를 적절하게 송신한다.
  (다) 시료가 메시지 25를 적절하게 송신한다.
  (라) 시료가 메시지 25를 적절하게 송신한다.

(마) 시료가 메시지 26을 적절하게 송신한다.
　　(바) 시료가 메시지 26을 적절하게 송신한다.

사. 주소 지정된 메시지 수신 - [① 14.1.4.2]
　(1) 측정 방법
　　표준 시험 환경을 설정하고 시료를 자동 모드로 작동 시킨다.
　　(가) 주소 지정된 메시지(메시지 6, 12, 25, 26 [시료를 대상으로])를 VDL에 적용한다.
　　(나) 주소 지정된 메시지(메시지 6, 12, 25, 26 [다른국을 목적지로])를 VDL에 적용한다.
　　전송된 메시지 및 프레임 구조를 기록한다.
　(2) 필수 결과
　　시료가 적절한 확인 메시지를 전송하는지 확인하여야 한다.
　　(가) 시료가 수신된 메시지를 PI를 통해 출력한다.
　　(나) 시료가 수신된 메시지를 PI를 통해 출력하지 않는다.

아. 방송 메시지 전송 - [① 14.1.5.1]
　(1) 측정 방법
　　표준 시험 환경을 설정하고 시료를 자동 모드로 작동 시킨다.
　　(가) 방송 이진 메시지 8을 전송한다.(시료에 의한 시료로서의 시료) 전송된 메시지를 기록한다.
　　(나) 방송 안전 관련 메시지 14를 사용하여 시험을 반복한다.
　　(다) 방송용 구조화되지 않은 이진 메시지 25를 사용하여 시험을 반복한다.
　　(라) 방송용 구조화되어 있는 이진 메시지 25를 사용하여 시험을 반복한다.
　　(마) 단일 방송용 구조화되지 않은 이진 메시지 26을 사용하여 시험을 반복한다.
　　(바) 단일 방송용 구조화되어 있는 이진 메시지 26을 사용하여 시험을 반복한다.
　(2) 필수 결과

(가) 시료가 메시지 8을 적절하게 송신한다.
(나) 시료가 메시지 14를 적절하게 송신한다.
(다) 시료가 메시지 25를 적절하게 송신한다.
(라) 시료가 메시지 25를 적절하게 송신한다.
(마) 시료가 메시지 26을 적절하게 송신한다.
(바) 시료가 메시지 26을 적절하게 송신한다.

자. 방송 메시지 수신 - [① 14.1.5.2]
　(1) 측정 방법
　　　표준 시험 환경을 설정하고 시료를 자동 모드로 작동 시킨다. VDL에 방송메시지(메시지 8, 14, 25, 26)를 적용한다.
　(2) 필수 결과
　　　시료가 수신된 메시지를 PI를 통해 출력하는지 확인한다.

차. 슬롯 메시지 - [① 14.1.6.1]
　(1) 측정 방법
　　　이진 메시지(메시지 8)의 전송을 시작하기 위해 초기 121 데이터 바이트의 이진 데이터로 시료의 PI에 BBM 문장을 적용한다.
　(2) 필수 결과
　　그에 따라 최대 5개 슬롯에서 메시지가 전송되는지를 확인한다.

카. 긴 메시지 - [① 14.1.6.2]
　(1) 측정 방법
　　　5개 슬롯에 들어가지 않는 정보 내용으로 시료의 PI에 BBM 문장을 적용한다.
　(2) 필수 결과
　　　메시지가 전송되지 않았는지 확인하고, PI에 부정적인 응답이 있는지 확인하여야 한다.

타. AIS가 제공한 정보 - [① 14.2.1.]
　(1) 측정 방법

표준 시험 환경을 설정하고 시료를 자동 모드로 작동한다. 모든 정적, 동적 및 항해 관련 데이터를 시료에 적용한다. VDL에 모든 메시지를 기록하고 위치보고 메시지 1과 정적 데이터 보고 메시지 5의 내용을 확인하여야 한다.

(2) 필수 결과

시료가 전송하는 데이터가 수동 및 센서 입력을 준수하는지 확인하여야 한다.

파. 속력 및 경로 변경 - [① 14.2.2.1]
 (1) 측정 방법

표준 시험 환경을 설정하고 시료를 자동 모드로 작동한다.
 (가) 10 kn 의 자체 속도로 시작한다.: 모든 메시지를 VDL에 10분간 기록하고 시험기간 동안의 평균 슬롯 오프셋을 계산하여 시료의 위치보고에 대한 보고간격을 평가한다.
 (나) 속도 증가 및 경로 변경(ROT > 10°/min, 선수 방향에서 파생됨)한다.
 (다) [표 4-17]에 주어진 것들 아래 값으로 속도 및 회전 속도를 줄인다.
 (라) 속도 센서를 사용 할 수 없도록 한다.
 (마) 지속적으로 변경되는 선수 방향 데이터를 적용한다. 선수방향 센서를 사용할 수 없도록 한다. (나), (다), (라)는 모든 메시지를 VDL에 기록하고, 연속된 두 개의 전송 사이의 슬롯 오프셋을 확인한다.

 (2) 필수 결과
 (가) 보고 간격은 표 1(10초 허용오차 ±10%)을 준수하여야 한다.
 (나) 새로운 보고 간격이 설정되었는지 확인한다.
 (다) 보고 간격이 4분(속도 감소) 또는 20초(ROT 감소)후에 증가했는지 확인한다.
 (라) 사용할 수 없는 속도 센서로 보고 간격이 기본 값으로 되돌아가는지 확인한다.
 (마) 사용할 수 없는 선수방향으로 주어진 속도에 대한 자동보

고 간격으로 되돌아가는지 확인하여야 한다.

[표 4-17] 자율 모드에서 정보 보고 주기

선박의 종류	보고 주기
정박 또는 계류상태로 3노트 이하로 움직이는 선박	3분
정박 또는 계류상태로 3노트 이상으로 움직이는 선박	10초
0 ~ 14 노트의 선박(기본 설정)	10초
0 ~ 14 노트 및 침로변경 선박	3⅓초
14 ~ 23 노트의 선박	6초
14 ~ 23 노트 및 침로변경 선박	2초
23 노트 이상의 선박	2초
23 노트 이상 및 침로변경 선박	2초

하. 항해상태 변경 - [① 14.2.2.2]
 (1) 측정 방법
  표준 시험 환경을 설정하고 시료를 자동 모드로 작동한다. 항해 데이터 메시지를 다음가 같이 시료의 PI에 적용하여 항해 상태를 변경한다.
  (가) NavStatus를 "at anchor" 및 "moored"로 설정하고 속도 < 3 kn로 한다.
  (나) NavStatus를 "at anchor"로 설정하고 속도 > 3 kn로 한다.
  (다) NavStatus를 다른 값으로 설정한다.
  모든 메시지를 VDL에 기록하고 시료의 위치보고의 보고 간격을 평가한다.
 (2) 필수 결과

(가) 보고 간격은 3분
(나) 보고 간격은 10초
(다) 보고 간격은 속도와 경로에 따라 조정되어야 한다. ([표 4-17] 참조)

거. 할당된 보고 간격 - [① 14.2.2.3]
 (1) 측정 방법
  표준 시험 환경을 설정하고 시료를 자동 모드로 작동한다. 기지국 MMSI를 이용하여 할당된 모드 명령 메시지 16을 시료에 전송한다.
  (가) 초기 슬롯 오프셋 및 증가
  (나) 지정된 보고 간격
  경로, 속도 및 NavStatus를 변경하고 전송된 메시지를 기록한다.
 (2) 필수 결과
  할당된 보고 간격이 자동 보고 간격보다 짧은 경우 시료가 메시지 16에 정의된 매개변수에 따라 위치보고메시지 2를 송신하는지 확인하여야 한다. 시료는 자동모드의 자동 보고 간격에서 메시지 1 또는 3으로 되돌아 가야한다.
   - 4분에서 8분 후, 또는
   - 경로, 속도 및 NavStatus의 변경이 더 짧은 자동 보고 간격을 필요로 하는 경우

너. 정적 데이터 보고 간격 - [① 14.2.2.4]
 (1) 측정 방법
  표준 시험 환경을 설정하고 시료를 자동 모드로 작동한다. 전송된 메시지를 기록하고 정적 및 항해 관련 데이터(메시지 5)를 확인하여야 한다.
  (가) 정적 및/또는 항해 관련 기지국 데이터를 변경한다. 전송된 메시지를 기록하고 정적 및 항해 관련 데이터(메시지 5)를 확인하여야 한다.
  (나) 동일한 정적 매개변수를 여러 번 사용하여 SSD 및 VSD

문장에 적용한다.
　(2) 필수 결과
　　　시료가 채널 A와 채널 B를 교대로 6분간의 보고 간격으로 메시지 5를 전송하는지 확인하여야 한다.
　　(가) 시료가 1분 이내에 메시지 5를 6분의 보고 간격으로 되돌리는 것을 확인한다.
　　(나) 첫 번째 SSD 문장이 수신된 후 1분 이내에 시료가 메시지 5를 전송하고 6분의 보고 간격으로 되돌아가는지 확인한다. 이후의 동일한 SSD 및 VSD 문장은 더 이상의 메시지 5를 생성해서는 안된다.

더. 이벤트 로그 - [① 14.3]
　(1) 측정 방법
　　　표준 시험 환경을 설정하고 시료를 자동 모드로 작동한다. 시료를 15분 이상 끄고 다시 켜기를 적어도 10번 반복하고 기록된 데이터를 복구 및 판독한다. 구현 가능할 경우 시료를 수신 모드로 전환하고 기록된 데이터를 복구 및 판독한다.
　(2) 필수 결과
　　　시료가 기록하고 시간과 이벤트를 올바르게 표시하는지 확인하여야 한다.

러. 초기화 기간 - [① 14.4]
　(1) 측정 방법
　　　모든 센서를 사용할 수 있는 표준 시험 환경을 설정하고 시료를 자동 모드로 작동한다. 약 0.5초간 스위치를 오프하고 전송된 메시지를 기록한다.
　(2) 필수 결과
　　　스위치를 켠 후 2분 이내에 시료가 전송을 시작하는지 확인하여야 한다.

머. 채널 선택 - [① 14.5.1]

(1) 측정 방법
표준 시험 환경을 설정하고 시료를 자동 모드로 작동한다. ITU-R M.1084-5, 부속서 4에 명시된 25㎑ 채널 간격을 사용하는 해상 이동 통신 대역에서 무작위로 선택된 다른 채널로 시료를 전환한다.
  (가) 수동
  (나) 기지국 MMSI를 사용하여 시료로 보내지고 방송된 채널 관리 메시지(메시지 22)의 전송
  (다) PI 에 ACA 문장을 적용
  (라) 기지국 MMSI를 사용하여 시료에 DSC 원격 명령 전송
       VDL 메시지를 기록한다.
(2) 필수 결과
  (가) 시료가 시험에서 지시된 대로 적절한 채널을 사용하는지 확인한다.
  (나) 시료가 ID 036의 단일 TXT 문장을 전달하였음을 확인하고, AIS에서 지역 작동 설정을 변경한 사실을 알리는데 필요한 ACA 문장을 확인한다.

버. 송수신기 보호 - [① 14.5.2]
(1) 측정 방법
표준 시험 환경을 설정하고 시료를 자동 모드로 작동한다. 시료와 연결된 안테나 단자를 개방 또는 단락하여 각각 최소 60초 동안 유지한다.
(2) 필수 결과
시료는 송수신기를 손상시키지 않고 안테나를 정상 연결 후 2분 이내로 다시 작동해야 한다.

머. 자동 전원 설정 - [① 14.5.3]
(1) 측정 방법
표준 시험 환경을 설정하고 다음과 같이 시료를 자동 모드로 작동한다.

(가) NavStatus를 moored로 설정하고, SOG < 3kn로 설정하며, 유형을 "tanker"로 설정한다.
(나) 시험 (가)를 반복하고 VDL을 통해 전원 레벨을 높게 지정한다.
(다) NavStatus를 진행 상태로 변경한다.
(2) 필수 결과
(가) 전원설정은 1W 이고, MKD는 올바른 전원설정을 나타낸다.
(나) 전원설정은 1W 이고, MKD는 올바른 전원설정을 나타낸다.
(다) 전원설정은 12.5W 이고, MKD 표시는 정상으로 되돌아간다.

버. 전원 공급 손실 - [① 14.6.1]
(1) 측정 방법
전원 공급 장치의 전원을 차단한다.
(2) 필수 결과
전원이 꺼져있을 때 출력이 "작동 중"이지 않아야 한다.

서. 기능 및 무결성 모니터링 - [① 14.6.2.1]
(1) 측정 방법
시료가 Tx 오작동을 감지하는 방법에 대한 제조사의 문서 세부사항을 확인한다.
(2) 필수 결과
Tx 오작동에 대하여 경보 001인 ALR 문장이 PI로 전송되어야 한다.

어. 안테나 VSWR - [① 14.6.2.2]
(1) 측정 방법
3:1의 VSWR을 위해 안테나가 불일치하여 시료가 최대 전력으로 방사되지 않도록 한다. 불일치 동안 출력 전력은 정격 출력일 필요는 없다.
(2) 필수 결과
시료가 계속 작동하는지 확인하고, 경보 002가 ALR 문장으로 전송되고 릴레이 출력이 오류 상태를 나타내야 한다. 시료가

ACK를 수신하고, ALR 문장의 상태필드가 업데이트되면 릴레이가 비활성화 되어야 한다.

저. Rx 오작동 - [① 14.6.2.3]
제조사는 AIS가 Rx 오작동을 어떻게 감지하는지 설명하는 문서를 제공하고 알맞은 경보 ID를 가진 ALR 문장을 PI를 통하여 보내야 한다.
  (1) 측정 방법
    제조사에 의해 제공된 Rx 오작동 감지를 구현한다.
  (2) 필수 결과
    Rx 오작동이 감지되면 시료는 경보 003(채널 1), 004(채널 2), 005(DSC 채널)를 발생해야 한다.

처. UTC 소실 - [① 14.6.2.4]
  (1) 측정 방법
    표준 시험 환경을 설정하고 시료를 자동 모드로 작동한다.
    (가) GNSS 안테나 연결 해제(UTC 동기화 무효)
    (나) GNSS 안테나 재 연결
  (2) 필수 결과
    (가) 시스템은 계속 동작하고 동기화 상태를 간접 동기화로 변경하며 경보 007의 ALR 문장이 전송되고 출력이 활성화된다.
    (나) 시료는 경보 007의 상태 비활성화 ALR 문장을 출력하고, 릴레이 출력은 비활성화 된다. 시료는 동기 상태를 UTC 직접 동기화로 변경해야 한다.

처. 원격 MKD 연결 끊김, 구성된 경우 - [① 14.6.2.5]
  (1) 측정 방법
    표준 시험 환경을 설정하고 시료를 자동 모드로 작동한다.
    (가) 원격 MKD를 불리하거나 HBT 문장을 중단한다.
    (나) PI에 경보 008을 사용하여 경보확인을 제공한다.
    (다) 원격 MKD를 다시 연결하고 상태 표시 "ok"와 함께 HBT 문장을 적용한다.

(라) 상태 표시 "ok" 아닌 "HBT"문장을 적용한다.

(마) DTE 플래그가 1로 설정된 SSD 문장을 적용한다.

(2) 필수 결과

 (가) HBT +1초에 정의된 지정된 반복 간격의 두 번 후 경보 008 이 전송되고, 릴레이 출력이 실패 신호를 보낸다. 메시지 5번에서 DTE 값"1"로 AIS가 계속 동작하는지 확인하여야 한다. (구성된 반복 간격 필드가 널(null)인 경우 30초로 간주한다.)

 (나) 시료가 ACK를 수신하고 ALR 문장의 상태 필드가 업데이트되면 릴레이가 비활성화 된다.

 (다) AIS는 DTE 값이 "0"으로 설정된 상태에서 계속 동작한다.

 (라) 경보 008 이 전송되고 릴레이 출력이 고장 신호를 보낸다. 메시지 5에서 DTE 값이 "1"로 AIS가 계속 동작하는지 확인하여야 한다.

 (마) AIS는 SSD 문장에서 DTE 매개변수를 사용하고, DTE 값을 "1"로 설정하여 동작을 계속한다.

커. 상태 쿼리 - [① 14.6.2.6]

 (1) 측정 방법

  표준 시험 환경을 설정하고 시료를 자동 모드로 작동하고 시료로 다음의 쿼리 문장을 보낸다.

  ($xxAIQ,TXT)

 (2) 필수 결과

  현재 상태를 나타내는 TXT 문장 세트가 PI에 출력되는지 확인하여야 한다.

터. 위치 센서의 우선순위 - [① 14.6.3.1]

 (1) 측정 방법

  표준 시험 환경을 설정하고 시료를 자동 모드로 작동한다. 위치 센서에 대한 시료의 적용된 구성을 확인하기 위해 제조자의 문서를 확인하여야 한다. 시료가 아래 정의된 상태에서 동작하는 방식으로 위치 센서 데이터를 적용한다.

(가) 사용 중인 외부 DGNSS(보정됨)
(나) 사용 중인 내부 DGNSS(보정됨[메시지 17]), 구현된 경우
(다) 사용 중인 내부 DGNSS(보정됨[비콘[beacon]]), 구현된 경우
(라) 사용 중인 외부 EPFS(미보정됨)
(마) 사용 중인 내부 DGNSS(미보정됨), 구현된 경우
(바) 사용 중인 위치 센서 없음

VDL 메시지 1에서 ALR 문장 및 위치 정확성 플래그 확인하여야 한다.

(2) 필수 결과

위치 소스, 위치 정확성 플래그, RAIM 플래그 및 위치 정보의 사용이 [표 4-18] 및 [표 4-19]를 준수하는지 확인하고 메시지 5의 "전자고정 장치 유형"이 적절하게 설정되어 있는지 확인하여야 한다. 상태가 변경되면 ALR(025, 026, 029, 030) 또는 TXT(021, 022, 023, 024, 025, 027, 028) 문장이 표 2 또는 표 3에 따라 각각 전송되는지 확인하여야 한다. 아래쪽으로 전환 시 5초 후에 위쪽으로 전환 시 30초 후에 상태가 변경되는지 확인하여야 한다.

[표 4-18] 위치 센서 폴-백 조건

우선순위	메시지 1, 2, 3에 영향 받는 데이터 =>				
	위치 센서 상태	위치 정확도 플래그	타임 스탬프	RAIM 플래그	위치 위도/경도
1	외부 DGNSS 사용 (보정)[a]	1	UTC-s	1/0*	위도/경도 (외부)
2	내부 DGNSS 사용 (보정; 메시지 17)	1	UTC-s	1/0*	위도/경도 (내부)
3	내부 DGNSS 사용 중 (보정; 비콘)[b]	1	UTC-s	1/0*	위도/경도 (내부)

6	추측 지점 계산 (사용되는 외부 EPFS에서)	0	62	0	위도/경도 (추정 계산)
	수동 위치 입력 (사용되는 외부 EPFS에서)		61		위도/경도 (수동)
	위치 없음		63		비 활용 = 91/181
a	모든 구성에 적용(최소 요건)				
b	내부 비콘 수신기가 제공되는 경우에만 적용. RAIM이 적용되면 "1", 아니라면 기본값 "0"				

[표 4-19] 정확도(PA) 플래그의 사용

RAIM으로부터 정확도 상태 (위치 고정의 95%에 대해)	RAIM 플래그	차등 보정 상태	위치 정확도(PA) 플래그의 결과 값
RAIM 프로세서가 적용되지 않음	0	비 보정	0 = Low (>10 m)
예상 에러 < = 10m	1		1 = High (< = 10m)
예상 에러 > 10m	1		0 = Low (>10 m)
RAIM 프로세서가 적용되지 않음	0	보정	1 = High (< = 10m)
예상 에러 < = 10m	1		1 = High (< = 10m)
예상 에러 > 10m	1		0 = Low (>10 m)

퍼. 선수방향 센서 - [① 14.6.3.3]

　(1) 측정 방법

　　　표준 시험 환경을 설정하고 시료를 자동 모드로 작동한다.

　(가) HDG(또는 HDT) 및 ROT의 입력을 끊거나 데이터를 잘못 설정한다.

　(나) HDG(또는 HDT) 및 ROT의 입력을 재 연결한다.

　(다) ROT의 입력을 끊거나 데이터를 잘못 설정한다. 30초간 5°보다 큰 방향 변경 비율을 설정한다.

(라) ROT의 입력을 재 연결한다.
(마) SOG 5kn 미만, COG와 HDT 사이 차이를 5분 동안 45°이상으로 적용한다.
(바) SOG 5kn 이상, COG와 HDT 사이 차이를 5분 동안 45°이상으로 적용한다.

(2) 필수 결과
　(가) 유효하지 않은 HDG(또는 HDT)에 대한 경보 032 및 유효하지 않은 ROT에 대한 경보 035를 갖는 경보 문장 ALR이 PI로 전송되고 VDL 메시지 1, 2 또는 3에서 "기본" 데이터가 전송된다.
　(나) 유효한 HDG(또는 HDT)에 대한 경보 032 및 유효한 ROT에 대한 경보 035를 갖는 경보 문장 ALR이 PI로 전송된다. 경보 문장에서 경보 조건 플래그가 "V"로 설정되고 릴레이 출력이 활성화 되지 않았는지 확인하여야 한다.
　(다) 유효한 HDG(또는 HDT)에 대해 ID 031의 TXT 문장과 사용 중인 ROT 표시기에 대한 ID 033이 PI로 전송되는지 확인하여야 한다.
　(라) "사용 중인 다른 ROT소스"에 대한 ID 034의 TXT 문장이 PI로 전송되고, 메시지의 ROT 필드 내용 "회전 방향"이 정확해야 한다. ([표 4-20]"ROT 센서의 전체 백업 조건"우선순위 2)
　(마) 사용 중인 ROT 표시기에 대한 ID 033 및 유효한 ID 035의 ALR 문장을 갖는 TXT 문장이 PI로 전송되고, 경보 조건 플래그는 "V"로 설정되고 릴레이 출력은 활성화되지 않는다.
　(바) 선수방향 센서 오프셋에 대한 경보 011이 PI로 전송되지 않는다.
　(사) 선수방향 센서 오프셋에 대한 경보 011이 있는 경보 문장 ALR이 5분 후에 PI로 전송된다.

1	사용중인 ROT 지시기[a]	0…+126 = 분당 708°까지 또는 그 이상 우측 회전 0…+126 = 분당 708°까지 또는 그 이상 좌측 회전 0° ~ 708° 사이의 값은 다음과 같이 코딩되어야 한다. 여기서는 외부 ROT 지시기에 의한 입력으로서 ROT이다. 709°/min 및 그 이상은 708°/min으로 잘려진다.
2	사용중인 기타 ROT 소스[b]	+127 = 5°/30s 이상으로 우측 회전(TI 비 적용) -127 = 5°/30s 이상으로 좌측 회전(TI 비 적용)
3	활용할 수 있는 유효한 ROT 정보 없음	-128(80 hex)는 활용할 수 있는 회전 정보가 없음을 나타낸다(기본 값)

[a] IMO A.526(13)에 따른 ROT 지시기; 발신 ID에 이해 결정.
[b] HDG 정보를 바탕

허. 속도 센서 - [① 14.6.3.4]

(1) 측정 방법

표준 시험 환경을 설정하고 시료를 자동 모드로 작동한다. 위치 센서에 대한 시료의 적용된 구성을 확인하기 위해 제조자의 문서를 다음과 같이 확인하여야 한다.

(가) 유효한 외부 DGNSS 위치 및 외부 속도 데이터 사용

(나) 외부 DGNSS 위치를 분리, SOG, COG에 대한 입력을 분리하거나 데이터를 잘못 설정한다.

(2) 필수 결과

(가) ID 027의 TXT 문장이 PI로 전송되고, SOG/COG에 대한 외부 데이터가 VDL 메시지 1, 2 또는 3으로 전송된다. 시스템이 계속 동작하고 릴레이 출력이 활성화되지 않았는지 확인하여야 한다.

(나) ID 028의 TXT 문장이 PI로 전송되고, SOG/COG에 대한 내부 데이터가 VDL 메시지 1, 2, 또는 3으로 전송된다. 시스템이 계속 동작하고 릴레이 출력이 활성화되지 않았는지 확인하여야 한다.

고. GNSS 위치 불일치 - [① 14.6.3.5]
  (1) 측정 방법
    표준 시험 환경을 설정하고, 유효한 내부 위치와 유효한 외부 위치를 사용하여 시료를 조작한다.
    (가) 내부 위치에 3분간 100m 이상의 오프셋으로 외부 위치를 적용한다. 그런 다음 외부 위치를 내부 위치에 대해 100m 미만의 오프셋으로 수정한다.
    (나) 1시간 이상 동안 외부 위치를 100m 이상 벗어난 위치로 수정한다.
    (다) 그런 다음 외부 위치를 내부 위치에 대해 100m 미만의 오프셋으로 수정한다.
  (2) 필수 결과
    (가) ALR 문장은 경보 없음이 출력된다.
    (나) 위치 변경 후 15분이 지나면 활성 상태인 경보 009가 있는 경보 문장 ALR이 출력된다.
    (다) 상태가 비활성인 경보 009의 경보 문장 ALR이 출력된다.

노. 부정확한 NavStatus - [① 14.6.3.6]
  (1) 측정 방법
    표준 시험 환경을 설정하고, 유효한 내부 위치와 유효한 외부 위치를 사용하여 시료를 작동한 후 다음과 같이 진행한다.
    (가) NavStatus를 "at anchor"로 설정하고 속도 > 3 kn로 설정한다.
    (나) NavStatus를 "moored"로 하여 시험 반복한다.
    (다) NavStatus를 "aground"로 하여 시험 반복한다.
    (라) NavStatus를 "under way"로 설정하고 SOG를 2시간 이상 0 kn로 설정한다.
    (마) NavStatus를 14로 설정한다.
  (2) 필수 결과

(가) ID 010인 ALR 문장이 생성된다. 시스템이 적절한 보고 간격으로 전송하는지 확인하고 MKD 가 사용자에게 NavStatus를 수정하라는 메시지를 표시하는지 확인하여야 한다.
(나) ID가 010인 ALR 문장이 생성되고, 시스템이 적절한 보고 간격으로 전송하는지 확인하여야 한다.
(다) 결과는 (나)와 같아야 한다.
(라) ID가 010인 ALR 문장이 2시간 후에 생성된다. 시스템이 적절한 보고 간격으로 전송하는지 확인하고 MKD가 사용자에게 NavStatus를 수정하라는 메시지를 표시하는지 확인하여야 한다.
(마) NavStatus의 14 설정이 거부된다.

도. 데이터 입출력 장치 - [① 14.7.1]
 (1) 측정 방법
    표준 시험 환경을 설정하고 시료를 자동 모드로 작동한다.
    (가) 검사를 통해 MKD 표시를 확인하고 ITU-R M.1371-5 [표 4-21]에서 요구하는 전체 6비트 ASCII 문자 집합을 입력할 수 있는지 확인한다.
    (나) 받은 메시지를 기록하고 최소 표시 내용을 확인한다.
    (다) MKD를 통해 대상 지역에 "<" 및 ">" 괄호를 포함한 정적 및 항해 관련 데이터를 입력한다. 입력란의 전체 범위(최소 및 최대)를 고려한다.
    (라) 전송된 메시지를 기록하고 MKD의 내용을 확인한다.
 (2) 필수 결과
    (가) MKD에는 경과 시간 및 범위 및 방위 데이터 디스플레이의 수평 스크롤이 없으며 전체 6비트 문자 세트가 지원되는 대상 데이터의 최소 세 줄이 포함된다.
    (나) 표 7의 모든 메시지가 표시되고 표시할 메시지 및 데이터 필드를 선택하는 것이 가능하다.
    (다) 필요한 모든 데이터는 입력 가능하다. 6.11에 의해 보호되어야 하는 입력 데이터에 대한 액세스가 암호로 보호되어

있는지 확인한다. 6.11에 정의되지 않은 모든 데이터가 다른 암호 수준 또는 암호 없음을 확인한다.
(라) 전송 된 모든 데이터가 정확하게 표시된다.

[표 4-21] 6비트 ASCII 문자 집합

@	0	0x00	00 0000	64	0x40	0100 0000	!	33	0x21	10 0001	33	0x21	0010 0001
A	1	0x01	00 0001	65	0x41	0100 0001	"	34	0x22	10 0010	34	0x22	0010 0010
B	2	0x02	00 0010	66	0x42	0100 0010	#	35	0x23	10 0011	35	0x23	0010 0011
C	3	0x03	00 0011	67	0x43	0100 0011	$	36	0x24	10 0100	36	0x24	0010 0100
D	4	0x04	00 0100	68	0x44	0100 0100	%	37	0x25	10 0101	37	0x25	0010 0101
E	5	0x05	00 0101	69	0x45	0100 0101	&	38	0x26	10 0110	38	0x26	0010 0110
F	6	0x06	00 0110	70	0x46	0100 0110	'	39	0x27	10 0111	39	0x27	0010 0111
G	7	0x07	00 0111	71	0x47	0100 0111	(	40	0x28	10 1000	40	0x28	0010 1000
H	8	0x08	00 1000	72	0x48	0100 1000	)	41	0x29	10 1001	41	0x29	0010 1001
I	9	0x09	00 1001	73	0x49	0100 1001	*	42	0x2A	10 1010	42	0x2A	0010 1010
J	10	0x0A	00 1010	74	0x4A	0100 1010	+	43	0x2B	10 1011	43	0x2B	0010 1011
K	11	0x0B	00 1011	75	0x4B	0100 1011	,	44	0x2C	10 1100	44	0x2C	0010 1100
L	12	0x0C	00 1100	76	0x4C	0100 1100	-	45	0x2D	10 1101	45	0x2D	0010 1101
M	13	0x0D	00 1101	77	0x4D	0100 1101	.	46	0x2E	10 1110	46	0x2E	0010 1110
N	14	0x0E	00 1110	78	0x4E	0100 1110	/	47	0x2F	10 1111	47	0x2F	0010 1111
O	15	0x0F	00 1111	79	0x4F	0100 1111	0	48	0x30	11 0000	48	0x30	0011 0000
P	16	0x10	01 0000	80	0x50	0101 0000	1	49	0x31	11 0001	49	0x31	0011 0001
Q	17	0x11	01 0001	81	0x51	0101 0001	2	50	0x32	11 0010	50	0x32	0011 0010
R	18	0x12	01 0010	82	0x52	0101 0010	3	51	0x33	11 0011	51	0x33	0011 0011

						0101						0110
V	22	0x16	01 0110	86	0x56	0101 0110	7	55	0x37	11 0111	55	0x37	0011 0111
W	23	0x17	01 0111	87	0x57	0101 0111	8	56	0x38	11 1000	56	0x38	0011 1000
X	24	0x18	01 1000	88	0x58	0101 1000	9	57	0x39	11 1001	57	0x39	0011 1001
Y	25	0x19	01 1001	89	0x59	0101 1001	:	58	0x3A	11 1010	58	0x3A	0011 1010
Z	26	0x1A	01 1010	90	0x5A	0101 1010	;	59	0x3B	11 1011	59	0x3B	0011 1011
[	27	0x1B	01 1011	91	0x5B	0101 1011	<	60	0x3C	11 1100	60	0x3C	0011 1100
\	28	0x1C	01 1100	92	0x5C	0101 1100	=	61	0x3D	11 1101	61	0x3D	0011 1101
]	29	0x1D	01 1101	93	0x5D	0101 1101	>	62	0x3E	11 1110	62	0x3E	0011 1110
^	30	0x1E	01 1110	94	0x5E	0101 1110	?	63	0x3F	11 1111	63	0x3F	0011 1111
-	31	0x1F	01 1111	95	0x5F	0101 1111							
Space	32	0x20	10 0000	32	0x20	0010 0000							

로. 초기 메시지 전송 - [① 14.7.2]

  (1) 측정 방법

    표준 시험 환경을 설정하고 시료를 자동 모드로 작동한다. 시료에서 제공되는 비 계획 메시지와 질의 사항을 초기 전송한다.

  (2) 필수 결과

    최소한 안전관련 주소지정 및 방송 메시지(메시지 12, 14)의 전송이 MKD로 시작될 수 있는지 확인하여야 한다. 메시지 4, 9, 16, 17, 18, 19, 20, 21, 22 및 23의 전송이 불가능한 것을 확인한다. 제조자의 문서를 검사하여 사전 구성된 안전 관련 문자 메시지 12 및 14를 사용 할 수 없는지 확인하여야 한다.

모. 통신 시험 - [① 14.7.3]

  (1) 측정 방법

    표준 시험 환경을 설정하고 시료를 자동 모드로 작동한다. 시험 환경은 최소한 하나의 Class B SO 국을 포함해야 한다. 통신 시험 가능(메시지 10 전송)을 시작한다.

(가) 제안된 목표물을 사용하는 MKD
(나) 대체 목표물을 사용하는 MKD
(다) AIR 문장
(라) 다른 송신기 (시료를 대상으로)
(2) 필수 결과
(가) 시료는 목표물로 향하는 메시지 10을 송신하고, 통신 시험 결과는 MKD에 성공 및 실패 응답 모두에 대하여 정확하다는 것을 나타내며 Class A 무선국만이 MKD 상에 제안된다는 것을 검증한다.
(나) 시료는 목표물로 향하는 메시지 10을 송신하고, 통신 시험 결과는 MKD 에 성공 및 실패 응답 모두에 대하여 정확하다는 것을 나타낸다. Class A 무선국만 MKD의 대체 목표물로 선택 될 수 있는지 확인하여야 한다.
(다) 시료는 목표물로 향하는 메시지 10을 송신한다.
(라) 시료는 응답으로 메시지 11을 송신한다. 모든 경우에, VDO 메시지 10 및 수신된 VDM 메시지 11이 PI로 출력되는지 검증하여야 한다. Class B 무선국이 MKD에 선택되지 않는지 확인하여야 한다.

보. 시스템 제어 - [① 14.7.4]
(1) 측정 방법
표준 시험 환경을 설정하고 시료를 자동 모드로 작동한다. 지정된 대로 시스템 제어/구성 명령을 수행하고 시스템 상태/경보 표시를 확인하여야 한다.
(2) 필수 결과
(가) 운영자가 사용하지 않는 구성 레벨 및 기타 기능이 암호 또는 적절한 방법으로 보호되는지 확인하여야 한다.
(나) MKD를 통해 지역 채널 관리 설정을 입력 할 수 있는지, 라디오 매개변수를 변경할 수 있는 다른 방법이 없는지 확인하여야 한다.

소. 수신 목표물 표시 - [① 14.7.5]
   38.1 측정 방법
      표준 시험 환경을 설정하고 시료를 자동 모드로 작동한다.
      (가) 다음 대상에서 VDL로 메시지를 적용한다.
         - 메시지 1, 5가 있는 Class A, 10초 보고 간격
         - 메시지 3, 5가 있는 Class A, 3분 보고 간격
         - 메시지 4가 있는 기지국, 10초 보고 간격
         - 메시지 9, 5가 있는 항공기 AIS, 10초 보고 간격
         - 메시지 18, 19가 있는 Class B SO, 30초 보고 간격
         - 메시지 18, 24A&B가 있는 Class B CS, 3분 보고 간격
         - 메시지 21이 있는 AIS AtoN, 1분 보고 간격
         - 메시지 1, 14가 있으며 1개의 TDMA 버스트로 시험 중인 AIS-SART
         - 메시지 1, 14로 시험 중인 AIS-SART. AIS-SART 표시 시험 가능한 TDMA 버스트 1개
         - 메시지 1이 있는 활성 AIS-SART 2개, 1분 보고 간격
      (나) VDL에서 모든 목표물을 제거한다.
      (다) 정적 데이터 메시지 5, 19 및 24를 사용하지 않고 17분 후에 모든 목표물을 다시 적용한다.
      (라) 하나의 AIS-SART 스위치를 끈다.
      (마) 시료에 200개의 목표물을 적용한다.
      (바) 시료에 300개의 목표물을 적용한다.

   (2) 필수 결과
      (가) 마지막으로 받은 위치보고의 이름, 범위, 방위 및 분과 함께 모든 목표물이 목표물 목록에 표시되는지 확인하여야 한다. 가장 가까운 활성 AIS-SART가 목록 맨 위에 표시되고 이름이 SART ACTIVE 인지 확인하여야 한다. 경보 014가 PI로 전송되는지 확인하여야 한다. AIS-SART 시험이 표시되지 않는지 확인하여야 한다. 그러나 AIS-SART 표시는 시험할 때만 표시된다. 다른 목표물이 가장 가까운 목표물

부터 순서대로 표시되는지 확인하여야 한다. 상세 보기를 위해 모든 목표물을 선택 가능한지 확인하여야 한다. 목표물 목록에 표시되지 않는 경우, [표 4-22]에 필요한 모든 정보가 세부 보기에 표시되는지 확인한다. MKD에 표시된 모든 목표물 정보가 올바르게 표시 되는지 확인한다.
(나) 마지막 수신 메시지의 시간이 모든 목표물에 대하여 매분마다 카운팅 되는지 확인하여야 한다. 활성 AIS-SART를 제외한 모든 목표물이 마지막으로 수신된 메시지 7분 후에 디스플레이에서 제거되는지 확인하여야 한다.
(다) 모든 목표물이 다시 디스플레이 되는지 확인하고, 모든 목표물의 정적 데이터가 올바르게 표시되는지 확인하여야 한다.
(라) 마지막으로 받은 메시지의 시간이 AIS-SART에 매분마다 카운트다운 되는지 확인하고, 마지막으로 받은 메시지의 18분 후에 AIS-SART가 디스플레이에서 제거되었는지 확인하여야 한다.
(마) MKD가 200개의 목표물을 표시하는지 확인하여야 한다.
(바) MKD가 가장 가까운 200개의 목표물을 최소로 표시하는지 확인하여야 한다.

[표 4-22] MKD에 메시지 표시

메시지 종류	정보 내용	비고
아래의 모든 메시지	MMSI	
메시지 1, 2, 3 위치보고	위치(위도, 경도, 거리, 방위) 마지막 위치보고가 수신된 이후 시간(분), (0~19) AIS-SART의 경우, 이름이 "SART-ACTIVE" 또는 "SART TEST"의 해당내용이 보여야 한다. [표 4-23]에서 파생된 PA-플래	그래픽 화면에서는 지도상에 위치로서

	그, RAIM, 타임스탬프, 위치 품질 설명	
메시지 5 정적 데이터	선명	
메시지 4 기지국 보고	위치(위도, 경도, 거리, 방위), 마지막 위치보고가 수신된 이후 시간(분), 이름이 메시지 24a로부터 파생되지 않았다면 "BS:MMSI"가 보여야 한다. [표 4-23]에서 파생된 PA-플래그, RAIM, 타임스탬프, 위치 품질 설명	그래픽 화면에서는 지도상에 위치로서
메시지 9 SAR 항공기 위치보고	위치(위도, 경도, 거리, 방위, 고도), 마지막 위치보고가 수신된 이후 시간(분), 이름은 "SAR"가 보여야 한다. [표 4-23]에서 파생된 PA-플래그, RAIM, 타임스탬프, 위치 품질 설명	그래픽 화면에서는 지도상에 위치로서 SAR 항공기의 거리는 2차원 계산에 의한 것이어야 한다.
메시지 11	통신 시험의 결과가 표시되어야 한다.	결과의 지시는 자동적으로 30초 이하로 제거되어야 한다.
메시지 12, 14 안전관련 텍스트 메시지	텍스트 내용 AIS-SART의 경우, "SART-ACTIVE" 또는 "SART TEST"의 해당내용	
메시지 18, 19	위치(위도, 경도, 거리, 방위, 고도), 마지막 위치보고가 수신된 이후 시간(분) [표 4-23]에서 파생된 PA-플래그, RAIM, 타임스탬프, 위치 품질 설명	그래픽 화면에서는 지도상에 위치로서 필터링 되거나 된 것일 수 있음 (및 필터링 표시)

메시지 19, 24a Class B 위치 및 정적보고	선명		
메시지 21 AtoN 보고	AtoN 이름 마지막 위치보고가 수신된 이후 시간(분), 위치(위도, 경도, 거리, 방위) [표 4-23]에서 파생된 PA-플래그, RAIM, 타임스탬프, 위치 품질 설명 위치 이탈 플래그		이름 + AtoN 이라는 표시 그래픽 화면에서는 지도상에 위치로서
RAIM 프로세서가 적용되지 않음	0	보정	1 = High (<= 10m)
예상 에러 < = 10m	1		1 = High (<= 10m)
예상 에러 > 10m	1		0 = Low (>10 m)

[표 4-23] 위치 품질 (IEC 61993-2 의 Table 8)

설 명	기 준
위치 없음	위치 = 91°/181° 타임스탬프 = 63
수동 위치	타임스탬프 = 61
추측 계산(Dead reckoning) 위치	타임스탬프 = 62
구식 위치 > 200m	예상 거리 (SOG 및 경과 시간 기준) > 200m

RAIM 위치 > 10m	PA = 0 및 RAIM = 1
위치 < 10m	PA = 1 및 RAIM = 0
RAIM 위치 < 10m	PA = 1 및 RAIM = 1
타임스탬프가 없는 유효 위치	타임스탬프 = 60

주) 위치 품질에 대한 자세한 정보는 세부 페이지에 표시된다.

오. 위치 품질 표시 - [① 14.7.6]
  (1) 측정 방법
     표준 시험 환경을 설정하고 시료를 자동 모드로 작동한다. 다음 데이터가 있는 Class A 무선국의 전송을 VDL에 적용하고 MKD의 위치 품질 디스플레이를 관찰한다.
    (가) Time stamp = 63.
    (나) Time stamp = 61.
    (다) Time stamp = 62.
    (라) Time stamp = 60.
    (마) Time stamp 0... 59, PA = 0, RAIM = 0.
    (바) PA = 0, RAIM = 1.
    (사) PA = 1, RAIM = 0.
    (아) PA = 1, RAIM = 1.
    (자) SOG = 10kn 설정하고 목표물 전송을 중지한다.
    (차) 전송을 다시 시작하고, SOG = 20kn 으로 설정한 다음 다시 목표물 전송을 중지한다.
  (2) 필수 결과
    (가) 위치 품질 "No position"이 표시된다.
    (나) 위치 품질 "Manual position"이 표시된다.
    (다) 위치 품질 "Dead reckoning position"이 표시된다.
    (라) 위치 품질 "valid position with no time stamp"이 표시된다.
    (마) 위치 품질 "Position > 10m"이 표시된다.

(바) 위치 품질 "Position with RAIM > 10m"이 표시된다.
(사) 위치 품질 "Position <= 10m"이 표시된다.
(아) 위치 품질 "Position with RAIM <= 10m"이 표시된다.
(자) 마지막 전송 40초 후에 위치 품질이 "Outdated position > 200m"로 변경된다.
(차) 마지막 전송 20초 후에 위치 품질이 "Outdated position > 200m"로 변경된다.

조. 선택 필터 적용 시 목표물 표시 - [① 14.7.7]
 (1) 측정 방법
  (가) 제조자의 문서에 따라 사용자가 필터를 사용하여 AIS 목표물을 표기 할 수 있는지 확인하여야 한다.
  (나) 제조자의 문서에 따라 휴지 목표물이 필터링 될 때 표시가 제공되는지 확인하여야 한다.
  (다) 제조자의 문서에 따라 필터가 활성화되어 있는 동안 표시가 유지되는지 확인하여야 한다.
  (라) 제조자의 문서에 따라 필터를 쉽게 이용 가능한지 확인하여야 한다.
  (마) 제조자의 문서에 따라 프레젠테이션에서 개별 AIS 목표물을 제거할 수 없다는 것을 확인하여야 한다.
 (2) 필수 결과
  (가) 제조자의 문서에 따라 사용자가 필터를 사용하여 AIS 목표물을 표기 할 수 있는지 확인하여야 한다.
  (나) 제조자의 문서에 따라 휴지 목표물이 필터링 될 때 표시가 제공되는지 확인하여야 한다.
  (다) 제조자의 문서에 따라 필터가 활성화되어 있는 동안 표시가 유지되는지 확인하여야 한다.
  (라) 제조자의 문서에 따라 필터를 쉽게 이용 가능한지 확인하여야 한다.
  (마) 제조자의 문서에 따라 프레젠테이션에서 개별 AIS 목표물을 제거할 수 없다는 것을 확인하여야 한다.

조. 수신된 안전 관련 메시지 표시 - [① 14.7.8]
  (1) 측정 방법
      표준 시험 환경을 설정하고 시료를 자동 모드로 작동한다.
    (가) 20개의 메시지 12를 시료로 전송한다.
    (나) MKD에 표시된 메시지를 확인한다.
    (다) 20개의 메시지 12를 시료로 전송한다.
    (라) 메시지 14를 송신한다.
  (2) 필수 결과
    (가) 가장 최근 수신 메시지 12가 가장 먼저 표시되고 모든 20개의 메시지가 디스플레이에서 이용 가능하다.
    (나) 확인된 메시지 12는 최상단 디스플레이에서 제거된다.
    (다) 가장 최근 수신된 메시지 12가 가장 먼저 표시되고 모든 20개의 메시지가 디스플레이에서 이용 가능하다.
    (라) 메시지 14가 수신되고, 메시지 14를 이용할 수 있다는 표기가 디스플레이에 있다.

초. 항해 정보 표시 - [① 14.7.9]
  IEC 62288에 명시된 시험 방법 및 필수 결과에 따라 항행 관련 정보 표시에 대한 일반적인 요구 사항을 준수하는지를 확인하여야 한다. AIS 데이터에 대한 그래픽 기호 표시가 제공되는 경우 IEC 62288의 시험 방법 및 필수 결과에 따라 대상의 그래픽 표시 요구 사항을 준수하는지 확인하여야 한다.
  (1) 측정 방법
      아래 나열된 메시지를 입력하고 AIS 데이터 그래픽 기호가 표시되면 MKD가 IEC 62288에 설명된 그래픽 기호를 표시한다는 것을 비교한다.
    (가) 메시지 1, 2, 3 및 5 (Class A AIS, AIS-SART)
    (나) 메시지 18, 19 및 24 (Class B AIS)
    (다) 메시지 4 (기지국 AIS)
    (라) 메시지 9 (SAR 항공기 AIS)

(마) 메시지 21 (AtoN AIS)
- IEC 62288에 명기되지 않은 기호는 제조자가 정의할 수 있다.
- 제공된 경우, CPA/TCPA 계산을 위한 IEC 62388(레이다)의 시험 방법 및 필수 결과에 따라 적합성을 확인하여야 한다.

(2) 필수 결과
(가) MKD에 표시되는 그래픽 기호와 IEC 62288에 설명된 그래픽 기호가 동일해야 한다.
(나) MKD에 표시되는 그래픽 기호와 IEC 62288에 설명된 그래픽 기호가 동일해야 한다.
(다) MKD에 표시되는 그래픽 기호와 IEC 62288에 설명된 그래픽 기호가 동일해야 한다.
(라) MKD에 표시되는 그래픽 기호와 IEC 62288에 설명된 그래픽 기호가 동일해야 한다.
(마) MKD에 표시되는 그래픽 기호와 IEC 62288에 설명된 그래픽 기호가 동일해야 한다.

[표 4-24] IEC 62288 표기되어 있는 표식

* 없는 것은 표기되어 있지 않음			
CLASS A	△	AIS-SART	⊗
CLASS B	△	AIS AtoN	◇+
Own Ship	◎	BASE Station	-
		AIS Air	-

코. 주파수 오차 - [① 15.1.1]
(1) 측정 방법
반송파 주파수는 변조가 없을 때 측정되어야 한다. 시험은 아래 그림과 같이 연결되어야 한다. 시험은 정상 및 극한의 시험조건 하에서 2개의 채널(156.025㎒, 162.025㎒)에서 수행되어야 한다.

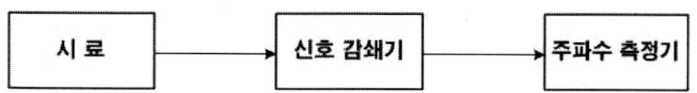

(2) 필수 결과

주파수 오차는 정상 조건에서 ±0.5㎑ 이내 이어야 한다.

토. 반송파 전력 - [① 15.1.2]
(1) 측정 방법

시료는 아래 그림과 같이 연결되어야 한다. 시험은 정상 및 극한 시험조건 하에서 2 개의 채널(156.025㎒, 162.025㎒)에서 수행되어야 한다.

(2) 필수 결과

모든 시험 주파수에서 반송파 전력은 정상 시험조건 하에서 공칭 전력 레벨의 ±1.5dB 이내이어야 한다.

포. 슬롯 전송 스펙트럼 - [① 15.1.3]
(1) 측정 방법

시험은 IEC 61993-2 의 시험신호 4를 사용한다. 시료는 스펙트럼 분석기에 연결한다. 측정에는 300㎐의 분해능 대역폭, 3 ㎑ 이상의 비디오 대역폭 및 양의 피크 검출(최대 유지)을 사용한다. 충분한 수의 스윕이 사용되어야 하고 신호 파형이 충분히 확인될 수 있도록 송신되어야 한다. 시험은 2 개의 채널 (156.025㎒, 162.025㎒)에서 수행되어야 한다.

(2) 필수 결과

슬롯 전송 스펙트럼은 다음과 같은 방출 마스크 내에 있어야 한다.
(가) 반송파와 ±10㎑ 사이의 영역에서 반송파로부터 제거되면 변조 및 과도 상태 측파대는 0dBc 이하 이어야 한다.
(나) 반송파에서 제거된 ±10㎑에서 변조 및 과도 상태 측파대는 －25dBc 이하이어야 한다.
(다) 반송파에서 제거된 ±25㎑에서 ±62.5㎑ 에서 변조 및 과도 상태 측파대는 －70dBc보다 더 낮은 값이어야 한다.
(라) ±10㎑와 ±25㎑ 사이의 영역에서 반송파로부터 제거되면, 변조 및 과도상태 측파대는 이 두 기점 사이에 명시된 선 이하이어야 한다.
(마) 측정을 위한 참조 레벨은 (토. 반송파전력)의 적절한 시험 주파수에 대해 기록된 반송파 전력(전도)이어야 한다.

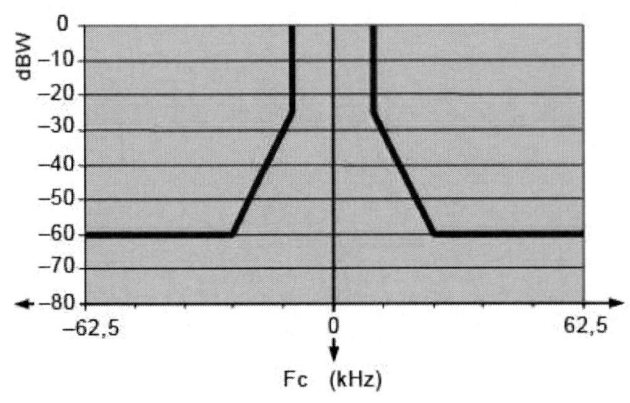

<그림 4-6> 슬롯 전송 스펙트럼

호. 변조 정확도 － [① 15.1.4]
 (1) 측정 방법
  시료는 아래 그림과 같이 구성 A 또는 구성 B 중 하나로 연결되어야 한다. 시험은 정상 및 극한 시험조건 하에서 2 개의 채널(156.025㎒, 162.025㎒)에서 수행되어야 한다.
  송신기는 IEC 61993-2 의 시험 신호 2로 변조되어야 한다.
  송신기는 IEC 61993-2 의 시험 신호 3으로 변조되어야 한다.

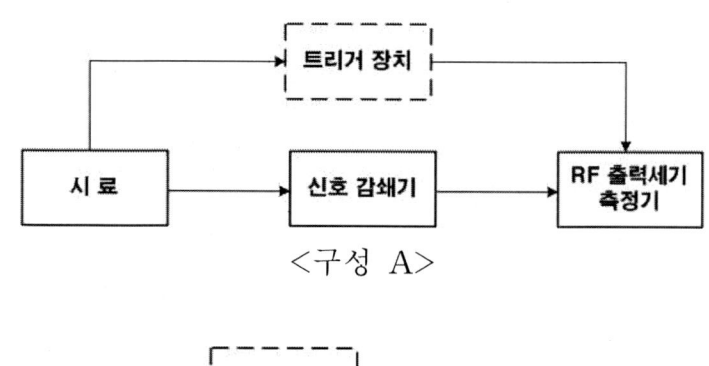

<구성 A>

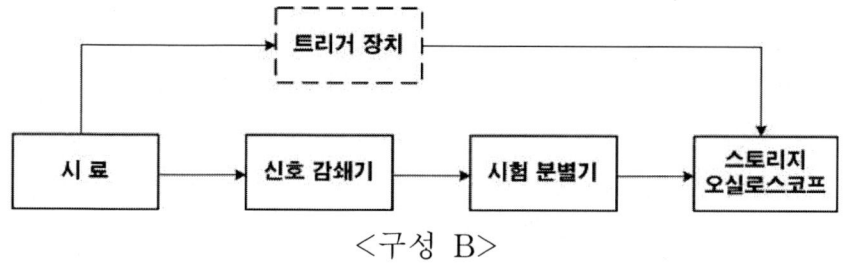

<구성 B>

(2) 필수 결과

정상 조건 및 극한 시험조건 하에서 시험 신호 2와 시험 신호 3의 신호에서 요구되는 결과는 아래의 [표 4-25]와 같다.

[표 4-25] 변조 정확도

Test Signal 2		Test Signal 3	
Normal	Extreme	Normal	Extreme
1740 Hz ± 175 Hz	1740 Hz ± 350 Hz	2400 Hz ± 240 Hz	2400 Hz ± 480 Hz

구. 송신기 출력 특성 - [① 15.1.5]

(1) 측정 방법

측정은 IEC 61993-2의 시험 신호 4를 송신하여 수행되어야 한다. 시험은 2개의 채널(156.025㎒, 162.025㎒)에서 수행되어야 하고, 시료는 스펙트럼 분석기에 연결한다. 이 측정에는 1㎒의 분해능 대역폭, 1㎒의 비디오 대역폭 및 샘플 검출기가 사용되어야 한다. 분석기는 이 측정을 위해 제로 스팬(Zero-span) 모드로 한다. 스펙트럼 분석기는 외부적으로 또는 시료로부터 제공될 수 있는 슬롯의 공칭 시작 시간(T0)과 동기화되어야 한다.
(2) 필수 결과

송신기 전력은 아래 <그림 4-7>에 표시된 마스크와 [표 4-26]에 주어진 관련 타이밍 내에 남아 있어야 한다.

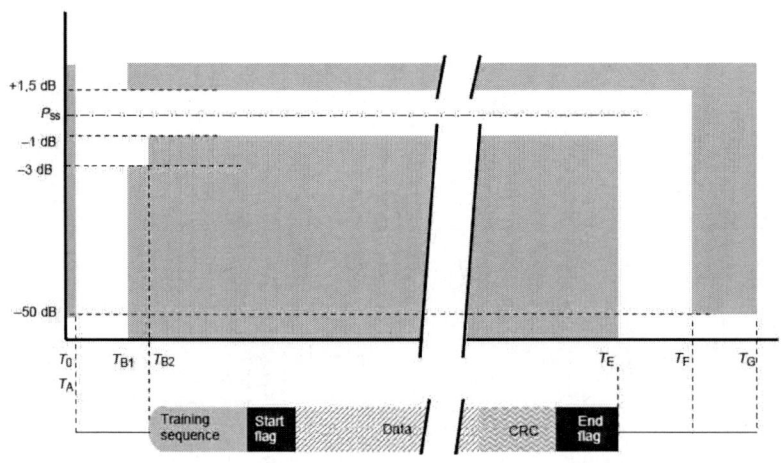

<그림 4-7> 송신기 출력 특성

[표 4-26] 송신기 출력 특성

참조		비트	시간(ms)	정의
T_0		0	0	전송슬롯의 시작. 출력은 T_0 하기 전의 P_{ss} 에서 -50dB를 초과하지 않아야 한다.
$T_0 - T_A$		0 to 6	0 to 0.625	출력은 $P_{ss}{}^a$의 -50 dB를 초과할 수 있다.
T_B	T_{B1}	6	0.625	출력은 +1.5dB 또는 -3dB의 $P_{ss}{}^a$ 이내여야 한다.
	T_{B2}	8	0.833	출력은 $P_{ss}{}^a$의 +1.5dB 또는 -1dB 이내여야 한다.

T_F (1스터핑 비트포함)	241	25.104	출력 P_{ss}의 -50dB이며 이보다 낮아야 한다.
T_G	256	26.667	다음전송 시간주기의 시작

누. 수신 감도 - [① 15.2.1]
  (1) 측정 방법
    신호발생기는 수신기의 공칭 주파수에 있어야 하며, IEC 61993-2의 시험 신호 5번을 생성하도록 변조되어야 한다. 수신기의 입력단 신호 레벨은 -107dBm 으로 설정한다. 메시지 측정 시험은 감시되어야 하고, 패킷 오류이 확인되어야 한다. PER은 다음의 식에서 계산된다.

$$PER = (P_{TX} - P_{RX})/P_{TX} \times 100(\%)$$

시험은 정상 조건에서 2 개의 채널(156.025㎒, 162.025㎒)에서 수행되어야 한다. 입력단 신호 레벨을 -104dBm으로 조정한 후 156.025㎒ ±500Hz 및 162.025㎒ ±500Hz 에서 반복한다.

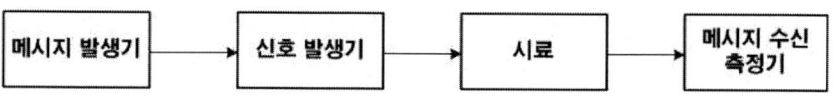

  (2) 필수 결과
    PER은 20%를 초과하지 않아야 한다.

두. 높은 입력 레벨에서의 오류 동작 - [① 15.2.2]
  (1) 측정 방법
    수신 감도에 대한 측정 구성이 사용되어야 한다. 시험은 2개의 채널(156.025㎒, 162.025㎒)에서 수행되어야 한다. 신호 발생기는 수신기의 공칭 주파수에 있어야 하며 IEC 61993-2의 시험 신호 5를 생성하도록 변조되어야 한다. 입력 신호의 레벨은

-7dBm의 세기로 조정되어야 한다. 메시지 측정은 감시되어야 하고, 패킷 오류율이 확인되어야 한다. 시험은 -77dBm 의 세기로 조정되어 반복되어야 한다.

(2) 필수 결과

PER은 1%를 초과하지 않아야 한다.

루. 상호 채널 거부 - [① 15.2.3]

(1) 측정 방법

2개의 신호 발생기 A와 B는 아래 그림과 같이 결합 네트워크를 통해 수신기에 연결되어야 한다. 신호 발생기 A에 제공되는 원하는 신호는 수신기의 공칭 주파수에 있어야 하며 시험 신호 5를 생성하도록 변조되어야 한다. 신호 발생기 B에 제공되는 원하지 않는 신호 또한 수신기의 공칭 주파수에 있어야한다. 신호 발생기 B는 연속적으로 또는 시험 신호 5에 대해 신호 발생기 A에 의해 사용된 것과 동일한 시간 주기에서 시험 신호 4를 발생시키도록 변조되어야 한다. 원하는 신호와 원하지 않는 신호의 내용은 동기화되지 않아야 하나다. 신호 발생기 A로부터 원하는 신호의 레벨은 수신기에서 -104dBm으로 조정되어야 하고 원하지 않는 신호는 -114dBm으로 조정되어야 한다. 메시지 측정이 감시되고 패킷 오류율이 확인되어야 한다. 시험은 2 개의 채널(156.025㎒, 162.025㎒)에서 수행되어야 한다.

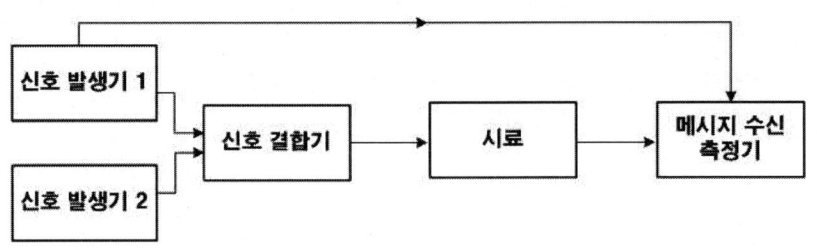

(2) 필수 결과

PER은 20%를 초과하지 않아야 한다.

무. 인접 채널 선택도 - [① 15.2.4]
  (1) 측정 방법

   2개의 신호 발생기 A와 B는 아래 그림과 같이 결합 네트워크를 통해 수신기에 연결되어야 한다. 신호 발생기 A에 의해 제공되는 원하는 신호는 수신기의 공칭 주파수에 있어야 하며, 시험 신호 5를 생성하도록 변조되어야 한다. 신호 발생기 B에 의해 제공되는 원하지 않는 신호는 ±3㎑의 편차에 400㎐ 의 사인파로 주파수 변조되어야 한다. 신호 발생기 B는 원하는 신호보다 25㎑ 높은 주파수에 있어야 한다. 신호 발생기 A로부터 원하는 신호의 세기는 수신기에서 -104dBm 으로 조정되어야 한다. 신호 발생기 B로부터 원하지 않는 신호의 세기는 -34dBm으로 조정되어야 한다. 메시지 측정이 감시되고 패킷 오류율이 확인되어야 한다. 원하는 신호보다 25㎑ 낮은 원하지 않는 신호로 위의 측정을 반복한다. 시험은 2개의 채널(156.025㎒, 162.025㎒)에서 수행되어야 한다.

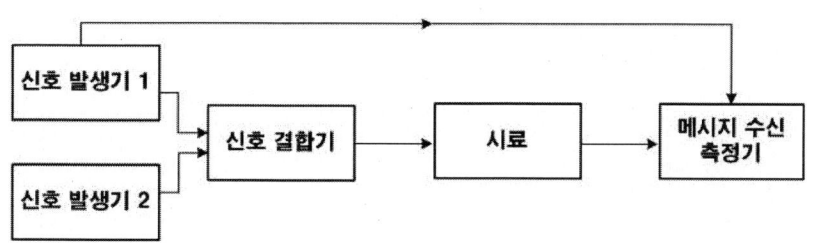

  (2) 필수 결과
   PER은 20%를 초과하지 않아야 한다.

부. 스퓨리어스 응답 거부 - [① 15.2.5]
  (1) 측정 방법

   2개의 신호 발생기 A와 B는 아래 그림과 같이 결합 네트워크를 통해 수신기에 연결되어야 한다. 신호 발생기 A에 의해 제공되는 원하는 신호는 162.025㎒ 이어야 하고 시험 신호 5를 생성하도록 변조되어야 한다. 신호 발생기 B에 의해 제공되는 원하지 않는 신호는 ±3㎑의 편차에 400Hz 사인파로 주파수 변조되어야 한다. 신호 발생기 B의 주파수는 시료의 제조사에 의해서 제공되는 IF 주파수, 로컬 오실레이터 주파수, 고조파와 같은 주파수에서 시험되어야 한다. 신호 발생기 A로 부터의 원하는 신호의 세기는 수신기에 -104dBm 으로 조정되어야 한다. 신호 발생기 B의 원하지 않는 신호의 세기는 -34dBm으로 조정되어야 한다. 메시지 측정이 감시되고 패킷 오류율이 확인되어야 한다. 원하는 신호를 156.025㎒로 하여 위의 시험을 반복한다.

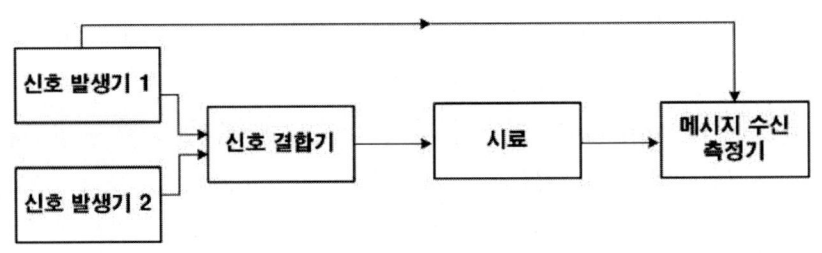

(2) 필수 결과

PER은 20%를 초과하지 않아야 한다.

수. 상호 변조 응답 거부 및 차단 - [① 15.2.6]
(1) 측정 방법

4개의 신호 발생기 A, B, C, D는 아래 그림과 같이 결합 네트워크를 통해 수신기에 연결되어야 한다. 신호 발생기 A로 부터의 원하는 신호는 시험 신호 5로 변조되고 신호의 세기는 수신기에 -101dBm 으로 조정되어야 한다. 신호 발생기 B로 부터의 원하지 않는 신호는 ±3㎑의 편차로 400Hz 변조되고, 원하는 신호의 주파수 위 또는 아래의 500㎑ 주파수로 조정되어야 한다. 신호 발생기 C로 부터의 원하지 않는 신호는 무변조로서 원하는 신호의 주파수 위 또는 아래 1,000㎑ 주파수로 조정되어야 한다. 신호 발생기 D로 부터의 원하지 않는 신호는 변조되지 않고 원하는 신호의 주파수 위 또는 아래 5.725㎒ 주파수로 조정되어야 한다. 신호 발생기 B와 C의 신호 세기는

-27dBm으로 조정되어야 하고, 신호 발생기 D의 신호 세기는 -15dBm으로 조정되어야 한다. 메시지 측정이 감시되고 패킷 오류율이 확인되어야 한다.

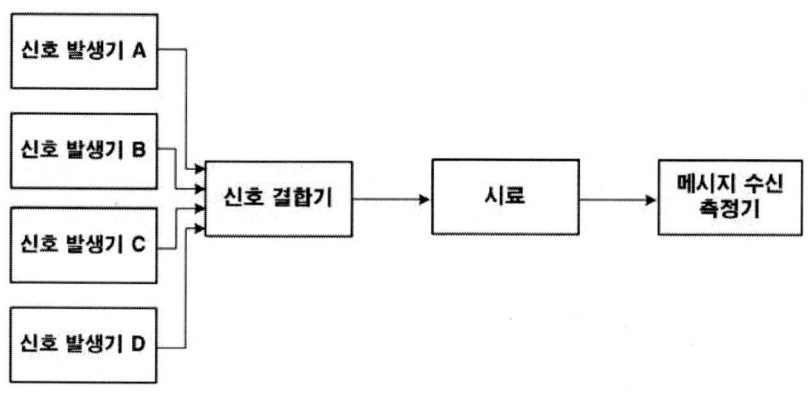

시험되는 주파수는 아래의 [표 4-27]과 같다.

[표 4-27] 송신기 출력 특성

	신호발생기 A	신호발생기 B	신호발생기 C	신호발생기 D
시험 1	156.025	156.525	157.025	161.750
시험 2	162.025	161.525	161.025	156.300

(2) 필수 결과

PER은 20%를 초과하지 않아야 한다.

우. 전환 시간 수신을 위한 송신 - [① 15.2.7]

(1) 측정 방법

아래 그림과 같이 신호 발생기는 30dB 감쇠기를 통하여 시료에 연결되어야 한다. 시료에서의 수신 제어 신호는 송신 후 즉각적인 슬롯에서 시험 메시지를 출력하기 위해 트리거 신호로서 신호발생기에 연결되어야 한다. 신호 발생기는 시료에서 신호 세기가 -107dBm이 되도록 조정되고, 공칭 주파수에서 시험 신호 5로 변조되어야 한다. 시료는 기본 송신 세기(12.5W)로 설정되어야 하며 2초 간격으로 메시지 1번을 200개 전송하도록 설정되어야 한다. 메시지 측정이 감시되고 패킷 오류율이 확인되어야 한다.

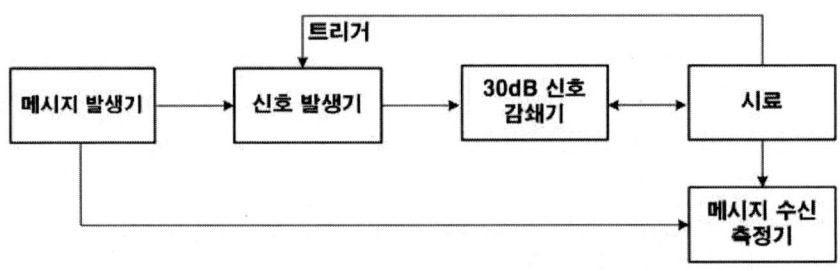

(2) 필수 결과

PER은 20%를 초과하지 않아야 한다.

주. 대역 외 에너지에 대한 내성 - [① 15.2.8]

(1) 측정 방법

2개의 신호 발생기 A와 B는 아래 그림과 같이 결합 네트워크를 통해 수신기에 연결되어야 한다. 신호 발생기 A에 의해 제공되는 원하는 신호는 처음에 162.025㎒ 이고 시험 신호 5번으로 변조되어야 한다. 신호 발생기 B로 부터의 원하지 않는 신호는 변조되지 않고 174㎒ 로 조정되어야 한다. 처음에는 신호 생성기 B가 꺼져 있어야 한다(출력 임피던스 유지). 신호 발생기 A로 부터의 원하는 신호 세기는 수신기 입력에서 -101dBm으로 조정되어야 한다. 신호 발생기 B가 켜지고 원하지 않는 신호의 세기는 -5dBm 으로 조정된다. 200 패킷을 전송하고 PER을 기록한다. 원하는 신호를 156.025㎒로 하고 원하지 않는 신호를 동일하게 하여 시험을 반복한다.

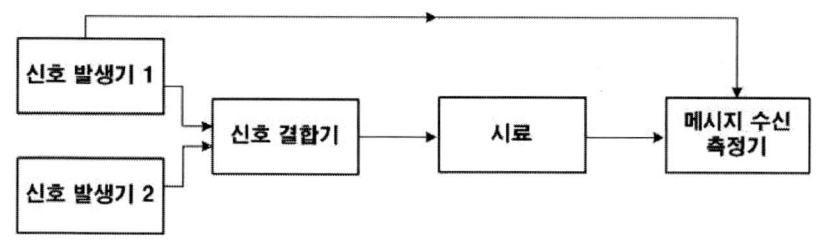

(2) 필수 결과

PER은 20%를 초과하지 않아야 한다.

추. 스퓨리어스 방사 (송신기) - [① 15.3.1]
(1) 측정 방법

시료는 50옴의 감쇠기를 통하여 측정 수신기(스펙트럼 분석기)에 연결되어야 한다. 가능한 경우, 송신기를 변조하지 않고 측정해야 한다. 무변조가 불가능한 경우 송신기는 시험 신호 4에 의해 변조되어야 한다. 변조는 측정기간 동안 계속되어야 한다. 측정은 시료가 동작하는 주파수의 ±62.5㎑ 대역을 제외하고 9㎑ 부터 4㎓ 까지 측정되어야 한다. 측정 장비의 분해능 대역폭은 측정되는 스퓨리어스 성분의 스펙트럼 폭보다 큰 최소 대역폭을 사용하여야 한다. 이것은 다음으로 높은 대역폭으로 인해 진폭이 1dB 미만으로 증가할 때 달성되는 것으로 간주된다. 양의 피크 검출(최대 홀드)은 이 측정에 사용되는 스펙트럼 분석기에서 선택하여야 한다. 방사가 확인될 수 있도록 충분한 회수의 스윕을 측정해야 한다. 스퓨리어스 성분이 검출되는 각 주파수에서 송신 세기는 송신기가 동작하고자 하는 채널이 인접한 상부 및 하부 채널을 제외하고 지정된 부하에 전달된 전도된 스퓨리어스 방사 세기로 기록되어야 한다.

(2) 필수 결과

임의의 주파수에서 스퓨리어스 방사 세기는 9㎑ ~ 1㎓의 주파수 범위에서 0.25㎼(-36dBm) 및 1㎓ ~ 4㎓의 주파수 범위에서 1 ㎼ (-30dBm)를 초과하지 않아야한다.

쿠. 스퓨리어스 방사 (수신기) - [① 15.3.2]
  (1) 측정 방법
    시료는 50옴의 감쇠기를 통하여 측정 수신기(스펙트럼 분석기)에 연결되어야 한다. 측정은 9㎑ ~ 4㎓ 범위의 주파수 범위로 확장되어야 한다. 스퓨리어스 성분이 검출되는 각 주파수에서 스퓨리어스 세기는 기록되어야 한다.
  (2) 필수 결과
    안테나 단자에서 지정된 범위의 모든 스퓨리어스 방사 세기는 9㎑ ~ 1㎓의 주파수 범위에서 -57dBm(2nW) 및 1㎓ ~ 4㎓의 주파수 범위에서 -47dBm(20nW)를 초과하지 않아야한다.

투. UTC를 이용한 동기화 시험 - [① 16.1.1]
  (1) 측정 방법
    표준 시험 환경을 설정한다. 시료가 다음의 동기화 모드로 동작하는 방식으로 시험 조건을 선택한다.
    (가) 직접 UTC
    (나) 간접 UTC (내부 GNSS 수신기 비활성화[적어도 하나의 다른 국 UTC 직접 동기화])
    (다) 간접 UTC (내부 GNSS 비활성화[범위내의 UTC 직접 동기화를 사용하는 기지국]. 올바른 UTC 날짜 및 시간이 기지국의 메시지 4에서 파생되는지 확인한다.
    (라) 기지국 직접(내부 GNSS 비활성화[범위 내에 자격이 있는 기준국(semaphore)이 있는 기지국])
    (마) 간접 UTC (내부 GNSS 수신기 비활성화[class B국의 UTC 직접 동기화 만])
    위치보고 및 보고 간격에서 CommState 매개변수 동기화 상태를 확인한다.
  (2) 필수 결과
    (가) SynchState = 0
    (나) SynchState = 1
    (다) SynchState = 1

(라) SynchState = 2
(마) 시료는 Class B 국과 동기화 하지 않는다. SynchState = 3

푸. 반복되는 메시지와 함께 UTC를 이용한 동기화 - [① 16.1.2]

(1) 측정 방법
모든 메시지가 SynchState 0을 갖는 시험 환경을 설정한다. 시료가 다음의 동기화 모드로 동작하는 방식으로 시험 조건을 선택한다.
(가) 직접 UTC
(나) 간접 UTC (내부 GNSS 수신기 비활성화[적어도 하나의 다른 국 UTC 직접 동기화])
(다) 간접 UTC (내부 GNSS 비활성화[모든 다른 국 UTC 직접 동기화 및 SyncStae 0, 반복 표시기 1])
위치보고 및 보고 간격에서 CommState 매개변수 동기화 상태를 확인한다.
(2) 필수 결과
(가) 전송된 통신 상태는 동기화 모드에 적합해야 한다.
(나) 시료는 다른 국과 동기화해야 한다.
(다) 시료는 SyncState 3이 되어야 한다.

후. UTC, 기준국(semaphore) 없는 동기화 시험 - [① 16.1.3]
(1) 측정 방법
UTC 없이 표준 시험 환경을 설정할 수 있다. 시료는 다음과 같이 기준국(semaphore) 인증(동기화 모드 1 또는 3)을 받도록 한다.
(가) 다른 수의 수신된 국을 가진 다른 기준국(semaphore) 인증국을 시뮬레이션 한다.
(나) 동일한 수의 수신된 국을 가진 다른 기준국(semaphore) 인증국을 시뮬레이션 한다.
위치보고 및 보고 간격에서 CommState 매개변수 동기화 상태를 확인한다.

(2) 필수 결과

전송된 CommState 는 동기화 모드에 적합해야 하며, 다음을 확인해야 한다.
(가) 시료는 가장 많은 수의 수신국을 가진 경우에만 기준국(semaphore)으로서 동작한다.
(나) 시료는 가장 낮은 MMSI를 갖는 경우에만 기준국(semaphore)으로서 동작한다.
(다) 시료는 기준국(semaphore)으로서 작용할 때 보고 간격을 2초로 줄이고 기준국(semaphore) 자격 조건이 3분 동안 유효하지 않을 때까지 상태를 유지해야 한다.

그. UTC 없는 동기화 시험 - [① 16.1.4]
(1) 측정 방법

표준 시험 환경을 설정할 수 있다. 시료가 다음의 동기 모드에서 동작하는 방식으로 시험 조건을 선택한다.
(가) 간접 기지국(내부 GNSS 비활성화[UTC 국 없이 직접 동기화 또는 범위 내의 기지국])
(나) 간접 이동국(내부 GNSS 비활성화[UTC 직접 동기화가 가능한 다른 국 또는 범위 없는 기지국])
(다) 내부 GNSS 는 UTC 직접 이외의 동기화 모드에서 활성화 된다. 위치보고 및 보고 간격에서 CommState 매개변수 동기화 상태를 확인한다.

(2) 필수 결과
(가) 전송된 통신 상태는 동기화 모드에 적합해야 한다.
(나) 결과는 상기 후.와 같다.
(다) 동기화 모드는 UTC로 직접 되돌아간다.

느. 동기화 되지 않은 메시지 수신 - [① 16.1.5]
(1) 측정 방법

표준 시험 환경을 설정하고 시료를 UTC 직접 모드로 작동시킨다. 동기화 되지 않은 시험 메시지를 전송한다. (슬롯 경계에

서 ±10ms이상 떨어져 있음)

(2) 필수 결과
전송된 시험 메시지가 수신되고 처리되는지 확인하여야 한다.

드. 시분할 - 프레임 형식 - [① 16.2]
(1) 측정 방법
23kn 초과 속도 및 20°/s 초과하는 ROT를 적용하여 시료 보고 간격을 2초로 설정한다. VDL 메시지를 기록하고 사용된 슬롯을 확인하고 위치보고의 CommState에서 매개변수 슬롯 번호를 확인하여야 한다. 슬롯 길이(전송 시간)를 확인한다.
(2) 필수 결과
CommState 에 사용된 슬롯 번호와 표시된 슬롯 번호가 일치해야 한다. 슬롯 번호는 2 249를 초과하지 않아야 하고 슬롯 길이는 26,67ms를 초과하지 않아야 한다.

르. 데이터 인코딩 - 비트 스터핑 - [① 16.4]
(1) 측정 방법
시험 환경을 다음과 같이 설정한다.
  (가) 데이터 부분에 HEX 값 "7E 3B 3C 3E 7E"가 포함된 VDL 에 이진 방송 메시지(메시지 8)를 적용하고 시료의 PI 출력을 확인하여야 한다.
  (나) 데이터 부분에 위와 같이 HEX 값을 포함하는 메시지 8의 전송을 시작하는 시료에 BBM 문장을 적용하고 VDL을 확인하여야 한다.
(2) 필수 결과
  (가) PI상의 데이터 출력은 전송된 데이터에 따른다.
  (나) 전송된 VDL 메시지는 PI 에 입력된 데이터와 일치한다.

므. 프레임 확인 시퀀스 - [① 16.5]
(1) 측정 방법

     잘못된 CRC 비트 시퀀스와 함께 시뮬레이션 된 위치보고 메시지를 VDL에 적용한다.
  (2) 필수 결과
     MKD를 관찰하고 PI 출력을 검사하여 이 메시지가 처리되지 않았는지 확인하여야 한다.

브. 네트워크 입력 - [① 16.6.1]
  (1) 측정 방법
     표준 시험 환경을 설정한다. 시료를 켠다. 초기화 기간 후 처음 3분 동안 전송된 예정된 위치보고를 기록한다. CommState에서 채널 접근 모드를 확인하여야 한다.
  (2) 필수 결과
     시료는 첫 번째 1분 동안 Keep Flag가 True로 설정된 ITDMA CommState(메시지 3 위치보고)와 그 이후에 SOTDMA CommState가 있는 메시지 1(위치보고)의 자동 전송을 시작해야 한다.

스. 자동 계획 전송 - SOTDMA - [① 16.6.2]
  (1) 측정 방법
     표준 시험 환경을 설정하고 시료를 자동 모드로 다음과 같이 작동한다.
    (가) 전송된 예약된 위치 메시지 1을 기록하고 프레임 구조를 확인한다. 채널 접근 모드 및 수신된 국의 매개변수 수, 슬롯 타임아웃, 슬롯 번호 및 슬롯 오프셋에 대한 전송된 메시지의 CommState를 확인한다.
    (나) 각 선택 간격(이하 SI)에 최소 4개의 빈 슬롯이 있는지 확인하여 50% 채널 부하로 시험을 반복한다.
    (다) 각 SI에 최소 4개의 빈 슬롯이 있는지 확인하여 메시지 26에 의한 50% 채널 부하로 시험을 반복한다.
  (2) 필수 결과
    (가) 공칭 보고 간격은 ±20%이다.(SI에서 슬롯 할당) 시료가 3분 ~ 8분

후 SI 내에 새로운 공칭 슬롯(NTS)을 할당하는지 확인하여야 한다. CommState에 표시된 슬롯 오프셋이 전송에 사용된 슬롯과 일치하는지 확인하고 Class B "CS"가 수신된 국소 수에 포함되어 있지 않는지 확인하여야 한다.
    (나) 빈 슬롯만이 송신에 사용된다.
    (다) 빈 슬롯만이 송신에 사용된다.

으. 자동 계획 전송 - ITDMA - [① 16.6.3]
  (1) 측정 방법
    표준 시험 환경을 설정하고 시료를 자동 모드로 작동한다. 시료의 NavStatus를 "at anchor"로 설정하여 보고 간격을 3분으로 지정한다. 전송된 예정된 위치보고를 기록한다.
  (2) 필수 결과
    (가) 시료가 메시지 3을 전송하고 ITDMA를 사용하여 슬롯을 할당하고 CommState에 표시된 슬롯 오프셋이 전송에 사용된 슬롯과 일치하는지 확인하여야 한다.
    (나) 공칭 보고 간격이 ±20% 도달했는지 확인하여야 한다.

즈. 안전 관련/이진 메시지 전송 - [① 16.6.4]
  (1) 측정 방법
    표준 시험 환경을 설정하고 시료를 자동 모드로 다음과 같이 작동한다.
    (가) 다음 예약된 전송 전에 시료의 PI에 1 슬롯 이진 방송 메시지(메시지 8)를 4초 이내에 인가한다. 전송된 메시지를 기록하고 90% 채널 부하로 다시 시도한다.
    (나) 다음 예약된 전송 전에 시료의 PI에 1 슬롯 이진 방송 메시지(메시지 8)를 4초 이상 인가한다. 전송된 메시지를 기록하고 90% 채널 부하로 다시 시도한다.
    (다) 이진 방송 메시지(메시지 8), 주소 지정된 이진 메시지(메시지 6), 방송 안전 관련 메시지(메시지 14) 및 주소 지정된 안전 관련 메시지(메시지 12)의 조합을 시료의 PI에 적용한

다. 전송된 메시지 및 시료의 PI 출력을 기록한다.
(라) PI에 분당 5건 이상의 AIR 문장을 적용한다.
(2) 필수 결과
(가) 시료는 ITDMA를 사용하여 4초 이내에 이 메시지 8을 전송한다.
(나) 시료는 RATDMA를 사용하여 4초 이내에 이 메시지 8을 전송한다.
(다) 메시지 6, 8, 12, 14, 25 및 26에 대해 프레임 당 최대 20개의 슬롯을 사용할 수 있으며 3개 보다 많은 슬롯을 사용하는 메시지는 거부된다. 메시지가 거부되었을 때 ABK 문장과 응답 확인 유형 2(메시지를 방송 할 수 없음)가 함께 전송되었는지 확인하여야 한다.
(라) 시료는 분당 5개 이하의 메시지 15를 전송한다. 메시지가 거부되었을 때 ABK 문장과 응답 확인 유형 2(메시지를 방송 할 수 없음)가 함께 전송되었는지 확인하여야 한다.

츠. 메시지 5번 전송 - ITDMA - [① 16.6.5]
(1) 측정 방법
표준 시험 환경을 설정하고 시료를 자동 모드로 작동한다. 송신된 메시지를 기록한다.
(2) 필수 결과
시료가 ITDMA 접근 방식을 사용하여 메시지 5를 전송하는지 확인하여야 한다. ITDMA 접근 방식은 예정된 위치보고 메시지 1을 메시지 3으로 대체한다.

크. 보고율을 사용하는 할당 모드 - [① 16.6.6.1]
(1) 측정 방법
표준 시험 환경을 설정하고 시료를 자동 모드로 작동한다. 기지국 MMSI를 사용하여 시료에 할당된 모드 명령 메시지(메시지 16)를 전송한다.
(가) 10분당 보고 수는 20의 배수가 아니다.

(나) 10분당 보고 수는 600개를 초과한다.
(2) 필수 결과
(가) 시료는 10분당 20개의 보고 중 다음으로 높은 배수에 해당하는 보고 속도로 위치보고 메시지 2를 전송한다.
(나) 시료는 1초의 보고 간격으로 위치보고 메시지 2를 전송한다.

트. 수신 시험 - [① 16.6.6.2]
(1) 측정 방법
표준 시험 환경을 설정하고 시료를 자동 모드로 작동한다. 기지국 MMSI를 사용하여 시료에 할당된 모드 명령 메시지(메시지 16)를 전송한다.
- 슬롯 오프셋 및 증가
- 지정된 보고 간격
(2) 필수 결과
시료는 정의된 매개변수에 따라 위치보고 메시지 2를 전송하고 4분 ~ 8분 후 표준 보고 간격으로 SOTDMA 메시지 1 으로 되돌아가는지 확인하여야 한다.

프. FATDMA 예약 슬롯에 대한 슬롯 할당 - [① 16.6.6.3]
(1) 측정 방법
표준 시험 환경을 설정하고 시료를 자동 모드로 작동한다. 기지국 MMSI를 사용하여 데이터 링크 관리 메시지(메시지 20)를 슬롯 오프셋 및 증가와 함께 시료로 송신한다. 기지국 MMSI를 사용하여 할당된 모드 명령(메시지 16)을 시료에 송신하고 하나 이상의 FATDMA 할당 슬롯을 사용하도록 명령한다. 송신된 메시지를 기록한다.
(2) 필수 결과
시료가 자체 송신을 위해 메시지 16에 의해 명령된 슬롯을 사용하는지 확인하여야 한다.

흐. 할당 우선순위 - [① 16.6.7.1]

(1) 측정 방법

표준 시험 환경을 설정하고 시료를 자동 모드로 작동한다. 기지국 MMSI를 사용하여 메시지 22 및 23을 전송한다. Tx/Rx 모드 1로 다음과 같이 할당된 모드 명령(메시지 23)을 시료에 송신한다.

(가) 해당 지역 내에 시료가 있는 영역을 정의하는 메시지 22를 전송한다. 개별적으로 주소 지정된 시료로 메시지 22를 송신하고 Tx/Rx 모드 2를 지정한다.

(나) 시험 (가)의 10분 이내에 Tx/Rx 모드 1로 시료에 메시지 23을 전송한다.

(다) 시험 a)의 15분 후에 Tx/Rx 모드 1로 시료로의 메시지 23 전송을 반복한다.

(라) 시험을 반복하고 (가)의 메시지 22에 정의된 영역을 지우고 Tx/Rx 모드 2를 지정하는 지역 설정을 사용하여 메시지 22를 시료에 전송한다. 송신한 메시지를 기록한다.

(2) 필수 결과

(가) 메시지 22의 Tx/Rx 모드 필드 설정이 메시지 23의 Tx/Rx 모드 설정보다 우선한다.

(나) 시료는 메시지 23에 의한 할당은 무시하고 메시지 설정은 10분 동안 우선한다.

(다) 시료에 메시지 23의 Tx/Rx 모드 설정을 적용한다.

(라) 메시지 23의 Tx/Rx 모드 설정이 메시지 22의 Tx/Rx 모드 필드 설정 보다 우선한다. 수신국은 240초와 480초 사이에서 무작위로 선택된 타임아웃 값 후에 이전의 Tx/Rx 모드로 복귀해야 한다.

기. 증가된 보고 간격 할당 - [① 16.6.7.2]

(1) 측정 방법

표준 시험 환경을 설정하고 10초 보고 간격으로 시료를 자동 모드로 작동하고 기지국 MMSI를 사용하여 다음과 같이 메시지 23을 전송한다.

(가) 자동 보고 간격보다 긴 보고 간격으로 시료에 그룹 할당 메시지(메시지 23)을 전송한다.

(나) 정적 시간 명령으로 시료에 그룹 할당 메시지(메시지 23)를 전송한다.

(다) NavStatus를 "Moored" 및 "at anchor" 및 SOG < 3kn 로 설정한다. 자동 보고 간격보다 짧은 보고 간격으로 시료에 그룹 할당 메시지(메시지 23)를 전송한다.

(라) NavStatus를 "Moored" 및 "at anchor" 및 SOG > 3kn 로 설정한다. 자동 보고 간격보다 짧은 보고 간격으로 시료에 그룹 할당 메시지(메시지 23)를 전송한다. 전송된 메시지를 기록한다.

(2) 필수 결과

(가) 시료는 할당 명령을 무시하고 자동 보고 간격으로 위치보고를 전송한다.

(나) 결과는 a)와 동일하다.

(다) 결과는 a)와 동일하다.

(라) 시료는 할당된 보고 간격으로 위치보고를 전송한다.

니. 간격 할당 입력 - [① 16.6.7.3]

(1) 측정 방법

표준 시험 환경을 설정하고 시료를 보고 간격이 10초인 자동 모드로 작동한다. 기지국 MMSI를 사용하여 다음과 같이 메시지 23을 전송한다.

(가) 시료에 보고 간격이 5초인 그룹할당 명령(메시지 23)을 전송한다.

(나) 보고 간격을 2초로 하여 시험 반복한다.

(다) 보고 간격 필드세팅 10(자동 보고 간격 다음으로 긴)으로 시료에 그룹할당 명령(메시지 23)을 전송한다.

(라) 보고 간격이 6초인 자동모드에서 시료를 작동한다. 보고 간격 필드세팅 9(자동 보고 간격 다음으로 짧은)와 함께 그룹할당 명령(메시지 23)을 시료로 전송한다.

VDL를 모니터링 한다.

(2) 필수 결과
 (가) 시료는 할당된 동작모드로 들어가고 5초 보고 간격으로 위치보고 메시지 2를 전송한다. 시료는 네트워크 입력 절차에 따라 스케줄 된 할당 전송을 구성한다.(이전 보고 스케줄의 사용되지 않은 슬롯이 해제되었는지 확인한다.)
 (나) 시료는 할당된 동작모드로 들어가고 2초의 보고 간격으로 위치보고 메시지 2를 전송한다.
 (다) 시료는 할당된 동작모드로 들어가지 않고 10초의 보고 간격으로 위치보고 메시지 1을 전송한다.
 (라) 시료는 할당된 동작모드로 들어가고 2초의보고 간격으로 위치보고 메시지 2를 전송한다.

다. 지역별 할당 - [① 16.6.7.4]
 (1) 측정 방법
  표준 시험 환경을 설정하고 시료를 보고 간격이 10초인 자동 모드로 작동한다. 기지국 MMSI를 사용하여 다음과 같이 메시지 23을 전송한다.
 (가) 시료에 그룹할당 명령(메시지 23)을 전송한다.(시료가 이 영역 안에 있도록 스테이션 유형 0 및 지역 영역을 정의) 보고율은 2초로 설정하고 메시지를 VDL에 적용한다.
 (나) 시료에 그룹할당 명령(메시지 23)을 전송한다.(시료가 이 영역 밖에 있도록 스테이션 유형 0 및 지역 영역을 정의) 보고율은 2초로 설정하고 메시지를 VDL에 적용한다.
 (2) 필수 결과
 (가) 시료는 할당된 모드로 전환하고 2초 간격으로 위치보고를 전송한다. 타임아웃 후에 시료가 정상동작 모드로 복귀하는지 확인하여야 한다.
 (나) 시료는 메시지 23을 거부한다.

리. 스테이션 유형별 할당 - [① 16.6.7.5]
 (1) 측정 방법

표준 시험 환경을 설정하고 시료를 보고 간격이 10초인 자동 모드로 작동한다. 기지국 MMSI를 사용하여 다음과 같이 메시지 23을 전송한다.
- (가) 시료에 그룹할당 명령(메시지 23)을 전송한다.(시료가 이 영역 안에 있도록 지역 영역을 정의) 보고 간격은 2초로 설정하고 스테이션 유형을 0(모든 국소)으로 설정한다.
- (나) 시료에 그룹할당 명령(메시지 23)을 전송한다.(시료가 이 영역 안에 있도록 지역 영역을 정의) 보고 간격은 2초로 설정하고 스테이션 유형을 4으로 설정한다.
- (다) 시료에 그룹할당 명령(메시지 23)을 전송한다.(시료가 이 영역 안에 있도록 지역 영역을 정의) 보고 간격은 5초로 설정하고 스테이션 유형을 1(Class A 이동국)로 설정한다. 4분 안에 이 메시지를 다시 VDL에 적용한다.

VDL를 기록하고 시료의 반응을 확인하여야 한다.

(2) 필수 결과
- (가) 시료는 할당된 모드로 전환하고 보고 간격이 2초인 위치보고를 전송한다. 타임아웃 기간 후 시료가 자동모드로 복귀하는지 확인하여야 한다.
- (나) 시료는 메시지 23을 거부한다.
- (다) 시료는 할당된 모드로 전환하고 보고 간격이 5초인 위치보고를 전송한다. 두 번째로 전송된 그룹할당 시간 초과 후 시료가 자동모드로 복귀하는지 확인한다.

미. 선박 및 화물 유형별 주소 지정 - [① 16.6.7.6]
(1) 측정 방법
표준 시험 환경을 설정하고 시료를 보고 간격이 10초인 자동 모드로 작동한다. 기지국 MMSI를 사용하여 다음과 같이 메시지 23을 전송한다.
- (가) 시료에 그룹할당 명령(메시지 23)을 전송한다.(시료가 이 영역 안에 있도록 지역 영역을 정의) 보고 간격은 2초로 설정하고 선박 및 화물 값을 원하는 값으로 설정한다. 이 값

이 시료에도 구성되어 있는지 확인하여야 한다.
(나) 시료에 그룹할당 명령(메시지 23)을 전송한다.(시료가 이 영역 안에 있도록 지역 영역을 정의) 보고 간격은 2초로 설정하고 선박 및 화물 값을 원하는 값으로 설정한다. 시료에 다른 값이 설정되어 있는지 확인하여야 한다.

(2) 필수 결과
(가) 시료는 할당된 모드로 전환하고 보고 간격이 2초인 위치보고를 전송한다. 타임아웃 기간 후 시료가 자동모드로 복귀하는지 확인하여야 한다.
(나) 시료는 메시지 23을 거부한다.

비. 간격 할당에 되돌리기 - [① 16.6.7.7]
(1) 측정 방법
표준 시험 환경을 설정하고 시료를 자동 모드로 작동하고 기지국 MMSI를 사용하여 2초의 보고 간격으로 시료에 그룹할당 명령(메시지 23)을 전송한다. 타임아웃 발생 후 최소 1분이 경과할 때까지 VDL을 모니터링 한다. 10회 반복한다. (메시지 23의 전송은 시료의 초기 송신 스케줄과 동기화되지 않아야 한다.) 메시지 23 수신과 타임아웃 후 첫 번째 전송 사이의 시간 T_{rev}를 측정한다.

(2) 필수 결과
4분 ~ 8분 사이의 시간이 지나면 시료가 자동모드로 들어가고 위치보고 메시지 1을 전송하고, 이전 스케줄에서 사용되지 않은 슬롯을 해제하는지 확인하여야 한다.

시. 고정 할당 전송 - FATDMA - [① 16.6.8]
(1) 측정 방법
표준 시험 환경을 설정하고 시료를 자동모드로 작동한다. 메시지 4를 VDL에 적용한다. 기지국은 다음과 같이 기지국 MMSI를 사용해야 한다.
(가) 120NM 내의 기지국으로부터 채널 A 상의 데이터 링크 관

리 메시지(메시지 20)를 슬롯 오프셋 및 증가를 갖는 시료에 송신한다. 전송된 메시지를 기록한다.
  (나) 시료에 위치가 없이 시험을 반복한다.
  (다) 120NM 이상의 기지국으로 시험을 반복한다.
  (라) 기지국 보고(메시지 4)없이 시험을 반복한다.
  (마) 120NM 내에서 기지국으로 시험을 반복하고 메시지 20의 전송을 유지한다. 메시지 4의 전송을 중단한다.
 (2) 필수 결과
  (가) 120NM 내의 기지국의 경우, 시료는 메시지 20에 주어진 타임아웃까지 자체 송신을 위해 메시지 20에 의해 할당된 슬롯을 사용하지 않는다. 시료가 채널 B의 동일한 슬롯을 사용하지 않는지 확인하여야 한다.
  (나) 시료는 메시지 20에 주어진 타임아웃까지 자신의 송신을 위해 메시지 20에 의해 할당된 슬롯을 사용하지 않는다.
  (다) 120NM을 넘는 기지국의 경우, 시료는 슬롯을 자유롭게 취급한다.
  (라) 시료는 슬롯을 자유롭게 취급한다.
  (마) 시료는 메시지 4가 멈춘 후에 시료의 목표물 타임아웃이 발생할 때까지 자체 송신을 위해 메시지 20에 의해 할당된 슬롯을 사용하지 않는다.

이. 메시지 전송의 무작위화 - [① 16.6.9]
 (1) 측정 방법
  표준 시험 환경을 설정한다. 시료 전원을 켜고 자동 전송으로 3분간 모니터링 한다. 시료를 재시작하고 10분 동안 자동 전송을 모니터링 한다. 프레임 내에서 다른 초에서 시작하여 최소한 10번 이상 이 절차를 반복한다.
 (2) 필수 결과
  공칭 슬롯이 전송 슬롯을 모니터링 하여 전원 순환 후에 항상 동일한 선택 간격 내에 있지 않은지 확인하여야 한다. 여러 번의 전원 사이클 후에 시료는 동일한 선택 간격 내에 있지 않은 슬롯에서 최종적으로 전송을 시작해야 한다.

지. 수신된 메시지 - [① 16.7.1]
 (1) 측정 방법
  표준 시험 환경을 설정하고 시료를 자동 모드로 작동한다. 표 12에 따라 VDL에 최대 5슬롯의 다중 슬롯 메시지를 포함하여 메시지를 적용한다. 시료의 PI가 출력한 메시지를 기록한다.
 (2) 필수 결과
  시료가 PI를 통해 올바른 필드 내용과 형식을 가진 메시지를 출력하는지 또는 적절하게 응답하는지 확인하여야 한다.

치. 송신된 메시지 - [① 16.7.2]
 (1) 측정 방법
  표준 시험 환경을 설정하고 시료를 자동모드로 작동한다. 표 12에 따라 이동국에 관련된 메시지의 송신을 시료에 의해 시작한다. 전송된 메시지를 기록한다.
 (2) 필수 결과
  시료가 올바른 필드 내용과 형식 또는 응답으로 메시지를 전송하는지 확인한다. 4, 9, 16, 17, 18, 19, 20, 21, 22 , 23 및 24 메시지가 시료에 의해 전송되지 않음을 확인하여야 한다.

키. 이중 채널 동작 - 대체 송신 - [① 17.1]
 (1) 측정 방법
  표준 시험 환경을 설정하고 기본 채널 AIS1, AIS2 에서 시료를 자동 모드로 동작한다. 두 채널에서 전송된 예정된 위치보고를 기록하고 CommState에서 슬롯 할당을 확인하여야 한다.
 (2) 필수 결과
  시료가 두 채널을 번갈아가며 슬롯을 할당하는지 확인하고 데이터 링크 접속 기간을 반복하여 확인하여야 한다.

티. VDL 메시지에 의한 지역 지정 - [① 17.2]

(1) 측정 방법

표준 시험 환경을 설정하고 시료를 자동 모드로 작동한다.

(가) 기지국 MMSI를 사용하여 채널관리 메시지(메시지 22)를 두 영역에 대해 서로 다른 채널 할당을 가진 두 인접지역 영역 1과 2를 정의하는 VDL에 적용하고 지역경계의 양쪽에서 4NM을 확장하는 중간지역을 적용한다. 시료가 기본 채널을 전송하는 영역 경계로부터 5NM 이상 떨어진 지역 2에서 지역 1로 접근하게 한다. 모든 6개 채널에서 전송된 메시지를 기록한다.

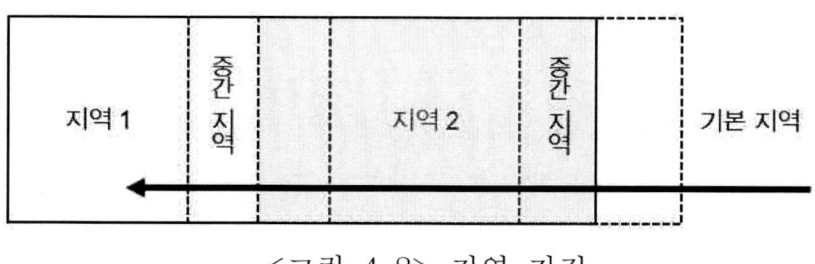

<그림 4-8> 지역 지정

[표 4-28] VDL 메시지에 의한 지역 지정

	기본 채널	2차 채널
지역 1	CH A 1	CH B 1
지역 2	CH A 2	CH B 2
기본 지역	AIS 1	AIS 2

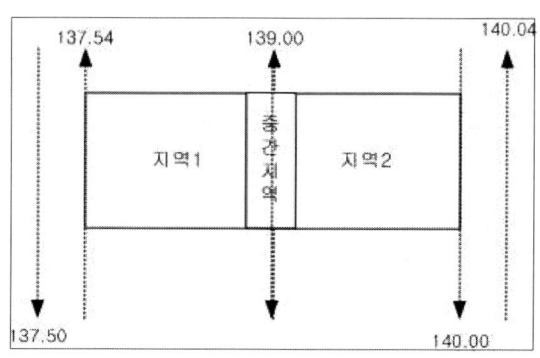

(나) Tx/Rx 모드 1로 기기를 작동한다.

(다) Tx/Rx 모드 2로 기기를 작동한다.

(라) 시료 위치로부터 120NM 이상 떨어져 있는 위치의 메시지 4를 송신하는 기지국을 사용하여 메시지 22를 송신한다.

(마) 메시지 4를 전송하지 않는 기지국을 사용하여 메시지 22를 송신한다.

(2) 필수 결과

(가) 시료는 각 지역에 할당([표 4-29] 참조)된 기본 채널을 교대로 송신 및 수신하고 중간 지역을 통과할 때 전송횟수를 두 배로 증가시킨다. 중간 지역을 벗어난 후에 지역 채널에 대한 기본 자동 운영으로 복귀해야 한다. 한 채널에서만 전송할 때 활성 채널에서 전송회수가 두 배로 증가한다. 영역을 정의할 때 영역의 경계를 넘어 요청 시에 TXT 및 ACA 문장이 출력된다. 사용 플래그는 위치 설정의 두 모서리 점(예: 상기 그림의 영역2를 정의하는 회색 영역)에 의해 정의된 영역 내에 위치가 있는 경우 "1"로 설정한다.

(나) 시료는 공칭보고 율로만 채널 A를 전송한다.

(다) 시료는 공칭보고 율로만 채널 B를 전송한다.

(라) 시료는 채널 관리를 받아들이지 않는다.

(마) 시료는 채널 관리를 받아들이지 않는다.

[표 4-29] 각 지역별 할당 채널

	영역	사용중인 채널
1	기본 지역	AIS 1, AIS 2
2	첫 중간 지역	AIS 1, CH A 2
3	지역 2	CH A 2, CH B 2

피. 시리얼 메시지에 의한 지역 영역 지정 - [① 17.3]
  (1) 측정 방법
      채널 할당을 위해 ACA 문장을 사용하여 IEC 61162-17.2(상기 항목 티)의 (가) - (다) 시험을 반복한다.
  (2) 필수 결과
    (가) 시료는 각 지역에 할당된 기본 채널을 교대로 송신 및 수신하고 중간 지역을 통과할 때 전송횟수를 두 배로 증가시킨다. 중간 지역을 벗어난 후에 지역 채널에 대한 기본 자동 운영으로 복귀해야 한다. 한 채널에서만 전송할 때 활성 채널에서 전송회수가 두 배로 증가한다. 영역을 정의할 때 영역의 경계를 넘어 요청 시에 TXT 및 ACA 문장이 출력된다. 사용 플래그는 위치 설정의 두 모서리 점(예: 상기 그림의 영역2를 정의하는 회색 영역)에 의해 정의된 영역 내에 위치가 있는 경우 "1"로 설정한다.
    (나) 시료는 공칭보고 율로만 채널 A를 전송한다.
    (다) 시료는 공칭보고 율로만 채널 B를 전송한다.

히. 위치를 잃은 지역 영역 지정 - [① 17.4]
  (1) 측정 방법
      채널 할당을 위해 ACA 문장을 사용하여 IEC 61162-17.2(상기 항목 73)의 시험을 다음과 같이 반복한다.
    (가) 위치 정보를 비활성화 한다. (기지국 MMSI를 사용하여 새로운 주소 지정된 메시지 22를 적용한다.)
    (나) 위치 정보를 다시 사용할 수 있게 만들고 영역 설정을 쿼리한다. (ACA 요청)
  (2) 필수 결과
    (가) 현재 영역의 설정이 여전히 사용된다.(새로운 주소 지정된 메시지 22의 설정이 채택되었는지 확인한다.)
    (나) 모든 영역 설정을 계속 사용할 수 있다.

갸. 전력 설정 - [① 17.5]
 (1) 측정 방법
  표준 시험 환경을 설정하고 시료를 자동 모드로 작동한다. 기지국 MMSI를 사용하여 출력 전력을 High/Low 로 정의하는 채널 관리 메시지 22를 송신한다.
  ACA 문장과 수동 입력을 사용하여 시험을 반복한다.
 (2) 필수 결과
  시료가 출력 전원을 정의된 대로 설정하고 저 전력 설정이 동작 중임을 나타낸다.

냐. 메시지 우선순위 처리 - [① 17.6]
 (1) 측정 방법
  표준 시험 환경을 설정하고 90% 채널 부하로 시험 장비를 작동한다. 속도 > 23kn 와 ROT > 20°/s를 적용하여 시료를 2초의 보고 간격으로 설정한다. VDL 메시지를 기록하고 사용된 슬롯을 확인하여야 한다.
  시료에 의한 2개의 3슬롯 메시지(메시지 12 및 메시지 8)의 송신을 시작한다. 두 채널에서 전송된 메시지를 기록한다.
 (2) 필수 결과
  시료가 ITU-R 권고 1371-4/A8-2에 주어진 우선순위에 따라 올바르게 메시지를 전송하는지 확인하여야 한다.

댜. 슬롯 재사용 및 FATDMA 예약 - [① 17.7]
 (1) 측정 방법
  표준 시험 환경을 설정하고 시료를 자동 모드로 작동한다. 시험 수신기 위치에서 시료로부터 수신된 신호 레벨이 다음과 같이 송신기로부터 수신된 신호 레벨을 초과하는지 확인하여야 한다.
  (가) 50% 채널 부하로 채널 A의 시험 목표물을 전송한다. 채널 B는 자유이고 이 시험은 규칙 0 과 1을 다룬다.
  (나) 관측 중인 모든 선택 간격에서 채널 A에 100% 채널 부하로 근거리 및 원거리 시험 목표물을 전송한다. 채널 B는

자유이고 시료가 프레임당 각 목표물의 슬르소 하나만 재사용해야 한다. 요건을 충족할 수 있는 충분한 다른 목표물이 있어야 한다.

(다) 관측 중인 모든 선택 간격에서 채널 B에 100% 채널 부하로 근거리 및 원거리 시험 목표물을 전송한다. 채널 A는 자유이다.

(라) 채널 A에서 슬롯 예약으로 위치 거리가 120NM이하 (<120NM) 인 메시지 4를 전송하고 메시지 20을 전송한다.

(마) 채널 A에서 슬롯 예약으로 위치 거리가 120NM이상 (>120NM) 인 메시지 4를 전송하고 메시지 20을 전송한다.

(바) 채널 A에서 슬롯 예약으로 없는(빈) 메시지 4와 메시지 20을 전송한다.

(사) 채널 A에서 슬롯 예약으로 위치 거리가 120NM이하 (<120NM) 인 메시지 4를 전송하고, 메시지 20을 전송한다. 채널 A의 예약되지 않은 슬롯에서 근거리 및 원거리 시험 목표물을 전송한다. 채널 B는 자유이다.

(2) 필수 결과

(가) 자유 슬롯들만이 채널 A상의 송신에 사용되고, 채널 A상의 자유로운 슬롯만이 채널 B상의 송신에 사용됨을 확인하여야 한다.

(나) 가장 먼 시험 목표물들의 슬롯들은 채널 A의 전송에 사용된다. 기지국에 두 개 이상의 슬르소이 프레임에서 재사용되지 않는지 확인하여야 한다.

(다) 채널 A상의 전송을 위해 채널 A상의 후보 슬롯들이 채널 B상의 가장 먼 기지국에 따라 구성된다.

(라) 예약되지 않은 슬롯들만 채널 A에서 사용된다. 메시지 20의 시작 시 모든 예약된 슬롯들의 타임아웃이 0으로 강제되고 슬롯들이 한 프레임 내의 빈 슬롯으로 변경되는지 확인하여야 한다. 채널 B의 전송에서 채널 A에서 예약되지 않은 슬롯들만 다음 정시 타임아웃 0 후에 사용되는지 확인한다. 예약 타임아웃 후에 채널 A와 B의 모든 슬롯들이 다시 사용되는지 확인하여야 한다.

(마) 모든 슬롯들은 채널 A와 B에서의 전송에 사용된다.

(바) 모든 슬롯들은 채널 A와 B에서의 전송에 사용된다.
(사) 예약되지 않은 슬롯들만 채널 A에서 사용된다. 가장 먼 시험 목표물들의 슬롯들이 전송에 사용되는지 확인하고, 채널 B의 전송에서 채널 A에서 예약되지 않은 슬롯들만 다음 정시 타임아웃 0 후에 사용되는지 확인하여야 한다.

랴. 날짜 또는 원격 지역 운영 설정의 교체 또는 삭제 시험 - [① 17.8.1]
(1) 측정 방법
표준 시험 환경을 설정하고 시료를 자동 모드로 작동한다. 기지국 MMSI를 사용하여 시료(영역 1)의 자체 위치를 포함하여 지역 운영 영역이 있는 메시지 22로 유효한 지역 운영 설정을 시료로 보낸다. 계속하여 지역 운영 영역이 첫 번째 영역이나 다른 영역과 겹치지 않고 메시지 22 및 DSC 원격 명령을 사용하여 7개의 유효한 지역 운영 설정을 시료에 보낸다. 표시된 순서대로 다음을 수행한다.
(가) 이전의 8개의 운영 영역들과 중첩되지 않는 9번째 지역 운영 영역 (영역 9)과 함께 다른 메시지 22를 시료에 보낸다.
(나) 10번째 원격 명령을 부분적으로 지역 운영 영역과 겹치는 지역 운영 영역 (영역 10)과 함께 시료로 보낸다.
(다) 이전 명령에 의해 정의된 한 지역으로부터 500NM 이상의 거리로 시료의 자체 위치를 이동한다.
(라) 이전 명령에 의해 정의된 모든 지역으로부터 500NM 이상의 거리로 시료의 자체 위치를 이동한다.
(마) 시료를 재시작하고 UTC를 수신할 수 없는지 확인한다. 메시지 22 및 ACA 입력에 의한 채널 관리 영역 설정을 적용하고 24시간 기다린다.
(가), (나), (다) 및 (라) 후에 영역 설정을 쿼리한다. (ACA 요청)
(2) 필수 결과
초기화 후 시료가 영역 1에 정의된 지역 운영 설정에 따라 동작하는지 확인하여야 한다.
(가) 가장 먼 지역은 삭제되고 다른 지역은 이용 가능하다.

(나) 영역 10이 저장되고 이전의 중첩 영역이 삭제된다.
(다) 이 영역은 나머지 영역 설정을 나타내는 TXT 및 ACA 문장의 출력에 의해 삭제된다.
(라) 모든 영역은 높은 해수 설정을 나타내는 단일 TXT 및 ACA 문장의 출력에 의해 삭제된다.
(마) 모든 영역 설정이 제거된다.

먀. PI 또는 MKD를 통한 올바른 입력 시험 - [① 17.8.2]
 (1) 측정 방법
  표준 시험 환경을 설정하고 시료를 자동 모드로 작동한다. 기지국 MMSI를 사용하여 다음 순서로 아래 시험을 수행한다.
  (가) 유효한 지역 운영 설정을 가진 메시지 22 또는 DSC 원격 명령을 자신의 현재 위치가 포함된 지역 운영 영역이 있는 시료로 보낸다.
  (나) MKD를 통해 다른 유효한 지역 운영 설정(상기 a)에 정의된 영역과 중첩되지 않음)을 입력한다.
  (다) MKD를 통해 부분적으로 지역 운영 지역 입력을 중복하는 지역 운영 지역과 함께 다른 지역 운영 설정을 이전 단계에서 자국의 현재 위치를 포함하는 PI를 통해 시료를 전송한다.
  (라) PI를 통해 이전 명령에 의해 수신된 지역 운영 영역에 대한 MKD를 통해 기본 운영 설정을 입력한다.
  (마) 다른 지역 운영 설정을 갖는 메시지 22 또는 DSC 원격 명령을 자국의 현재 위치를 포함하는 지역 운영 영역과 함께 시료에 전송한다.
  (바) 2시간 이내, 상기 e) 이후에, 메시지 22 또는 DSC 원격 명령에 의해 시료에 전송된 지역 운영 영역과 겹치는 유효한 지역 운영 영역이 있는 PI를 통해 시료에 다른 지역 운영 설정을 보낸다.
 (2) 필수 결과
  (가) 시료가 메시지 22 또는 DSC 원격 명령에 의해 명령된 지역 운영 설정을 사용하는지 확인해야 한다.

(나) 단계 1 : 이전 메시지 22 또는 DSC 원격 명령의 지역 운영 설정이 편집을 위해 MKD에 사용자에게 표시되는지 확인 하여야 한다.
단계 2 : 시료로 사용자가 표시된 지역 운영 설정을 편집 할 수 있는지 확인하고, 시료가 불완전하거나 유효하지 않 은 지역 운영 설정을 수용하지 않는지 확인하여야 한다. 시료가 완전하고 유효한 지역 운영 설정을 수용하는지 확 인하여야 한다.
단계 3 : 시료가 지역 운영 설정의 의도된 변경을 확인하 도록 사용자에게 알려주는지 확인하고, 시료로 사용자가 편 집 메뉴로 돌아가거나 지역 운영 설정의 변경을 변경 할 수 있는지 확인하여야 한다.
단계 4 : 시료가 MKD를 통한 지역 운영 설정을 입력을 사용하는지 확인하여야 한다.
(다) 시료가 PI를 통해 수신된 지역 운영 설정을 사용하는지 확 인하여야 한다.
(라) 시료가 상기 c)에 수신된 지역 운영 영역의 기본 동작 설정 을 사용하는지 확인하여야 한다.
(마) 시료가 메시지 22 또는 DSC 원격 명령으로 명령된 지역 운영 설정을 사용하는지 확인하여야 한다.
(바) 시료가 PI를 통해 명령된 지역 운영 설정을 사용하지 않는 지 확인하여야 한다.

뱌. 주소 지정된 원격 명령 시험 - [① 17.8.3]
 (1) 측정 방법
  표준 시험 환경을 설정하고 시료를 자동 모드로 작동한다. 기 지국 MMSI를 사용하여 다음 순서로 아래 시험을 수행한다.
  (가) 기본 운영 설정과 다른 유효한 운영 설정이 있는 메시지 22 또는 DSC 원격 명령을 자국의 현재 위치를 포함하는 지역 운영 영역이 있는 시료로 보낸다.
  (나) 주소 지정된 메시지 22 또는 주소 지정된 DSC 원격 명령

을 이전 명령과 다른 지역 운영 설정으로 시료에 보낸다.
    (다) 이전에 지정된 원격 명령으로 정의된 지역 운영 영역에서 시료를 지역 운영 설정이 없는 영역으로 이동한다.
  (2) 필수 결과
    (가) 시료는 측정 방법 (가)에서 명령된 지역 운영 설정을 사용한다.
    (나) 시료는 측정 방법 (나)에서 명령된 지역 운영 설정을 사용한다.
    (다) 시료는 기본 값으로 돌아간다.

샤. 유효하지 않은 지역 운영 영역 시험 - [① 17.8.4]
  (1) 측정 방법
      표준 시험 환경을 설정하고 시료를 자동 모드로 작동한다. 기지국 MMSI를 사용하여 지역 운영 설정 변경과 관련된 다른 모든 시험이 완료된 후 다음 순서로 아래 시험을 수행한다.
    (가) 메시지 22 또는 DSC 원격 명령, PI 입력 및 MKD를 통한 수동 입력을 통해 인접한 지역 운영 영역, 서로 8NM 이내의 모퉁이를 시료로 전송하는 세 가지 유효지역 운영 설정을 보낸다. 시료의 현재 위치는 세 번째 지역 운영 설정의 지역 운영 내에 있어야 한다.
    (나) 시료의 현재 위치를 처음 두 개의 유효한 지역 운영 설정의 지역 운영으로 연속적으로 이동시킨다.
  (2) 필수 결과
    (가) 시료는 세 번째 지역 운영 설정을 수신하기 전에 사용 중인 운영 설정을 사용한다.
    (나) 시료는 처음 두 개의 수신된 지역 운영 영역 설정을 연속적으로 사용한다.

야. 자동 모드 보고 간격 지속 - [① 17.9]
  (1) 측정 방법
      할당된 모드 명령이 있고 중간 지역에 있을 때, 시료는 자동 모드 보고 간격으로 계속 보고하는지 확인하여야 한다.
  (2) 필수 결과

자동 보고 간격을 유지해야 한다.

쟈. 주소지정 메시지 송신 - [① 18.1.1]
(1) 측정 방법
표준 시험 환경을 설정하고 시료를 자동 모드로 작동한다. AIS 채널 1 에서만 예약된 전송을 위한 시험 목표물을 설정한다. 시료(시험 목표물을 대상으로)에 의해 주소 지정된 이진 메시지(메시지 6)의 송신을 시작한다. 양측 채널에서 전송된 메시지를 기록한다.
(2) 필수 결과
시료가 AIS 채널 1에서 메시지 6을 전송하는지 확인한다. AIS 2에 대한 시험을 반복한다.

챠. 주소지정 메시지 응답 - [① 18.1.2]
(1) 측정 방법
표준 시험 환경을 설정하고 시료를 자동 모드로 작동한다. AIS 채널 1 의 VDL에 최대 4개의 주소 지정된 이진 메시지(메시지 6[시료를 대상으로])를 적용한다. 양측 채널에서 전송된 메시지를 기록하고 AIS 2를 반복한다.
(2) 필수 결과
시료가 메시지 6이 수신된 채널에서 4초 이내에 적절한 순차번호를 가진 이진 확인 메시지(메시지 7)를 송신하는 것을 확인한다. 시료가 적절한 메시지와 함께 결과를 PI에 전송하는지 확인하여야 한다.

캬. 주소지정 메시지 송신 재시도 - [① 18.1.3]
(1) 측정 방법
표준 시험 환경을 설정하고 시료를 자동 모드로 작동한다. 수신 확인되지 않는(즉, 목적지가 가능하지 않은) 시료에 의해 최대 4개의 주소 지정된 이진 메시지의 전송을 시작한다. 전송된 메시지를 기록한다.

(2) 필수 결과

시료가 각 주소 지정된 이진 메시지에 대해 최대 3회(설정가능) 재전송 하는지 확인한다. 전송 사이의 시간이 4초 ~ 8초인지 확인하고 시료가 PI에 적절한 메시지와 함께 전체 결과를 전송하는지 확인하여야 한다.

탸. 주소지정 안전 관련 메시지의 응답 - [① 18.1.4]
(1) 측정 방법

안전 관련 메시지가 있는 시험 IEC 61993-2 18.1.2(상기 항목 키.)을 반복한다.

(2) 필수 결과

시료가 안전 관련 메시지를 수신한 채널에서 4초 이내에 적절한 순차 번호를 가진 이진 확인 메시지를 송신하는 것을 확인한다. 시료가 적절한 메시지와 함께 결과를 PI에 전송하는지 확인하여야 한다.

퍄. NavStatus 14 수신 동작 - [① 18.1.5]
(1) 측정 방법

표준 시험 환경을 설정하고, 시료를 자동 모드로 다음과 같이 작동한다.

(가) NavStatus 14와 함께 메시지 1의 송신을 시작한다.
(나) 경보를 확인(Acknowledge)한다.
(다) 타임아웃 시간 내에서 NavStatus 14를 사용하여 동일한 사용자 ID의 메시지 1을 전송 시작한다.
(라) 타임아웃 시간 내에서 14 이외의 NavStatus를 사용하여 동일한 사용자 ID의 메시지 1을 전송 시작한다.
(마) NavStatus 14로 다른 사용자 ID에서 메시지 1 전송을 시작한다.

(2) 필수 결과

(가) MKD는 수신된 메시지를 목표물 목록 상단에 표시하고 시료는 경보 릴레이를 활성화하고 PI를 통해 경보 14가 있는 ALR 문장을 출력한다.

(나) 시료는 경보 릴레이를 비활성화하고 ALR 문장의 경보 상태를 변경한다.
(다) 시료는 경보 릴레이를 작동시키지 않고 ALR 문장의 경보 상태를 변경하지 않는다.
(라) 시료는 경보 릴레이를 작동시키지 않고 경보 14를 갖는 ALR 문장을 출력하지 않는다.
(마) MKD는 수신된 메시지를 목표물 목록 상단에 표시하고 시료는 경보 릴레이를 활성화하고 PI를 통해 경보 14가 있는 ALR 문장을 출력한다.

햐. 질의 응답 - [① 18.2]
 (1) 측정 방법
  표준 시험 환경을 설정하고, 시료를 자동모드로 작동한다. 채널 AIS 1에서 메시지 5 및 슬롯 오프셋 10으로 설정된 응답을 위해 표 12에 따라 VDL에 질의 메시지(메시지 15:시료를 대상으로)를 적용한다.
 (2) 필수 결과
  시료가 AIS 1채널에서 요청된 대로 적절한 질의 응답 메시지를 전송하는지 확인하여야 한다. AIS 2에 대한 시험을 반복한다.

겨. 제조자 문서 확인 - [① 19.2]
 (1) 측정 방법
  공식적인 일관성 및 준수 여부에 대한 다음 확인은 모든 포트에 대하여 이루어져야 한다.
  (가) IEC 61162-1에 대한 승인된 문장
  (나) IEC 61162-1에 대한 독점적인 문장
  (다) 제공된 기본 값이나 설정을 포함한 여러 기능에 필요한 필드 사용
  (라) IEC 61162-1 및 IEC 61162-2에 대한 전송 간격
  (마) 인터페이스 성능 및 포트 선택과 관련된 경우 하드웨어 및 소프트웨어 구성

IEC 61162-1 및 IEC 61162-2의 준수 여부를 확인하기 위해 다음 사항을 확인하여야 한다.
  (바) 출력 구동 능력
  (사) 입력 라인에 부하
  (아) 입력 회로의 전기적 절연
 (2) 결과 확인 방법
  제조자 문서를 통하여 확인

녀. 입력 센서 인터페이스 성능 시험 - [① 19.4]
 (1) 측정 방법
  제조자가 지정한대로 시료의 모든 입력과 출력을 연결하고 시험 시스템을 사용하여 VDL 메시지를 시뮬레이션 한다. 관련 입력에 제공되지 않은 구성자로 관련 데이터 및 추가 데이터인 시뮬레이트된 센서 데이터로 입력을 조작한다. 각 센서의 입력에는 인터페이스 용량 70% ~ 80% 가 로드되어야 한다. 시료의 고속 포트에서 VDL과 출력을 기록한다.
 (2) 필수 결과
  VDL 및 PI의 출력이 시뮬레이션 된 입력과 일치하고 모든 출력 데이터가 손실 또는 추가 지연 없이 전송되는지 확인하여야 한다.

더. GNS 입력 시험 - [① 19.5.1]
 (1) 측정 방법
  표준 시험 환경을 설정하고 시뮬레이트된 센서 데이터와 함께 GNS 문장을 적용한다. VDL 출력을 다음과 같이 기록한다.
  (가) 모드 표시기를 AA(Autonomous)로 설정한다.
  (나) 모드 표시기를 AD, DA 및 DD(Differential)로 설정한다.
  (다) 모드 표시기를 P(Precise)로 설정한다.
  (라) 모드 표시기를 E(Estimated)로 설정한다.
  (마) 모드 표시기를 M(Manual)로 설정한다.
  (바) 모드 표시기를 S(Simulator)로 설정한다.

(사) 모드 표시기를 N 및 NN(Data not valid)로 설정한다.
(아) 모드 표시기를 A(GPS Autonomous) 및 타임스탬프 필드를 "null"로 설정한다.
　　VDL 위치보고를 기록하고 내용(위치, PA 플래그, RAIM 플래그 및 타임스탬프)을 평가한다.
(2) 필수 결과
　(가) 모든 내용이 정확하고 PA 플래그 = 0
　(나) 모든 내용이 정확하고 PA 플래그 = 1
　(다) 모든 내용이 정확하고 PA 플래그 = 1
　(라) 외부 위치가 사용되지 않거나 타임스탬프 = 62
　(마) 외부 위치가 사용되지 않거나 타임스탬프 = 61
　(바) 외부 위치가 사용되지 않는다.
　(사) 외부 위치가 사용되지 않는다.
　(아) 모든 내용이 정확하고 PA 플래그 = 0 및 타임스탬프 = 60

려. RMC 입력 시험 - [① 19.5.2]
(1) 측정 방법
　　표준 시험 환경을 설정하고 시뮬레이트된 센서 데이터와 함께 RMC 문장을 적용한다. VDL 출력을 다음과 같이 기록한다.
(가) 상태를 유효로 설정하고 모드 표시기를 AA(Autonomous)로 설정한다.
(나) 모드 표시기를 D(Differential)로 설정한다.
(다) 모드 표시기를 P(Precise)로 설정한다.
(라) 모드 표시기를 E(Estimated)로 설정한다.
(마) 모드 표시기를 M(Manual)로 설정한다.
(바) 모드 표시기를 S(Simulator)로 설정한다.
(사) 상태를 유효하지 않게 설정하고, 모드 표시기를 N(Data not valid)로 설정한다.
(아) 모드 표시기를 A(Autonomous) 및 타임스탬프 필드 "null"로 설정한다.
　　VDL 위치보고를 기록하고 내용(위치, PA 플래그, RAIM 플래그, 타임스탬프, SOG 및 CGO)을 평가한다.
    (2) 필수 결과
        (가) 모든 내용이 정확하고 PA 플래그 = 0
        (나) 모든 내용이 정확하고 PA 플래그 = 1
        (다) 모든 내용이 정확하고 PA 플래그 = 1
        (라) 외부 위치 및 SOG/COG가 사용되지 않거나 타임스탬프 = 62
        (마) 외부 위치 및 SOG/COG가 사용되지 않거나 타임스탬프 = 61
        (바) 외부 위치 및 SOG/COG가 사용되지 않는다.
        (사) 외부 위치 및 SOG/COG가 사용되지 않는다.
        (아) 모든 내용이 정확하고 PA 플래그 = 0 및 타임스탬프 = 60
며. DTM 입력 시험 - [① 19.5.3]
    (1) 측정 방법
        표준 시험 환경을 설정하고 시뮬레이트된 센서 데이터와 함께 GNS 및 DTM 문장을 적용한다.
        (가) DTM 문장의 로컬 데이터를 "W84"로 설정하고 참조 데이터를 "W84" 이외의 값으로 설정한다.
        (나) DTM 문장의 로컬 데이터를 "W84" 이외의 값으로 설정한다.
        (다) DTM 문장의 로컬 데이터를 다시 "W84"로 설정한다.
        RMC 입력으로 시험을 반복한다.
        VDL 위치보고를 기록하고 내용(위치, PA 플래그, RAIM 플래그, 타임스탬프, SOG 및 COG)을 평가한다.
    (2) 필수 결과
        (가) 센서 입력으로부터 위치 데이터가 사용된다.
        (나) 센서 입력으로부터 위치 데이터가 사용되지 않는다.
        (다) 센서 입력으로부터 위치 데이터가 사용된다.

벼. GBS 입력 시험 - [① 19.5.4]
    (1) 측정 방법
        표준 시험 환경을 설정하고 시뮬레이트된 센서 데이터와 함께 GNS 및 GBS 문장을 적용한다. 위치 문장을 non-differential 모드로 설정한다. 예상 RAIM, 오류는 다음과 같이 표 5에 따라 GBS 문장의 위도와 경도의 예상 오류로부터 계산한다.
(가) 예상되는 RAIM 오류 <= 10 값으로 설정한다.
(나) 예상되는 RAIM 오류 > 10 값으로 설정한다.
(다) 경도 및/또는 위도의 예상 오류를 제거한다. (null 필드)
(라) 위치 문장을 differential 모드로 설정한다.
  예상되는 RAIM 오류 <= 10 값으로 설정한다.
(마) 예상되는 RAIM 오류 > 10 값으로 설정한다.
(바) 경도 및/또는 위도의 예상 오류 제거한다. (null 필드)
  VDL 위치보고를 기록하고 내용(위치, PA 플래그, RAIM 플래그 및 타임스탬프)을 평가한다.

(2) 필수 결과
(가) RAIM 플래그 = 1 및 PA 플래그 = 1
(나) RAIM 플래그 = 1 및 PA 플래그 = 0
(다) RAIM 플래그 = 0 및 PA 플래그 = 0
(라) RAIM 플래그 = 1 및 PA 플래그 = 1
(마) RAIM 플래그 = 1 및 PA 플래그 = 0
(바) RAIM 플래그 = 0 및 PA 플래그 = 1

셔. VBW 입력 시험 - [① 19.5.5]
(1) 측정 방법
  표준 시험 환경을 설정하고 시뮬레이트된 센서 데이터와 함께 HDT 및 VBW 문장을 적용한다.
(가) 상태, 대지 속도를 유효하게 설정한다.
(나) 상태, 대지 속도를 무효로 설정한다.
(다) 상태, 대지 속도를 유효하게 설정하고 선수 방향을 무효로 설정한다.
(라) 상태, 대지 속도를 유효하게 설정하고 횡단(transverse) 지상 속도를 제거한다.
  VDL 위치보고를 기록하고 내용(SOG, COG)을 평가한다.
(2) 필수 결과
(가) SOG 및 COG는 VBW 및 HDT에서 올바르게 계산된다.

(나) SOG 및 COG가 기본 값으로 설정된다.
　　(다) COG가 기본 값으로 설정된다.
　　(라) SOG 및 COG가 기본 값으로 설정되어 있는지 확인하여야 한다.

여. VTG 입력 시험 - [① 19.5.6]
　(1) 측정 방법
　　　표준 시험 환경을 설정하고 시뮬레이트된 센서 데이터와 함께 VTG 문장을 적용한다.
　　(가) 모드 표시기 유효한 값으로 설정한다.
　　(나) 모드 표시기를 N(Data not valid)로 표시한다.
　　　VDL 위치보고를 기록하고 내용(SOG, COG)을 평가한다.
　(2) 필수 결과
　　(가) SOG 및 COG는 VBW 및 HDT에서 올바르게 계산된다.
　　(나) SOG 및 COG가 기본 값으로 설정된다.

져. HDT/THS 입력 시험 - [① 19.5.7]
　(1) 측정 방법
　　　표준 시험 환경을 설정하고 시뮬레이트된 센서 데이터와 함께 RMC 및 HDT/THS 문장을 적용한다.
　　(가) HDT/THS 에 유효한 선수 방향 데이터를 설정한다.
　　(나) HDT/THS에서 선수 방향 데이터를 제거한다.
　　(다) SOG > 5kn 및 COG > 45°로 5분 동안과는 다른 선수방향 데이터를 설정한다.
　　　VDL 위치보고를 기록하고 내용(선수방향)을 평가한다.
　(2) 필수 결과
　　(가) 선수방향 값이 정확하다.
　　(나) 선수방향이 기본 값으로 설정된다.
　　(다) ALR 11 이 생성된다.

쳐. ROT 입력 시험 - [① 19.5.8]
　(1) 측정 방법

표준 시험 환경을 설정하고 시뮬레이트된 센서 데이터와 함께 HDT 및 ROT 문장을 적용한다. ROT의 토커 ID를 "TI"로 설정한다. ROT 상태를 유효("A")로 설정한다.
- (가) ROT를 좌우로 돌리는 0 ~ 708°/min 사이의 여러 값으로 설정한다.
- (나) ROT를 좌우로 708°/min 이상의 값으로 설정한다.
- (다) ROT 상태를 무효("V")로 설정한다.
  ROT 상태를 다시 유효하게 설정하고 ROT 토커 ID를 "HE"로 설정한다.
- (라) 좌우로 ROT 9°/min 으로 설정한다.
- (마) 왼쪽으로 ROT 11°/min 으로 설정한다.
- (바) 오른쪽으로 ROT 11°/min 으로 설정한다.
  ROT 값이 사용되지 않지만 (다)와 같이 HDT로부터 계산되는 경우
- (사) 9°/min 및 -9°/min 으로 HDT에서 선수 방향 값을 변경한다.
- (아) 11°/min 으로 HDT의 선수 방향 값을 변경한다.
- (자) -11°/min 으로 HDT의 선수방향 값을 변경한다.
  VDL 위치보고를 기록하고 내용(ROT)을 평가한다.

(2) 필수 결과
- (가) ROT 값은 표 6에 정의된 바와 같이 계산된다.
- (나) ROT 값은 -126 좌회전, 126 우회전
- (다) HDT에서 계산된 경우, ROT = 기본값(-128) 또는 0 또는 ±127
- (라) ROT = 0
- (마) ROT = -127
- (바) ROT = 127
- (사) ROT = 0
- (아) ROT = -127
- (자) ROT = 127

켜. 다른 입력 시험 - [① 19.5.9]
  (1) 측정 방법

표준 시험 환경을 설정하고 시뮬레이트된 센서 데이터가 있는 GNS, VBW, HDT/THS 및 ROT 문장을 지정된 센서 입력에 적용한다.
(가) RMC, VBW, HDT 및 ROT를 센서 입력 1에 적용한다.
(나) RMC, VBW, HDT 및 ROT를 센서 입력 2에 적용한다.
(다) RMC, VBW, HDT 및 ROT를 센서 입력 3에 적용한다.
(라) RMC 는 센서 입력 1, VBW는 센서 입력 2, HDT 및 ROT 는 센서 입력 3에 적용한다.
VDL 위치보고를 기록하고 SOG 및 COG의 내용을 평가한다.
(2) 필수 결과
(가) 모든 센서 데이터가 정확하다.
(나) 모든 센서 데이터가 정확하다.
(다) 모든 센서 데이터가 정확하다.
(라) 모든 센서 데이터가 정확하다.

텨. 다중 입력 시험 - [① 19.5.10]
(1) 측정 방법
다중 센서 입력을 처리하는 방법에 대하여 제조자 문서를 확인하며, 예를 들어 다음 같다.
- 센서포트 우선순위
- 센서 문장을 구성별로 포트에 지정한다.
표준 시험 환경을 설정하고 서로 다른 시뮬레이션된 센서 데이터가 있는 RMC, VBW, HDT 및 ROT 문장을 2개 또는 3개의 센서 입력에 적용한다.
VDL 위치보고를 기록하고 내용을 평가한다.
(2) 필수 결과
제조자의 정의에 따라 각 매개변수 (위치, SOG/COG, 선수방향, ROT)에 대하여 한 문장의 데이터만 사용되는지 확인하여야 한다.

펴. 고속 출력 시험 - [① 19.6]
(1) 측정 방법
시험 시스템을 사용하여 표준 시험 환경을 설정하고 VDL 위치보고를 시뮬레이트 한다. 시료 고속 포트의 출력을 기록한다.
* 디지털 인터페이스 요건에 따라 수행한다.

(2) 필수 결과

기록된 메시지 내용이 시뮬레이트 된 VDL 내용(VDM 문장) 자체 전송 데이터(VDO 문장) 및 내부 위치 센서에서 유도된 자체 위치, SOG, COG 정보와 IEC 61162-1의 문장 사양에 일치하는지 확인하여야 한다.

혀. 고속 출력 인터페이스 성능 - [① 19.7]

(1) 측정 방법

표준 시험 환경을 설정하고 시료를 자동모드로 작동한다. VDL 로드를 > 90% 증가한다. 전송된 메시지를 기록하고 시료의 PI 출력을 "외부 디스플레이" 및 "보조 디스플레이/파일럿 포트"용 포트에서 확인하여야 한다.

(2) 필수 결과

시료가 수신된 모든 메시지를 PI 및 "보조 디스플레이/파일럿 포트"에 출력하는지 확인한다. VDL 로드 중 > 90% 이상이 CommState의 동기화 타이밍, 송신 슬롯 및 슬롯 번호가 올바른지 확인하여야 한다.

교. 정의되지 않은 VDL 메시지 출력 - [① 19.8]

(1) 측정 방법

표준 시험 환경을 설정하고 시료를 자동모드로 작동한다. 표 12(메시지 유형 28 이상)에 따라 정의되지 않은 데이터 내용이 있는 AIS 메시지가 PI에 의해 출력되는지 확인하고, "보조 디스플레이/파일럿 포트"에 대해 시험을 반복한다.

(2) 필수 결과

시료가 정의되지 않은 모든 수신 메시지를 PI에 출력하는지 확인하여야 한다.

뇨. 고속 입력 시험 - [① 19.9]
  (1) 측정 방법
    표준 시험 환경을 설정한다. IEC 61162-1 및 표 15의 문장 사양에 따라 시뮬레이션 된 입력 데이터를 시료에 적용하고 VDL 출력을 기록한다.
  (2) 필수 결과
    VDL, 메시지 내용이 시뮬레이션 된 입력 데이터와 일치하는지 확인하여야 한다.

됴. LR 질의 - [① 20.1.1]
  (1) 측정 방법
    표준 시험 환경을 설정하고 시료를 자동 모드로 작동한다. LR 주소 지정된 질의 메시지를 시료의 LR 인터페이스 포트에 적용한다. LR 출력 포트와 AIS 고속 출력 포트를 기록하고 시료를 다음과 같이 설정한다.
    (가) 자동 응답
    (나) MKD를 통한 수동 응답
    (다) PI를 통한 수동 응답
  (2) 필수 결과
    시료가 LR 질의 메시지를 표시하고 PI로 전송하는지 확인하여야 한다. 시료가 LR 위치보고 메시지를 출력하는지 확인하여야 한다.
    (가) 자동으로 (디스플레이에 작업을 표시한다.)
    (나) MKD를 통한 수동 확인 후
    (다) PI를 통한 수동 확인 후

료. LR "모든 배" 질의 - [① 20.1.2]
  (1) 측정 방법
    표준 시험 환경을 설정하고 시료를 자동 모드로 작동한다. LR "all ships" 질의 메시지를 본선의 위치가 포함된 지역 영역을 정의하는 시료의 LR 인터페이스 포트에 적용한다. LR 출력 포트를 기록하고 시료를 다음과 같이 설정한다.
 (가) 자동 응답
 (나) 수동 응답
 지정된 영역 밖에 있는 본선에 대해 검사를 반복한다.
(2) 필수 결과
 시료가 LR 위치보고 메시지를 출력 하는지 확인하여야 한다.
 (가) 자동으로 (디스플레이에 작업을 표시한다.)
 (나) 수동 확인 후
 반복 점검 시에 응답이 출력되지 않는다.

묘. 연속 LR "모든 배" 질의 - [① 20.1.3]
 (1) 측정 방법
  표준 시험 환경을 설정하고 시료를 자동 모드로 작동한다. 시료를 자동 모드로 설정한다. 본선의 위치를 포함하는 지역 영역을 정의하는 시료의 LR 인터페이스 포트에 5 LR "모든 배" 질의 메시지를 적용한다.
  LRI 메시지에 대한 제어 플래그를 다음과 같이 설정한다.
  (가) 0 (첫 번째 질의에만 응답)
  (나) 1 (모든 해당되는 질의에 응답)
  LR 출력 포트를 기록한다.
 (2) 필수 결과
  시료가 LR 위치보고 메시지를 출력하는지 확인하여야 한다.
  (가) 첫 번째 질의에만
  (나) 모든 질의에 대해

보. 장거리 방송 - [① 20.2.1]
 (1) 측정 방법
  표준 시험 환경을 설정하고 시료가 메시지 27을 전송할 수 있게 하고 시료가 자동 모드로 작동한다. 기지국 MMSI를 사용하여 메시지 4와 메시지 23을 전송한다. 시료에서 전송된 메시지를 기록한다. 지정된 장거리 채널은 IEC 61993-2 8.3에 정의되어 있다.
(가) 메시지 4 및 메시지 23을 적용하지 않는다.
(나) 장거리 제어 비트가 1과 0으로 설정된 메시지 4를 적용한다. 시료를 기지국의 RF 풋프린트(메시지 4 수신 영역)안에 배치한다.
(다) 장거리 제어 비트가 1과 0으로 설정된 메시지 4를 적용한다. 메시지 4와 동일한 MMSI를 사용하여 스테이션 유형 10의 메시지 23을 방송하여 기지국 커버리지 영역을 정의한다. 시료를 RF 풋프린트 영역 안에 놓고, 기지국 커버리지 영역 외부에 놓는다.
(라) 장거리 제어 비트가 1과 0으로 설정된 메시지 4를 적용한다. 메시지 4와 동일한 MMSI를 사용하여 스테이션 유형 10의 메시지 23을 방송하여 기지국 커버리지 영역을 정의한다. 시료를 기지국 커버리지 안에 놓는다. 스테이션 유형 다음의 메시지 23 필드는 시료의 현재 설정과 일치하지 않아야 한다.
(마) 메시지 4와 메시지 23에 다른 MMSI를 사용하여 시험 d)를 반복한다.
(바) 장거리 제어 비트가 0으로 설정된 메시지 4를 적용한다. 메시지 4와 동일한 MMSI를 사용하여 스테이션 유형 10의 메시지 23을 방송하여 기지국 커버리지를 정의한다. 시료를 기지국 커버리지 영역 안에 놓는다. 6분 후에 메시지 23의 전송을 제거한다.
(사) 장거리 제어 비트가 0으로 설정된 메시지 4를 적용한다. 메시지 4와 동일한 MMSI를 사용하여 스테이션 유형 10의 메시지 23을 방송하여 기지국 커버리지 영역을 정의한다. 시료를 기지국 커버리지 영역 안에 놓는다. 6분 후에 메시지 4의 전송을 제거한다.

(2) 필수 결과

시료가 적절한 메시지를 전송하는지 확인하고, AIS 1과 AIS 2에 적절한 보고 간격을 갖는 메시지 1과 5의 정상적인 전송에 추가하여 다음을 확인하여야 한다.
(가) 시료는 3분 보고 간격으로 지정된 장거리 채널을 교대로 메시지 27을 전송한다.
(나) 메시지 4는 장거리 제어 비트 상태에 관계없이 시료는 3분 보고 간격으로 지정된 장거리 채널에서 교대로 메시지 27을 전송한다.
(다) 결과는 상기 b)와 동일하다.
(라) 시료는 메시지 4 장거리 제어비트가 1로 설정된 경우 3분 보고 간격으로 지정된 장거리 채널에서 교대로 메시지 27을 전송한다. 시료는 메시지 4 장거리 제어비트가 0으로 설정된 경우 메시지 27의 전송을 중단한다. 수신된 메시지 23의 스테이션 유형 이후 필드는 무시한다.
(마) 메시지 4는 장거리 제어버트 상태에 관계없이 시료는 분 보고 간격으로 지정된 장거리 채널에서 교대로 메시지 27을 전송한다.
(바) 시료는 메시지 23이 제거된 후 4분 이내에 그리고 더 늦게는 8분 이내에 메시지 27의 전송을 시작한다.
(사) 시료는 메시지 4가 제거된 3분 후에 메시지 27의 전송을 시작한다.

쇼. 다중 할당 작업 - [① 20.2.2]
(1) 측정 방법
표준 시험 환경을 설정하고 시료가 메시지 27을 전송할 수 있게 하고 시료를 10초 보고 간격으로 자동 모드로 작동한다. 기지국 MMSI를 사용하여 메시지 4와 메시지 23을 전송한다. 시료에서 전송된 메시지를 기록한다.
(가) 그룹 할당 명령(메시지 23)을 시료(시료가 이 지역 안에 있도록 지역 영역을 정의)에 전송한다. 보고 간격을 2초 및 스테이션 유형을 0(모든 기지국)으로 설정한다.
(나) 다른 MMSI를 사용하여 RF 풋프린트와 부분적으로 겹치는 여러 기지국에서 1 및 0으로 설정된 장거리 제어비트가 있

는 메시지 4를 적용한다. 겹쳐지지 않는 기지국 커버리지 영역을 정의하기 위해 스테이션 유형 10을 갖는 다수의 기지국으로부터 메시지 23을 방송한다. 시료를 겹치는 RF 풋프린트 영역 안에 놓는다.

(다) 다른 MMSI를 사용하여 RF 풋프린트와 부분적으로 겹치는 여러 기지국의 1 및 0으로 설정된 장거리 제어비트가 있는 메시지 4를 적용한다. 스테이션 유형 10을 갖는 다수의 기지국으로부터 메시지 23을 방송하여 기지국 커버리지 영역을 부분적으로 겹치는 기지국 커버리지 영역을 정의한다. 시료를 겹쳐진 기지국 커버리지 영역 내에 놓는다.

(라) 다른 MMSI를 사용하여 RF 풋프린트와 부분적으로 겹치는 여러 기지국의 1 및 0으로 설정된 장거리 제어비트가 있는 메시지 4를 적용한다. 스테이션 유형 10을 갖는 하나의 기지국으로부터 메시지 23을 방송하여 기지국 커버리지 영역을 정의한다. 다른 기지국에서 메시지 23을 방송하지 않는다. 시료는 메시지 23을 방송하지 않는 기지국의 풋프린트 영역에 놓는다.

(2) 필수 결과

(가) 시료는 지정된 모드로 전환하고 보고 간격이 2초인 위치보고를 전송한다. 타임아웃 후에 시료가 자동모드로 되돌아간다.

(나) 양측 기지국의 메시지 4 장거리 제어비트 상태에 관계없이 시료는 3분의 보고 간격으로 지정된 장거리 채널을 교대로 메시지 27을 전송한다.

(다) 시료는 메시지 27을 전송한다.

(라) 양측 기지국의 메시지 4 장거리 제어비트 상태에 관계없이 시료는 3분 보고 간격으로 지정된 장거리 채널에서 교대로 메시지 27을 전송한다.

제 4 절. AIS-SART의 시험 방법

1. AIS-SART 국제 표준 (IEC 61097-14 Edition 1) 시험 항목

[표 4-30] AIS-SART 국제 표준 시험 항목

IEC 번호	IEC 세부번호	시험 항목	적용 유무	기타 사항
6	6.1	Operational tests	o	
	6.2	Battery	-	
	6.2.1	Battery capacity test	o	
	6.2.2	Expiry date indication	o	
	6.2.3	Reverse polarity protection	o	
	6.3	Unique identifier	o	
	6.4	Environment	x	
	6.5	Range performance	o	
	6.6	Transmission performance	-	
	3.7.1	Activation Mode	o	
	3.7.2	Test Mode	o	
	6.7	Labelling	o	
	6.8	Manual	x	
	6.9	Electronic position fixing system	x	
	6.10	Activator	o	
	6.11	Indicator	o	
7	7.1	General description	x	
	7.2	Frequency error	o	
	7.3	Conducted power	o	
	7.4	Radiated power	o	
	7.5	Modulation spectrum slotted transmission	o	
	7.6	Transmitter test sequence and modulation accuracy	o	
	7.7	Transmitter output power versus time function	o	

IEC 번호	IEC 세부번호	시험 항목	적용 유무	기타 사항
	8.2	Active mode tests	o	
	8.3	Test mode tests	-	
	8.3.1	General	x	
	8.3.2	Transmission with EPFS dta available	o	
	8.3.3	Transmission without EPFS dta available	o	

2. AIS-SART 시험을 위한 표준 시험 신호

가. 표준 시험 신호 1

헤더, 시작기로(Start Flag), 종료기호(End Flag) 및 CRC가 있는 AIS 메시지 프레임내의 데이터로 일련의 010101이다. NRZI는 비트 스트림 또는 CRC(순환 중복검사)에 적용되지 않는다. 예를 들면 "On Air" 데이터는 변경되지 않았다. RF는 AIS 메시지 프레임의 양쪽 끝단에서 위아래로 증폭되어야 한다.

나. 표준 시험 신호 2

일련의 00001111을 헤더, 스타트 플래그, 엔드 플래그 CRC가 있는 AIS 메시지 프레임내의 데이터로 사용할 수 있다. NRZI 는 00001111 비트 스트림 또는 CRC에 적용되지 않는다. RF는 AIS메시지 프레임의 양쪽 끝에서 증가 및 감소되어야 한다.

주의) 송신기에는 최대 연속 전송 시간 및 또는 전송 듀티사이클에 관한 제한이 있을 수 있다. 시험 중 그러한 제한 사항을 준수하는 것이 목적이다.

다. 표준 시험 신호 3

헤더, 시작 플래그, 종료 플래그 및 CRC를 가진 AIS 메시지 프레임 내의 데이터로서 아래 표와 같이 권고 ITU-T O.153에 명시된 의사 랜덤 시퀀스(PRS). NRZI는 PRS 스트림 또는 CRC에 적용되지 않는다. RF는 AIS 메시지 프레임의 한쪽 끝에서 위 아래로 상승, 하강해야 한다.

[표 4-31] 권고 ITU-T O.153의해 유도된 고정 PRS 데이터

주소	내용 (HEX)							
0-7	0x04	0xF6	0xD5	0x8E	0xFB	0x01	0x4C	0xC7
	0000.0100	1111.0110	1101.0101	1000.1110	1111.1011	0000.0001	0100.1100	1100.0111
8-15	0x76	0x1E	0xBC	0x5B	0xE5	0x92	0xA6	0x2F
	0111.0110	0001.1110	1011.1100	101.1011	110.0101	1001.0010	1010.0110	0010.1111
16-20	0x53	0xF9	0xD6	0xE7	0xE0			
	0101.0011	1111.1001	1101.0110	1110.0111	1110.0000			

3. AIS-SART 표준 시험 방법

참고 : 본 시험 방안에서의 ①는 IEC 61097-14를 의미한다.

가. 운용 시험 - [① 6.1]
AIS-SART는 다음의 요건을 만족해야 한다.
(1) 비숙련 인력에 의해 쉽게 작동 될 수 있어야 한다.
(2) 오조작에 의한 작동을 방지하기 위한 수단이 있어야 한다.
(3) 가시적 방법 또는 가청적 방법 (또는 두 가지 모두)를 사용하여 올바른 동작 상태를 나타낼 수 있어야 한다.
(4) 수동으로 작동 및 비 작동 시킬 수 있어야 하며, 자동 작동을 위한 규정이 포함될 수 있다
(5) 20m 높이에서 수면으로 낙하 시 손상을 입지 않고 충격에 견딜 수 있어야 한다.
(6) 10m 수심에서 최소 5분 이상 방수 가능해야 한다.
(7) 수면 아래 10cm 에서 45 °C 의 열충격에도 방수가 유지될 수 있어야 한다.
(8) 구명정 일체형이 아니라면 자유부유 할 수 있어야 한다.
(9) 만일 부유형의 경우, 묶음용 줄끈을 사용하기 위한 적절한 부

력이 있는 줄끈을 갖추어야 한다. 줄끈은 10m이상이어야 한다.
(10) 어디서나 쉽게 발견될 수 있도록 쉽게 띨 수 있는 노란색/주황색 색상이어야 한다.
(11) 구명정(생존정) 손상 입히는 것을 막기 위해 외관구조는 날카롭지 않아야 한다.
(12) AIS-SART 안테나를 해수면에서 적어도 1미터 높이로 배치할 수 있는 수단이 제공되어야 한다.
(13) 보고주기는 1분 또는 그 이하로 전송할 수 있어야 한다.
(14) 내부 위치 신호원을 갖추고 각 메시지에서 자신의 현재 위치를 전송할 수 있어야 한다.
(15) 특정시험정보를 사용하여 모든 기능에 대해 시험 할 수 있어야 한다.

나. 배터리 용량 시험 - [① 6.2.1]
(1) 측정 방법
시료는 항온 챔버에 위치하도록 한다. 이 후 챔버의 온도를 10시간 ~ 16 시간 동안 -20℃±3℃로 낮추고 온도를 유지해야 한다. 이 후 시료의 전원을 인가하고 96시간 동안 유지한다. 챔버의 온도는 96시간 동안 계속해서 -20℃ ±3℃를 유지해야 한다.
(2) 필수 결과
96시간이 끝나는 시점에서 시료의 전도 송신 출력 세기는 27dBm 이상이어야 한다.

다. 배터리 수명과 유효일자 - [① 6.2.2]
(1) AIS-SART의 배터리 수명은 최소 3년 이상이어야 한다.
(2) AIS-SART의 배터리 유효일자는 명확하고 오래 견딜 수 있도록 표시되어야 한다.

라. 역전압 보호 - [① 6.2.3]
AIS-SART는 배터리 극성을 거꾸로 하여 연결하는 것이 불가능해야 한다.

마. 고유 식별자(사용자 ID) - [① 6.3]

AIS-SART는 VHF 데이터 링크의 무결성을 보장하기 위한 고유식별자가 있어야 한다. AIS-SART의 사용자 ID는 970xxyyyy, 여기서 xx = 제조사 ID; yyyy = 일련번호 : 0000부터 9999까지이다. 제조사 ID는 국제해상무선위원회(CIRM)에서 받을 수 있다. 제조사 ID 중 xx = 00은 시험을 위한 목적으로 되어 있다. 형식 승인을 목적으로 하여 사용되는 ID는 97000yyyy 로 된다. AIS-SART의 ID는 제조사에 의하여 부여된 이 후 사용자에 의해 변경되는 것이 불가능해야 한다. 고유 식별자에 대한 구성방법은 제조사에 의해 정의되고, 비휘발성 메모리에 저장되어야 한다.

바. 성능 범위 - [① 6.5]
(1) AIS-SART는 5nm 또는 이상의 범위에서 감지될 수 있어야 한다.
(2) AIS-SART의 일반 방사 출력은 1W이다.

사. 활성 모드(동작 모드) - [① 3.7.1]
(1) AIS-SART는 활성 모드에서 분당 1회, 8개의 메시지를 전송한다. 메시지 1의 SOTDMA 통신 상태는 미래의 전송을 사전에 알리는데 사용된다.
(2) AIS-SART는 "SART ACTIVE" 문장과 함께 메시지 14"안전관련 방송메시지"가 시작되는 항해 상태와 함께 메시지 1"위치보고"를 전송해야 한다.
(3) 메시지 14는 일반적으로 매 4분에 전송되어야 하고, 양 채널 상의 위치보고에 한번 대체 된다.
(4) AIS-SART의 전송은 AIS 채널 1, 2를 번갈아 가며 송신해야 하며, 버스트는 아래와 같이 되어야 한다.

  (가) 1, 5 버스트
    AIS 1, Message 1, NavStatus = 14, comm-state (time-out={7,3}, sub-message=0)
    AIS 2, Message 1, NavStatus = 14, comm-state (time-out={7,3}, sub-message=0)
    AIS 1, Message 1, NaveState = 14, comm-state

(time-out={7,3}, sub-message=0)
AIS 2, Message 1, NavStatus = 14, comm-state (time-out={7,3}, sub-message=0)
AIS 1, Message 14 "SART ACTIVE"
AIS 2, Message 14 "SART ACTIVE"
AIS 1, Message 1, NavStatus = 14, comm-state (time-out={7,3}, sub-message=0)
AIS 2, Message 1, NavStatus = 14, comm-state (time-out={7,3}, sub-message=0)

(나) 2, 4, 6 버스트

AIS 1, Message 1, NavStatus =14, comm-state (time-out={6,4,2}, sub-message=slot)
AIS 2, Message 1, NavStatus =14, comm-state (time-out={6,4,2}, sub-message=slot)
AIS 1, Message 1, NavStatus =14, comm-state (time-out={6,4,2}, sub-message=slot)
AIS 2, Message 1, NavStatus =14, comm-state (time-out={6,4,2}, sub-message=slot)
AIS 1, Message 1, NavStatus =14, comm-state (time-out={6,4,2}, sub-message=slot)
AIS 2, Message 1, NavStatus =14, comm-state (time-out={6,4,2}, sub-message=slot)
AIS 1, Message 1, Nav Status =14, comm-state (time-out={6,4,2}, sub-message=slot)
AIS 2, Message 1, Nav Status =14, comm-state (time-out={6,4,2}, sub-message=slot)

(다) 3 버스트

AIS 1, Message 1, NavStatus = 14, comm-state (time-out=5, sub-message=0)
AIS 2, Message 1, NavStatus = 14, comm-state (time-out=5, sub-message=0)

AIS 1, Message 1, NavStatus = 14, comm-state
(time-out=5, sub-message=0)

AIS 2, Message 1, NavStatus = 14, comm-state
(time-out=5, sub-message=0)

AIS 1, Message 1, NavStatus = 14, comm-state
(time-out=5, sub-message=0)

AIS 2, Message 1, NavStatus = 14, comm-state
(time-out=5, sub-message=0)

AIS 1, Message 1, NavStatus = 14, comm-state
(time-out=5, sub-message=0)

AIS 2, Message 1, NavStatus = 14, comm-state
(time-out=5, sub-message=0)

(라) 7 버스트

AIS 1, Message 1, NavStatus = 14, comm-state
(time-out=1, sub-message=utc)

AIS 2, Message 1, NavStatus = 14, comm-state
(time-out=1, sub-message=utc)

AIS 1, Message 1, NavStatus = 14, comm-state
(time-out=1, sub-message=utc)

AIS 2, Message 1, NavStatus = 14, comm-state
(time-out=1, sub-message=utc)

AIS 1, Message 1, NavStatus = 14, comm-state
(time-out=1, sub-message=utc)

AIS 2, Message 1, NavStatus = 14, comm-state
(time-out=1, sub-message=utc)

AIS 1, Message 1, NavStatus = 14, comm-state
(time-out=1, sub-message=utc)

AIS 2, Message 1, NavStatus = 14, comm-state
(time-out=1, sub-message=utc)

(마) 8 버스트

AIS 1, Message 1, NavStatus = 14, comm-state

(time-out=0, sub-message=incr)
AIS 2, Message 1, NavStatus = 14, comm-state (time-out=0, sub-message=incr)
AIS 1, Message 1, NavStatus = 14, comm-state (time-out=0, sub-message=incr)
AIS 2, Message 1, NavStatus = 14, comm-state (time-out=0, sub-message=incr)
AIS 1, Message 1, NavStatus = 14, comm-state (time-out=0, sub-message=incr)
AIS 2, Message 1, NavStatus = 14, comm-state (time-out=0, sub-message=incr)
AIS 1, Message 1, NavStatus = 14, comm-state (time-out=0, sub-message=incr)
AIS 2, Message 1, NavStatus = 14, comm-state (time-out=0, sub-message=incr)

아. 시험 모드 - [① 3.7.2]
(1) AIS-SART는 시험 모드가 가능해야 한다.
(2) 시험 모드에서 각 채널을 교차하여 4회, 다음의 8개의 메시지들이 한 번 버스트 되어야 한다.

AIS 1, Message 14 "SART TEST"
AIS 2, Message 1, NavStatus = 15 not defined, comm-state (time-out=0,sub-message=0)
AIS 1, Message 1, NavStatus = 15 not defined, comm-state (time-out=0,sub-message=0)
AIS 2, Message 1, NavStatus = 15 not defined, comm-state (time-out=0,sub-message=0)
AIS 1, Message 1, NavStatus = 15 not defined, comm-state (time-out=0,sub-message=0)
AIS 2, Message 1, NavStatus = 15 not defined, comm-state (time-out=0,sub-message=0)

> AIS 1, Message 1, NavStatus = 15 not defined, comm-state (time-out=0,sub-message=0)
> AIS 2, Message 14 "SART TEST"

(3) 시험 메시지는 위치, SOG, COG 및 시간을 가용한 후에 한 번의 버스트에서 송신되어야 한다.

(4) 만일 15분 이내에 위치와 SOG, COG 및 시간을 획득하지 못할 경우, AIS-SART는 메시지 1에서 기본 값을 포함하여 시험 메시지들을 송신해야 한다.

(5) 시험 메시지의 송신 이후 자동적으로 초기화되어야 한다.

자. 표식 (Labelling, 라벨링) - [① 6.7]
(1) AIS-SART의 라벨링은 간단한 운용 및 시험 지침을 포함해야 한다.
(2) AIS-SART의 라벨링은 배터리의 유효기간을 포함해야 한다.
(3) AIS-SART의 라벨링에는 고유식별자(사용자 ID)가 명확하게 표시되어야 한다.

차. 활성자 - [① 6.10]
(1) AIS-SART는 수동으로 활성화 및 비활성화를 위한 방법을 제공해야 한다.
(2) AIS-SART는 활성화 되었을 경우, 활성화 되었다는 것을 가리키는 방법이 함께 제공되어야만 한다. 이들 방법은 사용자에 의하여 초기 상태로 복귀하는 것이 불가능 하게 되어야 한다.

카. 지시자 - [① 6.11]
(1) AIS-SART는 지시자를 통하여 동작 중인 상태를 나타낼 수 있어야 하며, 이는 시각 또는 청각 (또는 두 가지 모두)이 되어야 한다.
(2) 지시자는 다음을 구분할 수 있어야 한다.
- 활성화 모드 동작 중
- 시험 모드 동작 중
- 시험 완료됨

(3) AIS-SART는 활성화 된 경우 위치 정보(EPFS) 상태를 지시해야만 한다.

타. 주파수 편차 - [① 7.2]
　(1) 목 적
　　송신기의 주파수 편차는 변조가 없을 때 측정된 반송파 주파수와 필요 주파수의 차이이다.
　(2) 측정 방법

　　(가) 시료는 위의 그림과 같이 연결되어야 한다.
　　(나) 반송파 주파수는 변조가 없을 때 측정되어야 한다.
　　(다) 측정은 정상적인 시험조건과 극한 시험조건 하에서 실시되어야 한다.
　　(라) 시험은 AIS 1(161.097㎒)과 AIS 2(162.025㎒)에서 수행되어야 한다.
　(3) 요구 결과
　　주파수 편차는 정상 조건에서 ±0.5㎑를 초과해서는 안되고, 극한의 시험 조건에서 ±1㎑를 초과해서는 안된다.

파. 전도 출력 세기 - [① 7.3]
　(1) 목 적
　　이 시험의 목적은 AIS-SART의 출력 세기가 극한의 동작 조건에서 한계 내에 있는지 확인하는 것이다.
　(2) 측정 방법
　　시료를 전력계에 연결하고 정상시험조건(20℃)에서 전도된 전력을 기록한다.

극한 저온(-20℃) 및 고온(+55℃)에서 시험을 반복하여 이 측정값을 기록한다.

(3) 요구 결과

안테나의 이득이 더해질 경우 전도 출력 세기는 정상 시험 조건 및 극한 저온, 극한 고온에서 27dBm 이상이어야 한다.

하. 복사 출력 세기 - [① 7.4]

(1) 목 적

이 시험의 목적은 AIS-SART가 정상 동작에서 1W의 실효등방성 복사전력(EIRP) 세기를 갖는지 확인하는 것이다.

(2) 측정 방법

이 시험은 정상적인 시험 조건에서만 수행해야 하며, 최소 92시간동안 배터리가 켜져 있는 AIS-SART를 사용해야 한다. 시험이 4시간을 초과하는 경우 배터리는 적어도 92시간의 켜져 있는 시간으로 사전에 준비된 다른 배터리로 교체할 수 있다. 복사 신호 측정은 AIS-SART로부터 5M 이상 떨어진 지점에서 이루어져야 한다. AIS-SART는 비전도성 지지대의 접지면 위 1M에 기본 안테나가 있는 정상 동작 위치에 장착되어야 한다. 측정 안테나는 수직 편파를 가진다. 수평으로 놓여 있는 케이블과 함께 비전도성 지지대에 장착되어 측정 안테나 케이블의 다른 쪽 끝단은 바닥에 위치한 측정 수신기와 연결된다. 측정은 적어도 3M의 전도성 접지판을 갖는 시험 장소에서 수행되어야 한다. 그리고 측정 안테나의 높이는 30도 앙각의 최대 까지 측정 수신기에서 최대로 확인하는 것이 가능하게 조정되어야 한다. 지면 반사의 위치에서 RF 흡수 물질 사용에 의한 접지판으로부터의 반사는 제거되도록 주의하여야 한다. 90도 단위로 AIS-SART를 회전하여 방위각 평면의 4개 지점에서 수신된 출력 세기를 측정한다. 최소 수신 세기

(PREC)는 다음 방정식을 사용하여 정상 동작 온도에서 복사 전력을 계산하기 위해 기록하고 사용해야 한다.

$$PR = PREC - GREC + LC + LP$$

여기에서
PR 은 AIS-SART로 부터의 복사 출력 세기
PREC 은 측정 수신기로부터 측정된 출력 세기
GREC 은 수신 안테나의 안테나 이득임
LC 수신 시스템 감쇄와 케이블 손실임
LP 은 자유공간 전파 손실임

(3) 요구 결과
복사 출력 세기는 적어도 27dBm(500mW) 이어야 한다.

거. 변조 스펙트럼 슬롯 전송 - [① 7.5]
 (1) 목적
  이 시험의 목적은 정상 동작 조건에서 송신기에 의해 생성된 변조 및 순간적인 측파대가 허용 가능한 마스크 내에 있는지 확인하는 것이다.
 (2) 측정 방법
  다음과 같이 수행한다.
  (가) 시험에서는 시험 신호 3을 사용한다.
  (나) AIS-SART는 스펙트럼 분석기에 연결되어야 한다. 이 측정에서는 1㎑의 분해능 대역폭, 3㎑ 이상의 비디오 대역폭 및 피크 검출(최대 유지)을 사용해야 한다. 충분한 값의 스위프가 사용되어야 하고, 파형이 만들어지도록 충분한 전송 패킷이 측정되어야 한다.
 (3) 요구 결과
  슬롯 전송을 위한 스펙트럼은 다음과 같은 방사 마스크 내에 있어야 한다. 반송파와 반송파에서 제거된 ±10 ㎑ 사이의 영역에서, 변조 및 일시적 측파대는 0dBc 미만이어야 한다. 반송파에서 제거된 ±10 ㎑ 에서 변조 및 일시적인 측파대는 -20 dBc이하이어야 한다. 반송파에서 제거된 ±25 ㎑ 부터 ±62.5 ㎑에서 변조 및 일시적인 측파대는 -40 dBc 보다 낮아야 한다. 반송파에서 제거된 ±10 ㎑ 와 ±25 ㎑ 사이의 영역에서 변조 및 일시적인 측파대는 이 두 점 사이에 명시된 선 이하이어야 한다. 측정을 위한 기준 세기는 전도 출력 세기의 반송파 출력이어야 한다. 위에서 설명한 방사 마스크는 아래 그림과 같다.

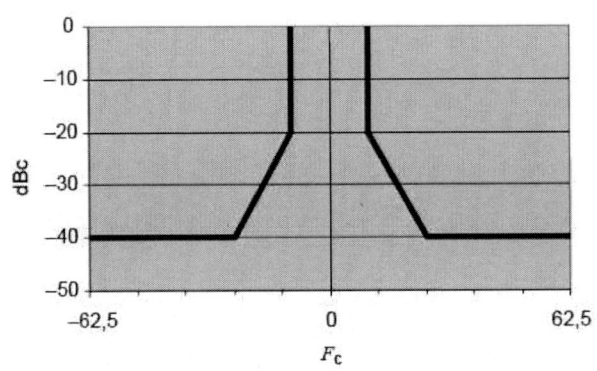

<그림 4-10> 변조 스펙트럼 슬롯 전송

너. 송신기 시험 시퀀스 및 변조 정확도 - [① 7.6]
  (1) 목 적
     이 시험의 목적은 트레이닝 시퀀스가 0으로 시작하고 24비트의 0101 패턴임을 확인하는 것이다. 피크 주파수 편차는 기저대역 신호로부터 파생되어 변조 정확도를 검증한다.
  (2) 측정 방법
     다음과 같이 두 가지 구성 방법으로 시험 할 수 있다.

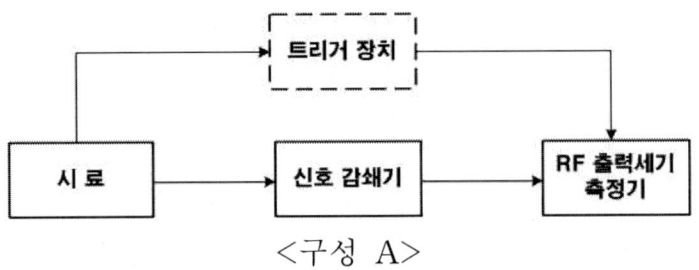

<구성 A>

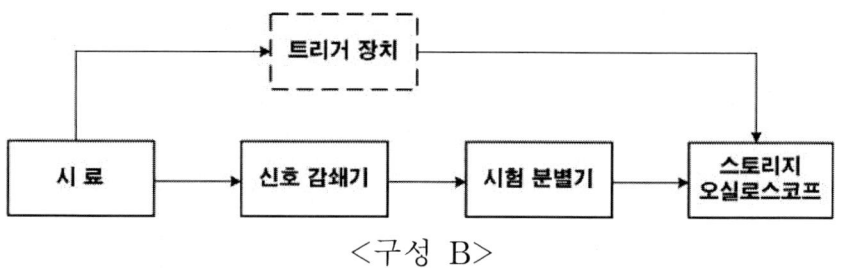

<구성 B>

(가) 송신기의 주파수는 AIS 2(162.025㎒) 이다.
(나) 송신기는 시험 신호 1로 변조되어야 한다.
(다) 반송파 주파수로부터의 편차는 시간 함수로 측정되어야 한다.
(라) 송신기는 시험 신호 2로 변조되어야 한다.
(마) 반송파 주파수로부터의 편차는 시간 함수로 측정되어야 한다.
(바) 측정은 AIS 1(161.975㎒) 또는 제조사의 사양에 따라 최저 주파수에서 반복되어야 한다.
(사) 시험은 극한 시험 조건하에서 반복되어야 한다.

(3) 요구 결과

각각의 경우 트레이닝 시퀀스가 '0'으로 시작하는지 확인한다. 데이터 프레임 내의 다양한 지점에서 피크 주파수 편차는 다음의 표를 만족해야 한다. 이러한 제한은 양극 및 음극 변조 피크 모두에 적용된다. 비트 0은 트레이닝 시퀀스의 첫 번째 비트로 정의된다.

[표 4-32] 권고 ITU-T O.153의해 유도된 고정 PRS 데이터

각 비트의 중심에서 중앙까지의 측정주기	시험신호 1		시험신호 2	
	일반조건	극한조건	일반조건	극한조건
Bit 0 to bit 1	< 3,400 Hz			
Bit 2 to bit 3	2,400 Hz ±480 Hz			

더. 송신 출력 대 시간 함수 - [① 7.7]
  (1) 정 의
      송신기 출력 대 시간 함수는 아래 표에 정의된 송신기 지연, 어택시간, 해제 시간 및 송신 지속 시간의 조합이다.
      (가) 송신 지연시간(TA-T0)은 슬롯의 시작과 송신출력이 정상상태 출력(Pss)의 -50dB를 초과하는 시간 사이의 시간이다.
      (나) 송신기 어택시간(TB2-TA)은 송신출력이 -50dBc를 초과하고 Pss로부터 +1.5/-1dB 이내의 레벨로 유지하는 Pss 출력이 측정되는 아래의 송신 출력이 1dB 아래에 도달하는 순간 사이의 시간이다.
      (다) 송신 해제 시간(TF - TE)은 종료 플래그가 송신되는 순간과 송신기 출력 전력이 Pss 보다 50dB 낮은 레벨로 감소한 이 후의 시간 사이의 시간이다.
      (라) 송신 지속 시간 (TF - TA) 은 출력이 -50 dBc를 초과할 때까지의 시간이며, 출력이 -50 dBc 이하로 돌아가는 시간 사이의 시간이다.

[표 4-33] 권고 ITU-T O.153의해 유도된 고정 PRS 데이터

참조		비트	시간(ms)	정 의
T_0		0	0	전송슬롯의 시작. 출력은 T_0 하기 전의 P_{ss}에서 -50dB를 초과하지 않아야 한다.
$T_0 - T_A$		0 to 6	0 to 0.625	출력은 P_{ss}^a의 -50 dB를 초과할 수 있다.
T_B	T_{B1}	6	0.625	출력은 +1.5dB 또는 -3dB의 P_{ss}^a 이내여야 한다.
	T_{B2}	8	0.833	출력은 P_{ss}^a 의 +1.5dB 또는 -1dB 이내여야 한다.
T_E (1스터핑 비트포함)		233	24.271	출력은 T_{B2}에서 T_E^a 동안 +1.5dB 또는 -1dB내 에서 유지되어야 한다.

(1스터핑 비트포함)			
T_G	256	26.667	다음전송 시간주기의 시작
a 출력이 0에 도달하고 다음슬롯이 시작될 때까지(T_G) 전송 종료 후 (T_E) RF 변조가 없어야 한다.			

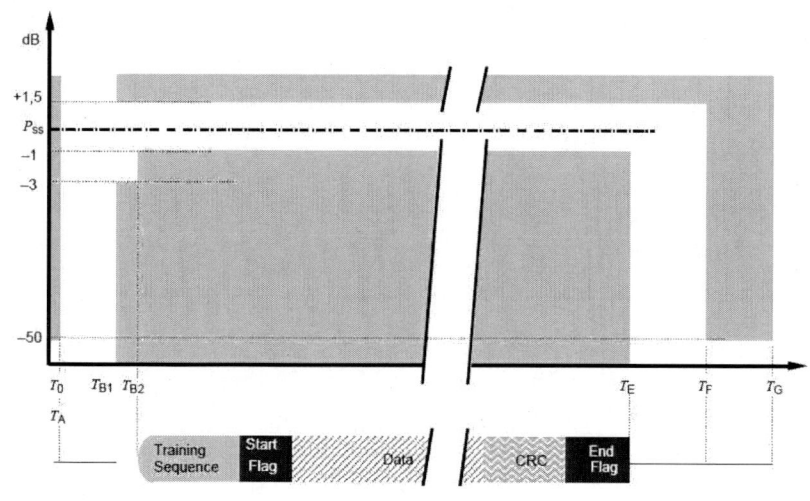

<그림 4-11> 출력 세기 대 시간 마스크

(2) 측정 방법

측정은 시험 신호 1을 전송함으로써 수행되어야 한다. (이 시험 신호는 CRC 부분내에 하나의 추가 스터핑 비트를 발생시킨다.) AIS-SART는 스펙트럼 분석기에 연결되어야 한다. 이 측정에는 1 ㎒의 분해능 대역폭, 1㎒ 비디오 대역폭 및 샘플 검출기가 사용되어야 한다. 분석기는 이 측정을 위해 0 스팬 모드에 있어야 한다. 스펙트럼 분석기는 외부적으로 제공될 수 있는 슬롯(T0)의 공칭 시작 시간 또는 AIS-SART로부터 동기화되어야 한다.

(3) 요구 결과

송신기 출력은 위의 그림에서 표시된 마스크와 표에 주어진 관련 시간 내에 남아 있어야 한다.

러. 송신기의 스퓨리어스 발사 - [① 7.8]
 (1) 정 의
  스퓨리어스 발사는 정상 변조와 간련된 반송파와 측파대 이외의 주파수에서의 방사이다.
 (2) 측정 방법
  측정은 수신기 또는 스펙트럼 분석기를 사용하여 50Ω 송신기 출력에서 다음 주파수 대역에 걸쳐 100㎑와 120㎑ 사이의 대역폭 또는 가장 가까운 설정으로 대역폭을 설정해야 한다.
  108 ㎒ ~ 137 ㎒, 156 ㎒ ~ 161.5 ㎒, 406.0 ㎒ ~ 406.1 ㎒ 및 1,525 ㎒ ~ 1,610 ㎒.
 (3) 요구 결과
  이 대역내의 신호 세기는 25uW를 초과하지 않아야 한다.

머. 동기화 정확도 시험 - [① 8.1]
 (1) 목적
  AIS-SART 의 동기화 오류를 측정한다.

 (2) 측정 방법
  활성 모드에서 사용가능한 EPFS 데이터로 AIS-SART를 활성화하고 40분 동안 전송을 기록한다. VDL메시지를 기록하고 ITU-R M.1371 에 정의된 전송 패턴과 AIS-SART 가 실제로 전송한 시간 사이의 시간을 측정한다. 전송 타이밍은 ITU-R M.1371에 따라 전송 패킷 시작의 시작(시작 플래그)로 측정되고 참조되어야 한다.
 (3) 요구 결과
  동기 지터가 있는 동기화 오류는 15분 ~ 40분 사이에 ±312 us를 초과하지 않아야 한다.

버. 활성 모드 시험 - [① 8.2]
 (1) 목적

이 시험은 AIS-SART의 전송 분석을 필요로 한다.
(2) 측정 방법

활성 모드에서 AIS-SART를 활성화하고 40분 동안 전송을 기록한다. EPFS 데이터를 제거하고 전송을 20분 더 기록한다. AIS-SART 활성화 시간을 기록한다.

AIS-SART 활성화 시간 기록

모든 전송된 메시지 기록
- 전송시간(UTC 시간)
- 전송 슬롯
- 슬롯 내 타이밍
- 전송 채널
- 메시지 내용

기록은 다음 시험 항목에서 평가된다.

(3) 초기화 기간 - 요구 결과

다음이 요구된다.

(가) 첫 번째 메시지는 활성화 후 1분 이내에 전송된다.

(나) 유효한 위치를 가진 첫 번째 메시지가 15분 이내에 전송된다.

(4) 메시지1의 메시지 내용 - 요구결과

15분 후와 40분전에 전송된 위치보고서의 경우 다음이 필요하다.

(가) 메시지 ID = 1.

(나) 반복지시기 = 0.

(다) AIS-SART에 구성된 사용자 ID.

(라) 항법 상태 = 14.

(마) 회전율 = 기본 값.

(바) SOG = GNSS수신기로부터의 실제 SOG.

(사) 위치정확도 = 제공된 경우 RAIM 결과에 따라 다르며, 그렇지 않은 경우 0이다.

(아) 위치 = 내부 GNSS 수신기로부터의 실제위치.

(자) 위치는 각 버스트에 대한 분당 적어도 한번 업데이트 된다.

(차) COG = 내부 GNSS 수신기로부터의 실제 COG.

(카) 실제헤딩 = 기본 값.

(타) 시간 스탬프 = 실제 UTC 초 (0...59).
(파) 제조업체 설명서에 따라 정확한 표시를 확인한다.
(5) 메시지 14의 메시지 내용 - 요구결과
다음이 요구된다.
(가) 메시지 ID = 14.
(나) 반복 지시기 = 0.
(다) 소스 ID = AIS-SART에 구성된 대로.
(라) 문자 = "SART ACTIVE"
(6) 메시지 1의 전송 일정 - 요구결과
15분 후와 40분전에 전달된 위치보고서는 다음이 적용된다.
(가) AIS-SART가 동기 모드0(UTC 직접)에서 작동했는지 확인한다.
(나) AIS-SART는 분당 한번 씩 하나의 메시지 버스트를 전송한다.
(다) 버스트의 지속시간은 14초이다.
(라) 버스트는 8개의 메시지로 구성된다.
(마) 버스트에서의 전송은 AIS 1과 AIS 2 사이에서 번갈아 나타난다.
(바) 연속 메시지는 75개의 슬롯과 다른 채널에 있다.
(사) 8분 동안 동일한 버스트 세트가 각 버스트에 사용된다.
(아) 새로운 슬롯 세트가 8분후에 무작위로 선택된다.
(자) 새로운 슬롯세트의 첫 번째 슬롯은 이전 슬롯 세트의 첫 번째 슬롯에서 1분 ±6초의 간격 내에 있다. 즉, 증가분은 2025에서 2475 슬롯사이에서 무작위로 선택된다.
(차) 제조자는 증가분이 무작위로 선택되는 방법에 관한 문서를 제공해야 한다.
(7) 메시지 1 통신상태 - 요구결과
15분 후와 40분전에 전달된 위치보고서는 다음이 적용된다.
(가) 메시지1에 대해 정의된 SOTDMA 통신상태가 사용된다.
(나) 동기 상태 = 0.
(다) 타임아웃은 슬롯 변경 후 첫 번째 버스트의 모든 메시지에 대해 7부터 시작한다.
(라) 타임아웃 값은 각 프레임에 대해 1씩 감소된다.
(마) 타임아웃 값은 타임아웃 = 0 후에 7로 초기화된다.

(바) 타임아웃을 위한 서브 메시지3,5,7 = 수신국 수(0).
(사) 타임아웃을 위한 서브 메시지 2,4,6 = 슬롯 번호.
(아) 시간제한 1에 대한 하위 메시지 = UTC 시간 과 분.
(자) 타임아웃을 위한 서브 메시지 0 = 다음 프레임의 전송 슬롯에 대한 슬롯 오프셋.

(8) 메시지 14의 전송 일정 - 요구결과
　　다음이 요구된다.
(가) 메시지 14는 4분마다 전송된다.
(나) 메시지 14의 전송은 AIS1 과 AIS2를 교대로 반복한다.
(다) 메시지 1은 메시지 1이 대체된 메시지1 슬롯에서 메시지 1이 예정된 채널을 통해 전송된다.
(라) 메시지 (14)는 메시지(1)을 타임아웃 값 =0으로 대체하지 않았다.

(9) 손실된 EPFS로 전송 - 요구결과

　　45분 후에 전송된 위치보고서의 경우, 다음 사항이 적용된다.
(가) AIS-SART는 전송을 계속한다.
(나) 사용가능한 EPFS 데이터와 동일한 전송 일정이 사용된다.
(다) 통신상태동기 상태 = 3.
(라) SOG = 최종 유효 SOG.
(마) 위치정확도 = 낮음.
(바) 위치 = 마지막 유효위치.
(사) COG = 최종 유효 COG.
(아) 타임스탬프 = 63.
(자) RAIM 플래그 = 0.
(차) 제조업체 설명서에 따라 올바른 표시를 확인할 것.

서. EPFS 데이터를 사용할 수 있는 전송 - [① 8.3.2]
(1) 측정방법
　　사용가능한 EPFS 데이터로 시험 모드에서 AIS-SART를 활성화 하고 전송을 기록한다.
(2) 요구결과

다음이 요구되어진다.
(가) 유효한 GNSS 데이터가 이용 가능해지면 AIS-SART는 전송을 시작한다.
(나) 올바른 순서로 8개의 메시지가 단일 버스트 되고 [3.7.2] 시험 모드에 올바르게 채워진다.
(다) AIS-SART에 구성된 사용자 ID
(라) 항법 상태 = 15 (정의되지 않음).
(마) SOG = GNSS 수신기로부터의 실제 SOG.
(바) 위치정확도 = 제공된 경우 RAIM결과에 따라 다르며, 그렇지 않은 경우0.
(사) 위치 = 내부 GNSS수신기로부터의 실제위치.
(아) COG = 내부 GNSS 수신기의 실제 COG.
(자) 타임스탬프 = 실제 UTC 초 (0...59).
(차) 서브메시지 = 0인 통신상태 타임아웃은 항상 0이다
(카) 메시지 1과 메시지 14의 전송은 8 개의 메시지 중 한 버스트 후에 중단된다.
(타) 메시지 14의 텍스트 메시지는 "SART TEST"이다.
(파) 제조업체의 설명서에 따라 올바른 표시를 확인한다.

어. EPFS 데이터가 없는 전송 - [① 8.3.3]
(1) 측정방법
EPFS 데이터를 사용할 수 없는 테스트 모드에서 AIS-SART를 활성화 하고 전송을 기록한다.
(2) 요구결과
다음이 요구되어진다.
(가) AIS-SART는 15분 이내에 전송을 시작한다.
(나) 올바른 순서로 8개의 메시지가 단일 버스트 되고 [3.7.2] 시험 모드에 올바르게 채워진다.
(다) AIS-SART에 구성된 사용자 ID
(라) 항법 상태 = 15 (정의되지 않음).
(마) SOG = 기본 값

(바) 위치정확도 = 낮음
(사) 위치 = 기본 값
(아) COG = 기본 값
(자) 타임스탬프 = 63
(차) 서브 메시지 = 0 인 통신상태 타임아웃은 항상 0이다.
(카) RAIM 플래그 = 0
(타) 메시지 1과 메시지 14의 전송은 8개의 메시지 중 한 개가 버스트 후 중단된다.
(파) 메시지 14의 텍스트 메시지는 "SART TEST" 이다.
(하) 제조업체 설명서에 따른 올바른 표시확인.

제 5 장 해상 조난안전 무선설비의 시험표준(안)

제 1 절 레이다 시험표준

레이다 시험 표준은 전송 주파수 스펙트럼, 운용성, 신호처리, 최소 탐지거리, 분해 능력과 정확성 측정, 인터페이스, 일반사항으로 구성된다. 해양 환경에서의 성능 평가는 신호 처리와 관련된 제어 기능을 수행해야한다.

본 절에서는 레이다에 대한 시험 규정인 IEC 62388과 현행 국내 기술기준을 비교하여 현행 기술기준에서 삭제해도 무방한 것은 줄 긋기로 표시하고 추가해야 할 내용을 이탤릭체로 표시하였다.

1. 전송 주파수 스펙트럼

주) 본 항에 따른 시험을 위해 ITU-R M.1177의 직접 또는 간접 레이다 불요파 측정 시설 구축이 요구됨

가. 2.92GHz 이상 3.1GHz 이하 또는 9.32GHz 이상 9.5GHz 이하 주파수의 전파를 사용하는 선박국용 레이다의 기술기준은 다음 각 호와 같다.
 (1) 중심주파수 및 지정주파수대역폭은 다음과 같을 것

[표 5-1] 중심주파수 및 지정주파수대역폭

주파수 대역	중심주파수	지정주파수대역폭
2.92GHz~3.1GHz	3.050GHz	100MHz 이내
9.32GHz~9.5GHz	9.375GHz, 9.410GHz, 9.415GHz, 9.445GHz	110MHz 이내

나. *선박국용 레이다는 일반적인 해상 레이다 환경에서 예측되는 전형적인 간섭 조건에서도 만족스럽게 동작할 수 있어야 한다.*

2. 운용성

가. 선박국용 레이다가 최상의 성능으로 운용되고 있음을 확인하기 위한 수단이 제공되어야 한다. 수동 조절 및 자동 조절 기능이 제공되어야 한다.
나. 물표가 존재하지 않더라도 시스템이 최적화된 성능으로 동작하고 있음을 확인할 수 있는 표시기가 제공되어야 한다.
다. 시스템 성능이 설치 시에 설정된 교정 표준에 상대적으로 크게 떨어지는 것을 결정할 수 있는 자동 또는 수동 운용 수단이 제공되어야 한다.
~~다. 선박의 무선설비·나침의 기타 중요한 설비의 기능에 장해를 주거나 다른 설비에 따라 그 운용이 방해될 우려가 없는 장소에 설치할 것~~ (기술기준에 해당되지 않음)
~~라. 선박의 안전항해를 도모하기 위해 필요한 음성, 기타 음향의 청취에 방해가 되지 않을 정도로 기계적 잡음이 적을 것~~ (해당 국제규정 없음)
마. 표시기는 다음 조건에 적합할 것.
 (1) 시스템의 이득이나 신호 임계 레벨을 설정하기 위한 이득 제어 기능이 제공되어야 한다.
 (2) 눈, 비 또는 해면에 따라 화면에 나타나는 불필요한 표시를 감소시키는 장치를 가질 것.(단, 자동 및 수동 클러터 방지 기능의 조합이 허용된다)
 (3) 이득과 모든 클러터 방지 기능의 상태를 표시해 주는 명확하고 영구적인 표시기가 제공되어야 한다.
 (4) 이득과 모든 클러터 방지 기능의 상태를 표시해 주는 명확하고 영구적인 표시기가 제공되어야 한다.
 (5) 레이다 물표는 "0" 거리에서 시작하는 선형 거리 척도에서 표현되어야 한다.
 (6) 레이다는 모든 공간적으로 관련된 정보에 대해 단일 CCRP(공통 기준위치)를 사용해야 한다. 측정된 거리와 방위의 일관성을 위해 권고되는 기준 위치는 조종 위치이어야 한다.(단, 분명하게 표시되거나 명백하게 구별되는 대체 위치가 사용될 수는 있다. 그러나 대체 기준 위치의 선택은 감시 절차의 무결성에 영향을 미치지 않아야 한다)

(7) 그림이 중앙에 올 때, CCRP의 위치는 방위 척도의 중앙이 되어야 한다.

(8) 본선으로부터의 거리환, 물표 거리 및 방위, 커서, 추적 데이터의 측정은 CCRP를 기준으로 이루어져야 한다.

(9) 설치된 안테나 위치와 CCRP 사이의 오프셋에 대해 보상할 수 있는 기능이 제공되어야 한다.(단, 다중 안테나가 설치될 때, 레이다 시스템의 각각의 안테나에 대해 다른 위치 오프셋을 적용할 수 있어야 한다. 또한 오프셋은 특정 레이다 센서가 선택될 때, 자동적으로 적용되어야 한다.)

(10) 본선의 축척 외형이 적정 거리 척도에서 활용될 수 있어야 한다. CCRP와 선택된 레이다 안테나의 위치는 본선 도면 그림 상에 표시되어야 한다.

(11) 표시면에 CCRP를 원점으로 하고 방위 척도까지 선수방향을 도식적(전자적)으로 나타내는 휘선(이하 "선수선"이라 한다)이 표시될 것.

~~(거) 선수선은 선수방향에 대하여 그 오차가 1도 아내, 그 폭은 0.5도 아내일 것.~~

(가) 선수선을 0.1°의 분해능으로 정렬할 수 있는 전자적인 수단이 제공되어야 하며 하나 이상의 레이다 안테나가 있다면 선택된 레이다 안테나에 대해 방위 오프셋이 유지되고 자동적으로 적용되어야 한다.

(나) 선수선을 표시하지 않는 상태가 가능하며, 그 상태에서 자동적으로 선수선이 표시되는 상태로 전환할 수 있을 것. *(단, 이 기능은 다른 그래픽 억압 기능과 결합될 수 있다)*

(12) 거리 측정은 해리(NM) 단위로 이루어져야 하고 거리 측정의 모든 지시 값은 모호하지 않아야 한다.(단, 하구, 강 또는 연안에 적용되는 낮은 거리 척도에서는 미터법 측정이 제공될 수 있다.)

(13) VRM, EBL, ERBL 및 평행 색인 선과 같은 항해용 도구는 [표 4-8]과 같아야 한다.

(14) 거리범위의 조합은 최소한 0.25, 0.5, 0.75, 1.5, 3, 6, 12, 24NM의 각 거리 범위*(척도)*를 가질 것. 다만, 다른 범위*(척도)*도

추가할 수 있다.

(15) 선택된 거리 척도는 지속적으로 표시되어야 한다.

(16) 최소 두 개의 VRM이 제공되어야 한다. 각 활성 VRM은 수치로 판독되어야 하고 사용 중인 거리 척도와 호환되는 분해능을 가져야 한다.

(17) VRM은 운용화면 영역 내에서 사용자가 대상물의 거리를 선택된 거리 척도의 1% 또는 30m 중에서 큰 것에 해당하는 오류 이내로 측정할 수 있게 하여야 한다.

(18) 최소 두 개의 EBL이 운용 화면 영역 내에서 특정 지점 목적물의 방위각을 측정하도록 제공되어야 한다. 단, 화면 주변장치에서 ±0.5°의 측정 불확도를 바탕으로 최대 레이다 시스템 오류는 1° 이내이어야 한다.

(19) 각 활성 EBL은 시스템 측정 정확도 요건을 유지하도록 적절한 분해능으로 수치 판독 기능을 가져야 한다.

(20) EBL은 선수 방위 또는 진북에 상대적인 측정이 가능해야 한다. 단, 방위 기준에 대한 명확한 표시가 있어야 한다.

(21) EBL 원점을 CCRP에 두고 운용 화면 내의 어떤 지점까지 움직일 수 있어야 하고 빠르고 단순한 동작으로 EBL을 CCRP로 리셋할 수 있어야 한다.

~~(22) 선박이 이동하고 있는 상태에서 정지하고 있는 목표 또는 육자를 지시기의 표시면에 고정하여 표시할 수 있는 장치는 해당 선박의 이동표시를 표시면의 중심으로부터 그 유효반경의 75%의 범위 내에 한정하는 것일 것~~

(22) EBL 원점을 고정하거나 EBL 원점을 본선의 속도로 이동시킬 수 있어야 한다.

(23) 사용자가 EBL을 어떤 방향으로든 부드럽게 위치할 수 있게 하는 기능이 제공되어야 한다.

(24) 사용자가 커서를 운용 화면 영역의 한 위치에 빠르고 간결하게 지정할 수 있어야 한다.

(25) 커서 위치는 CCRP로부터 측정된 거리, 방위와 커서 위치의 위/경도를 동시에 또는 대체적으로 제공하도록 연속적인 판독

을 제공해야 한다.
(26) 커서에 의해 제공되는 거리와 방위 측정의 정확도는 VRM과 EBL의 상대적인 요건을 만족해야 한다.
(27) 커서는 운용 화면 영역 내에서 물표, 그림 또는 표적을 선택하고 해제할 수 있는 수단을 제공해야 한다. 또한 커서는 모드, 기능, 다양한 변수 및 운용 화면 바깥의 제어 메뉴를 선택할 수 있다.
(28) 운용 화면 영역 내에서 어떤 다른 위치에 상대적인 화면상의 한 위치의 거리와 방위를 측정할 수 있는 기능을 제공해야 한다.
(29) 개별선에 대한 중단 및 끄기 기능을 가진 최소 4개의 독립적인 평행 색인 선을 제공해야 한다. 평행 색인선의 방위와 거리 단순하고 빠른 설정할 수 있어야 한다. 또한 선택된 색인 선의 방위와 거리는 요청에 따라 활용할 수 있어야 한다.
(30) 운용 화면 영역 주변으로 방위 척도가 제공되어야 한다. 방위 척도는 CCRP로부터 보여지는 것과 같은 방위각을 표시해야 한다. 방위각 척도는 운용 화면 영역의 바깥에 있어야 하고 최소 매 30°마다 숫자가 매겨져야 하고 최소 5°마다 분리 표식이 있어야 한다. 5°와 10°의 분리 표식은 상호간에 명확히 분리될 수 있어야 한다. 1°의 분리 표식이 상호간에 명확히 구별될 수 있다면 표현될 수 있다.
(31) 각 거리범위에 있어서 2개 이상의 거리환(표시면에 있어서 해당 선박의 위치를 중심으로 하여 전기적으로 나타내는 원의 호선에 따라 일정한 거리를 가리키는 원을 말한다. 이하 같다)이 표시면의 가장자리까지 같은 간격으로 표시될 것
(31) 동일 간격으로 적정 수의 거리환이 선택된 거리 척도에 따라 제공되어야 한다. 단, 표시될 때, 거리환 척도가 표시되어야 한다.
  (가) 사용하고 있는 거리범위의 거리 및 거리환 간격의 거리는 각각 보기 쉬운 곳에 명시할 것
  (가) 고정 거리환의 시스템 정확도는 사용 중인 거리척도의 최대 거리의 1% 또는 30m 중에서 큰 거리의 것 이내이어야 한다.
  (나) 가변거리 마커(marker)에 따라 측정할 수 있는 것은 그 측정한 거리의 값이 표시될 것

3. 신호처리

가. 레이다 시스템은 근거리에서 불리한 클러터 조건에서 물표의 가시성을 향상시키기 위한 수단이 화면장치에 제공되어야 한다.(단, 선택할 수 있는 것이라면 물표 가시성 향상 기능은 표시되어야 한다.)

나. 다른 레이다 시스템으로부터 불요파 간섭을 줄이기 위해 연속적인 전송의 상관관계 함수가 제공되어야 한다.(단, 스캔에서 스캔까지의 상관관계 함수는 클러터에서 잡음을 제거하도록 사용될 수 있다.)

다. 효과적인 신호 처리와 레이다 영상 갱신 주기는 물표 검출과 관련된 신호 처리 요건이 부합되도록 최소의 지연을 가져야 한다.

라. 일부 대기 조건에서 이전 레이다 전송이 널리 퍼져있음으로 인해 물표로부터 레이다 에너지가 반사가 되는 2차 주변 잡음을 억압할 수 있는 수단이 제공될 수 있다.

마. 기상 조건에 따라 검출 성능을 최적화하도록 펄스의 길이를 변경할 수 있는 수단이 제공될 수 있으며 제공된다면 부적합한 펄스의 선택이 금지되거나 사용자에게 표시되어야 한다.(예, 짧은 거리 척도에서 장 펄스의 사용 금지)

바. 화면의 영상은 부드럽고 연속적인 방법으로 갱신되어야 한다.

사. 추가적으로 제공되는 신호처리 기능은 매뉴얼에 제공되어야 하고 레이다 검출 성능에 영향을 미치는지 확인해야 한다.

아. 사용자 매뉴얼에는 특정 신호 처리 기능의 기본적인 개념, 특징, 잇점 및 제한 사항이 포함되어야 한다.

4. 신호 판별

주) 본 항에 따른 시험을 위해 IEC 62388 부속서 C와 D의 표적을 사용하여 레이다의 거리와 방위 판별 측정 시설 구축이 요구됨

가. X-밴드 레이다 시스템은 해당 주파수 대역의 레이다 비콘을 검출할 수 있어야 한다.

나. X-밴드 레이다 시스템은 SART와 능동형 레이다 반사기를 검출할 수 있어야 한다.

다. 검출 및 표시되고 있는 X-밴드 레이다 비콘 또는 SART를 방지할 수 있는 신호 처리 기능(대체 극성 모드 포함)을 끌 수 있어야 한다.

라. 특정 거리 색인 오류의 보상은 자동적으로 보상되어야 하고 다중 안테나가 사용되는 경우, 각각의 선택된 안테나에 대해 자동적으로 적용되어야 한다.

마. 특정 거리 색인 오류의 보상은 자동적으로 보상되어야 하고 다중 안테나가 사용되는 경우, 각각의 선택된 안테나에 대해 자동적으로 적용되어야 한다.

바. [표 4-3]에서 규정한 시험 조건하에 물표의 최소 거리를 검출할 수 있어야 한다.

~~마. 안테나의 높이가 해면으로부터 15m인 경우에는 다음의 목표를 명확히 표시할 수 있을 것~~
  ~~(1) 7NM의 거리에 있는 총톤수 5,000톤의 선박~~
  ~~(2) 2NM의 거리에 있는 유효반사면적 10m²의 부표~~
  ~~(3) 92m의 거리에 있는 유효반사면적 10m²의 부표~~

사. 속도가 "0"(또는 고정된 육상 사이트)의 본선으로 안테나가 해수면에서 15m이고 고요한 상태(최소 클러터)에서 [표 4-3]의 항해용 부표가 안테나 위치에서 40m의 최소 수평 거리에서 1 NM까지 검출되어야 한다. 규정한 시험 조건하에 물표의 최소 거리를 검출할 수 있어야 한다.(단, 거리 척도 선택과 다른 제어 기능의 설정을 변경하지 않아야 한다.)

아. 거리와 방위 판별은 고요한 상태(최소 클러터)에서 1.5 NM 또는 그 이하의 거리 척도에서 선택된 거리 척도의 50%와 100%에서 측정되어야 한다.(단, 이 성능을 판별하기 위해서 중심 이탈 표시 방법을 사용할 수 있다)

자. 다음과 같은 방위분해능을 가질 것
  (1) 방위각 3도 이내의 동 거리에 있는 2개의 목표를 구별하여 표시할 수 있을 것
  (2) 동일 방위에 있고 서로 68m 떨어진 2개의 목표를 구별하여 표시할 수 있을 것

자. 레이다 시스템은 동일 방위각에 있고 거리에서 40m가 분리된 두

지점의 물표를 두 개의 구별되는 피사체로써 표시할 수 있어야 한다.
차. 레이다 시스템은 동일 거리에 있고 방위에서 2.5°가 분리된 두 지점의 물표를 두 개의 구별되는 피사체로써 표시할 수 있어야 한다.
타. 다음과 같은 정밀도를 가질 것
  (1) 0.75NM의 거리에 있는 목표의 방위를 2도 이내의 오차로 측정할 수 있을 것
  (2) 해당 선박과 목표간의 거리를 6%(거리범위가 0.75NM 미만의 거리에 있어서는 82m) 이내의 오차로 측정할 수 있을 것
카. 레이다 시스템의 거리와 방위 정확도는 다음과 같아야 한다.
  (1) 30m 또는 사용중인 거리 척도의 1% 중 큰 쪽 이내
  (2) 1° 이내

타. 클러터가 없는 상황에서 원거리와 소형 물표 및 해안선에 대해 레이다 시스템의 요구사항은 해수면에서 15m의 안테나 높이로 주요한 해수면 클러터와 도파관의 침적과 소실이 없는 일반적인 전파 조건을 바탕으로 다음 사항을 만족해야 한다.
  (1) 10회의 스캔 중 8회 이상 또는 동등 이상의 물표 표시
  (2) 10^{-4}의 레이다 검출 오류 경보 확률

[표 4-3]에 포함된 요구사항은 X-밴드와 S-밴드에 대해 규정된 사항을 만족해야 한다.(단 검출 성능은 레이다 시스템과 함께 공급되는 가장 작은 안테나를 통해 시험되어야 한다.)
파. 전원 인가 후 4분 이내에 정상 동작할 수 있을 것
파. 레이다 장치는 스위치를 켠 후 4분 이내에 완전 동작상태(기동 및 송신 상태)가 되어야 한다.

5. 인터페이스

가. 레이다 시스템은 다음의 입력정보를 수신할 수 있어야 한다.
  (1) 자이로 콤파스 또는 선수방위 송신 장치(THD)
  (2) 속도 및 거리 측정 장비

(3) 전자 위치 측위 시스템
(4) 선박 자동 식별 장치
(5) 기타 IMO에서 수용하는 등가 정보를 제공하는 센서 및 네트워크
나. 나침의에 연동되어 목표의 방위를 진북 기준으로 안정하게 지시할 수 있을 것
  (1) 해당 나침의를 1분간에 2회의 비율로 수평으로 회전시킬 경우 그 회전에 연동되어 지시하는 방위는 해당 나침의가 지시하는 방위의 0.5도 이내의 오차일 것
  (2) 나침의와의 연동장치가 동작하지 않는 경우에도 선수방향과 목표의 방위각을 측정할 수 있을 것
나. 레이다 시스템은 무효로써 표시되는 데이터를 사용하지 않아야 한다. 단, 입력 데이터의 품질이 낮은 것으로 알려질 때, 분명하게 표시되어야 한다.
다. 입력 데이터의 신호 처리 지연은 최소화되어야 한다.
라. 레이다 출력 인터페이스에 의해 다른 시스템으로 제공되는 정보는 IEC 61162의 표준을 따라야 한다.
마. 레이다 시스템은 항해 데이터 기록장치로 화면 데이터의 출력을 제공해야 한다.

6. 일반사항

가. ~~선박의 무선설비·나침의 기타 중요한 설비의 기능에 장해를 주거나 다른 설비에 따라 그 운용이 방해될 우려가 없는 장소에 설치할 것~~(기술기준에 해당되지 않음)
나. ~~선박의 안전항해를 도모하기 위해 필요한 음성, 기타 음향의 청취에 방해가 되지 않을 정도로 기계적 잡음이 적을 것~~(해당 국제규정 없음)
가. 표시기의 화면에 근접한 위치에서 전원의 개폐, 기타의 조작을 할 수 있고 해당 지시기의 조작을 하기 위한 손잡이 종류는 쉽게 식별되고 사용하기 쉬울 것
나. 전원 전압이 정격 전압의 ±10% 이내에서 변동했을 경우에도 안

정하게 동작할 것

다. 일반적으로 발생할 수 있는 온도나 습도의 변화 또는 진동에 대하여 영향을 받지 않고 동작할 것.

라. ~~해당 선박이 옆으로 10도 경사진 경우에도 제8호 마목에 의한 목표가 표시될 것.(검증 방법 없음)~~

제 2 절 EPIRB의 시험표준

EPIRB 시험 표준은 일반적인 시험, 운용 시험, 조난 기능, 자립 부상 장치, 환경시험으로 구성된다.

본 절에서는 EPIRB에 대한 시험 규정인 IEC 61097-2와 현행 국내 기술기준을 비교하여 현행 기술기준에서 삭제해도 무방한 것은 줄 긋기로 표시하고 추가해야 할 내용을 이탤릭체로 표시하였다.

1. 성능 시험

가. 안테나공급전력은 5W(허용편차는 ±2dB로 한다)일 것. *단 이 전력은 규정된 동작 범위의 어떤 온도에서도 48시간 운용 시간 동안 유지되어야 한다.*

나. 송신개시후 송신출력이 안테나 공급전력의 *10%*~90%까지 상승하는데 요하는 시간이 5㎳ 이하일 것

다. 주파수안정도 등

[표 5-2] 주파수 안정도 등 조건

구 분	조 건
송신출력상승시간	~~송신개시후 송신출력이 안테나공급전력의 90%까지 상승하는데 요하는 시간이 5㎳ 이하일 것~~

송신반복주기	~~50초(허용편차는 5%로 한다) 이하일 것~~
주파수 안정도	~~100ms 사이에 10억분의 2를 초과하여 변동하지 아니할 것.~~
반송파 주파수	±1kHz 이내일 것. 단, 다음과 같이 평균 전송 주파수 (f_0)는 18회 연속 전송을 통해 <그림 5-1>의 S1에서 18회의 측정을 통해 구해진다. $f_0 = f^{(1)} = \dfrac{1}{n}\sum_{i=1}^{n} f_i^{(1)}$, 여기서 n은 18
송신 주파수의 단기 안정도	100ms 사이에 10억분의 2를 초과하여 변동하지 아니할 것. 단, 다음과 같이 편차(σ_{100ms})는 18회 연속 전송을 통해 <그림 5-1>의 S2와 S3에서 구한 $f_i^{(2)}$와 $f_i^{(3)}$의 측정으로부터 계산된다. $\sigma_{100ms} = \left\{ \dfrac{1}{2n}\sum_{i=1}^{n}\left(\dfrac{f_i^{(2)} - f_i^{(3)}}{f_i^{(2)}}\right)^2 \right\}^{\frac{1}{2}}$, 여기서 n은 18
중기 주파수 안정도	평균 기울기는 분당 10억분의 1을 초과하여 변동하지 아니하고 잔여 주파수 변위는 10억분의 3을 초과하지 않을 것. 단, 다음과 같이 평균 기울기($A(t_n)$)과 잔여 주파수 편위($\sigma(t_n)$)은 18회 이상의 연속 전송을 통해 <그림 5-1>의 임의의 순간(t_i)에서 구한 $f_i^{(2)}$의 측정에서 유도된다. $A(t_n) = \dfrac{n\sum_{i=1}^{n} t_i f_i - \sum_{i=1}^{n} t_i \sum_{i=1}^{n} f_i}{n\sum_{i=1}^{n} t_i^2 - \left(\sum_{i=1}^{n} t_i\right)^2}$, 여기서 n은 18 $B = \dfrac{\sum_{i=1}^{n} f_i \sum_{i=1}^{n} t_i^2 - \sum_{i=1}^{n} t_i \sum_{i=1}^{n} t_i f_i}{n\sum_{i=1}^{n} t_i^2 - \left(\sum_{i=1}^{n} t_i\right)^2}$, 여기서 n은 18 $\sigma(t_n) = \left\{ \dfrac{1}{n}\sum_{i=1}^{n}(f_i - At_i - B)^2 \right\}^{\frac{1}{2}}$, 여기서 n은 18

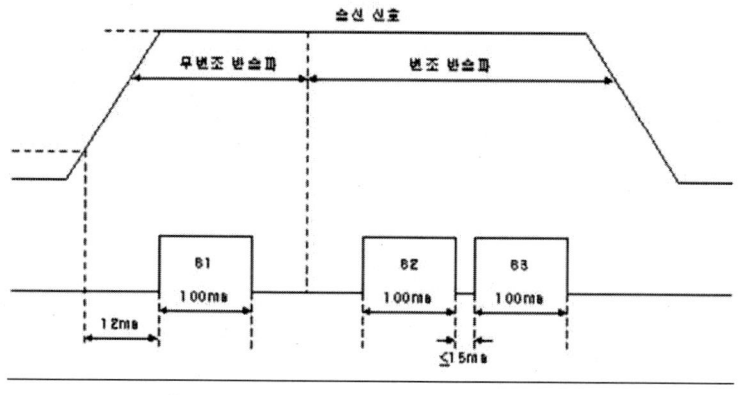

<그림 5-1> EPIRB 측정 간격의 정의

라. 주파수의 변동(15분간의 변동에서의 직선회귀의 1분당 경사의 값을 말한다)은 10억분의 1 이하일 것
라. 406MHz에서 406.1MHz까지의 주파수대에 있어서 주파수마다의 불요발사의 허용치는 별표 35에 표시하는 곡선의 값으로 한다.
마. 송신신호의 기술적 특성 및 메시지 형식은 국제전기통신연합의 권고(ITU R M.633) 최신판 Cospas-Sarsat T.001을 따를 것.
바. 고장에 의해 전파의 발사가 계속 행하여지는 때에는 그 시간이 45초 되기 전에 그 발사의 정지가 가능할 것

사. 송신신호는 다음의 조건에 적합할 것
  (1) 구성은 별표 36에 나타내는 것일 것
  (2) 송신 반복주기는 다음 <그림 5-2>와 같이 두 개의 연속적인 송신의 시작 간격(T_R)으로 47.5초와 52.5초 사이에 랜덤 값이어야 한다.

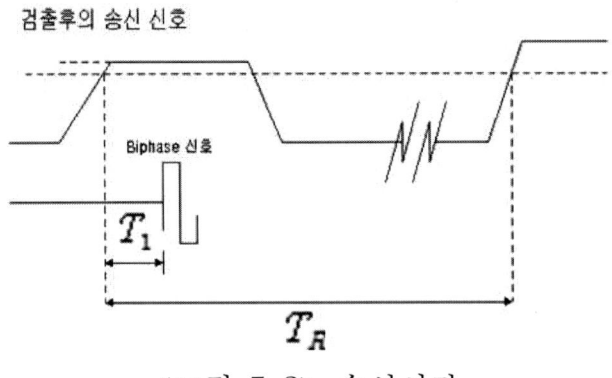

<그림 5-2> 송신시간

(3) 비변조파의 지속시간(T_1)은 <그림 5-2>와 같이 전송의 시작과 데이터 변조 시작 사이의 시간으로 158.4ms이상 161.6ms 이하이어야 한다.
(4) 전송속도는 400bps(허용편차는 1%로 한다)일 것.
(5) 오류정정부호는 BCH부호로서 그 다항식은 다음과 같다.

$$G1(X) = 1 + X^3 + X^7$$

$$G3(X) = G1(X) \cdot (1 + X + X^2 + X^3 + X^7)$$

$$G5(X) = G3(X) \cdot (1 + X^2 + X^3 + X^4 + X^7)$$

(6) 변조형식은 반송파±1.1±0.1 라디안의 위상변조이어야 한다.
(7) 변조파형의 상승(τ_R) 및 하강(τ_F) 시간은 다음 <그림 5-3>과 같이 150±100μs 이내어야 한다.

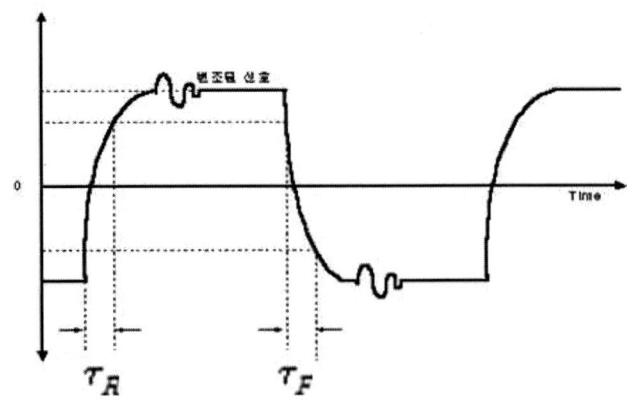

(7) 변조 대칭성은 다음 <그림 5-4>의 τ_1와 τ_2의 정의를 통해 $\frac{|\tau_1 - \tau_2|}{\tau_1 + \tau_2} \leq 0.05$ 이어야 한다.

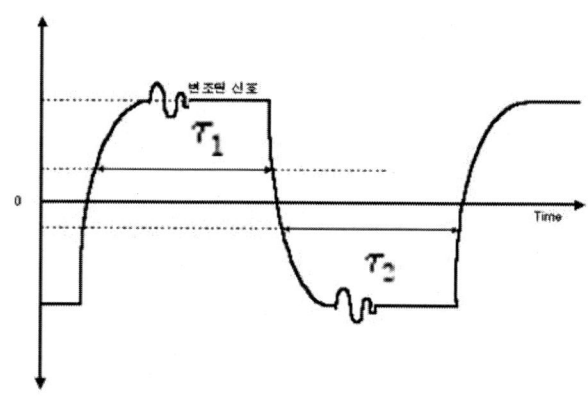

<그림 5-4> 변조 대칭성의 정의

아. 안테나의 조건

[표 5-3] 안테나의 조건

구 분	조 건
수직면에서의 이득	앙각5도에서 60도까지의 90% 이상의 각도 범위에서 -3dB 이상 4dB 이하일 것
수평면에서의 이득 및 지향특성	전 방향에서 이득변동이 -3dB 이상 4dB 이하의 무지향성일 것
편 파	우선회 원편파 또는 직선편파일 것

자. 안테나 단자를 단락 또는 개방하여도 고장이 없을 것. 단, 단락 상태로 5분, 개방 상태로 5분 동안 운용할 수 있어야 한다.

자. 선체로부터 쉽게 분리될 수 있어야 하고, 한 사람이 *쉽게 생존정으로 옮길 수 있는 무게알 것일 것.(육안 검사)*

차. 자동이탈장치가 있는 기기의 경우에는 선체에서 이탈된 후 *4m의*

수심에 도달하기 전에 자동으로 ~~작동할 수 있을 것~~. 동작되어야 하며, 또한 독립해서 기능시험을 할 수 있을 것. 단, 함체가 제공되는 경우 다음의 각각에 대해 시험되어야 한다.
- 정상적인 설치 위치(장비 매뉴얼에 정의)
- 우현으로 90° 회전
- 좌현으로 90° 회전
- 앞쪽으로 90° 회전
- 뒤쪽으로 90° 회전
- 180 회전

카. 방수되는 것으로서 물에 뜰 수 있어야 하고, 물에 던졌을 때 정상의 상태로 복원될 수 있는 등 해면에서 사용하기에 적합할 것. 단, 안테나가 전개된 상태로 깨끗한 물의 수면 아래 어떤 방향으로도 침수시켰을 때 2초 이내에 수직 직립해야 하고 안테나의 바닥이 수면으로부터 최소 40mm위에 위치해야 한다.

타. 본체는 황색 또는 주황색 계통의 색채이어야 하며, 반사재가 갖추어져 있을 것(육안 검사)

파. 해수·기름 및 태양광선의 영향을 가능한 한 받지 아니할 것

하. 본체의 보이는 곳에 기기의 작동방법 및 취급방법 등이 물에 지워지지 아니하도록 명백하게 표시되어 있을 것(육안 검사)

거. 수동으로 ~~조작할 수 있을 것~~. 작동과 해제가 가능할 것(육안 검사)

너. 오조작에 의한 작동을 방지하는 장치가 있을 것(육안 검사)

더. 발사되고 있는 전파의 표시기능이 있을 것(육안 검사)

러. 정상적으로 작동하고 있음을 쉽게 알 수 있는 기능이 있을 것(육안 검사)

머. 전기적인 부분이 수심 10m에서 적어도 5분 이상 방수될 것

~~버. 자가 부양한 후 자동으로 작동할 수 있을 것~~

버. 20m의 높이에서 물로 떨어뜨렸을 경우에도 손상 없이 작동할 수 있을 것

서. 부양성의 고정용 줄끈~~밧줄~~이 제공될 것. 단, 이 줄끈~~밧줄~~은 자가부양시 선박의 구조물에 방해를 받지 않아야 한다. (육안 검사)

어. 0.75칸델라(candela)의 섬광등이 부착되어 있을 것(부품 사양확인)

저. 자가 진단 기능을 제공하는 것일 것.(육안 검사)

처. 406.025MHz, 406.028MHz, 406.037MHz 및 406.040MHz 중 하나의 전파를

사용하고, 121.5MHz 항공기 호밍(homing)용 무선표지기능이 제공될 것. 단, 121.5MHz 호밍신호는 406MHz 송출시 최대 2초간의 중단을 제외하고는 연속적으로 송출되어야 하며, 소인방향을 제외하고는 전파규칙의 기술적 특성에 부합해야 한다.

커. 121.5MHz 항공기 호밍(homing)용 무선표지장치는 다음의 조건에 적합할 것
   (1) 사용하는 전파의 형식은 A2B 또는 A3X일 것
   (2) 첨두실효복사전력은 해당 송신설비를 계속하여 48시간 이상 동작시킨 후에도 50mW±3dB 일 것
   (3) 변조도는 85% 이상일 것
   (4) 주파수허용편차는 0.005% 이내일 것

터. -20℃부터 +55℃ 까지의 온도, 결빙, 상대풍속 100knot 및 -30℃ 부터 +70℃ 까지의 온도에서 보관 후에도 작동할 수 있을 것

퍼. 수동으로 작동할 경우 조난경보는 전용의 조난경보작동기에 의해서만 작동이 가능할 것

허. 전용경보작동기는 명확히 표시되어야 하며, 부주의한 조작으로부터 보호될 것

고. 조난경보의 송출은 적어도 두 가지의 독립된 수동제어동작으로 시작되어야 할 것

노. 이탈장치를 수동으로 제거한 경우 자동으로 작동되지 아니할 것

도. 본체의 외부에 기기의 식별부호코드가 표시되어 있을 것

~~로. 비휘발성 메모리를 사용하여 조난메시지의 고정부분을 저장하는 기능이 있을 것~~

~~로. 자기식별부호가 모든 조난메시지에 포함될 수 있을 것~~

~~로. 선체로부터 자동으로 이탈시키기 위한 장치는 4m의 수심에 도달하기 전에 동작되어야 하며, 또한 독립해서 기능시험을 할 수 있을 것~~

로. 통상의 설치된 상태에서 제조자명, 형식명, 제조번호 및 전지의 유효기간이 명확하게 판독가능 하도록 외부에 표시되어 있을 것

모. 전원의 조건
   (1) 독립된 전지를 갖추고 전지의 유효기간이 명시되어 있을 것

(2) 전지의 용량은 해당 송신설비를 연속하여 48시간 이상 작동할 수 있을 것
(3) 전지를 쉽게 대체하고 점검할 수 있을 것
(4) 전원극성의 우발적인 반전으로부터 보호수단을 가질 것

제 3 절 AIS의 시험표준

AIS 시험 표준은 일반적인 확인, 운용 시험, 물리적 시험, OSI 계층별 특정 시험, 원거리 기능 시험, 환경시험으로 구성된다.

본 절에서는 AIS에 대한 시험 규정인 IEC 61993-2와 현행 국내 기술기준을 비교하여 현행 기술기준에서 삭제해도 무방한 것은 줄 긋기로 표시하고 추가해야 할 내용을 이탤릭체로 표시하였다. 또한 현행 기술기준에서 확인해야 할 사항을 세부항목으로 추가하였다.

1. 성능 시험

가. 통신방식은 시분할다중접속방식을 사용할 것
  (1) 종별(class)A 선박자동식별장치는 자동시분할다중접속(SOTDMA) 방식(이하 "종별A 선박자동식별장치"라 한다)을 사용하며 국제해사기구에서 정하는 성능요구사항과 *ITU-R의 권고 사항을* 모두 만족하는 것
    (가) ITU-R M.1084-5, 부속서 4에 지정된 25㎑ 채널 간격을 사용하는 해상 이동업무 대역에서 임의로 선택된 다른 채널로 수동, 채널 관리 메시지 22번, PI를 통한 ACA 문장으로 또는 DSC 원격명령의 전송에 의해 변경할 수 있고 관련 문장을 전달할 수 있어야 한다.
나. 안테나 개방 또는 단락에 의하여 동작중인 장치에 손상이 일어나지 않을 것.
  (1) 안테나의 개발 또는 단락은 각각 최소 60초 이상 수행되어야 하고 안테나의 정상적인 연결 후 2분 이내에 송수신기의 손상 없이 다시 동작해야 한다.

다. Class A 선박자동식별장치에서 선종이 "탱크선"이고 항해상태가 "3knot 미만의 상태에서 계류 중인 경우"일 때 자동적으로 1W의 저감 출력으로 설정되어야 한다.

라. 송·수신되는 데이터 오류를 자체적으로 검사할 수 있는 기능을 갖출 것
  (1) 전원 손실, 송신 고장, 안테나의 매칭 오류, 수신 고장, 위성으로부터 동기 신호 손실, 원격 MKD의 단선에 따른 적절한 동작 및 관련 경보를 발생해야 한다.
  (2) 질의 문장($xxAIQ,TXT)에 대해 현재 상태를 나타내는 TXT 문장으로 PI에 출력해야 한다.

마. 위성으로부터 동기를 위한 신호를 얻을 수 있어야 하고 위치/속도/침로/ROT 센서의 우선순위와 사용 절차는 ITU-R 권고를 따른다.
  (1) 선박자동식별장치는 활용 가능한 가장 높은 우선순위의 위치 신호원을 자동적으로 선택해야 하고 낮은 순위로 변경할 때 5초, 높은 우선순위로 변경할 때 30초 이내에 자동적으로 절환되어야 한다. 이 기간 중에는 가장 최신의 유효 위치가 보고에 사용되어야 한다. 외부 위치 신호원이 사용되거나 내장 및 외부 위치 신호원이 모두 유효할 때, 분당 1회 이상 비교되어야 하고 두 위성 항법시스템 안테나가 15분 동안 100m 이상의 차이를 가진다면 경보를 발생시켜야 한다. 다만, 보고 위치의 기준점이 변경될 때 메시지 5번이 즉각 송신되어야 하고 경보 문장이 PI에 출력되어야 한다.
  (2) 위치 신호원으로 내장 위성항법수신기가 사용된다면 내장 위성항법수신기로부터의 SOG/COG 정보가 사용되어야 하고 PI에 무결성에 대한 경보 문장이 발생해야한다.
  (3) Class A 활용 가능한 가장 높은 우선순위의 ROT 신호원을 선택해야 하고 COG 정보로부터 유도되지 않아야 한다.
  (4) 사용자의 잘못된 항해 상태의 선택에 따라 경보 문장이 PI에 발생하고 시스템은 적정 송신 주기로 송신해야 한다.

바. 선박 및 메시지 식별을 위한 해상이동업무식별부호를 사용할 것.

(1) 시료에 유효하지 않은 MMSI인 "000000000"으로 설정되어야 하고 이를 통한 송신은 이루어지지 않아야 한다.
(2) MMSI로 "200000000"~"799999999" 또는 "982000000"~"987999999" 이외의 설정은 거부되고 송신할 수 없어야 한다.

사. 선박국은 모든 지역에서 자동으로 동작하는 자동모드, 해안국이 데이터 전송간격 및 시간슬롯(time slot)을 지정했을 경우에 동작하는 할당모드, 다른 선박국 또는 해안국으로부터의 송신 요구에 대해 동작하는 폴링모드의 기능을 가질 것.

(1) 다른 장비로부터 위치보고 메시지를 수신할 수 있어야 한다.
(2) 할당 모드 명령 메시지 16에 따라서 메시지 2의 위치보고를 송신하고 4~8분 후에 표준 보고율로 SOTDMA 메시지 1로 변환되어야 한다.
(3) 질문 메시지 15를 적정하게 송신할 수 있어야 한다.
(4) 질문 메시지 15의 수신에 따라 정의된 슬롯 오프셋 이후, 요청된 메시지 3 또는 메시지 5로 질문 응답 메시지를 송신할 수 있어야 한다.
(5) 선박자동식별장치는 주소가 지정된 메시지 6, 12, 25, 26을 적정하게 송신할 수 있어야 한다.
(6) 선박자동식별장치는 주소가 지정된 메시지 수신에 따라 PI를 통해 수신 메시지를 출력하고 적정한 확인 메시지를 송신하여야 한다.
(7) 선박자동식별장치는 방송 메시지 8, 14, 25, 26을 적정하게 송신할 수 있어야 한다.
(8) 선박자동식별장치는 방송 메시지 수신에 따라 PI를 통해 수신 메시지를 출력하여야 한다.
(9) 선박자동식별장치의 PI를 통해 최대 121 데이터 Bytes의 이진 데이터를 가진 BBM 문장을 인가할 때 최대 5 슬롯의 이진 메시지(메시지 8번)가 송신되어야 한다.
(10) 5 슬롯으로 고정되지 않은 정보 내용을 가진(121 Bytes 이상) BBM 문장을 PI에 인가할 때 송신이 이루어지지 않고 부정적인 확인이 PI 통해 제공되어야 한다.

아. 선박자동식별장치의 고장을 검출하고 입력 변경과 송신 데이터의 오류를 방지하기 위해 보안 메카니즘이 제공되어야 한다.
　(1) 선박자동식별장치는 수신 전용 모드로 동작되었을 때, 어떤 이유로 송시되지 않았을 때와 장비가 15분 이상 동작되지 않았던 마지막 10회의 시간과 기간이 비휘발성 메모리에 저장해야 하고 이 데이터를 복구할 수 있어야 하며 사용자가 메모리에 기록된 정보를 수정할 수 없도록 구성되어야 한다.
자. 자동모드에서 정보 갱신간격 및 제공정보는 다음과 같을 것
　(1) 정적정보(국제해사기구 번호, 호출부호와 선명, 선박의 길이와 폭, 선박의 종류, 선박측위시스템의 설치위치(선박중심선 상의 선수 또는 선미, 좌현 또는 우현)의 갱신은 매 6분마다 또는 데이터가 수정되거나 요구가 있을 때에 이루어질 것
　　(가) 채널 A와 B를 교대로 6분의 보고 주기로 메시지 5번을 송신해야 하고 정적 정보 또는 항해 관련 데이터의 변경에 따라 6분의 보고 주기를 바꿔 1분 이내에 메시지 5번을 송신해야 하고 여러 개의 SSD 또는 VSD 문장이 수신되면 첫 번째 SSD 문장이 수신된 후 1분 이내에 메시지 5번을 송신한 후 6분 보고 주기로 복귀해야 한다. 단, 연속적인 동일한 SSD와 VSD 문장은 이후 메시지 5번을 발생하지 않아야 한다.
　(2) 동적정보(정확한 선박위치 표시 및 동작 상태, 협정세계시(UTC), 대지침로, 대지속력, 선수방향, 항해상태, 선회율(rate of turn)을 말한다)는 선박속력 및 침로변경 유무에 따라 다음표의 간격으로 갱신될 것

[표 5-4] AIS 동적정보

선박의 동적상태	갱신간격
3knot 미만의 상태에서 계류 중인 경우	3분

14knot 미만의 속력으로 항해중에 침로를 변경하는 경우	3⅓초
14knot 이상 23knot 이하의 속력으로 항해중인 경우	6초
14knot 이상 23knot 이하의 속력으로 항해중에 침로를 변경하는 경우	2초
23knot 이상의 속력으로 항해중인 경우	2초
23knot 이상의 속력으로 항해중에 침로를 변경하는 경우	2초

　　　　　(가) 메시지의 1의 위치보고와 메시지 5의 정적 보고 메시지가 수동 및 센서 입력정보와 동일해야 한다.
　　(3) 항해 관련 정보(선박의 흘수, 위험화물(화물종류), 도착지 및 예상도착시간)의 갱신은 매 6분마다 또는 데이터가 수정되거나 요구가 있을 때에 이루어질 것
　　(4) 항해경보 또는 기상경보를 포함하는 항해안전 관련 메시지의 갱신은 해안국 등의 요구가 있을 때에 이루어 질 것
　　　　　(가) 할당 모드 명령 메시지 16을 수신한 선박자동식별장치는 할당된 보고 주기가 자동 보고 주기보다 짧다면 메시지 16에 정의된 변수에 따라 위치보고 메시지 2번을 송신해야 하고 4~8분 후 또는 침로/속도/항해 상태의 변경이 더 짧은 보고 주기를 요구한다면 자동 모드로 메시지 1번이나 3번으로 바뀌져야 한다. 한다. 메시지의 1의 위치보고와 메시지 5의 정적 보고 메시지가 수동 및 센서 입력정보와 동일해야 한다.
차. 전원 인가 후 2분 이내에 정상 동작할 수 있을 것
카. 선박자동식별장치 표시부는 다음과 같을 것
　　(1) *적어도 선박 3척 이상의 방위, 거리 및 선명, 마지막 수신된 위치보 이후 경과된 시간을 표시할 수 있을 것. (단, 수색구조 항공기까지의 거리는 2차원이어야 한다.)*
　　(2) *방위와 거리 및 경과 시간은 좌우로 스크롤(scroll)하지 않고 표시할 수 있고 표시 데이터의 제목을 볼 수 있을 것.*
　　(3) *최소 200개 이상의 표적을 표시할 것.*
　　(4) *본선에서 송신되는 정적, 동적 및 항해관련 데이터를 표시할 것.*

(5) 정적 정보, 항해 및 안전관련 정보의 수동 입력은 사용자가 쉽게 이용할 수 있어야 하고 Class A 선박자동식별장치에서 항해 상태 14의 입력이 불가능해야 한다.

(6) AIS-SART 이외의 표적은 관련 정보의 수신이 없어도 7분 이상, SART ACTIVE는 18분 이상 표시를 유지해야 한다.

(7) 동작중인 AIS-SART는 화면이 최상단에 표시되어야 하고 일반적인 동작에서 시험 AIS-SART는 표시되지 않아야 한다. (단, 시험 AIS-SART의 표시 및 PI 출력에 대한 기능을 가져야 한다)

(8) 화면장치에서 메시지 10번을 송신하고 메시지 11번의 응답을 확인하는 통신시험을 수동으로 시작할 수 있어야 한다.(단, PI에서 AIR 문장을 통해 통신 시험을 시작하는 것도 가능해야 한다.)

(9) 내장 무결성 시험 결과와 항해상태 14의 메시지 1번 수신 경보가 표시되어야하고, 내장 무결성 시험 결과와 수신된 안전관련 메시지 12번과 14번, 수신된 원거리 질의와 수동 확인의 상태 정보와 요청이 있을 때 정보 내용을 표시해야 한다.

~~(10) 표시부를 위한 외부 연결 단자를 가질 것~~

(10) 종별A 선박자동식별장치를 제외하고는 (1)과 ~(7)를 적용하지 않을 것

2. 물리적 시험

가. 발사전파의 주파수허용편차는 ± 500Hz 이내일 것

나. 안테나공급전력은 1W와 12.5W로 설정할 수 있어야 하며, 허용편차는 ± 1.5dB 이내일 것. 다만, 종별B 선박자동식별장치의 안테나공급 전력은 2W로 하며, 허용편차는 ± 1.5dB 이내일 것

다. 스퓨리어스 발사의 허용치는 다음 조건을 만족할 것
  (1) 9kHz 이상 1GHz 이하에서 평균전력이 -36dBm 이하일 것
  (2) 1GHz 이상 4GHz 이하에서 평균전력이 -30dBm 이하일 것

~~라. 점유주파수대역폭의 허용치는 25kHz 이내일 것~~

라. 변조 스펙트럼은 중심주파수±10kHz 이내에서 -25dBc 이하이고 중심중파수±25kHz 이상, ±62.5kHz 이하의 주파수에서 -70dBc 이하일 것.

~~마. 발사전파의 전파형식은 F1D를 사용할 것~~

마. 변조방식은 GMSK/FM이고, 변조지수는 0.5일 것
마. 변조 정확도은 시험신호 1010...의 경우 1,740±175Hz 이내이고 시험신호 00001111....의 경우 2,400±240Hz 이내일 것.
바. 송신에서 수신 또는 수신에서 송신으로 전환되는 시간은 25ms 이내일 것
바. 송신전력의 상승시간은 송신을 시작한 후 송신전력 안정상태의 80%에 이를 때까지의 시간이 1ms 이내일 것
바. 송신전력의 하강시간은 송신을 종료한 후 송신전력이 0이 될 때까지의 시간이 1ms 이내일 것
바. 전송속도는 9,600bps이며, 허용편차는 50×10^{-6} 이내일 것
바. 송신출력 대 시간 특성은 다음 표와 같다.

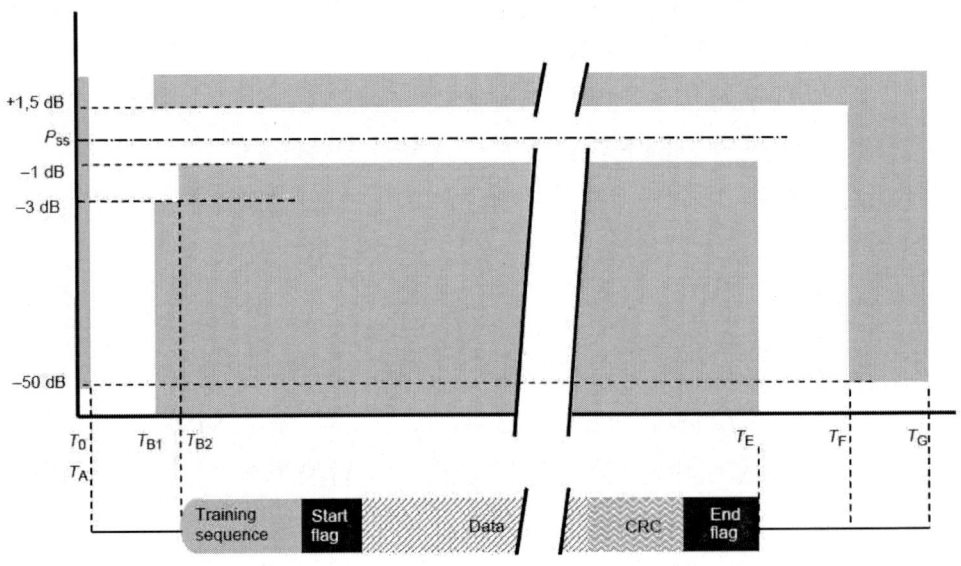

<그림 5-5> AIS 송신출력 대 시간 특성

[표 5-5] AIS 송신출력대 시간 특성

				기준 -50dBc를 초과하지 않아야 한다.
T_A		0~6	0~0.625 ms	출력은 Pss의 -50dB를 초과한다.
T_B	T_{B1}	6	0.625ms	출력은 Pss의 +1.5~3dB 사이의 값이어야 한다.
	T_{B2}	8	0.833ms	출력은 Pss의 +1.5~-1dB 사이의 값이어야 한다.
T_E (1 채우기 비트 포함)		233	24.271ms	출력은 T_{B2}에서 T_E까지의 기간동안 Pss의 +1.5~-1dB 사이의 값이어야 한다.
T_F (1 채우기 비트 포함)		241	25.104ms	출력은 Pss의 -50dB 이하이어야 한다.
T_G		256	26.667ms	다음 송신시간 주기의 시작

사. 감도는 -107dBm의 신호를 가했을 경우에 패킷오류율이 20% 이하일 것.

아. 고레벨 입력 시 오류특성은 -7dBm의 신호로 1,000회 측정한 경우의 *패킷 오류율* ~~오류 횟수와~~ -77dBm의 신호로 1,000회 측정한 경우의 *패킷 오류율이* ~~오류 횟수와의~~ 차이가 ~~10회~~ *1%* 이내일 것

자. 공통채널 제거특성은 -7dBm의 신호로 1,000회 측정한 경우의 *패킷 오류율* ~~오류 횟수와~~ -77dBm의 신호로 1,000회 측정한 경우의 *패킷 오류율이* ~~오류 횟수와의~~ 차이가 ~~10회~~ *1%* 이내일 것

차. 인접채널제거비(표준시험신호로 변조된 -104dBm의 희망파 신호와 표준시험신호로 변조된 -114dBm의 불요파 신호를 동시에 인가했을 때 *패킷 오류율이 20%를 초과하지 않아야 한다.(단, 불요파 신호에 ±1㎑의 주파수 변동에 대해 반복한다)*

카. ~~인접채널제거비~~ *선택도*(감도측정상태보다 3dB 높은 인접채널의 주파수인 무변조 방해파를 동시에 인가했을 경우에 해당신호의 80%를 정상적으로 수신할 수 있는 희망파와 방해파의 비)는 70dB 이상일 것 (*표준시험신호로 변조된 -104dBm의 희망파 신호와 희망파 신호에서 ±25㎑의 상위 주파수 및 하위 주파수에서 ±3㎑의 주파수 편위*

를 만들도록 *400Hz*의 사인파로 변조된 *-34dBm*의 불요파를 동시에 인가했을 때 패킷 오류율이 *20%*를 초과하지 않아야 한다.) 인접채널의 주파수인 무변조 방해파를 동시에 인가했을 경우에 해당신호의 80%를 정상적으로 수신할 수 있는 희망파와 방해파의 비)는 70dB 이상일 것

타. 스퓨리어스 응답특성(감도측정상태보다 3dB 높은 희망주파수의 신호와 주파수편이가 ±3㎑인 400Hz로 변조된 방해파를 동시에 인가했을 경우에 해당신호의 80%를 정상적으로 수신할 수 있는 희망파와 방해파의 비)은 70dB 이상일 것

파. 상호변조 응답 제거 및 블록킹(-101dBm의 희망파 신호와 주파수편이가 ±3㎑인 400Hz로 변조되고 희망파 신호보다 500㎑ 상위 또는 하위의 주파수로 -27dBm의 방해파, 희망파 신호보다 1,000㎑ 상위 또는 하위의 주파수로 무변조된 -27dBm의 방해파, 희망파 신호보다 5,725㎒ 상위 또는 하위의 주파수로 비 변조된 -15dBm의 방해파를 동시에 인가했을 경우에 패킷 오류율이 20%를 초과하지 않아야 한다)

하. *2초* 간격의 *200* 메시지를 연속적으로 송신하는 상태에서도 패킷 오류율이 *20%*를 초과하지 않아야 한다)

거. 대역외 에너지에 대한 내성으로 *162.025㎒*, *-101dBm*의 희망파 신호와 *177㎒*로 동조된 무변조파의 *-5dBm* 방해파를 동시에 인가할 때 패킷 오류율이 *20%*를 초과하지 않아야 한다).

너. 수신기의 부차적 전파발사 허용치는 다음 조건을 만족할 것
 (1) 9㎑ 이상 1㎓ 이하에서 -57dBm 이하일 것
 (2) 1㎓ 이상 4㎓ 이하에서 -47dBm 이하일 것

3. OSI 계층별 시험

가. 통신방식은 시분할다중접속방식을 사용할 것
가. 초단파 데이터 링크로의 접속은 공통 시간 기준을 사용하는 시분할 다중접속방식을 사용해야 하고 관련 *ITU-R* 권고를 만족해야 한다.
 (1) *UTC*에 직접 동기, *UTC*에 직접 동기된 최소 하나의 이상의 다

른 국소와 동기되는 UTC 간접 동기, UTC에 직접 동기된 기지국과 동기되는 UTC 간접동기, 기지국 직접동기, UTC에 직접 동기된 Class B 장치와 동기되는 UTC 간접 동기 상태에 따라 위치보고의 동기 상태 변수가 적합하게 송신되어야 한다.

(2) 반복된 메시지의 UTC를 사용하여 동기될 때, 위치보고에 적합한 동기 상태를 표시해야 한다.

(3) 가장 높은 수의 수신 국소를 가지고 있는 장치가 활성 기준국(Semaphore, 세마포어)으로써 작동해야 하며 동일 수의 수신국소를 가진 장치가 있을 때에는 가장 낮은 MMSI를 가진 장치가 활성 세마포어로써 작동해야 한다.

(4) 슬롯 경계로부터 ±10ms 이상 떨어진 비 동기 메시지를 수신하고 처리할 수 있어야 한다.

(5) 선박자동식별장치는 실제 사용된 슬롯 번호와 통신 상태에서 지시된 슬롯 번호가 부합되어야 하고 슬롯 번호는 2,249, 슬롯 길이는 26.67ms를 초과하지 않아야 한다.

나. 입력 데이터는 변조전에 NRZI(Non-Return to Zero Inverted)로 부호화할 것

(1) 송신된 초단파 데이터 링크 메시지는 PI상의 입력 데이터를 만족해야 한다.

(2) 잘못된 CRC는 메시를 처리하지 않아야 한다.

다. Class A 선박자동식별장치는 전원 인가 후 1분 이내에 첫 프레임 동기가 이루어지는 동안에 지속적으로 송신 슬롯을 할당하고 첫 전송은 ITDMA를 사용하여 특별 위치보고인 메시지 3번으로 시작되어야 한다.

(1) 1분이 경과한 후 정상적인 작동을 시작해야 한다.

(2) SOTDMA 전송의 경우, Class A 선박자동식별장치는 3분~8분 후에 선택간격(SI)내의 새로운 일반 전송 슬롯(NTS)을 할당해야 한다.(단, Class B "CS"는 수신국소의 수에 포함되지 않는다)

(3) Class A 선박자동식별장치의 항해상태를 "정박"으로 설정할 경우, 메시지 3번을 전송하고 ITDMA를 사용하여 슬롯을 할당해야 한다. 통신상태에 표시되는 슬롯 오프셋은 전송에 사용된 슬롯과 동일해야 한다.

(4) Class A 선박자동식별장치의 PI에 다음 예약 전송 4초 이전에 1 슬롯 이진 방송 메시지를 인가하면 ITDMA를 사용하여 4초 이내에 메시지 8번을 전송해야 하고 다음 예약 전송 4초 이상에 1 슬롯 이진 방송 메시지를 인가하면 RADMA를 사용하여 4초 이내에 메시지 8번을 전송해야 한다. 메시지 6, 8, 12, 14, 15 및 26의 조합을 최대 20 슬롯까지 사용할 수 있어야 하고 3슬롯 이상의 메시지는 거부되고 적정 ABK 문장이 발생되어야 한다.

(5) Class A 선박자동식별장치의 PI에 분당 5 AIR 문장을 인가하면 장치는 분당 5개 이하의 메시지 15번을 송신하고 적정 ABK 문장을 발생해야 한다.

라. Class A 선박자동식별장치는 ITDMA 접속 체계를 사용하여 메시지 5번을 전송해야하고 예정 위치보고 메시지 1번을 메시지 3번으로 교체해야 한다.

마. Class A 선박자동식별장치는 기지국으로부터 할당 모드 명령 메시지 16번을 수신하면 적정 보고율로 위치보고 메시지 2번을 송신해야 한다. (단, 4분에서 8분까지의 시간 경과 후 표준 보고율로 SOTDMA 메시지 1번으로 복귀되어야 한다.

바. Class A 선박자동식별장치는 기지국으로부터 데이터 링크 관리 메시지 20번과 하나 이상의 FATDMA 할당 슬롯을 사용하도록 명령하는 할당 모드 명령 메시지 16번을 순차적으로 수신하면 해당 슬롯을 사용해야 한다.

사. Class A 선박자동식별장치는 기지국으로부터 지역설정 메시지 22번과 할당 모드 명령 23번을 수신하면 해당 슬롯을 사용해야 한다. 송신된 초단파 데이터 링크 메시지는 PI상의 입력 데이터를 만족해야 한다.

아. Class A 선박자동식별장치는 저장된 지역 운용 영역의 가장 가까운 거리가 현재의 위치에서 500 마일 이상 떨어지거나 5주 이상 오래된 것이라면 메모리에서 지워져야 한다.

(1) 지역 운용 설정의 한 가지 변수를 변경하는 것도 새로운 지역 운용 설정으로 취급되어야 한다.

(2) 지역 운용 설정의 규칙에 맞지 않는 지역 운용 영역을 포함하

는 새로운 설정은 수용되지 않아야 한다.

(3) PI를 통해 입력된 새로운 지역 운용 설정이 메시지 22번이나 DSC 원격명령에 의해 기지국으로부터 지난 2시간 이내에 수시된 설정과 일부 또는 전체가 중첩되거나 동일하다면 수용하지 않아야 한다.

(4) 메시지 22번이나 DSC 원격명령에 의한 새로운 지역 운용 설정은 이동국이 저장된 지역 운용 설정의 한 영역에 있을 때에만 수용되어야 한다.

(5) 이전에 저장된 설정과 일부 또는 전체가 중첩되거나 동일한 새로운 지역 운용 설정이 수용된다면 이전의 설정은 메모리에서 삭제되어야 한다.

(6) Class A 선박자동식별장치는 8개의 지역 운용 설정을 저장할 수 있고 새로운 지역운용 설정이 추가된다면 가장 오래된 설정부터 삭제되어야 한다.

자. Class A 선박자동식별장치는 그룹 할당 메시지 23번에 의해 지정된 보고율보다 자율 모드에서 더 높은 보고율이 요구될 때 자율 모드를 사용해야 한다.(단 장치의 종류, 선박 및 화물의 종류에 따른 변수의 입력에 적합하게 동작해야 한다)

차. Class A 선박자동식별장치는 그룹 할당 메시지 23번의 수신에 의한 보고율 변경의 설정 시간이 종료될 때, 4~8분 시간이 경과한 후에 위치보고 메시지 1번을 송신하고 이전에 예정된 사용하지 않은 슬롯을 해제해야 한다.

카. Class A 선박자동식별장치는 기지국으로부터 메시지 4번과 데이터 링크 관리 메시지 20번을 수신할 때 메시지 20번에 포함된 종료 시간까지 메시지 20에 의해 할당된 슬롯을 사용하지 않아야 한다.

타. 네트워크 진입 단계에서 일반 시작 슬롯(NSS)는 현재의 슬롯과 앞쪽으로 일반적인 증가(NI) 사이에서 무작위로 결정되어야 한다. (단, 첫 일반 슬롯(NS)는 항상 NSSd이어야 한다.

파. Class A 선박자동식별장치는 ITU-R M.1371에서 정의한 다양한 메시지를 수신할 수 있어야 하고 해당 메시지를 송신할 수 있어야 한다. (단 메시지 4, 9, 16, 17, 18, 20, 21, 22와 23은 송신되지 않아야 한다.)

하. Class A 선박자동식별장치는 161.975㎒와 162.025㎒의 두 채널을 동시에 수신하고 정기적으로 반복되는 메시지는 두 채널을 교차해야 한다.
(1) 슬롯 할당 통보에 따르는 전송, 질문에 대한 응답, 요청에 대한 응답, 본선의 확인은 초기 메시지가 수신된 채널로 전송되어야 한다.
(2) 주소가 달린 메시지의 경우, 해당 주소의 장치로부터 마지막 수신된 채널을 활용해야 한다.

거. Class A 선박자동식별장치는 각각의 지역에 할당된 주요 채널로 송신하고 천이 영역을 통과할 때 채널을 교차하고 전송 횟수를 두 배를 증가시켜야 한다. 천이 영역을 떠난 후에는 해당 지역 채널에서 자율 동작으로 복귀되어야 한다.(단 한 채널로만 송신할 때에는 전송 횟수를 두 배로 한다)
(1) 지역 설정은 기지국의 채널 관리 메시지 22번과 ACA 문장을 통해서도 지역 설정이 가능해야 하고 위치 정보를 손실한 경우에는 현재의 설정이 계속 사용되어야 한다.
(2) 기지국의 채널 관리 메시지 22번과 ACA 문장 및 수동 입력을 통해 출력을 조정할 수 있어야 한다.

너. Class A 선박자동식별장치는 ITU-R M.1371에서 정의된 우선순위에 따라 바른 순차로 메시지를 송신해야 한다.

더. Class A 선박자동식별장치에서 송신을 위해 사용되는 슬롯은 선택 간격(SI) 내의 후보 슬롯에서 선택되어야 하고 선택 절차는 수신된 데이터를 사용한다. 후보 슬롯의 수가 위치 정보의 손실로 인해 제한되지 않는다면 항상 최소 4개의 후보 슬롯 이상이어야 한다.
(1) Class A 선박자동식별장치는 후보 슬롯이 4 슬롯 보다 적을 때에는 잠정적으로 활용 가능한 슬롯을 재사용해야 하고 잠정적으로 재사용되는 슬롯은 SI 내의 가장 먼 것부터 선택되어야 한다.(단, 할당된 슬롯이나 120NM 이내의 기지국에 의해 사용된 슬롯은 사용되지 않아야 한다.)
(2) 원거리 장치가 잠정적인 슬롯 재사용 대상이 될 때 한 프레임 동안에 이후 잠정적인 슬롯 재사용에서 배제되어야 한다.
(3) 슬롯 재사용은 무작위 선택으로 후보 슬롯을 제공해야 한다.

러. Class A 선박자동식별장치는 목적지 사용자 ID를 사용하여 주소 지정 메시지를 송신할 수 있어야 하고 주소 지정 메시지를 수신하면 메시지 7번이나 13번으로 확인 메시지를 응답해야 한다.
   (1) 확인 메시지가 수신되지 않으면 전송을 재시도해야 한다.
   (2) 재시도가 이루어지지 전에 4초를 대기해야 한다.
   (3) 재시도의 횟수는 0~3까지 PI를 통해 구성할 수 있다.
머. Class A 선박자동식별장치는 항해상태 14로 설정된 메시지 1번을 수신할 때, 화면장치의 표적 목록 최상단에 수신된 메시지를 표시하고 관련 정보와 ALR 문장을 발생시켜야 한다.
버. Class A 선박자동식별장치는 질의 메시지 15번을 수신할 때 해당 채널로 적정 메시지 응답을 송신해야 한다.
서. Class A 선박자동식별장치를 통해서 송신되는 데이터는 PI를 통해 입력되어야 하고 Class A 선박자동식별장치에 의해 수신되는 데이터 PI를 통해 출력되어야 한다.(단, 이러한 데이터에 사용되는 형식과 프로토콜은 IEC 61162를 따른다.)
어. Class A 선박자동식별장치는 원거리 통신을 제공하는 장치와의 양방향 인터페이스를 제공해야 하고 이 인터페이스는 IEC 61162를 만족해야 한다.

4. 육안 검사

가. 디지털선택호출장치의 기능을 가지며, 기술적 조건은 다음과 같을 것
   (1) 디지털선택호출장치 및 전용수신기의 기술기준은 제5조를 준용할 것. 다만, 조난 관련 기능은 포함하지 않고 종별B 선박자동식별장치는 전용수신기 또는 TDMA 수신기를 통해 순차로 채널 70을 수신할 수 있을 것
   (2) 디지털선택호출 전용수신기는 156.525MHz의 주파수를 사용할 것
   (3) 선박자동식별장치용 주파수 2파와 디지털선택호출장치용 주파수 1파를 각각 수신할 수 있도록 3대의 수신기를 갖출 것. 다만, 종별A 선박자동식별장치 이외의 장치는 디지털선택호출장치용 전용수신기 1대를 선택적으로 갖춘다.

제 4 절. AIS-SART 시험표준

　AIS-SART 시험 표준은 일반적인 확인, 배터리 시험, 거리 성능 및 송신 성능 시험, 물리적 무선 시험 등으로 구성된다.

　본 절에서는 AIS-SART에 대한 시험 규정인 IEC 61097-14와 현행 국내 기술기준을 비교하여 현행 기술기준에서 삭제해도 무방한 것은 줄 긋기로 표시하고 추가해야 할 내용을 이탤릭체 및 밑줄로 표시하였다. 또한 현행 기술기준에서 확인해야 할 사항을 세부항목으로 추가하였다.

1. 일반적인 확인

　가. 쉽게 조작할 수 있고 휴대하기 편리할 것*(육안 검사)*
　나. 오조작에 의한 작동을 방지하는 기능이 있을 것*(육안 검사)*
　다. 정상적으로 작동하고 있음을 확인할 수 있는 기능(가시, 가청 또는 모두)이 있을 것*(육안 검사)*
　라. 수동으로 작동을 시작 및 중지시킬 수 있을 것. 단, 자동으로도 가능하다.*(육안 검사)*
　마. 해면 20m 높이에서 떨어뜨렸을 때 정상의 상태로 유지될 것*(환경시험)*
　바. 수심 10m 깊이에서 최소 5분간 방수될 수 있어야 하며, 45℃의 급격한 온도변화에도 방수 기능이 유지될 것*(환경시험)*
　사. 45℃의 열충격을 통해서도 방수 상태가 유지될 것.(환경시험)
　아. 생존정과 일체형이 아닌 경우에는 부양 기능이 ~~있는 경우에는~~ 있어야 하고 물에 뜨는 묶을 수 있는 끈을 *10m 이상* 갖출 것*(환경시험 및 육안검사)*
　자. 해수, 기름 및 태양광선의 영향을 가능한 받지 않을 것*(환경시험)*
　차. 수색에 도움을 주기 위해 표면 전체가 황색 또는 주황색일 것*(육안 검사)*
　~~자. 부양 기능이 있는 경우에는 물에 뜨는 묶을 수 있는 끈을 갖출 것~~
　카. 생존정에 손상을 줄 우려가 있는 예리한 모서리 등이 없을 것*(육안 검사)*
　타. 생존정에 부착한 상태에서의 안테나의 높이는*가* 해면으로부터 1m 이상에 위치~~해야 하며~~ 할 수 있는 *장치가 제공되어야 하며*, 본체의

보이는 곳에 작동방법, 시험방법 및 1차 전원의 유효기간 등이 식별이 용이하고 물에 지워지지 않도록 표시되어 있을 것*(육안 검사)*
파. 1분 이하의 간격으로 정보를 송신할 수 있을 것*(VDL 확인)*
하. 내부에 위치정보 수집기능을 내장하고 현재 위치를 송신할 수 있을 것*(VDL 확인)*
거. 자체 시험기능을 가질 것*(VDL 확인)*

2. 배터리 시험

가. *AIS-SART는 -20℃ ~ +55℃의 온도 범위에서 96시간 이상 동작할 수 있는 충분한 용량의 배터리를 사용해야 한다.(환경시험 및 육안검사)*
나. 배터리 종료일로 정의된 배터리 수명은 최소 3년 이상이어야 한다.*(육안검사)*
다. 배터리 극성을 반대로 연결할 수 없어야 한다.*(육안검사)*

3. 단일 식별부호

가. *AIS-SART는 초단파 데이터 링크에서의 무결성을 확인할 수 있도록 다일 식별부호를 사용해야 한다.(VDL 확인)*
   (1) AIS-SART의 사용자 ID는 970xxyyyy로 구성되고 여기서 xx는 업체 ID이고 yyyy는 일련번호이다.
   (2) ID의 xx=00은 시험 목적으로 예정되어 있고 적합인증을 위한 단일 ID는 97000yyyy 형식을 취해야 한다.
나. 고유 식별부호를 저장하고 있어야 하며 쉽게 변경할 수 없을 것*(육안 검사)*

4. 환경 시험

가. -20℃에서 +55℃까지의 온도환경에서 안정적으로 동작하고, -30℃에서 +70℃까지의 범위에서도 보존이 가능할 것.

5. 거리 성능

가. 최소 9.26㎞ 거리에서 검출되도록 할 것
나. 등가등방복사전력(EIRP)은 1W로 하며, 허용편차는 -3dB 이내일 것

6. 송신 성능

가. 작동 상태에서 AIS-SART는 분당 8개의 메시지를 버스트로 송신해야 한다.

나. 작동상태에서는 다음과 같은 방식으로 메시지가 전송될 것*(VDL 확인)*
   (1) 전송할 메시지 종류는 국제전기통신연합(ITU)에서 정한 선박자동식별장치(이하 "AIS"라 한다) 기술기준의 표준메시지 중 표준메시지 1번 및 표준메시지 14번으로 할 것
   (2) 표준메시지 1번에는 고유 식별부호, 위치, 대지침로, 대지속도를 포함하여야 하며 항해상태 항목은 14로 설정할 것
   (3) 표준메시지 14번에는 "SART ACTIVE"라는 텍스트를 포함할 것
   (4) 각각의 메시지는 채널 AIS-1(161.975㎒)과 채널 AIS-2(162.025㎒)를 교대로 사용하여 전송할 것
   (5) 작동을 개시하면 표준메시지 1번을 75개의 슬롯 간격으로 8회 전송하되 1분±6초 간격으로 이를 반복할 것
   (6) 최초 5번째 및 6번째로 전송하는 메시지는 표준메시지 14번으로 대체하여 전송해야 하며 이후 4 프레임(4분)마다 이를 반복할 것
   (7) 표준메시지 1번의 통신상태를 나타내는 항목은 AIS 메시지의 구성 방법과 동일하게 적용할 것
   (8) 8번째 버스트에서 다음 버스트로의 증가는 2,025에서 2,475 슬롯 중에서 무작위로 선택되어야 한다.

다. 위성항행시스템과 시간동기를 잃어도 정보를 전송할 수 있어야 하며 위치정보 획득이 중단된 경우 또는 최종 수신된 위치정보*와 COG 및 SOG*를 송신해야 하고 위치 적정한 타임스탬프*(Time stamp)*와 동기상태 정보를 제공해야 한다.*(VDL 확인)*

라. 1분 이내에 정상 작동되어 송신할 수 있을 것
   (1) 위치를 알 수 없을 때, 기본 값(+91, +181)을 사용해야 한다.
   (2) 시간이 설정되지 않는다면 동기되지 않은 상태로 전송을 시작해야 한다.
   (3) 일반적인 동작 조건하에서 15분 이내에 바른 위치 정보로 동기

화된 전송을 시작해야 한다.
마. *AIS-SART의 위치는 매분당 결정되어야 한다.*
바. *AIS-SART가 15분 이내에 시간과 위치를 획득할 수 없을 때, 동작 후 첫 시간 중에서 최소 30분 이상, 다음 시간 중에서 최소 5분 이상 위치를 획득하기 위한 시도가 이루어져야 한다.*
사. 자체시험상태에서는 다음과 같은 방식으로 메시지가 전송될 것
　(1) 전송할 메시지 종류는 ITU에서 정한 AIS 기술기준의 표준메시지 중 표준메시지 1번 및 표준메시지 14번으로 할 것
　(2) 표준메시지 1번에는 고유 식별부호, 위치, 대지침로, 대지속도를 포함하여야 하며 항해상태 항목은 15(미지정)로 설정할 것
　(3) 표준메시지 14번에는 "SART TEST"라는 텍스트를 포함할 것
　(4) 각각의 메시지는 채널 AIS-1(161.975㎒)과 채널 AIS-2(162.025㎒)를 교대로 사용하여 전송할 것
　(5) 1번째 및 8번째 메시지는 표준메시지 14번으로, 2번째 내지 7번째 메시지는 표준메시지 1번을 전송할 것
　(6) 자체시험 메시지는 위치 및 시각 정보 등을 획득한 후에 전송을 개시하여야 하며 75개의 슬롯 간격으로 8개의 메시지를 전송하고 난 후 자동 종료되어야 할 것. 단 15분 이내에 위치 및 시각 정보 등을 획득되지 못하면 관련 정보를 기본값으로 전송할 것
　(7) *자체시험 메시지의 동작은 버스트의 전송 이후에 자동으로 복귀되어야 한다.*

7. 물리적 무선 시험

가. 주파수는 161.975㎒와 162.025㎒를 사용할 것
나. 발사전파의 주파수허용편차는 500Hz 이내일 것
다. 등가등방복사전력(EIRP)은 1W로 하며, 허용편차는 -3dB 이내일 것
라. 송신을 위한 변조 스펙트럼은 다음과 같은 방사 마스크 이내일 것
　(1) 반송파와 반송파로부터 ±10㎑ 떨어진 주파수에서 0dBc 이하일 것
　(2) 반송파로부터 ±10㎑ 떨어진 주파수에서 -20dBc 이하일 것
　(3) 반송파로부터 ±25㎑ 이상 ±62.5㎑ 이하 떨어진 주파수에서 -40

dBc 이하일 것
    (4) 반송파로부터 ±10㎑ 이상 ±25㎑ 이하 떨어진 주파수에서 두점
        (±10㎑, ±25㎑) 사이를 직선으로 연결한 레벨 이하일 것
마. 변조방식은 GMSK/FM이고, 변조지수는 0.5일 것
바. 전송속도는 9,600bps이며, 허용편차는 $50×10^{-6}$ 이내일 것
사. 송신출력 대 시간 특성은 다음 표와 같다.

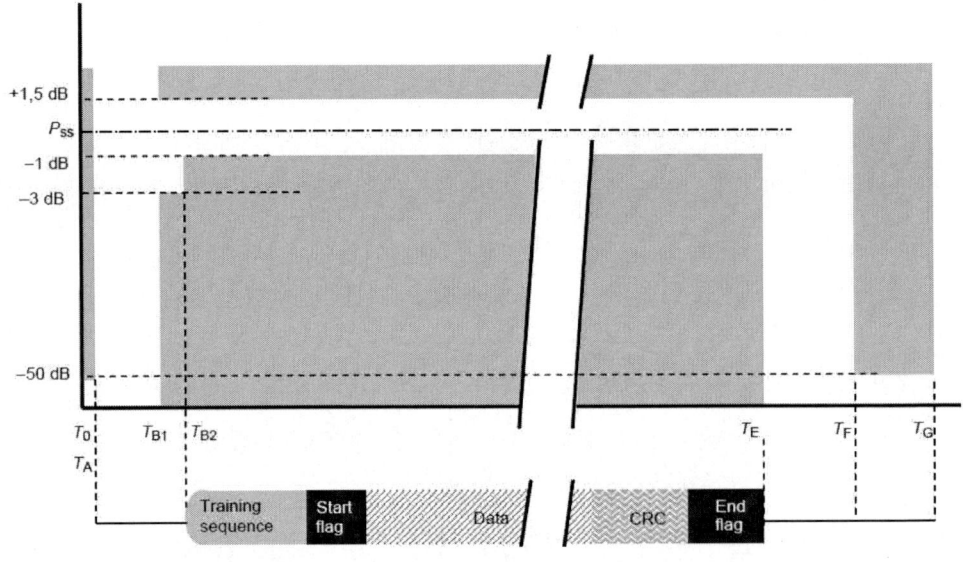

<그림 5-6> AIS-SART 송신출력 대 시간 특성

[표 5-6] AIS-SART 송신출력대 시간 특성

기준	비트	시간	정의
T_0	0	0 ms	전송 슬롯의 시작, 출력은 T_0이전에 P_{ss} 기준 -50dBc를 초과하지 않아야 한다.
T_A	0~6	0~0.625 ms	출력은 P_{ss}의 -50dB를 초과한다.
	6	0.625ms	출력은　의 +1.5~3dB 사이의 값이어야 한다.

- 498 -

				이어야 한다.
T_E (1 채우기 비트 포함)	233	24.271ms		출력은 T_{B2}에서 T_E까지의 기간동안 P_{ss}의 +1.5~-1dB 사이의 값이어야 한다.
T_F (1 채우기 비트 포함)	241	25.104ms		출력은 P_{ss}의 -50dB 이하이어야 한다.
T_G	256	26.667ms		다음 송신시간 주기의 시작

사. 송신전력의 상승시간은 송신을 시작한 후 송신전력 안정상태의 80%에 이를 때까지의 시간이 1ms 이내일 것

사. 송신전력의 하강시간은 송신을 종료한 후 송신전력이 0이 될 때까지의 시간이 1ms 이내일 것

사. 송신 시작 1ms 경과 후 주파수안정도는 ±1㎑ 이내일 것

아. 스퓨리어스 발사의 허용치는 다음 조건을 만족할 것

   (1) 9㎑ 이상 1㎓ 이하에서 평균전력은 -36dBm 이하일 것

   (2) 1㎓ 이상 4㎓ 이하에서 평균전력은 -30dBm 이하일 것

   (3) 아래 대역에서는 25㎼ 이하일 것

     - 108㎒ 이상 137㎒ 이하

     - 156㎒ 이상 161.5㎒ 이하

     - 406.0㎒ 이상 406.1㎒ 이하

     - 1525㎒ 이상 1610㎒ 이하

자. UTC 직접 동기중에 지터를 포함하는 전송 시간 오류는 ±3 비트 (±312 μs)이내이어야 한다.

제 6 장 결론 및 제언

제 1 절 결 론

　해상에서의 조난·안전 통신은 안전항해 도모 및 인명과 재산의 안전을 위한 매우 중요한 통신업무로서 이를 위한 무선설비의 성능 시험방법의 중요성은 그 어느 때보다도 고조되고 있다. 선박안전법(법률 제15002호,2017) 제29조(무선설비)에서는 "선박소유자는 「해상에서의 인명안전을 위한 국제협약」에 따른 세계 해상조난 및 안전제도의 시행에 필요한 무선설비를 갖추어야 하며, 이 경우 무선설비는 「전파법」에 따른 성능과 기준에 적합하여야 한다"라고 규정하고 있다. 선박용 모든 물건의 형식승인 및 시험은 해양수산부 고시 제2017-133호 「선박용 물건의 형식승인 시험 및 검정에 관한 기준」을 따르도록 하고 있으나 무선설비만큼은 「전파법」의 성능과 기준을 따르도록 하고 있는 것이다. 이에 따라 과학기술정보통신부에서는 「무선설비규칙」을 규정하고 있고, 국립전파연구원에서는 「해상업무용 무선설비의 기술기준」(국립전파연구원고시 제2018-8호)을 규정하고 있다. 이러한 무선설비의 성능기준 등의 시험은 방송통신표준 KS X3123 「무선 설비 적합성 검사 시험방법」에 의거하여 시행되고 있다.

　방송통신표준 KS X3123 「무선 설비 적합성 검사 시험방법」은 환경시험 중심으로 작성되어 있으며, 무선설비의 세부 성능시험에 대한 구체적인 시험방법은 시험항목이 매우 세부적이고 방대하기 때문에 구체적으로 제시하지 못하고 있다. 따라서 우리나라의 무선설비 시험방법은 IEC (International Electronical Committee, 국제전기기술위원회) 국제기준에도 많이 미치지 못하고 있으며, 유럽의 해운 선진국에서 시행하고 있는 MED (Marine Equipment Directive, 유럽선급인증) 기준과도 많은 차이를 보이고 있다. 우리나라의 무선설비의 성능이 국제적으로 인정받고 세계시장으로 진출하기 위해서는 주요 선진국의 인증기준을 만족할 수 있어야 하며 국제적인 시험표준을 적용할 필요가 있다.

　해상업무용 무선설비의 환경시험은 방송통신표준 KS X3123에 대부분 규정되어 있다. 그러나 기술기준에서 요구하고 있는 성능기준과 국제표준에서 요구하고 있는 성능기준 등은 그 내용이 매우 방대하고 세부적이기 때문에 이에 대한 시험방법을 KS X3123과 별도로 개발할 필요가 있으며, 시험기준과 방법은 국제기준과 부합하도록 규정할 필요가 있다. 이에 따라 본 연구에서는 선박의 안전항해 증진과 조난·안전 통신에 가장 필수적인 선박용 Radar, EPIRB(Emergency Position Indicating Radio Beacon, 비상위치지시용무선표지설비), 선박용 AIS(Automatic Identification System, 자동식별장치), AIS-SART(AIS-Search And Rescue Transmitter, AIS-수색구조용 위치정보송신장치) 등에 대하여 국제표준에 부합하는 성능시험표준 방안을 개발하여 제시하였다.

본 연구보고서는 우선 Radar, EPIRB, AIS, AIS-SART 무선설비에 대한 IMO, ITU, IEC 등의 국제적인 성능 및 기술표준과 시험방법 등을 분석하였으며 이를 기준으로 각각의 무선설비에 대한 시험방법을 개발 제시하였다. 이러한 시험방법을 적용하기 위해서는 관련 무선설비에 대한 시험표준을 규정으로 제정할 필요가 있으며, 이에 대한 규정안을 제안하였다.

선박용 Radar에 대하여는 일반적인 성능시험 외에 거리분해능, 방위분해능, 최소탐지거리, 간섭 및 불요파 시험 등 매우 중요한 성능시험방법에 대하여 제시하였다. 그러나 이러한 시험을 정확하게 수행하기 위해서는 관련 표준 시험장과 시험 시설을 단계적으로 확보할 필요가 있다.

EPIRB에 대하여는 자동 부상 시험, 조난통신 시험, 기술특성 시험, 배터리 시험 등에 대하여 제시하였다. EPIRB는 Cospas-Sarsat 기관의 시험인증을 기본적으로 받아야하기 때문에 중복되는 시험은 배제하였으며 나머지 시험항목에 대해서 제안하였다.

선박용 AIS에 대한 시험방법은 작동 주파수 및 간섭, 작동모드, 정보전송주기, UTC 동기, 화면표시 기능 시험방법과 더불어 각종 통신 프로토콜 시험 방안에 대하여 제시하였다. AIS는 VHF 및 MF/HF 무선설비 등 기존의 고전적인 해상업무용 무선설비와 다르게 통신프로토콜에 의해서 작동되는 무선설비이며 상호 통신 호환성을 확보하기 위해서는 소프트웨어 검증이 반드시 필요하다.

AIS-SART에 대하여는 작동모드, 배터리, 표시기호, 전파의 질, 전자측위시스템 시험 등에 대하여 제시하였으며, 관련 표준 메시지가 정확하게 전송되는지 검증하기 위한 통신 프로토콜 시험도 포함되었다. AIS-SART도 AIS와 마찬가지로 일부 기능에 대한 소프트웨어 검증이 반드시 필요하다.

 일본 및 영국 등의 관계기관을 방문하여 선진국들의 시험시설 현황과 시험방법을 파악하였으며, 다양한 필드시험 시설을 갖추고 고도의 인력에 의한 실질적인 시험을 수행하고 있음을 확인할 수 있었다. 일본의 경우에는 NICT(National Institute of Information and Communications Technology, 정보통신연구소)에서 레이다 시험을 위한 필드시험 시설을 Arimagawa 지역 해안가에 설치하였으며, Lobotech International 연구소에서 레이다에 대한 실질적인 해상 성능시험을 하고 있다. 영국의 경우에는 레이다의 대역외 발사 시험을 위한 필드시험장을 구축하여 대역외 발사 시험 등 실질적인 시험을 하고 있으며, 이 외에도 일부 대학의 전문 연구시설을 사용하여 풍동 시험 등 실질적인 시험을 수행하고 있음을 확인할 수 있었다.

 무선설비의 성능시험은 조난·안전 통신에 의한 선박의 안전항해 증진 및 인명보호라는 관점에서 그 중요성은 결코 작지 않다. 그러나 세부적인 성능시험 항목과 시험방법이 마련되어 있지 않고 성능시험을 위한 국제표준 필드시험장도 준비되어 있지 못하다. 동 연구에서 제시하고 있는 일부 해상업무용 무선설비의 시험방법은 우리나라의 표준시험 능력을 한 단계 상향시킬 수 있는 시작점이 되는 것이며, 나머지 무선설비에 대해서도 단계적이고 지속적으로 시험방법을 개발해나감으로써 향후 모든 무선설비에 대하여 국제표준에 부합하는 시험방법이 마련되어야 할 것이다. 무선설비의 성능시험을 위한 필드 테스트 시험장과 관련 시설의 확보는 반드시 이루어져야 할 것이며, 표준 시험을 수행할 수 있는 인력양성을 적극적으로 추진해 나갈 필요가 있다.

 우선적으로, 레이다 필드시험 시설 구축이 필요하다. 레이다 성능시험을 위해서는 거리 및 방위 분해능 등을 시험하기 위한 해상시험장 구축이 시급하다. 더 나아가 대역외 발사 시험 및 간섭 시험을 위한 육상시험장 구축도 반드시 필요하다. 이러한 최소한의 시설이 구축되어야만 레이다 성능시험을 실질적으로 수행할 수 있다. AIS 및 AIS-SART 시험을 위해서는 실험실 시설 이외에 프로토콜 시험을 위한 시험시설이 필요하다. 프로토콜 시험은 무선설비의 상호간 통신 호환성을 유지할 수 있도록 하는 가장 중요한 시험이다. 무선설비가 기존의 하드웨어 기반에서 소프트웨어 기반으로 변경되고 있음을 고려할 때 통신프로토콜 시험소 구축까지 고려할 필요가 있다.

표준시험 능력도 국가 경쟁력을 향상시킬 수 있는 매우 중요한 요소이며, 우리나라의 시험방법이 국제표준에 부합하도록 경쟁력이 확보될 때 우리나라의 무선설비 제조업이 도움을 받을 수 있고 우리나라 산업을 보호할 수 있다는 점을 반드시 고려할 필요가 있다.

제 2 절 제언

본 연구에서는 선박의 안전항해 및 조난안전 통신을 위한 주요 설비에 대하여 국제표준에 부합하는 시험기준과 시험방법을 개발 제안하고 있다. 이러한 통신설비들에 대한 국제표준은 IMO의 성능기준과 ITU의 기술권고 및 IEC의 시험표준, 그리고 관련 단체의 표준 등이 모두 관련되어 있어 그 내용이 매우 방대하다. 시험기준과 시험방법 또한 매우 방대한 내용과 고도의 시험방법 그리고 막대한 시험시설을 필요로 하는 항목들이 포함되어 있다. 따라서 동 연구 결과와 관련하여 다음의 요소들은 고려할 필요가 있다.

1. 새로운 시험표준 및 시험방법의 유지 관리

동 연구결과로 제안된 4가지 무선설비에 대한 새로운 시험표준 및 시험방법은 국제표준의 개정에 따라서 최신화 될 수 있도록 유지 관리할 필요가 있다. IMO, ITU 및 IEC의 관련 표준문서 들이 지속적으로 최신화 되고 있다는 점을 고려하여 새로 제안된 시험표준 및 시험방법도 최신화를 유지할 수 있도록 노력해야 한다. 국제 표준 문서가 다양하고 그 내용이 매우 방대하다는 점을 고려할 때, 더 나아가 새로운 장비에 대한 시험표준과 시험방법도 개발할 필요가 있다는 점을 고려할 때 무선설비의 시험표준과 관련된 추가 인력과 새로운 조직 구성이 필요할 수도 있다.

2. 무선설비의 표준 시험시설 및 시험장비 확충

동 연구결과로 제안된 4가지 무선설비에 대한 새로운 시험표준 및 시험방법은 많은 시험시설과 시험장비들을 필요로 한다. 레이다의 거리 및 방위 분해능 시험을 위해서는 표준 규격과 환경에 맞는 시험 시설을 구축해야만 시험이 가능하다. 레이다의 대역외 발사 시험 항목은 시험 시설 구축되지 않으면 시험하는 것이 곤란하다. 위성 EPIRB의 상대풍속 100 knots 환경시험도 관련 풍동 시험장이 없이는 시험이 곤란하다. 따라서 장기적이고 단계적인 시험시설 구축 및 시험장비 확보 계획을 수립하여 추진할 필요가 있다.

3. 무선설비의 표준 시험 인력 양성

해상업무용 무선설비에 대한 환경 및 성능 표준 시험은 무선설비의 특수성과 고도의 시험방법을 고려할 때 전문 인력이 매우 부족하다. 해상이동업무용 무선설비의 표준 시험은 육상이동업무용 무선설비에 비하여 표준시험에 대한 사업성이 매우 낮기 때문에 민간 영역에서의 표준 시험 인력이 양성되지 못하고 있다. 따라서 해상이동업무용 무선설비 표준시험 영역은 주요 선진국가의 시험기관처럼 정부에서 직접 관리하는 시험기관의 영역을 확대하거나 아니면 정부에서 민간영역의 시험기관을 적극 지원하여 표준시험 인력을 양성하는 정책을 수립할 필요가 있다.

4. 소프트웨어 시험 시설 구축

해상업무용 무선설비가 아날로그 방식에서 디지털 방식으로 전환되면서 대부분의 통신 기능이 하드웨어 제어 방식에서 소프트웨어 제어 방식으로 변화되고 있다. AIS, AIS-SART, EPIRB 등은 전파의 질과 하드웨어 성능에 대한 시험도 중요하지만 관련된 통신 프로토콜 및 표준 메시지 신호 구성 형식 등에 소프트웨어에 대한 시험이 없이는 관련 장비가 정상적으로 동작한다고 보증할 수가 없다. 하드웨어의 구성이 동일하더라도 소프트웨어의 구성이 잘못 되거나 통신 프로토콜이 잘못 적용될 경우에는 통신장비 상호간의 호환성을 유지할 수가 없다. 따라서 디지털 요소가 포함된 무선설비의 올바른 표준 시험을 위해서는 관련 장비의 소프트웨어를 시험할 수 있는 소프트웨어 시험시설 구축이 반드시 필요하다.

****

[부록]

<약어>

- ABK : Addressed and binary broadcast acknowledgement
- ABM : Addressed Binary and Safety Related Message
- ACA : Channel Management Data
- ACK : Acknowledge Alarm
- AIR : Interrogation Message
- AIS : Automatic Identification System (선박자동식별장치)
- AIS-SART : AIS Search and Rescue Transmitter (자동식별장치를 이용하는 수색구조용 송신기)
- ALR : Set Alarm State
- ARPA : Automatic Radar Plotting Aids (자동충돌예방 보조장치)
- AtoN : Aids to Navigation (항로표지)
- BAM : Bridge Alert Management (선교 경보 관리)
- BBM : Broadcast Binary Message
- BCR : Bow Crossing Range (선수교차거리)
- BCT : Bow Crossing Time (선수교차시간)
- BIIT : Built-in Integrity Tests (내장 통합시험)
- BITE : Built-in Test Equipment (내장 시험 장비)
- BNWAS : Bridge Navigational Watch Alarm System (선교항해당직경보장치)
- CARPET : Computer Aided Radar Performance Evaluation Tool
- CCRP : Consistent Common Reference Point (공통 기준 위치)
- COG : Course Over Ground (대지침로)
- COLREG : Preventing Collisions at Sea (국제해상충돌방지협약)
- COSPAS-SARSAT : 위성지원 추적 시스템 위원회
- CPA : Closest Point of Approach (최근접점)
- CRC : Cyclical Redundancy Check (순환 중복 검사)
- CTW : Course Through Water (대수침로)
- DDWG : Digital display Working Group

- DGNSS : Differential GNSS
- DLS : Data Link Service
- DMT : Display Monitor Timing
- DSC : Digital Selective Calling (디지털선택호출)
- DTM : Datum Reference
- DVI : Digital Visual Interface
- DVI : Digital Visual Interface
- EBL : Electronic Bearing Line (전자방위선)
- ECDIS : Electronic Chart Display & Information System
        (전자해도표시정보시스템)
- EIRP : Effective Isotropically Radiated Power (실효등방성 복사 전력)
- EMC : Electro Magnetic Compatibility (전자파 적합성)
- ENC : Electronic Navigational Chart (전자해도)
- EPFS : Electronic Position Fixing System (전자측위시스템)
- EPIRB : Emergency Position-Indicating Radio Beacon
        (비상위치표시용 무선표지설비)
- ERBL : Electronic Range and Bearing Line (전자거리방위선)
- ETA : Estimated Time of Arrival (예상 도착 시간)
- EUT : Equipment Under Test (시험 시료)
- FATDMA : Fixed Access Time Division Multiple Access
- GBS : GNSS Satellite Fault Detection
- GMDSS : Global Maritime Distress and Safety System
        (세계해상조난 및 안전시스템)
- GNS : GNSS Fix Data
- GNSS : Global Navigation Satellite System (세계 위성 항법 시스템)
- HBT : Heartbeat from remote MKD
- HDG : Heading, Deviation and Variation
- HDT : Heading, true
- HSC : High Speed Craft (고속선)
- ID : Identification (식별부호)
- IEC : International Electronicall Committee (국제전기기술위원회)

- IHO : International Hydrographic Organization (국제수로기구)
- IMO : International Maritime Organization (국제해사기구)
- INS : Integrated Navigation System (통합 항해 시스템)
- ISO : International Organization for Standardization (국제표준화기구)
- ITDMA : Incremental Time Division Multiple Access
- ITU : International Telecommunication Union (국제전기통신연합)
- LME : Link Management Entity
- LR : Long Range
- LRF : Long Range Function
- LRI : Long Range Interrogation
- MAC : Medium Access Control
- MARPOL : Prevention of pollution from Ships (국제해양오염방지협약)
- MED : Marine Equipment Directive
- MID : Maritime Identification Digits
- MKD : Minimum Keyboard and Display
- MMSI : Maritime Mobile Service Identity (해상이동업무식별부호)
- MSC : Maritime Safety Committee (해사안전위원회)
- NM : Nautical miles (해리 = 1,852m)
- NRZI : Non-Return to Zero, Inverted
- NUC : Not Under Command (조종 불능)
- OSD : Own Ship Data (자선 데이터)
- OSI : Open Systems Interconnection (개방형 시스템 간 상호 접속)
- PA : Position Accuracy (위치 정확도)
- Pd : Probability-of-detection
- PER : Packet Error Rate
- PI : Presentation Interface
- PIL : Parallel Index Lines (병렬 색인선)
- PRS : Pseudo Random Sequence (의사랜덤시퀀스)
- RADAR : Radio Detecting and Ranging
- RAIM : Receiver Autonomous Integrity Monitoring
- RATDMA : Random Access Time Division Multiple Access

- RGB : Red, Green, Blue (3원색)
- RM : Relative Motion (상대운동)
- RMC : Recommended Minimum specific GNSS data
- ROT : Rate of Turn (선회율, 분당 회전율)
- RSD : Radar System Data
- RTEs : Radar Target Enhance
- RTS : Radar Target Simulator
- RTS : Radar Target Size
- SAR : Search and Rescue (수색 및 구조)
- SART : Search and Rescue Radar Transponder
  (수색구조용 레이다트랜스폰더)
- SBM : Shore-Based Maintenance
- SDME : Speed and Distance Measuring Equipment
  (속도 및 거리 측정 장비)
- SENC : System Electronic Navigation Chart (시스템 전자해도)
- SOG : Speed Over Ground (대지속력)
- SOLAS : Safety of Life at Sea (국제해상인명안전협약)
- SOTDMA : Self Organizing Time Division Multiple Access
- STW : Speed Through Water (대수속력)
- TCP : Transmission Control Protocol (전송 제어 프로토콜)
- TCPA : Time to Closest Point of Approach (최근접점 도달 시간)
- TDMA : Time Division Multiple Access (시분할 다중 접속)
- THD : Transmitting Heading Device (선수 방위 발신기)
- TLB : Target Lable
- TM : True Motion (진운동)
- TSS : Target Scenario Simulator
- TT : Target Tracking (물표 추적)
- TTD : Tracked Target Data (추적물표 데이터)
- TXT : Text Transmission
- UDP : User Datagram Protocol (사용자 데이터그램 프로토콜)
- UN : United Nations (국제 연합)

- UTC : Universal Time Coordinated (협정 세계시)
- VBW : Dual Ground/Water Speed (이중 대지/대수 속력)
- VDL : VHF Data Link (초단파 데이터 링크)
- VDM : VHF Data-link Message
- VDO : Own Transmitted Data
- VDR : Voyage Data Recorder (항해기록장치)
- VESA : Video Electronics Standards Association
- VHF : Very High Frequency (초단파)
- VRM : Variable Range Marker (가변거리환)
- VTG : Course Over Ground and Ground Speed (대지침로와 대지속력)
- VTS : Vessel Traffic Service (해상교통관제시스템)
- WGS : World Geodetic System (세계 측지계)
- WRC : World Radiocommunication Conferences (세계전파통신회의)

****

연구책임자 : 김병옥(한국해양수산연수원)

연　구　원 : 김재원(한국해양수산연수원)
　　　　　　임종근(㈜에스알씨)
　　　　　　박정남(㈜에스알씨)
　　　　　　김미정(㈜에스알씨)

해상조난안전 무선설비 시험방법 국제표준 부합화 및 개선 연구

초판 인쇄 2020년 05월 15일
초판 발행 2020년 05월 21일

저　자 국립전파연구원, 한국해양수산연수원
발행인 김갑용

발행처 진한엠앤비
주소 서울시 서대문구 독립문로 14길 66 205호(냉천동 260)
전화 02) 364 - 8491(대) / 팩스 02) 319 - 3537
홈페이지주소 http://www.jinhanbook.co.kr
등록번호 제25100-2016-000019호 (등록일자 : 1993년 05월 25일)
ⓒ2020 jinhan M&B INC, Printed in Korea

ISBN 979-11-290-1570-9　(93560)　　　[정가 44,000원]

☞ 이 책에 담긴 내용의 무단 전재 및 복제 행위를 금합니다.
☞ 잘못 만들어진 책자는 구입처에서 교환해 드립니다.
☞ 본 도서는 [공공데이터 제공 및 이용 활성화에 관한 법률]을 근거로 출판되었습니다.